Sabine Zemla

Stress lass nach

Ein Handbuch für entspannte Hunde und ihre Menschen

Kynos

© 2023 KYNOS VERLAG Dr. Dieter Fleig GmbH
Konrad-Zuse-Straße 3, D-54552 Nerdlen / Daun
Telefon: 06592 957389-0
www.kynos-verlag.

Grafik & Layout: Kynos Verlag

Gedruckt in Lettland

ISBN 978-3-95464-296-0

Bildnachweis:

Fotos:

Titelbild: Eric Waha

Adobe Stock: S. 23: Alex-stock.adobe.com; S. 42: Carola-Schubbel-stock.adobe.com; S. 88: standret-stock.adobe.com; S. 103: exclusive-design-stock.adobe.com; S. 104: samael334-stock-adobe.com; S. 111: milosducati-stock.adobe.com; S. 112: Swapan-stock.adobe.com; S. 123: Chalabala-stock.adobe.com; S. 125: kiatipol-stock-adobe.com; S. 140: alexei_tm-stock.adobe.com; S. 142: Christian-Müller-stock.adobe.com; S. 212: peter-verreussel-stock.adobe.com; S. 213: Martin-Schlecht-stock.adobe.com; S. 214: Christian-Müller-stock.adobe.com; S. 242: Roland-Gruenewald-stock.adobe.com; S. 260: chamillew-stock.adobe.com; S: 262: theyok-stock.adobe.com; S. 268: Johanna-Müller-stock.adobe.com; S. 272: fotografiecor-stock.adobe.com (oben), Ching-stock.adobe.com (mi.), ukjent-stock.adobe.com (unten); S. 273: FotoHelin-stock.adobe.com; S. 277: renatehenkel-stock.adobe.com; S. 296: Lilli-stock.adobe.com; S. 313: everettovrk-stock.adobe.com; S. 330: Martina-Berg-stock.adobe.com

Herosan healthcare: S. 269, 270

Keim, Diana: S. 339 (unten)

Scharf, Elisabeth: S. 80

Schneider, Jörg: S. 143 (oben li.), 340, 342

Waha, Eric: S. 117, 143 (oben mi.), 144, 176, 177, 179 (außer oben li.), 181, 183–187, 190, 191, 195–199, 206, 215, 218–222, 224, 225, 228, 235, 237–240, 245, 247, 248, 253, 256, 258, 264, 266, 275, 276, 289, 290, 299, 307, 326, 327, 343, 344, 346–348, 351

Waha, Sandi: S. 339 (oben)

Zemla, Sabine: S. 47–49, 57, 76, 81, 95, 159, 160, 162, 179 (oben li.), 211, 250, 254, 255, 257, 294, 336, 338, 352

Grafiken:

S. 216: Nicole Hilgers mit Foto von Eric Waha; S. 244: Nicole Hilgers mit Foto von Jne-Valokuvaus-stock.adobe.com; S. 161: Nicole Hilgers unter Verwendung der Grafik von Macrovector; Dalmatinergrafiken: Lili Kudrili

Inhaltsverzeichnis

Vorwort

Mittlerweile gibt es zahlreiche Bücher über Stress bei Hunden, die sich allerdings meist nur Teilaspekten widmen. Das Thema Stress ist jedoch so komplex, dass es meines Erachtens auch nicht genügt, ein lapidares Buch über Entspannung zu schreiben. Damit wird man weder der Thematik noch den Hunden gerecht. Ich möchte, dass Sie nach der Lektüre des Buches ein Wissen haben, warum Ihr Hund so tickt, wie er tickt – und vor allem, wie Sie ihm konkret helfen können. Denn tatsächlich ist Stress die Ursache für die meisten Verhaltensprobleme und oftmals der Grund für Aggressionen, Angststörungen und Hyperaktivitäten. Grund genug, finde ich, sich mit diesem Thema umfangreich auseinanderzusetzen. Das sind wir unseren Hunden schuldig.

Ich will versuchen, einen ganzheitlichen Blick auf gestresste Hunde zu werfen und Ihnen anhand unterschiedlicher Aspekte einen Überblick über Stress, seine Ursachen und Auswirkungen zu verschaffen. Mir ist es dabei wichtig, dass Sie die Zusammenhänge begreifen. Denn nur dann können Sie Ihrem Hund auch gezielt helfen. Bei meiner Arbeit mit Hunden treffe ich nämlich immer wieder auf Hundehalter, die gar nicht erkennen, dass ihr Hund unter großem Stress leidet. Sie können die ausgesandten Signale nicht deuten und sind vollkommen ratlos, warum sich ihr Hund so verhält, wie er es tut. Auch hierzu werden Sie viele Informationen in diesem Buch finden.

Unsere Hunde müssen unseren herausfordernden Alltag mitmachen, ob sie es wollen oder nicht. Die wenigsten kommen allerdings damit zurecht. Für permanente Stressbelastung sind sie genau so wenig geschaffen wie wir. Ihre eigenen Möglichkeiten, Stress zu vermeiden, abzubauen oder zu kompensieren, sind begrenzt. Sie sind deshalb auf uns angewiesen. Unterstützen Sie daher Ihren Hund, sich sicher zu fühlen und Vertrauen in seine Umwelt zu fassen. Entdecken Sie dabei seine Stärken. Gehen Sie langsam vor, mit Geduld und dem Verständnis, das ängstliche, unsichere und gestresste Hunde benötigen.

Vielleicht haben Sie schon die ein oder andere Hundeschule hinter sich und bislang konnte Ihnen und Ihrem Hund niemand helfen. Geben Sie nicht auf! Weder sich selbst noch Ihren Hund. Es gibt weitaus mehr Möglichkeiten, als normale Hundetrainer in ihrem Repertoire haben. Denn bei Verhaltensauffälligkeiten von Hunden nützt es eben, ganz wie bei gesundheitlichen Problemen, wenig bis nichts, nur an Symptomen anzusetzen. Es muss nach den Ursachen geforscht und nach individuellen Lösungen gesucht werden. Dafür ist es zwingend notwendig, Hunde ganzheitlich zu betrachten. Auf dieser Sichtweise fußt dieses Buch.

Ich möchte Ihnen einen neuen Blick auf Ihren Hund gewähren und den Druck nehmen, ihn perfekt erziehen zu müssen. Es gibt andere Werte in einer Hund-Mensch-Beziehung, die um ein Vielfaches wichtiger für ein Zusammenleben sind als ein korrektes „Sitz“ oder ein halbstündiges Warten vor dem gefüllten Futternapf. Jeder Hund ist ein Individuum, und es macht für Sie beide wesentlich mehr Sinn, wenn Sie sich auf seine Stärken konzentrieren, als immer nur zu sehen, was alles noch nicht klappt. Das ist gerade bei einem Hund mit stressbedingten Verhaltensauffälligkeiten von Bedeutung und genau das, was er wirklich braucht. Mit einem üblichen Gehorsamkeitstraining werden Sie hier keinen Erfolg erreichen. Daher stelle ich Ihnen in diesem Buch auch verschiedene Trainings- und Therapieansätze vor, von denen Sie einige sofort selbst in die Praxis umsetzen können.

Natürlich wird es manchmal nicht ganz ohne professionelle Hilfe gehen. Aber dann schauen Sie bitte genau hin, wem Sie Ihren Schützling anvertrauen. Begeben Sie sich auf die Suche nach einem ganzheitlichen Trainer. Gerade das Ganzheitliche ist für Hunde mit stressbedingten Verhaltensauffälligkeiten immens wichtig, um sie in ihrer Komplexität zu erfassen: vom Kopf bis zu den hinteren Pfoten, in ihrem Zuhause und ihrer Umwelt, in puncto Ernährung und ihrer Vorgeschichte – also all die Mosaiksteinchen in ihren Rucksäcken, die sie mit sich herumschleppen.

Weil mir aber nicht nur die Hunde, sondern auch deren Menschen am Herzen liegen, habe ich letzteren ein eigenes Kapitel in diesem Buch gewidmet. Oftmals ist Hundehaltern nämlich gar nicht bewusst, dass sie selbst einen gehörigen Anteil zu den Verhaltensauffälligkeiten ihres Hundes beitragen. Das möchte ich nicht als Anklage verstanden wissen. Was würde es Ihnen auch nützen, wenn man Ihnen sagt, Ihr Hund sei so unsicher, weil Sie selbst es sind? Nichts. Sie müssen mehr über sich, Ihre Rolle als Halter und über Ihren Hund in Erfahrung bringen. Dieses Buch zeigt Ihnen erste Schritte in diese Richtung auf. Danach werden Sie sich und Ihren Hund besser kennen, sich selbst wohlwollender behandeln und ein Stressmanagement für den Alltag besitzen. Nutzen Sie dieses Wissen und genießen Sie ab sofort die Zeit zusammen mit Ihrem Hund, statt sich immer nur zu ärgern. Sein Leben ist zu kurz, um es sich und Ihnen unnötig schwer zu machen.

Mit diesem Buch halten Sie einen kleinen Werkzeugkoffer in Ihren Händen, wie Sie mit Ihrem Hund und auch mit sich selbst umgehen sollten, damit aus Ihnen beiden ein glückliches, harmonisches und vor allem ein stressfreies Team wird. Es ließe sich zu jedem einzelnen der Kapitel ein eigenes Kompendium verfassen. Verstehen Sie daher die folgenden Seiten bitte als Türöffner für ein vertrauensvolles Miteinander. Und geben Sie Ihrem Hund die Sicherheit, die er vielleicht noch braucht, um entspannt, gelassen und gestärkt mit Ihnen durch sein Hundeleben zu gehen.

Herzlichst,
Ihre Sabine Zemla

Aus Gründen der besseren Lesbarkeit verwende ich in meinem Buch die männliche Form und verzichte auf eine Verwendung der Gendersprache. Sämtliche Personenbezeichnungen gelten hiermit ausdrücklich gleichermaßen für alle Geschlechter.

1.

Stress bei Hunden

Ich habe Stress. Der Begriff „Stress“ ist in unserer schnelllebigen Zeit allgegenwärtig und gar nicht mehr wegzudenken. Trotz seines negativen Images hat er sich zu einem Modewort entwickelt und es sogar in die Liste der „100 Wörter des 20. Jahrhunderts“ geschafft. Es gehört fast schon zum guten Ton, vollkommen ausgebucht und belastet zu sein. Doch schon die Wahrnehmung, gestresst zu sein, führt dazu, dass der Stresslevel meist dauerhaft hoch ist. Laut einer Stressstudie der Techniker Krankenkasse aus dem Jahr 2021 fühlen sich knapp zwei von drei Menschen in Deutschland mindestens manchmal gestresst, mehr als ein Viertel sogar häufig. Und die Corona-Pandemie hat dieses Empfinden noch verstärkt. Einer von fünf Stressfaktoren waren neben zu hohen Ansprüchen an sich selbst (46 Prozent) auch zu viel Freizeitstress (24 Prozent).

Fühlen wir uns in einer Art gestresst, dass es sich sichtlich auf unsere Körper auswirkt, gibt es viele Lösungsansätze: psychologische Beratungen, Meditationstechniken, Psychopharmaka. Kurzum: Wir Menschen finden ärztliche und psychologische Hilfe. Für uns gibt es individuelle Therapien und auch ein konkretes Stressmanagement. Wir werden ernst genommen, wenn wir mit bestimmten Situationen nicht zurechtkommen oder wenn wir ausgebrannt sind. Nicht umsonst gibt es neben Praxen auch unzählige Ratgeber und Internetseiten, die sich mit nichts anderem beschäftigen, als uns wieder ins Gleichgewicht zu bringen, sodass wir selbstbewusst, gestärkt und gesundet die Anforderungen des Lebens an uns meistern können.

Aber was ist mit unseren Hunden? Das Leben in der heutigen Welt mit all seinen neuzeitlichen Randerscheinungen ist nicht nur für uns Menschen eine tägliche Herausforderung. Sie verlangt auch unseren Hunden einiges ab. Die meisten sind unserem hektischen Alltag hilflos ausgeliefert und müssen sich oftmals auch noch unseren menschlichen Bedürfnissen und Wünschen bedingungslos unterordnen. Egal, ob es ihren individuellen Persönlichkeiten überhaupt entspricht.

Diese Art zu leben geht an unseren Hunden nicht spurlos vorüber. Das ist Fakt. Betrachtet man sich einmal bewusst ihr Leben, dann lassen sich tatsächlich viele Gründe dafür finden, warum sie gestresst sein könnten. Natürlich verkraftet jeder Organismus ein gewisses Maß an Stress, aber irgendwann ist es zu viel. Verwunderlich scheint es von daher, dass erst in den letzten Jahren Stress in den Fokus von Wissenschaftlern gerückt ist, die erforschen, wie viel davon ein Hund eigentlich ertragen kann, bevor es zu Überreaktionen oder gesundheitlichen Problemen kommt.

Nennen Sie einen Hund mit Verhaltensauffälligkeiten Ihr Eigen, werden Ihnen die folgenden Kapitel die Augen öffnen, warum das eigentlich so ist. Durch die bewusste Auseinandersetzung in diesem Buch mit dem Thema Stress in all seinen Facetten gehen Sie bereits den ersten Schritt hin zu einer Veränderung des Verhaltens Ihres Hundes. Wenn Sie erkennen, wann und weshalb Ihr Hund gestresst ist, können Sie stressige Situationen entschärfen oder gar nicht erst aufkommen lassen. Denn jedes Team aus Mensch und Hund hat ein entspanntes Leben verdient.

Warum das Thema Stress bei unseren Hunden so wichtig ist

Bevor wir uns im Anschluss damit befassen, woran man erkennt, ob ein Hund ein Stressproblem hat, welche Ursachen hierfür infrage kommen und wie man ihn unterstützen kann, sollte zunächst geklärt werden, warum Stress überhaupt ein immer größer werdendes Thema in der Hundewelt ist und welche Bedeutung die Stressbelastung des Hundes im Alltag hat.

In erster Linie liegt es sicherlich daran, dass es auch bei uns Menschen immer präsenter wird. Stress, Burn-out, Lebensqualität: Derartige Begriffe spielen mittlerweile eine bedeutende Rolle. Und Themen, die wir Menschen ernst nehmen und für wichtig erachten, gelangen meist auch zu unseren Hunden. Die Physiotherapie, die Traditionelle Chinesische Medizin oder auch eine ausgewogene Ernährung können in diesem Zusammenhang genannt werden. Magnetresonanz- oder Computertomographien gehören mittlerweile auch bei Hunden zu gängigen medizinischen Untersuchungen, und wie wichtig das Schlafen in orthopädischen Hundebetten ist, setzt sich als weithin akzeptierte Erkenntnis durch.

Mit Vermenschlichung der Vierbeiner hat das wenig zu tun. Da Menschen und Hunde nahezu dieselben körperlichen Voraussetzungen mitbringen, sind auch die Auswirkungen auf den Körper unter Stress weitgehend identisch. Und deswegen ist es wichtig, dass wir als Hundehalter erkennen, ob unsere Hunde Stress haben, wie wir damit umgehen sollen und vor allem natürlich, was wir dagegen unternehmen können.

Gerade Tierschutzhunde, die aus dem Ausland zu uns kommen, zeigen in der ersten Zeit Anzeichen von Stress, die meisten sogar ganz massive. Die Vorgeschichten sind oft nicht bekannt und falls doch, sind sie meist nicht gerade schön: Manche Tiere wurden schwer misshandelt, andere kommen direkt aus einer Tötungsstation, wieder andere mussten hart für Menschen arbeiten, bevor sie dann „entsorgt" wurden. Kommen solche Hunde in unsere Städte, Wohnungen, Häuser und vor allem nahe zu uns Menschen, liegt es auf der Hand, dass sie ihr neues Leben nicht einfach neutral beginnen und das alte an der Grenze ihres neuen Zuhauses ablegen. Sie müssen behutsam, individuell und mit viel Wissen über das Verhalten von Hunden an alles Neue herangeführt werden. Übrigens neigen auch Hunde, die zwar vom Züchter stammen, aber aus so genannten Arbeitslinien hervorgehen, eher dazu, sich in bestimmten Situationen zu stressen.

Stress beeinflusst das Zusammenleben mit unseren Hunden also in vielfältiger Weise. Zum einen ist es bei der Beurteilung der Verhaltensauffälligkeit von großem Belang, um das eigentliche Verhaltensproblem anzugehen. Ansonsten wären wir bei einer reinen Symptom- statt bei einer Ursachenbehandlung. Ob diese auf Dauer funktioniert, sei dahingestellt. Zum anderen wirkt sich eine Stressbelastung natürlich auch auf das Lernverhalten des Hundes aus. Denn Stress auslösende Reize lenken ihn massiv davon ab, sich auf ein Training zu konzentrieren. Instinktiv legt er viel mehr Augenmerk auf den Reiz als auf das, was von ihm im Moment verlangt wird. Wer sich aber nicht konzentrieren kann, kann auch nicht lernen. Und wer nicht lernen kann, kann angelegte Potenziale nicht entfalten. Bestimmte Situationen werden zu wiederkehrenden Belastungsproben, weil man keine Lösung hat oder findet.

Mit dem Thema Stress sollten Hundehalter sich daher eingehend auseinandersetzen. Viele Menschen fühlen sich absolut hilflos, wenn ihr Hund stressbedingte Verhaltensauffälligkeiten zeigt. Leider bekommen sie oft den Rat, den Hund dann auf keinen Fall zu unterstützen, weil er, wie es heißt, da ganz alleine durchmüsste. Das muss er nicht, und es wäre auch total falsch und verantwortungslos. Unsere Hunde werden es nicht alleine schaffen, Situationen, die sie negativ stressen, zu meistern. Bestenfalls wird sich nichts an ihren Verhaltensweisen ändern, oftmals werden sie sogar noch schlimmer. Fakt ist: Der Stress bei unseren Hunden verschwindet nicht von alleine, wir müssen etwas dagegen tun. Und wenn Sie selbst nicht wissen, was, gibt es dankenswerterweise immer mehr Hundetrainer, die Ihnen Lösungen für die stressbedingten Verhaltensauffälligkeiten Ihres Hundes aufzeigen können. Die Möglichkeiten, gestresste Hunde zu unterstützen und aus ihnen entspannte Begleiter zu machen, sind zahlreich. Welche das sind, werden Sie im Folgenden kennenlernen.

Was ist denn Stress eigentlich?

Da sich dieses Buch dem Stress bei Hunden widmet, sollte zunächst geklärt werden, was Stress eigentlich ist. Nur so können Sie nachvollziehen, warum das Thema so wichtig ist. Fälschlicherweise gehen die meisten Hundehalter davon aus, dass Stress lediglich etwas mit Krankheiten zu tun hat oder einfach nur schädlich ist. Doch Stress ist in Wahrheit auch durchaus sinnvoll.

Es gibt zahlreiche Definitionen von Stress, die jede für sich und für das Fachgebiet, auf das sie sich beziehen, ihre Berechtigung haben. Der Stress, um den es in diesem Buch geht, ist der Stress im verhaltensbiologischen Sinn. Dabei ist Stress gar nicht so eindeutig festzulegen. Es lässt sich nicht klar sagen: Das ist Stress für meinen Hund, jetzt ist er gestresst oder das war ganz schön stressig für ihn. Denn Stress wird individuell vollkommen unterschiedlich wahrgenommen. Stress entsteht also nicht per se durch eine bestimmte, klar zu umreißende Situation oder durch eine Herausforderung, sondern allein dadurch, wie etwas bewertet wird. Das macht das Thema Stress unheimlich komplex.

Der Begriff selbst stammt ursprünglich vom lateinischen Wort „stringere“ ab und lässt sich mit anspannen übersetzen, was sich oftmals auch in der Muskulatur widerspiegelt, wie wir noch sehen werden. Zunächst fand der Begriff in der Werkstoffkunde Verwendung, in der man unter Stress eine Ermüdung durch Zug oder Druck auf ein Material versteht. In die Biologie führte den Begriff „Stress“ 1936 das erste Mal der ungarisch-kanadische Mediziner und Stressforscher Hans Selye ein. Er verstand darunter die „unspezifische Reaktion des Körpers auf jegliche Anforderung“. Selye nannte das einmal den „körperlichen Ausdruck einer allgemeinen Mobilmachung der Verteidigungskräfte im Organismus“. Stress ist also eine Reaktion auf die Umwelt und auf Anforderungen an das Individuum.

Laut einer Definition im medizinischen Fachlexikon Pschyrembel ist Stress die allgemeine Bezeichnung für die Reaktionen des Organismus auf physische oder psychische Beanspruchung durch Stressoren, quasi einem Zusammenspiel des Nervensystems mit den

Stresshormonen und dem Gehirn. So ist Stress nicht nur ein körperliches, sondern auch ein psychisches Geschehen. Und meistens ist es eben gleichzeitig beides. Das äußerst sich in einer gesteigerten Aktivität unseres vegetativen Nervensystems und lässt sich somit normalerweise auch gar nicht bewusst steuern. Als Folge reagiert das endokrine System und der Stress-Kreislauf im Körper beginnt.

Ausgelöst wird die Entstehung von Stress durch die Konfrontation des Organismus durch bestimmte Reize, den so genannten Stressoren. Dabei werden die Reize von jedem Individuum vollkommen unterschiedlich wahrgenommen, das heißt, nicht jeder Stressor für den einen ist auch einer für den anderen.

Grundsätzlich ist Stress für sich gesehen erst mal gar nichts Negatives, sondern im Gegenteil zunächst eine wichtige und möglicherweise lebenserhaltende Reaktion auf einen oder mehrere bestimmte Auslöser. Er sorgt umgehend für eine erhöhte Handlungsbereitschaft von Muskulatur und Kreislauf und steigert Aufmerksamkeit und Entscheidungsbereitschaft. Denn in einer Gefahrensituation muss sehr schnell gehandelt werden. Eine Stressreaktion entspricht daher ganz neutral formuliert einer Abwägungsentscheidung zwischen Lösungsstrategien auf den Auslöser.

Nun muss sich kein Hundehalter Sorgen machen, dass sein Hund, wenn er ab und an eine Verhaltensauffälligkeit etwa in Form eines Bellens zeigt, wenn er auf einen wenig gelittenen Artgenossen trifft, gleich Hilfe benötigt. Eine kurzfristige Aufregung wird vielleicht den Blutdruck in die Höhe bringen, der Puls wird vermehrt. Aber sobald der Stressor nicht mehr vorhanden ist, wird wieder alles schnell in den Normalbereich zurückkehren. Entscheidend ist dabei aber, dass wir unsere Hunde wirklich kennen, um abwägen zu können, ob sie positiven oder am Ende negativen Stress an den Tag legen. Dazu später noch mehr.

Wichtig ist es auch, zu wissen, dass der Auslöser für den Stress nicht bewusst wahrgenommen werden muss. Er kann auch unbewusst wahrgenommen werden und lässt sich daher oft gar nicht klar eingrenzen. Das bedeutet, dass man mitunter nicht genau definieren kann, was letztendlich der Grund für die auftretenden Stressreaktionen ist. Daher ist immer eine gründliche Ursachenforschung gefragt, um den Auslöser tatsächlich herauszufinden. Was bedeutet das aber nun genau für unsere Hunde?

Stress aus Sicht des Hundes

Weltweit forschen Wissenschaftler über das Wesen des Hundes, um in Erfahrung zu bringen, wie er fühlt und denkt. Genetik und Zucht, Sozial- und Lernverhalten, die Intelligenz und einzigartigen Sinnesleistungen der Hunde werden untersucht, kurz: wer sind sie, was können sie, was brauchen sie. Trotz vieler Gebiete, auf denen bislang geforscht wurde, liegen verhältnismäßig wenige Untersuchungen über den Einfluss bestimmter Umweltbelastungen auf das Verhalten und die Physiologie von Hunden vor. Zwar gibt es durchaus eine Stressforschung bei Tieren, doch diese wird in der Regel an Labor- und Versuchstieren angewandt oder an den sogenannten Nutztieren, die in der heutzutage betriebenen Landwirtschaft mit ihren abartigen und meines Erachtens absolut tierschutzrelevanten Massentierhaltungen ebenfalls gehäuft Verhaltensänderungen an den Tag legen.

Nach Donald M. Broom, emeritierter Professor für Tierschutz an der University of Cambridge, ist Stress dann zu erwarten, „wenn die Anpassungsfähigkeit eines Tieres überfordert wird und daraufhin Gesundheit und / oder Fortpflanzung leiden". Das wäre beispielsweise der Fall, wenn ein ängstlicher Hund ohne Training plötzlich in einem vollgestopften Bus fahren müsste, um im Anschluss durch die City einer Großstadt laufen zu müssen. Hier wäre er viel zu vielen Reizen ausgesetzt, die er weder filtern, einordnen und schon gar nicht verarbeiten könnte. Er würde sich schlichtweg überfordert fühlen. Als Folge auf derartige Überforderungen können langfristig auch gesundheitliche Beeinträchtigungen eintreten, worauf in späteren Kapiteln noch detailliert eingegangen wird.

Stress für sich gesehen ist also erst mal die Aktivierung von physiologischen und psychologischen Reaktionen des Körpers, die es ihm ermöglichen, sich auf verschiedenste Anforderungen einzustellen. Es ist gewissermaßen die Antwort unseres Körpers auf eine Herausforderung. Wird eine Anforderung gestellt, reagiert er mit Stress. Was dabei im Körper passiert, wird noch genauer erläutert, es sei nur so viel vorweggenommen: Wir und die Hunde brauchen Stress, um überhaupt lebensfähig zu sein. Trotzdem erleben Menschen und Hunde den Stress oftmals nicht nur als reine Herausforderung, sondern auch als Belastung.

Ob Stress als positiv oder negativ empfunden wird, hängt daher allein von der individuellen Bewertung des Stressors ab. Liegt ein Hund beispielsweise vollkommen relaxed in der Wiese neben seinem Besitzer und beobachtet, wie am Weg vor ihm die Radfahrer und Skater vorbeifahren, kann ein anderer Hund in derselben Situation absolut überfordert sein und darauf mit Stressanzeichen reagieren, die nicht nur ihm, sondern auch seinem Menschen das Leben schwer machen. Stress scheint demnach davon abzuhängen, ob wir die Fähigkeit besitzen, bestimmte Reize als normal zu betrachten oder ob sie uns überfordern. Für manchen Hund sind sie nur Herausforderungen, denen er sich stellt und sie bewältigen kann, für andere werden sie regelrecht zur Bedrohung.

Umweltreize können einen Hund durchaus auch motivieren, wenn er weiß, wie er die Situation erfolgreich meistern kann, wenn er also bereits eine Bewältigungsstrategie kennt, eine sogenannte Coping-Strategie. Ist das der Fall, wird der Stress positiv erlebt und wirkt motivierend. Man spricht dann vom sogenannten Eustress. Erscheint dem Hund die Bewältigung einer Aufgabe oder einer Situation hingegen aussichtslos oder löst ein Ereignis sogar Unsicherheit oder Angst aus, wird der Stress zwangsläufig negativ erlebt. Eine derartige Situation belastet den Hund physisch und psychisch. Diese Form wird als Disstress bezeichnet. Stress ist also nicht gleich Stress und hat immer mehrere Seiten.

Jeder Hund ist ein Individuum und reagiert auf verschiedene Reize unterschiedlich. Daher sind die Auslöser von Stress genauso wie die Symptome und die Reaktionen extrem unterschiedlich. **Auslöser für Stress können sein:**

- mangelnde Befriedigung der Grundbedürfnisse (Futter, Wasser, Schlaf, fehlende Bewegung, Langeweile)
- eine Überbelastung (extremer Hundesport, Leistungsdruck, Versagensängste)
- Schmerzen
- Frustration
- starke Veränderungen im Alltag
- generelle Unsicherheit vor allem Neuen
- alleine bleiben zu müssen (Trennungsangst)
- Reizüberflutung durch neue Situationen oder eine neue Umgebung
- schlechte Erfahrungen (der Körper reagiert immer darauf immer mit Stress)
- echte Bedrohungen (Angst, Panik, Unsicherheit oder Aggression)
- Strafe und Gewalt

Positiver Stress

Positiver Stress, auch gesunder Stress oder Eustress genannt, kann gewissermaßen als die gute Form von Stress angesehen werden. Er treibt unsere Hunde an, eine Anforderung als Herausforderung zu sehen, sich darauf zu freuen und sie auch bewältigen zu wollen. Das steigert wiederum das Gefühl, kompetent genug dafür zu sein und macht zufrieden. Derartige Situationen werden positiv bewertet, die Hunde fühlen sich erfolgreich und scheinen zufrieden zu sein. Derartige Erfolgserlebnisse motivieren dazu, auch eine neue Situation zunächst einmal mutig anzugehen. Stress kann unsere Hunde also motivieren und dazu bewegen, Leistung zu erbringen und eine Aufgabe freudig zu verfolgen. Um also produktiv und gefordert zu sein, ist ein gesundes Maß an positivem Stress vonnöten.

Würde man einen positiven Stress grafisch darstellen wollen, wenn sich Hunde im Eustress befinden, so würde zunächst eine Anforderung gestellt werden, auf die eine Leistung folgt. Früher oder später kommt es nach der Leistung zur Ermüdung und danach braucht es Ruhe und Ausgleich. Wobei mit Ruhe und Ausgleich nicht nur wirkliches Ausruhen und Schlafen gemeint sind, sondern durchaus Dinge, die dem Hund Spaß machen, also alles, was dem Hund keinerlei Leistung abverlangt. Das kann ein Spiel mit seinem Hundekumpel sein oder einfach sich im Gras zu wälzen, ein kleines Suchspiel oder sich den Bauch kraulen zu lassen. Was dem Hund einen positiven Kick gibt, ist vollkommen unterschiedlich. Das sollten wir als seine Menschen kennen. Stellt man sich beispielsweise vor, mit seinem Hund an einem heißen Sommertag an einen See zu fahren, um sich zusammen darin abzukühlen und zu schwimmen, mein Hund mag aber Wasser nun mal so gar nicht, dann ist es für ihn sicherlich keine Erfrischung, sondern eher eine beängstigende Situation. Unabdingbar ist es daher, als Hundehalter zu wissen, was bringt mir Ausgleich zum Alltag,

Eustress

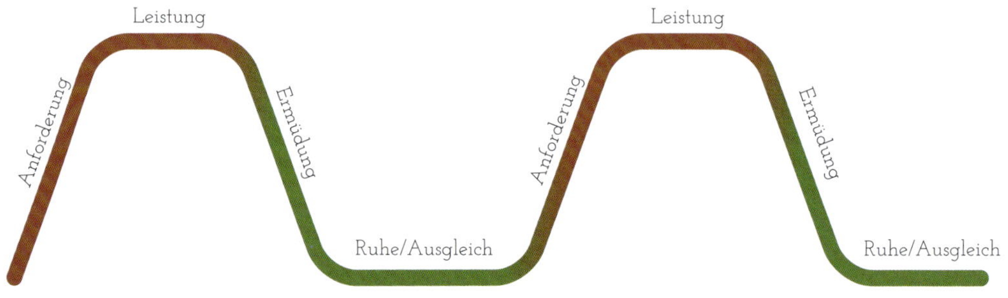

Bei positivem Stress empfindet der Hund die Anforderung als Herausforderung.

was meinem Hund und gibt es etwas, womit wir zusammen auftanken können. Darauf kommen wir aber später noch.

Als Eustress werden daher bewältigbare Stresssituationen bezeichnet, die positiv anregend wirken, weil das Finden einer Bewältigungsstrategie für die Anforderung ein Erfolgserlebnis vermittelt, das stimulierend und leistungsmotivierend wirkt. Empfindet der Hund die Anforderung allerdings nicht oder auch nicht länger als angenehm und fühlt sich nicht oder nicht mehr in der Lage, die Aufgabenstellungen zu bewältigen, so entsteht negativer Stress. Stress kann schädlich werden, wenn die Bewältigungsstrategien des Körpers überfordert werden.

Merkmale von Eustress:

- die Ereignisse sind von kurzer Dauer
- der Hund weiß, wie er die Herausforderung bewältigen kann
- der Hund ist für den Moment leistungsfähiger und kann Kräfte aktiveren
- Eustress wechselt sich mit Entspannung ab
- Eustress macht glücklich, optimistisch und stark
- Eustress sorgt für Antrieb und Motivation, die Leistung zu erbringen

Negativer Stress

Negativer Stress, auch ungesunder oder Disstress genannt, ist das genaue Gegenteil zum Eustress. Wird beim positiven Stress eine Anforderung als Herausforderung angesehen, fühlt sich der Hund beim negativen Stress vollkommen überfordert. Daraus folgt, dass sein Selbstbewusstsein in den Keller fällt und er beginnt, sich selbst negativ zu bewerten. Die Gefühle, bei der an ihn gestellten Anforderung zu versagen, nehmen überhand, so dass er sich auch an keine andere Aufgabe mehr herantraut. Der Hund ist der Überzeugung, die Anforderung nicht leisten zu können und wird sie dadurch auch nicht leisten können. Misserfolge sind somit vorprogrammiert und seine Motivation sinkt. Am Ende stehen beim negativen Stress oftmals Angst, Lähmung und auch Depression. Wird aus einer Anforderung also eine Überforderung, dann wird die Leistung immer geringer und kann auch gegen Null gehen. Aus der normalen Ermüdung wird am Ende eine Erschöpfung und Ruhe- und Ausgleichzeiten sind nicht mehr vorhanden. Bei Menschen spricht man hier von einem Burn-out.

Hat ein Hund beispielsweise Probleme mit Artgenossen und sieht schon in weiter Ferne ein Exemplar, dann wäre es vollkommen falsch, ihn näher oder gar ganz nah an den anderen Hund heranzuführen, damit er lernt, dass andere Hunde nichts Schreckliches sind und er sie gut aushalten kann. Aus dieser Anforderung an den Hund, sich einem Artgenossen ohne Training zu nähern, wird umgehend eine Überforderung. Er hätte gar keine Möglichkeit, dabei etwas zu lernen, weil er überhaupt nicht in der Lage wäre, irgendetwas Positives abzuspeichern. In so einem Moment befindet er sich in einer permanenten Überforderung und besitzt keinerlei Ressourcen, angemessen zu reagieren. Schon gar nicht, wenn er an einer Leine hängt.

Disstress

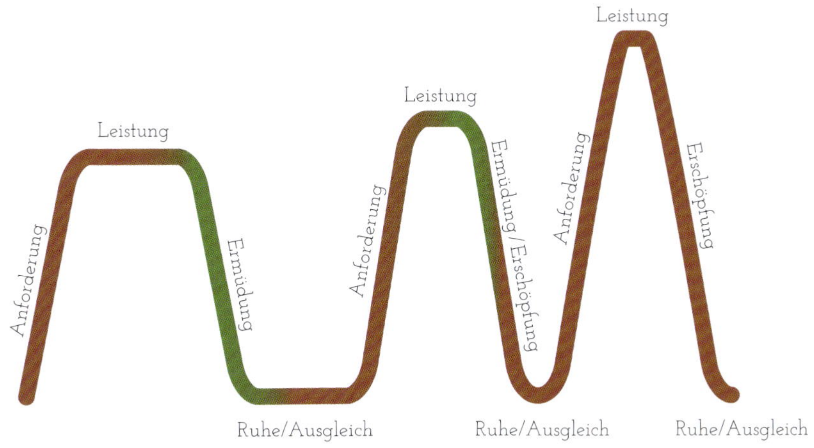

Beim negativen Stress wird aus der Anforderung schnell eine Überforderung.

Bringt man ihn immer wieder in Situationen, in denen er sich überfordert fühlt, dann wird er nach kurzer Zeit auch bei anderen Gelegenheiten gestresst reagieren, die bislang für ihn noch vollkommen neutral waren. Schafft sein Mensch es nicht, ihm nach all den für den Hund unbezwingbar erscheinenden Anforderungen genügend Ausgleich und Ruhe zu verschaffen, damit er wieder in Balance kommt, wird sich der negative Stress ganz vehement auswirken. Da unterscheiden sich die Hunde in keiner Weise von uns.

Wenn ein Hund unter Disstress leidet, können sich die Folgen auf unterschiedlichste Weise darstellen. Einige sind eventuell nur schwer festzustellen, andere sind dagegen ganz leicht zu erkennen. Manche Symptome stehen mit einer gesteigerten Aktivität und einer unangemessenen Reaktion in Verbindung, andere mit einer Abnahme der Aktivität bis hin zur Apathie.

Merkmale von Disstress:

- langfristige und wiederkehrende Überlastung
- der Hund ist überfordert, weil er sich hilflos und handlungsunfähig fühlt
- der Hund ist gehemmt und blockiert, Probleme können nicht mehr rational gelöst werden
- beim Disstress fehlen Entspannungsphasen
- Disstress führt zu Versagensängsten und macht gereizt
- Disstress sorgt für Ermüdung, ja sogar Erschöpfung bis hin zum Burnout

Chronischer Stress

Wirken dauerhaft Stressfaktoren auf den Hund ein, egal, ob negative oder positive, oder häufen sich immer mehr Stressfaktoren, ohne dass es dem Hund möglich ist, sich davon zu erholen, befindet er sich im chronischen Stress. Chronischer Stress versetzt den Körper in einen dauerhaften Aktivierungszustand, der zur absoluten Erschöpfung führt. Ist der Hund bei kurzfristigen Stresssituationen noch in der Lage, seine Reaktionen und die Auswirkungen abzufangen und auszugleichen, befindet sich bei anhaltendem Stress das ganze System in einer Art Daueralarm-Zustand und die aufgestauten Energien wenden sich schlussendlich gegen den eigenen Körper.

So genannte Balljunkies sind hierfür ein Beispiel. Das Wort Junkie kommt auch nicht von ungefähr, denn das Ballspielen ist für manche Hunde zur absoluten Sucht geworden. Dieses Suchtverhalten fördern die eigenen Besitzer oft ganz unwissentlich. Viele halten das Ballspielen für eine gute Beschäftigung für ihre Hunde. Doch da das Spiel verschiedene Sequenzen des Jagdverhaltens beinhaltet, wirkt es selbstbelohnend und kann daher süchtig machen. Hunde können sich dann kaum mehr auf etwas anderes konzentrieren, weil sie regelrecht auf ihre „Beute“ lauern. Natürlich dürfen Sie mit Ihrem Hund auch Ballspielen, es ist sogar eine sehr schöne Beschäftigung zwischen Ihnen und Ihrem Hund. Allerdings nur in Maßen, nicht permanent und gar nicht, wenn Ihr Hund dabei Stresssymptome an den Tag legt oder gesundheitliche Probleme im Bewegungsapparat hat.

Chronischer, langanhaltender Stress ohne ausreichende Entspannung führt zu einer Überlastung des gesamten Organismus: Der Körper läuft ständig auf Hochtouren. Es genügen immer kleinere Reize, um eine erneute Stressreaktion auszulösen. Bei Hunden, die sich sehr leicht in Erregung versetzen lassen, kann der Körper, wenn keine Stressreduktion und / oder ein Stressbewältigungsprogramm erfolgt, die hohe Menge an Stresshormonen nicht schnell genug abbauen. Sie befinden sich somit in Dauerstress.

Bei chronischem Stress ist der Hund oftmals gereizt und empfindet auch vermehrt chronische Schmerzen, weil er mit der Zeit über die Maßen schmerzempfindlich wird. Bei uns Menschen spricht man davon, dass wir „dünnhäutig" werden. Als Folge davon werden die Hunde nicht selten lethargisch. Hunde, die immer wieder sie überfordernden Reizen ausgesetzt sind, befinden sich irgendwann dauerhaft in einer chronischen Stressreaktion, aus der sie alleine nicht mehr herauskommen.

Wie man Stress erkennt und welche durchaus problematischen Auswirkungen er auch zur Folge haben kann, wird in den folgenden Kapiteln noch ausführlich besprochen. Zunächst aber sollten Sie wissen, wie denn eigentlich Stress bei unseren Hunden so entsteht.

Wie entsteht Stress genau?

Um die Zusammenhänge zwischen Stressfaktoren und dem oftmals problematischen Verhalten unserer Hunde zu verstehen, müssen wir einen Blick in deren Körper werfen, vor allem in ihr Gehirn. Hier finden viele komplexe Ereignisse statt, die dafür verantwortlich sind, wie und auch warum sich unsere Hunde letztlich so verhalten, wie sie es tun. Je besser Sie diese Prozesse verstehen, umso besser werden Sie auch das Verhalten Ihrer Hunde verstehen und es effektiver und effizienter beeinflussen können.

Im Folgenden soll knapp erklärt werden, wie der Organismus des Hundes physiologisch auf Stress reagiert und wie die Vorgänge in seinem Körper sich auf sein Verhalten auswirken. Sie werden begreifen, warum Ihr Hund sich oftmals gar nicht anders verhalten kann und ihm hoffentlich mehr Verständnis entgegenbringen, wenn Sie mal wieder richtig genervt von ihm sind. Denn Stress ist die Ursache für die Mehrzahl der Verhaltensprobleme: für die meisten Formen von Aggression, Angststörungen und Hyperaktivität. Kennen Sie die Zusammenhänge, werden Sie in der Lage sein, den Zustand Ihres Hundes unter Stress richtig einzuschätzen, um zielführend und erfolgreich mit ihm zu trainieren.

Wie bereits erläutert, ist Stress ein notwendiger Faktor, damit sich ein Organismus an verschiedenste Belastungen anpassen kann. Liegt nun ein Stressor vor, wird im Körper des Hundes umgehend eine Maschinerie in Gang gesetzt. Man kann sich das so vorstellen, als ob mit der Sekunde des wahrgenommenen Stressors ein Alarmknopf gedrückt wird, der sofort eine Art Notprogramm startet. Schrillt dieser Alarmknopf los, werden zahlreiche Kettenreaktionen im Körper unseres Hundes ausgelöst. In seinem Nervensystem, in seinem Gehirn und in seinem endokrinen System, dem Hormonsystem, was in erster Linie für die chemische Abstimmung im Körper verantwortlich ist. Diese Systeme haben entscheidenden Einfluss auf die stressbedingten Verhaltensauffälligkeiten beim Hund. Werfen wir zunächst einen Blick auf das Nervensystem und seine Auswirkungen auf das Verhalten.

Der Stress in seinem Kopf

Wollen wir beim Hund bestimmte Verhaltensweisen verstehen oder auch eine Verhaltensänderung herbeiführen, so müssen wir uns auf eine Reise in die Tiefen seines Körpers begeben und versuchen, diesen in seiner Komplexität zu begreifen. Denn Hunde agieren innerhalb bestimmter biologischer Rahmenbedingungen. Deshalb ist das Wissen über den Aufbau des Gehirns, über Wahrnehmung und Verarbeitung von Reizen aus der Umwelt von entscheidender Bedeutung. Egal, was letztlich Ursache für seinen Stress ist, auch ob er positiv oder negativ ist: Die Reaktion auf einen Stressor läuft immer nach demselben Muster ab.

Dabei werden verschiedene Regionen des Gehirns aktiv. Zusammen mit dem Rückenmark bildet das Gehirn das zentrale Nervensystem und steuert das Verhalten unserer Hunde. Sie arbeiten Hand in Hand, um den Hund auf seine Stressreaktion optimal vorzubereiten. Manche Teile des Gehirns sind eher für die emotionale Verarbeitung zuständig, andere fürs Planen und Denken. Wieder andere sorgen dafür, dass Vorgänge in Gang gesetzt werden, die notwendig sind, um Stresshormone auszuschütten (dazu später mehr). Zuvor haben weitere Teile des Gehirns die Sinnesreize analysiert und die Informationen weitergeleitet.

Wie sich ein Hund verhält, hängt also in erster Linie davon ab, wie und welche Informationen das Nervensystem überträgt. Denn, wie bereits erwähnt, wirkt nicht jeder Stressor für jeden Hund gleich. Fakt ist, dass für das Verhalten eines jeden Lebewesens letztlich das Nervensystem verantwortlich ist.

Wie funktioniert das Nervensystem?

Wie der Mensch besitzt auch der Hund ein Nervensystem, das den gesamten Körper durchzieht. Es besteht aus unzähligen Nervenzellen, die der Aufnahme, Weiterleitung und Übertragung von Erregungen dienen. Es kommuniziert mit der Umwelt und steuert gleichzeitig vielfältige Mechanismen im Inneren. Es nimmt dabei Sinnesreize auf, verarbeitet sie und reagiert, etwa in Form von Muskelbewegungen oder Schmerzempfindungen. Tritt der Hund beispielsweise auf einen scharfkantigen Stein, erfolgt ein taktiler Reiz auf seiner Haut, nämlich an den Pfotenballen. Dieser Reiz wird von den Nervenzellen der Extremitäten wahrgenommen und über das Rückenmark an das Gehirn weitergeleitet. Im Gehirn wird der Reiz nun verarbeitet, woraufhin ein Impuls wiederum durch das Rückenmark an die betroffene Pfote zurückgesendet wird. Übersetzt lautet der Impuls „Pfote heben und nicht belasten“ und wird dem Hund durch den wahrgenommenen Schmerz unmissverständlich übermittelt. Auch Stoffwechselvorgänge werden über das Nervensystem gesteuert.

Das Nervensystem des Hundes enthält einige Milliarden von diesen Nervenzellen, den sogenannte Neuronen. Allein im Gehirn befinden sich rund 530 Millionen. Jedes Neuron besteht aus einem Zellkörper und verschiedenen Fortsätzen. Die kürzeren Fortsätze (Dendriten) wirken wie Antennen: Über sie empfängt der Zellkörper die Signale von anderen Neuronen. Über den langen Fortsatz (Axon) werden die Signale an andere Nervenzellen weitergeleitet. Die Übergänge von einem Neuron zum nächsten nennt man Synapsen, wobei an einer Synapse auch mehrere Querverbindungen vorhanden sein können. Die Leitungsgeschwindigkeit der Nerven beträgt bis zu 120 Metern pro Sekunde.

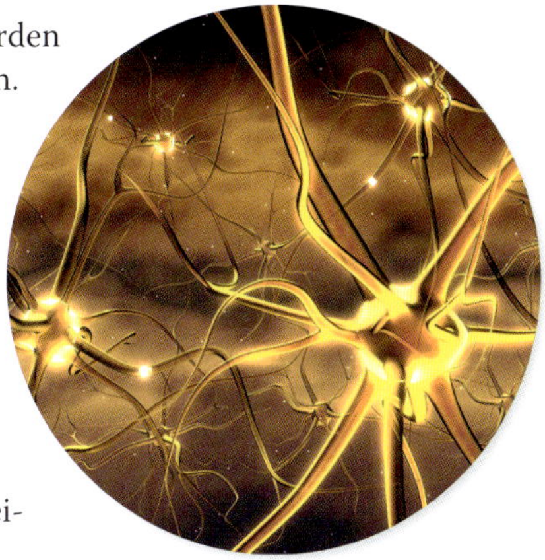

Das Nervensystem eines Hundes besteht aus einigen Milliarden an Nervenzellen.

Das Nervensystem ist beim Hund bereits einige Monate nach der Geburt vollkommen ausgebildet. Ab diesem Zeitpunkt ist keine Zellvermehrung mehr möglich und auch zugrunde gegangene Zellen können nun nicht mehr ersetzt werden. Fortsätze hingegen können bis zu einem bestimmten Grad neu auswachsen. Eine Nervenzelle kann nicht länger als etwa zwei Minuten ohne Energie- und Sauerstoffzufuhr auskommen, ohne abzusterben oder zumindest einen bleibenden Schaden zu erhalten.

Das Nervensystem selbst lässt sich in drei wesentliche Abschnitte einteilen: Das zentrale Nervensystem (ZNS), das periphere Nervensystem (PNS) und das vegetative Nervensystem (VNS). Das ZNS umfasst das Gehirn und das Rückenmark, das PNS beinhaltet die Nerven und einige Sinnesorgane, und das VNS steuert Prozesse, die sich willentlich gar nicht steuern lassen. Es ist ständig aktiv und reguliert beispielsweise die Atmung, den Herzschlag oder den Stoffwechsel. Hierzu empfängt es Signale aus dem Gehirn und sendet sie an den Körper. In der Gegenrichtung überträgt es Meldungen des Körpers zum Gehirn, wie etwa eine volle Blase oder das Aufstellen von Haaren, der sogenannten Piloerektion. Bekommen Hunde bei Artgenossen umgangssprachlich einen Kamm oder eine Bürste, was übrigens unserer Gänsehaut entspricht, also stellen sich die Haare im Nackenbereich und / oder entlang des Rückens oder am Rutenansatz auf, dann können sie das nicht bewusst steuern. Ihre Körper reagieren einfach, und ihre Haare stellen sich durch die Kontraktion eines Muskels in der Haut auf, was man deutlich sehen kann. Hier handelt es sich um eine Reaktion des VNS.

Nicht zwingend ist die Piloerektion ein Zeichen der Wärmeregulation beim Hund. Hunde stellen die Haare auch nicht auf, damit sie auf Artgenossen groß und stark wirken. Im Gegenteil: Sie sind in diesem Fall angespannt und erregt. Ist es also nicht bitterkalt draußen, dann zeugt das Haare-Aufstellen davon, dass der Hund sich gerade in einer wirklich schwierigen Situation befindet, in der er noch keine sichere Lösungsstrategie entwickeln kann. Je mehr Haare aufgestellt werden, um so erregter ist der Hund. Dass der Hund aggressiv ist, wenn die Haare im Nackenbereich stehen, und ängstlich, wenn sie am Rutenansatz stehen, ist lediglich ein Gerücht.

Das VNS kann die Funktion des Körpers an andere Bedingungen enorm schnell anpassen. Ist es einem Hund beispielsweise zu warm, erhöht das System die Durchblutung der Haut und die Schweißbildung, um den Körper abzukühlen. Das VNS unterteilt sich in drei verschiedene Bereiche: das sympathische Nervensystem, das parasympathische Nervensystem und das Eingeweidenervensystem, das enterische Nervensystem.

Das sympathische und parasympathische Nervensystem (Sympathikus und Parasympathikus) wirken im Körper meist als Gegenspieler: Der Sympathikus bereitet den Organismus auf körperliche und geistige Leistungen vor. Er sorgt dafür, dass das Herz schneller und kräftiger schlägt, erweitert die Atemwege, damit man besser atmen kann und hemmt die Darmtätigkeit. Er beinhaltet eine Ansammlung von Nervenknoten und Fasern, die wiederum mit Nervenknoten im Rückenmark verbunden sind und dadurch direkte Auswirkungen auf Stressreaktionen haben. Der Parasympathikus kümmert sich um die Körperfunktionen in Ruhe: Er aktiviert die Verdauung, kurbelt verschiedene Stoffwechselvorgänge an und sorgt für Entspannung. Sympathikus und Parasympathikus wirken aber nicht immer entgegengesetzt; bei manchen Funktionen ergänzen sich die beiden Systeme auch.

Das enterische Nervensystem wiederum beschreibt das eigene Nervensystem des Darmes, das weitgehend unabhängig die Bewegung des Darmes bei der Verdauung reguliert.

Wirkung von Sympathikus und Parasympathikus

Sympathikus - aktivierend:

- Beschleunigung der Herzfrequenz
- Erweiterung der Pupillen
- Hemmung der Speichelsekretion
- Erweiterung der Bronchien und der Blutgefäße in den Muskeln
- Verengung der Hautgefäße sowie der Eingeweide, eventuell auch der Muskelgefäße
- Produktion von Cortisol durch die Nebenniere
- Produktion von Glukose durch die Leber

Parasympathikus - entspannend:

- Verlangsamung des Herzrhythmus
- Verengung der Pupillen
- Verengung der Bronchien
- Sekretionsförderung der Magen- und Darmdrüsen, der Leber und Bauchspeicheldrüse
- Muskelspannung nimmt ab
- Produktion von Galle (Neutralisierung) durch die Leber
- Stopp der Cortisolausschüttung durch die Nebenniere

Was passiert bei Stress im Gehirn?

Zurück zum Gehirn des Hundes: Die Hauptaufgabe des Gehirns in Hinblick auf Stress besteht darin, den Körper zu steuern und alles im Gleichgewicht zu halten. Das bedeutet, dass der Hund zwar auf Reize reagieren, aber eben nicht überreagieren soll. Ohne diese Steuerung wären unsere Hunde nicht überlebensfähig. Nimmt der Hund nun einen Stressor wahr, sind an dessen Verarbeitung der Hirnstamm, das limbische System, die Großhirnrinde und das VNS beteiligt. Der Hirnstamm, auch Reptiliengehirn genannt, weil dieser Bereich bei niederen Wirbeltieren wie Reptilien fast das gesamte Gehirn ausmacht, schließt an das Rückenmark an und ist der Bereich, in dem alle aus dem Körper kommenden Informationen gebündelt und weitergeleitet werden.

Das Gehirn arbeitet permanent und registriert alle Veränderungen im Umfeld. In Bezug auf Stress arbeitet es in erster Linie daran, Gefahren für Leib und Leben zu erkennen, oftmals auch schon deren Vorzeichen. Alle wahrgenommenen Reize werden bewertet und entweder aussortiert oder weiterbearbeitet. Primär geschieht dies im limbischen System. Das limbische System steuert unterschiedliche Emotionen, ist dafür verantwortlich, dass unsere Hunde etwas Neues lernen und ist für einen Teil des Gedächtnisses zuständig. Aufgrund all dieser Aufgaben besteht das limbische System aus einem komplizierten Bereich neuraler Strukturen. Man könnte sagen, dass das limbische System das Gefühlszentrum des Gehirns ist. Neben der ersten Bewertung von Stressoren löst es auch erste Reaktionen aus. Das geschieht rein emotional und ohne überhaupt nachzudenken.

Entscheidet das Reptiliengehirn, dass der ankommende Reiz angenehm ist oder hat es eine passende Strategie zur Bewältigung der Situation parat, so wird das Stresssystem nicht aktiviert. Anders sieht das aus, wenn das Reptiliengehirn feststellt, dass keine passende Strategie vorhanden ist oder unangenehme Empfindungen ausgelöst werden. Ob nun das Stresssystem aktiviert wird, liegt, wie wir schon wissen, in der individuellen Bewertung der Situation.

Um das genauer zu erklären, nehmen wir an, wir gehen mit zwei Hunden an einen See zum Schwimmen. Um das Beispiel zuzuspitzen, nehmen wir weiter an, dass es sich beim einen Hund um einen Golden Retriever und sogar einen ausgebildeten Wasserrettungshund handelt, während der andere ein Berner Sennenhund ist, der noch nie im Wasser war.

Beide fahren im selben Auto zum See, steigen zusammen aus, gehen zusammen ans Ufer. Bis dahin bewerten beide Hunde die Situationen noch vollkommen gleich: die Geräusche beim Autofahren, die Empfindung der Außentemperatur, den Sand unter den Pfoten und den Geruch des Wassers. Während der Golden Retriever jedoch ohne Zögern und mit viel Freude in den See geht, wird der andere Hund zunächst stehen bleiben, um erst einmal zu schauen, sich zu orientieren und die Lage einzuschätzen. Wagt er es, ins Wasser zu gehen – oder schlimmer und leider nicht selten – wird zum Hineingehen gezwungen, wird er anfangs vermutlich vorsichtig oder gar panisch reagieren. Denn im Gegensatz zu seinem Kumpel hat er in dieser Situation noch keine Lösungsstrategie entwickeln können und weiß daher nicht, was zu tun ist, wenn er plötzlich keinen Boden mehr unter den Pfoten spürt und wie er wieder aus dem See kommt. Er taucht vielleicht unter, schluckt Wasser, strampelt wie wild und wenn er in Panik verfällt, wird er im wahrsten Sinn um sein Leben kämpfen. An dieser Stelle sei nur nochmal kurz erwähnt, dass nicht alle Hunde einfach so schwimmen können. Viele müssen es, wie wir Menschen eben auch, erst erlernen.

Hat der Berner Sennenhund die Möglichkeit, allmählich zu begreifen, dass er mit den Bewegungen seiner Beine im fremden Element vorwärtskommt, dass er den Kopf über Wasser halten und problemlos atmen kann, dass er auf diese Weise zurück zum Ufer kommt und wieder sicheres, bekanntes Terrain erreicht und dass er nach dem Schwimmen wunderbar erfrischt ist, hat er für die Situation „Schwimmen im See" eine Bewältigungsstrategie gefunden, die er nun abrufen kann (Coping-Strategie). Er wird beim nächsten Mal nicht mehr zögern, ins Wasser zu gehen. Ist er aber beim ersten Mal im Wasser so panisch, dass er beinahe ertrinkt, wird er nicht noch einmal freiwillig in ein Gewässer gehen. Hier müsste ihm dann eine achtsame und richtige Hilfe von seinem Menschen angeboten werden und er müsste das Schwimmen von der Pike auf lernen. Wie schnell und ob das überhaupt noch gelingt, ist von Hund zu Hund unterschiedlich.

Das Reptiliengehirn ist immer da und kann sich im Alltag eben auch immer wieder melden. Davon ist man nicht gefeit. Aber je mehr das Großhirn kennengelernt und abgespeichert hat, umso souveräner kann der Hund reagieren.

Der Ablauf beim Hund erfolgt folgendermaßen:

- Ein Reiz erfolgt.
- Das Reptiliengehirn warnt.
- Das limbische System reagiert: Es scannt, ob das Großhirn bereits über Erfahrungen, Erinnerungen oder Bewältigungsstrategien verfügt.

Die Verbindung zum Großhirn bleibt bestehen, wenn ein Ereignis bereits erlebt wurde und es möglich ist, auf alle logischen Funktionen zurückzugreifen (erlerntes Verhalten). Fazit: Die Situation ist zu bewältigen.

Es kommt zu einer Blockade der Verbindung zum Großhirn, wenn es keine Erfahrungen oder Bewältigungsstrategien gibt. Dann laufen nur noch automatisierte Verhaltensweisen ab. Fazit: Die Situation ist für den Hund nicht zu handhaben und es kommt zu negativen Folgereaktionen (Stresssymptome).

Im Training sollte darauf geachtet werden, dass immer auf bereits Erlerntem aufgebaut wird, also auf eine kleinschrittige Vorgehensweise. Und dann könnte eine Hundebegegnung wie folgt aussehen:

- Das Reptiliengehirn warnt: Achtung Hund!
- Das limbische System reagiert: Oh je, ein Hund! Kenne ich den? Macht der mir was? Greift der mich an?
- Das Großhirn antwortet: Ah, da vorne ist ein Hund. In solchen Situationen gehe ich zu meinem Menschen, drehe dem anderen Hund den Rücken zu und hole mir ein Superleckerchen ab, bevor wir weitergehen.

Bei unbekannten und neuen Reizen hat das Gehirn also noch keine Strategie und findet nicht umgehend oder vielleicht sogar überhaupt keine Lösung. In beiden Fällen wird das Stresssystem aktiviert. Das gleiche gilt, wenn Strategien zwar vorhanden wären, sie aber nicht umgesetzt werden können. Empfindet ein Hund die Anwesenheit eines Artgenossen etwa als äußerst unangenehm oder gar bedrohlich, würde er der Situation gerne entfliehen. Hängt er jedoch an der Leine und hat er von seinem Menschen das Kommando „Sitz" bekommen, bleibt er sitzen und kann sich diesem Konflikt nicht entziehen. Trotzdem der Hund eine Lösungsstrategie hätte, kann er sie in diesem Fall nicht umsetzen und verfällt umgehend in Stress.

Doch nun kurz erklärt, was bei Stress eigentlich genau im Gehirn passiert: Der Stressor wird im limbischen System wahrgenommen. Das passiert automatisch und lässt sich weder beeinflussen noch stoppen. Das limbische System besteht wiederum aus verschiedenen Arealen mit unterschiedlichen Funktionen und Verbindungen zu Steuerungszentren in anderen Hirnregionen. Die wichtigsten Komponenten des Systems sind dabei die Amygdala, der Hippocampus und der Hypothalamus. Jeder Teil des limbischen Systems erfüllt seine eigenen Aufgaben.

Die Amygdala, auch Mandelkern genannt, spielt eine tragende Rolle bei Angst und Panikzuständen und ist wesentlich an Erregungen und der Entstehung von Angst beteiligt. Sie verarbeitet äußerliche Einflüsse, löst bei Bedarf Fluchtreflexe oder andere Emotionen aus und setzt die entsprechenden Hormone frei (dazu später). Deshalb spielt sie für die Steuerung von Stressreaktionen eine entscheidende Rolle. Zudem hat sie großen Anteil an der emotionalen Bewertung und Wiedererkennung von Situationen sowie der Analyse möglicher Gefahren. Informationen, die zur Amygdala weitergeleitet werden, sind zu einem gewissen Teil durch den Hypothalamus und die Großhirnrinde vorverarbeitet.

Manche Informationen treffen hingegen ungefiltert auf den Mandelkern. Dazu zählen beispielsweise Gerüche, was für Hunde besonders wichtig ist, weil sie die Welt in erster Linie mit dem Geruchssinn wahrnehmen. Das Riechhirn ist im Hundehirn dabei 40 Mal größer als in unserem Gehirn. Zudem besitzt die Amygdala ein eigenes Gedächtnis. Ist ein Hund irgendwann einmal von einer Treppenstufe abgerutscht, dann verbindet die Amygdala die Erinnerung an diese Treppe mit Angst und es kann sehr lange dauern, bis der Hund diese wieder begehen wird. Oftmals muss hier wirklich ein individuell abgestimmtes Training erfolgen.

Der Hippocampus gilt als Kerngebiet des limbischen Systems und ist besonders wichtig für das Gedächtnis. Er nimmt Informationen aus anderen Bereichen des Gehirns auf, verarbeitet sie und überführt alles Wichtige ins Langzeitgedächtnis. Man könnte ihn als Internet-Knoten bezeichnen, der für den Datenaustausch im Körper zuständig ist. So sorgt er beispielsweise auch dafür, dass sich Hunde schnell in einer Umgebung zurechtfinden. Wissenschaftler vermuten, dass der Hippocampus in der Lage ist, neue Nervenzellen auszubilden und er um so besser funktionieren kann, je mehr er beansprucht wird. Außerdem besitzt er die Fähigkeit, ankommende Informationen mit bereits abgespeicherten Informationen zu ergänzen. Das bedeutet für unsere Hunde: Je mehr sie bereits gelernt und damit abgespeichert haben, umso besser können sie auch Neues erlernen. Es ist also wichtig, Hunde zu fördern und zu fordern, damit sie über einen großen Erfahrungsschatz verfügen. Schädigungen des Hippocampus führen zu temporärem oder chronischem Gedächtnisverlust (Amnesie).

Ein weiterer wichtiger Teil des limbischen Systems ist der Hypothalamus. Er ist für die Steuerung des VNS verantwortlich und arbeitet eng mit der Amygdala zusammen. Signalisiert diese zum Beispiel, dass eine große Gefahr droht, handelt der Hypothalamus umgehend und schickt über das Nervensystem Signale weiter. Um seinen Aufgaben nachzukommen, verfügt er über zahlreiche neuronale Verbindungen zu anderen Hirnzentren. Er reguliert grundlegende biologische Abläufe wie Hunger und Durst sowie verschiedene Körperfunktionen. Zudem kontrolliert er den Hormonhaushalt und die Steuerung des Schlaf-Wach-Rhythmus.

Abschließend sei noch kurz das Großhirn erwähnt, das einen großen Teil dazu beiträgt, wie der Hund einen Reiz wahrnimmt. Das Großhirn ist die oberste Instanz des ZNS und macht den Hauptteil des Gehirns aus. Es besteht aus einer rechten und einer linken Hälfte, Hemisphären genannt, die jeweils auf bestimmte Aufgaben spezialisiert sind: In den linken Arealen sitzen in der Regel Sprache und Logik, in den rechten Großhirn-Arealen die Kreativität und der Orientierungssinn. Beide sind über einen Balken (Corpus Callosum) miteinander verbunden sind, der aus einem Bündel von Nervenfasern besteht. Abgesehen davon gibt es noch weitere Verbindungen zwischen den beiden Hirnhälften. Die Oberfläche dieser beiden Großhirnhälften ist zerfurcht wie eine Walnuss, die zahlreichen Hirnwindungen sind durch Furchen gegeneinander abgegrenzt. Das Großhirn gliedert sich in einen äußeren Teil (Rinde, graue Substanz) und einen inneren Teil (Mark, weiße Substanz). Die Großhirnrinde besteht dabei zu 90 Prozent aus dem Neocortex, aus Milliarden von Nervenzellkörpern und erlaubt dadurch eine Kommunikation auch mit weit entfernten Zellen.

Das Großhirn verbindet quasi als Schaltzentrale alle unsere Organe, Organsysteme und Gewebe miteinander und stimmt sie aufeinander ab. So werden Reize sowohl aus der Umwelt (Nase, Ohren, Augen, Haut) als auch aus dem Inneren des Organismus über Rezeptoren aufgenommen, über aufsteigende Nervenbahnen weitergeleitet und in der Großhirnrinde beurteilt und verarbeitet. Je nach Art des Reizes erfolgt dann eine Antwort, wieder in Form eines Reizes, der über absteigende Nervenbahnen an die Peripherie, inneren Organe und Organsysteme gegeben wird. Allerdings gelangen eben nicht alle Reize bis in die Großhirnrinde.

Denn manche Informationen werden ganz rasch und ohne, dass sie ins Bewusstsein gelangen, in anderen Hirnregionen verarbeitet. Und zwar dann, wenn sie das Gehirn als überlebenswichtig einstuft. Es handelt sich hier um keine bewusste Bewegung, sondern um einen Reflex. Reflexe kommen bei Hunden bei taktilen, akustischen, optischen und chemischen Reizen zum Einsatz. Als Beispiel gilt etwa das direkte Sonnenlicht, das den Hund unmittelbar zum Schließen der Augen veranlasst. Hierbei wird ein Reiz nach wie vor durch das PNS an das ZNS weitergeleitet. Allerdings reicht der Impuls nicht bis zum Gehirn. Stattdessen wird er bereits in der Wirbelsäule mit einer hohen Priorität verarbeitet. Dies spart Zeit und kann in einigen Fällen sogar das Leben retten.

Die Großhirnrinde und das limbische System arbeiten zusammen, aber auch gegeneinander. Reagiert ein Hund beispielsweise ängstlich, wird automatisch die Funktion der

Großhirnrinde gesenkt. Der Hund ist nicht in der Lage, rationale Strategien zu entwickeln und klar zu denken. Führen wir mit unseren Hunden jedoch etwa Suchspiele durch, wird wiederum sein limbisches System gehemmt und die Wahrscheinlichkeit, dass der Hund negative Emotionen dabei verspürt, ist eher gering.

Gehirnfunktionen

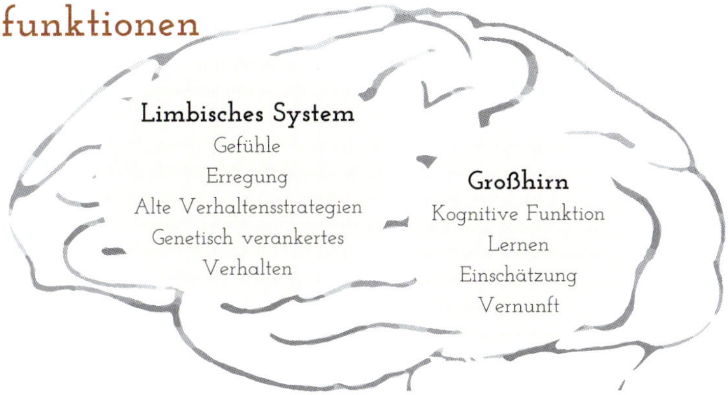

Das limbische System und das Großhirn arbeiten sowohl zusammen als auch gegeneinander.

Wir sollten bei Beschäftigungen mit unserem Hund daher ihr Umfeld immer so gestalten, dass sie nicht übermäßig in Stress geraten und sich auf ihre Aufgaben konzentrieren können. Denn nur so erlernen sie geeignete Strategien, um künftig stressige emotionale Situationen meistern zu können. Hierfür müssen wir aber auch wissen, welche Beschäftigungen mit unserem Hund für ihn überhaupt stressfrei sind. Dazu später mehr.

Zusammenfassend lässt sich sagen, dass das limbische System der Verhaltenssteuerung dient und sich direkt auf ein Stressgeschehen auswirkt. Deswegen ist es auch so wichtig, die Zusammenhänge zu begreifen, weil man bei Hunden nur dann eine Verhaltensänderung herbeiführen kann.

Bei Stress laufen die Systeme auf Hochtouren

Das Nervensystem überträgt Informationen über die Nervenzellen (Neuronen) von einem Ort zum anderen. Sobald der Hund nun in Stress gerät, fängt im Körper ein Informationsaustausch an, und zwar über zwei verschiedene Kommunikationssysteme: das Nervensystem, vor allem das VNS, und das endokrine System. Beide Systeme sind funktionell eng miteinander verknüpft. Zusammen regeln und koordinieren sie die Funktionen von zum Teil weit voneinander entfernten Organen. Während das Nervensystem seine Botschaften in elektrischen Impulsen verschlüsselt über die Nervenfasern zu den einzelnen Organen schickt, bedient sich das endokrine System chemischer Stoffe, um sich zu verständigen. Beide haben das übergeordnete Ziel, den Körper kontinuierlich an wechselnde Belastungen anzupassen und für ein ausgeglichenes inneres System zu sorgen.

Wenn wir also von Kommunikationssystemen sprechen, ist es auch wichtig, uns das endokrine System genauer anzuschauen. Das beinhaltet Hormone, Rezeptoren, Botenstoffe und Neurotransmitter. Alle sorgen dafür, die so genannte Homöostase herzustellen. Unter Homöostase versteht man das Gleichgewicht aller physiologischen Körperfunktionen. Nehmen wir etwa die Körpertemperatur. Ist es dem Hund zu warm, wird er anfangen zu hecheln, ist es ihm zu kalt, fängt er an zu zittern, um sich dadurch zu erwärmen. Um die Körpertemperatur möglichst konstant zu halten, verfügt der Körper eben über selbstregulierende Prozesse wie das Schwitzen und das Zittern.

Die Homöostase ist für unsere Hunde von entscheidender Bedeutung. Denn Zellen und Organe brauchen ganz bestimmte Bedingungen, um korrekt funktionieren zu können, wie etwa eine bestimmte Körpertemperatur oder auch einen ausgeglichenen Wasser- und Elektrolythaushalt. Diese Sollwerte versucht der Körper ständig zu erreichen. Die Homöostase kann auch schnell aus dem Gleichgewicht kommen: durch zu hohe körperliche Belastung, veränderte Umweltbedingungen oder eben auch durch psychische Belastungen, womit wir beim Stress wären.

Sobald der Körper in Stress gerät, springen Nervensystem und endokrines System an. In Situationen, die unserem Hund auf welche Art auch immer bedrohlich erscheinen, werden innerhalb von Millisekunden Botenstoffe der Nervenzellen, die sogenannten Neurotransmitter, freigesetzt. Die verschiedenen Neurotransmitter haben unterschiedliche Auswirkungen auf das Nervensystem und erzeugen verschiedene Reaktionen im Körper. Sie stimulieren, hemmen oder regulieren die Aktivität von Nervenzellen und haben daher auch großen Einfluss auf das Verhalten. Die Hauptfunktion der Botenstoffe besteht darin, den Körper in Alarmbereitschaft zu versetzen, um auf eine Gefahr hin reagieren zu können. Wichtig für derartige Reaktionen sind wiederum die sogenannten Stresshormone Adrenalin und Noradrenalin, die Hand in Hand arbeiten, um den Körper optimal zu schützen und überlebenswichtige Reaktionsketten auszulösen. Darüber hinaus sind Adrenalin und Noradrenalin auch Neurotransmitter, die im ZNS produziert werden und Signale ans Gehirn weiterleiten.

In seiner Rolle als Stresshormon wird Adrenalin von den Nebennieren ins Blut abgegeben und sorgt dafür, dass Hunde in Sekundenschnelle auf eine potenzielle Gefahr reagieren können: das Herz schlägt schneller, der Blutdruck steigt und die Atmung wird effektiver. Der Körper benötigt mehr Energie. Daraufhin wird Glukose gebildet und freigesetzt sowie Fettreserven verbrannt. Adrenalin ist das wichtigste Hormon, wenn es um eine kurzfristige Aktivierung geht. Wird es ausgeschüttet, werden umgehend alle Reserven des Körpers mobilisiert und der Hund ist hellwach und voll da. Neben seiner wichtigen Funktion als Hormon gibt es als Neurotransmitter dem Gehirn zudem ununterbrochen Signale, dass die Gefahr noch besteht. Als Reaktion darauf wird im Nebennierenmark so viel Adrenalin produziert, bis die Gefahr vorüber ist und der Stress nachlässt.

Genau umgekehrt verhält es sich beim Noradrenalin. Es wird ebenfalls von den Nebennieren produziert, hat seine wichtigste Funktion aber nicht als Hormon, sondern als Neurotransmitter. Seine Hauptaufgabe ist die Weiterleitung von Signalen über das ZNS. Liegt eine Bedrohung oder akuter Stress vor, wird der Botenstoff im Gehirn freigesetzt. Von hier aus sorgt er dafür, dass der Hund wie auf Knopfdruck leistungsbereit ist. Noradrenalin als Neurotransmitter aktiviert den Teil des Nervensystems, der die Körperfunktionen in Stresssituationen reguliert: den Sympathikus. Außerdem kommt es zu einer gesteigerten Aufmerksamkeit und einer erhöhten Handlungsbereitschaft. Bei einem Mangel an Noradrenalin senkt der Körper seinen Energieverbrauch und kann nur noch bedingt funktionieren. Neben Stress sind auch Lethargie und Depressionen die Folgen. Eine unerfreuliche Begleiterscheinung ist auch noch die Speicherung der negativ erlebten Ereignisse in der Amygdala, also dem Angstzentrum.

Adrenalin und Noradrenalin werden bei bedrohlichen Situationen umgehend ausgeschüttet und sorgen für die kurzfristige Aktivierung des Körpers. Hält eine für den Hund nicht zu bewältigende Situation länger an, setzt zusätzlich die Ausschüttung von Cortisol ein. Dieses Hormon beschleunigt den Stoffwechsel und signalisiert Organen wie etwa der Leber, dass der Körper noch mehr Energie benötigt. Diese Energie muss ungehindert fließen können. Deshalb werden Funktionen, die der Hund in einer Stresssituation nicht braucht, umgehend heruntergefahren. Die Folge ist unter anderem, dass er nicht mehr denken kann, nur noch instinktiv handelt und keinen Appetit hat. Letzterer wird durch eine Drosselung der Verdauungsfunktion gezügelt. Das ist auch der Grund, weshalb gestresste Hunde nicht fressen, auch nicht, wenn ihnen ihr Lieblingsleckerchen angeboten wird.

Normalerweise mindert der Körper, sobald der Cortisolspiegel hoch genug ist, im Rahmen einer Rückkopplung die Produktion von Cortisol. Hält die Stresssituation jedoch über einen längeren Zeitraum an, wird der Notfallstatus aufrechterhalten. Dadurch kommt es zu einem Zustand, in dem der Körper nur noch über unzureichende biologische Reserven verfügt, um die körperliche Belastung der Stressreaktion auszugleichen (Disstress). Die momentan nicht benötigten Körperfunktionen werden quasi ausgeschaltet.

Wenn es dem Hund gelingt, die Gefahr oder die bedrohliche Situation zu bewältigen, wird die Aussendung von Alarmsignalen gestoppt. Dadurch wird die sympathische Aktivierung gebremst, der Parasympathikus wird aktiviert und der Körper kann zur Ruhe kommen. Der Abbau der Hormone aus dem Blut beginnt, wobei je nach Länge der Stresssituation der Abbau des Adrenalins einen Tag und des Cortisols sogar bis zu sieben Tagen dauern kann. Erlebt der Hund in der Phase des Abbaus erneut eine Situation, mit der er nicht zurechtkommt, dauert der Abbau entsprechend länger. Kommt es jedoch zu Dauerstress, stoppt die Cortisol- und Adrenalinproduktion nie. Der dauerhaft erhöhte Cortisolspiegel im Blut führt dann zu vielfältigen Fehlfunktionen im Körper und im Gehirn. Schwerwiegende Erkrankungen bis hin zum Tod sind die Folge.

Wenn daher ein plötzlich auftretendes und unangenehmes Ereignis nur kurz ist, wie etwa ein Donner oder ein Schuss, dann ebbt die Stressreaktion relativ schnell wieder ab. Hat der Hund aber Probleme mit Artgenossen, dann kann es anders aussehen. Nach einem vorbeigehenden Hund, der sich als freundlicher und ungefährlicher Artgenosse entpuppt, wird sich der Stresslevel nach der Begegnung schnell wieder senken. Trifft der Hund aber nun jeden Tag bei seinen Spaziergängen auf Hunde, die für ihn eine Bedrohung darstellen, wird es nach jeder Begegnung eine Weile dauern, bis der Hund sich wieder beruhigt hat. Hat er zwischen den Begegnungen keine Möglichkeit, sich zu beruhigen, wird er gestresst bleiben. Das bedeutet, dass sein Cortisolspiegel dauerhaft zu hoch sein wird. Streng genommen müssen solche Hunde für mindestens sieben Tage in eine reizarme Umgebung, damit sie überhaupt in der Lage sind zu lernen, wie sich Stresssituationen bewältigen lassen. Das entspricht aber in keinster Weise der Realität. Allzu oft werden Hunde mit einem derartigen Stresslevel weiterhin täglich mit ihren Stressoren konfrontiert.

Es gibt noch weitere wichtige Hormone und Neurotransmitter, die bei einem Stressgeschehen von Bedeutung sind, die ich der Vollständigkeit halber nur kurz erwähnen möchte. Wie etwa Dopamin: Es ist an der motorischen Koordination, der Aufmerksamkeit und am Lernen beteiligt. Es wirkt am Motivations- und Belohnungszentrum im Gehirn und fördert die Freisetzung von Endorphinen (Glückshormone). Ein Mangel führt zu Störungen der Gedächtnis- und Lernfunktion, Aufmerksamkeitsdefiziten und Depression. Ein Überschuss hingegen löst Unruhe und impulsives Verhalten aus.

Serotonin: Es steuert die Stimmungslage, das Schmerz- und das Reizbarkeitsniveau. Ein niedriger Serotoninspiegel kann zu impulsivem, aggressivem Verhalten, beeinträchtigter Lernfähigkeit, Ängsten und Zwangshandlungen führen. Glutamat und Gamma-Aminobuttersäure (GABA) arbeiten als gegensätzliche Kräfte im Bereich der Steuerung des Nervensystems zusammen. Ein Ungleichgewicht zwischen den beiden Neurotransmittern führt dazu, dass die Nerven entweder unkontrollierte Impulse abfeuern oder aufhören, effektiv zu arbeiten. Vor allem GABA ist der wichtigste hemmende Neurotransmitter im Nervensystem.

Sie sehen: Das Wissen um bestimmte Abläufe im Kopf eines Hundes ist in puncto Verhaltensauffälligkeit unglaublich hilfreich. Nach wie vor aber lassen viele Hundetrainer die Prozesse, die im Körper bei Stress ablaufen, nicht in ihre Arbeit einfließen, sondern arbeiten lieber mit eingefahrenen Methoden weiter. Dass dabei oftmals nachhaltiger Erfolg ausbleibt, liegt auf der Hand. Deshalb sollten Trainer dieses Wissen um die Prozesse im Gehirn des Hundes nutzen und dementsprechend individuell auf ihre Hund-Menschen-Teams eingehen. Es würde den Hunden viel Leid ersparen und Ihnen als Hundehalter letztlich auch. Das Prinzip Hoffnung, dass ein Training schon irgendwie und irgendwann zum Erfolg führen wird, muss der Vergangenheit angehören.

Wenn Sie nun selbst wissen, was alles in Ihrem Hund passiert, wenn er Stress oder gar zu viel Stress ausgesetzt ist, werden Sie ihn in einem anderen, verständnisvolleren Licht sehen und auch die späteren Trainings- und Therapiemöglichkeiten besser verstehen und umsetzen können. Denn bis die hormonellen Folgen einer Stresssituation körperlich wieder vollständig abgebaut sind, dauert es lange. An dieser Stelle erwähne ich gern erneut, dass Cortisol & Co. bis zu sieben Tagen brauchen, bis sie wieder vollständig im Körper abgebaut werden. Der Abbau kann aber nur erfolgen, wenn Ihr Hund nach dem stressigen Moment auch wirklich nichts anderem mehr ausgesetzt ist und er sich erholen kann. Falls nicht, kreiseln die Stresshormone im Hundekörper gewissermaßen in der Dauerschleife.

Beeinflusst Genetik das Verhalten?

Border Collies sind schlau, Dackel stur, Möpse faul, Pitbulls aggressiv und Golden Retriever die perfekten Familienhunde. Wer sich einen neuen Hund zulegen möchte, verlässt sich nicht selten auf Aussagen wie diese, um den für ihn scheinbar perfekten Hund zu finden. Zwar entscheiden sich leider immer noch die meisten Menschen für einen Hund aufgrund seines Aussehens und seiner Größe, aber Verhaltensbeschreibungen wie diese werden durchaus auch in die Auswahlkriterien aufgenommen. Denn letztlich möchten wir ja einen Hund, der leicht zu erziehen ist und sich weder ängstlich noch aggressiv verhält. Was ist also dran an den Aussagen, dass bestimmte Rassen viel bellen, eigensinnig, gutmütig oder eben auch leicht reizbar sind? Immerhin gibt es ja in vielen Ländern rassespezifische Rechtsvorschriften, rasseabhängige Hundesteuern, ja sogar Haltungsverbote einzelner Rassen. Und auch die Versicherungen verlangen je nach Rasse unterschiedliche Beiträge.

Um der Frage auf den Grund zu gehen, ob ein Zusammenhang zwischen Verhalten und Genetik, also der Vererbungslehre, besteht, müssen wir uns kurz dem Thema Genetik widmen. Die Gene bilden dabei eine Art Bauplan für die Persönlichkeit. Sie wirken sich auch auf Gehirnregionen sowie den Stoffwechsel von Neurotransmittern aus. Wie Hunde die Umwelt wahrnehmen und wie sie darauf reagieren, wird vom Gehirn gesteuert, was bedeutet, dass ihr Verhalten dann teilweise durch ein Genom, also ein Erbgut, festgelegt wird. Die Verhaltensgenetik selbst ist dabei ein Teilbereich der Genetik, in der zwischen artspezifischem Verhalten, Rasseverhalten und individuellem Verhalten unterschieden wird.

Artspezifisches Verhalten umfasst das Verhaltensrepertoire, das allen Vertretern einer Art eigen ist. Das sind bei Hunden, wie bei den allermeisten Arten, das Fortpflanzungs- und das Brutpflegeverhalten. Instinktverhalten wie Flucht-, Angst- oder Schutzverhalten sind zwar auch arttypisch, unterscheiden sich aber von Art zu Art. Ein Fluchttier wie beispielsweise ein Pferd wird bei einer Gefahr anders reagieren als ein Hund. Diese Verhalten sind in den Genen fest verankert. Einfachste Verhaltensmuster wie Reflexe oder bestimmte Veranlagungen sind ebenfalls vererblich. Komplexe Verhaltensweisen, etwa das Hüteverhalten eines Border Collies oder das Apportieren von erlegten Enten bei einem Labrador Retriever, dagegen nicht. Beide genannten Rassen können aber durch ihre geerbten neuronalen Veranlagungen diese Verhalten schneller erlernen als andere Hunderassen. Zusammengefasst sind Gene also für die Ausbildung der Hirnareale verantwortlich und haben somit Einfluss auf das, was ein Gehirn leisten kann, aber eben nicht, was es später wirklich leisten wird.

Der ererbte Teil des Verhaltensrepertoires ist sehr stabil, weil es sich über mehrere Millionen Jahre durch natürliche Selektion geformt und gefestigt hat. Das zum Überleben nützlichste Verhalten hat sich dabei durchgesetzt. Stabil vererbte Verhaltensmerkmale sind daher äußerst dominant oder sehr reinerbig (homozygot). Das bedeutet, dass es innerhalb einer Population wenig genetische Variationen gibt. Rassehunde, wie wir sie heute kennen, sind ontogenetisch, also entwicklungsgeschichtlich gesehen dagegen sehr jung. Die heutige Einteilung mit festgelegten Rassestandards kann auf gerade mal 200 Jahre zurückblicken.

Neusten Kenntnissen nach fand die Domestizierung des Wolfes zum Hund vor frühestens 19.000 Jahren statt. Der Mensch begann jedoch erst vor rund 2.000 Jahren Hunde hinsichtlich spezieller Arbeitsaufgaben zu selektieren. Im Mittelalter gab es in Europa vermutlich nicht mehr als zwölf allgemein definierte Hunderassen. Heutzutage gibt es 246 anerkannte und insgesamt mindestens 400 verschiedene Hunderassen auf der ganzen Welt. Die meisten der modernen Hunderassen sind übrigens nicht älter als 160 Jahre.

Die moderne Rassezucht, wie wir sie kennen, begann erst im 19. Jahrhundert. Dabei lag der Fokus weniger auf dem Wesen der Hunde als auf äußerliche Merkmale wie Körpergröße oder Fellbeschaffenheit. Wer sich also einen Dobermann anschafft, kann sich recht sicher sein, dass dieser auch aussehen wird wie ein typischer Dobermann. Doch gilt das auch bei seinem Verhalten? Also ist das so, dass eine bestimmte Rasse auch ein bestimmtes Verhalten an den Tag legt? Hat jeder Dobermann einen ausgeprägten Schutztrieb? Sind Dackel wirklich stur und Pitbulls aggressiv?

Eine Studie der University of Massachusetts aus dem Jahr 2022 kommt zu dem eindeutigen Ergebnis: nein. Für die Studie befragten die Forscher 18.385 amerikanische Hundebesitzer nach Eigenschaften und Verhaltensweisen ihrer Vierbeiner. Rund die Hälfte der untersuchten Hunde waren dabei reinrassige Vertreter aus 78 Rassen, bei der anderen Hälfte handelte es sich um Mischlinge. Die Rasse, so eines der Ergebnisse, erkläre etwa lediglich neun Prozent der Verhaltensvariationen und besitze daher nur eine relativ geringe Aussagekraft für den einzelnen Hund. Eigenschaften, die noch am ehesten mit der Rasse zusammenhängen, sind laut Studie, wie gut ein Hund auf menschliche Kommandos reagiert und wie leicht er sich erziehen und trainieren lässt. Betont wird, dass einige Hunderassen verspielter, neugieriger, gehorsamer oder wachsamer als andere Hunderassen seien. Die Unterschiede zwischen einzelnen Hunden seien aber meist größer als die Unterschiede zwischen den einzelnen Hunderassen.

Ängstlichkeit und Aggression dagegen hängen der Studie zufolge kaum mit genetischen Merkmalen zusammen. Hier wird vermutet, dass sie vielmehr durch die individuellen Erfahrungen eines Hundes in seiner Umwelt beeinflusst werden. Doch für insgesamt elf genetische Varianten fanden die Wissenschaftler einen deutlichen Zusammenhang mit Verhaltensweisen. Eine bestimmte Stelle im Genom beeinflusst etwa, wie aufgeschlossen der Hund gegenüber ihm bekannten und unbekannten Menschen ist, eine andere bestimmt seine Neigung zu heulen.

In ihrer Studie fanden die Wissenschaftler heraus, dass Verhaltensunterschiede zwischen modernen Hunderassen grundsätzlich nur sehr gering ausgeprägt sind und dass es keine Verhaltensweisen gibt, die nur bei einer Rasse auftreten. So gaben beispielsweise acht Prozent der Besitzer von Labrador Retrievern an, dass ihre Hunde manchmal, oft oder immer heulen würden, obwohl der Labrador als eine Rasse gilt, die keinerlei Neigung zum Heulen aufweist. Genauso verhielt es sich mit Windhunden. Obwohl Windhunde angeblich niemals ihr Spielzeug verbuddeln, berichteten einige Halter, das würden sie durchaus häufiger tun. Ein weiteres Ergebnis der Studie besagt, dass sich das Verhalten der Hunde mit dem Alter ändert. So sind Welpen der meisten Hunderassen sehr verspielt, verlieren aber mit zunehmendem Alter mehr und mehr das Interesse daran. Hinweise darauf, dass bestimmte Verhaltensweisen eine Folge der Züchtung einzelner Rassen sind, wurden nicht gefunden.

Da unsere heutigen Rassen eben noch nicht Hunderte von Jahren alt sind, wird das rassetypische Verhalten instabiler vererbt als das arttypische Verhalten. Es ist sogar so instabil, dass es nur durch ständige und gezielte Selektion erhalten bleibt. So kann es sein, dass sich bereits innerhalb eines Wurfes eine große Variationsvielfalt an Verhalten zeigt und einzelne Individuen bereits stark vom ursprünglich rassetypischen Verhalten abweichen können. Werden diese Verhaltensvariationen weitervererbt, kann ein früher festgelegtes rassetypisches Verhalten bereits in ein bis zwei Generationen gänzlich verschwinden. Die genetischen Unterschiede innerhalb einer Rasse sind daher heute größer als noch vor 50 Jahren. Das liegt sicherlich auch daran, dass Hunde noch vor wenigen Jahren oder Jahrzehnten zu einem bestimmten Zweck gezüchtet wurden. Heute spielt der Hund, der früher ein reines Arbeitstier war, in den allermeisten Fällen eine andere Rolle. Die des Familienhundes nämlich. Es wird daher immer weniger Rassehunde geben, die der Wesensbeschreibung ihres einstmals festgelegten Rassestandards entsprechen.

Der fehlende Selektionsdruck führt also dazu, dass es heute nahezu kein Verhalten mehr gibt, welches für eine gesamte Rasse gültig ist und sie allumfassend beschreibt. Wenn überhaupt, lassen sich einigen wenigen Zuchtlinien bestimmte Wesenseigenschaften bescheinigen, die jedoch längst nicht mehr auf die gesamte Rasse übertragbar sind. Betrachten Sie deshalb jeden Hund, wie er ist, und nicht, wie er laut Rassestandard sein sollte. Was mit seinen vererbten Anlagen letztlich aus Ihrem Hund wird, liegt in Ihren Händen. Wer seine Wahl dagegen blind auf Grund der Beschreibung einer Hunderasse trifft, könnte daher später enttäuscht werden.

Eine Sache der Persönlichkeit

Die Persönlichkeit und das Wesen eines jeden Hundes sind einzigartig. Das weiß jeder Hundehalter. Manche haben in bestimmten Situationen einen Angsthasen an der Leine, andere einen Draufgänger. Die Reaktion eines Hundes hängt davon ab, wie er eine Situation für sich einschätzt. Denn ein Stressor wird bekanntlich ganz individuell wahrgenommen. Trotzdem lassen sich unsere Hunde in Anbetracht des Verhaltens auf Stresssituationen in zwei verschiedene Grundpersönlichkeiten einteilen.

Obwohl Studien über Temperament und Persönlichkeit schon lange existieren, beschränkten sie sich zunächst auf den Menschen. Erst seit den 1990er Jahren gibt es darüber auch Forschungen bei Tieren, und damit auch bei unseren Hunden. Aus all diesen Studien kristallisierte sich heraus, dass Menschen und Tiere auf belastende Situationen auf zwei unterschiedliche Weisen reagieren können: nach vorne gehen oder zurück. Analog zur Humanpsychologie in Bezug auf die Reaktionen bei belastenden und potenziell gefährlichen Situationen kam es auch bei Hunden zu einer Einteilung in A-Typen und B-Typen. Doch wie erkennt man nun genau, welcher Typ sich in Ihrem Zuhause auf dem Sofa räkelt?

A-Typen und B-Typen reagieren, wenn sie in Stresssituationen kommen, vollkommen unterschiedlich. Da die meisten unserer Hunde im Alltag durch Lernprozesse und Erfahrungen einigermaßen stabil zu sein scheinen, müsste man extra eine belastende Situation schaffen, um genau zu sehen, welcher Typ gerade vor uns steht. Leben Hunde dagegen unter ständigen oder sogar dauerhaften Stressbelastungen, ist es ganz leicht zu sagen, welchem Persönlichkeitstyp sie angehören, und zwar anhand der auftretenden körperlichen Symptome: Neigen A-Typen bei Langzeitstress zu Herzkreislauferkrankungen, bilden sich bei B-Typen eher Infektionskrankheiten, Stoffwechselkrankheiten oder auch Tumore.

Hunde des A-Typs neigen dazu, unbekannte Situationen zunächst selbst zu erkunden und auftretende Probleme durch aktives Handeln lösen zu wollen. Hunde hingegen, die neuartigen Situationen abwartend, skeptisch und beobachtend, also eher passiv gegenüberstehen, gehören dem B-Typ an. Bei länger andauerndem Stress reagieren B-Typen mit noch stärkerer Zurückgezogenheit, teilweise depressiven Verstimmungen und mit einer Reihe von schweren Krankheiten. Verantwortlich für die jeweiligen Reaktionen sind wieder unsere bereits bekannten Stresshormone der Nebenniere. Beim A-Typ sind es Adrenalin und Noradrenalin, das in noch überschaubaren Situationen produziert wird, beim B-Typ ist es das Cortisol.

Kommt ein Hund vom Typ B in Stresssituationen, heißt das, dass er etwas zögerlich reagiert und inaktiv ist. Einige Hunde entscheiden dann, besser gar nichts zu tun. Wenn diese Entscheidung aber zu keinem Erfolg führt, können sich durch das viele Cortisol im Körper auch schwere Auswirkungen zeigen, wie etwa Apathie, Lern- und Konzentrationsschwäche oder Panikverhalten. Auch bestimmte Formen der Aggression, wie etwa die defensive Leinenaggression, können durch das Cortisol ausgelöst werden. Das schwindende Selbstbewusstsein dieser Hunde kann im Laufe einer längeren Stressperiode sogar zu einer sogenannten erlernten Hilflosigkeit führen, also einem Zustand, in dem Hunde in Stresssituationen einen absoluten Kontrollverlust erfahren haben und nicht mehr in der Lage sind, eine Situation zu bewältigen, ja noch nicht einmal über eine eventuelle Bewältigung nachzudenken. Ein andauernder Kontrollverlust über wichtige Ereignisse kann dazu führen, dass ein Hund sich zu einem inkompetenten, unsicheren und emotional undifferenzierten Wesen entwickelt, das nicht mehr weiß, wie es auf Umweltreize angemessen reagieren soll. Kommt es so schlimm, verliert der Hund also jegliches Selbstvertrauen, reagiert er fast überhaupt nicht mehr auf Außenreize und wartet nur noch darauf, dass das alles möglichst schnell vorübergeht.

Hunde, die unter solchen extremen Auswirkungen leiden, haben meist falsche, gewaltvolle und unnachsichtige Ausbildungsmethoden erfahren. Doch manchmal ist auch der eigene Halter der Auslöser, wenn er durch absolute Inkonsequenz und Planlosigkeit im Alltag für seinen Hund nicht berechenbar ist. Auch allzu intensive sportliche Aktivitäten können letztendlich zu diesen Auswirkungen führen. Diese Hunde geben sich auf. Sie gehen mit hängendem Kopf, hängenden Ohren und hängender Rute, haben keinerlei Interesse an ihrer Umwelt und keinerlei Freude mehr.

Der A-Typ Hund reagiert ganz anders, und mit ihm zu leben ist für Halter oftmals nicht einfach, wenn sie es nicht wissen. Diese Hunde aktivieren nämlich in Stresssituationen ihr Kampf- und Fluchtsystem. Das bedeutet, dass sie oftmals nach dem Motto „Angriff ist die beste Verteidigung“ agieren oder eben vor dem Stressor wegrennen. Das Wegrennen hat dabei nichts mit Feigheit zu tun, sondern zeigt einmal mehr, wie eigenständig und selbstsicher solche Hunde sind. Sie haben sich dazu entschieden, mit Flucht der bedrohlichen Situation entkommen zu können.

In der sozialen Verhaltensforschung bezeichnet man die A-Typen auch als subdominant, da sie sich, auch wenn sie sich in rangniedrigen Positionen befinden, kaum abhalten lassen, mehr Freiräume für sich zu gewinnen oder immer wieder zu klären, ob bestehende Regeln noch ihre Gültigkeit haben. Fühlt sich der A-Typ unterfordert, wird er sich immer eine Beschäftigung suchen: Mülleimer ausleeren, Tapeten anknabbern, Kissen zerstören. Leider kann er auch Zwangshandlungen entwickeln, wie etwa seinen eigenen Schwanz zu jagen. Bei Hunden des A-Typs muss der Halter daher ein verlässlicher und konsequenter Partner sein, der es versteht, seine Energien in entsprechende Bahnen zu lenken und vorausschauend zu agieren.

Werden die stressigen Situationen aber irgendwann zu viel, ist es letztlich egal, ob es sich um einen A-Typ oder B-Typ handelt. Dann kommt es zu einem Erschöpfungszustand, der meist mit Stresserkrankungen und chronischen Gesundheitsschäden gekoppelt ist. Ist der Hund in diesem Zustand, hat er keinerlei Energie mehr, ist ausgemergelt, kraftlos und daher auch empfänglich für jeden Virus, jede Infektion oder auch andere schwere Krankheiten. Eine Erholung ist dann mehr als unwahrscheinlich.

Manchmal ist es nicht leicht zu erkennen, ob ein Hund dem A-Typ oder dem B-Typ zuzuordnen ist, denn Reaktionen sind immer situationsabhängig und können von erlernten Verhaltensmustern überlagert werden. Trotzdem ist es wichtig, solch eine grobe Einteilung der Charaktere zu kennen, denn sie zeigt, dass Hunde allein durch ihre Grundpersönlichkeit in anstrengenden, stressigen Situationen ganz unterschiedlich reagieren. Oftmals ist ein Verhalten auf einen Stressor somit einfach Teil ihrer Persönlichkeit und muss eher als ein normales Verhalten gewertet werden.

Einteilung der Hunde in zwei Charaktertypen

Hunde vom A-Typ sind neugierig, wissbegierig, forsch und aktiv, während B-Typen eher still, schüchtern und abwartend sind. Die Typisierung kann dazu noch in stabil und instabil unterteilt werden.

Stabiler A-Typ: hat in Konfliktsituationen eher einen Drang nach vorne und geht mit stressigen Situationen selbstsicher und souverän um.

Stabiler B-Typ: ruht in sich, bleibt bei Konflikten und Stresssituationen gelassen und verhält sich souverän.

Instabiler A-Typ: ist leicht reizbar, neigt in Konfliktsituationen zu Überreaktionen und unangemessenem Verhalten.

Instabiler B-Typ: versucht Konflikte zu vermeiden, zieht in Konfliktsituationen Rückzug und Flucht als Problemlösung vor, kann bei anhaltender Bedrohung auch aggressiv reagieren und bissig werden.

Wie macht sich Stress beim Hund bemerkbar?

Nachdem Sie nun wissen, wie Stress entsteht, was er im Körper Ihres Hundes bewirkt und dass Stress ganz individuell empfunden wird, stellt sich die Frage, welche Situationen unseren Hunden denn überhaupt Stress bereiten können. Die möglichen Ursachen für Stress beim Hund sind vielfältig, aber leider nicht immer offensichtlich. Manchmal bedarf es dafür einer regelrechten Detektivarbeit.

Was löst Stress aus?

Den meisten Hundehalten ist gar nicht bewusst, wie schnell sich eine Situation als Stresssituation für den eigenen Hund entpuppen kann. Natürlich ist das von Hund zu Hund verschieden, aber trotzdem lassen sich bestimmte Auslöser ausmachen, die allgemein als stressig empfunden werden, auch wenn das eben nicht alle Hunde so empfinden. So können etwa laute Musik, großes Menschengedränge in der Fußgängerzone, Gewitter und ähnlich anstrengende Situationen die Nerven eines Hundes vorübergehend stark strapazieren. Auch Besuche bei Tierarzt- oder Hundephysiotherapie-Praxen können aufgrund der fremden Umgebung und Gerüche sowie der oftmals körperlichen Beschwerden und des Unterschreitens der Individualdistanz eines unbekannten Menschen bei der Untersuchung Stress hervorrufen. Erfreulicherweise gibt es Tierärzte und Hundephysiotherapeuten, die Hausbesuche abstatten und so den Stresslevel entschieden senken.

Es existieren aber auch bestimmte Stressoren, die auf den ersten Anschein gar nicht stressig erscheinen mögen, für den Hund jedoch eine bedrohliche Situation darstellen, weil er sie irgendwann einmal mit etwas Negativem verknüpft hat. Wurde er früher von Hunden gemobbt, so könnte er Probleme auf einem Hundeplatz haben, wo sich viele Hunde aufhalten, er aber eine sehr große Individualdistanz braucht. Leider wird in vielen Hundeschulen auf die Bedürfnisse der einzelnen Hunde viel zu wenig geachtet, was bei gestressten Hunden noch einmal den Stresslevel erhöht. Sind diese für den Hund bedrohlich empfundenen Situationen allerdings vorbei, geht es ihm meist auch schlagartig wieder besser.

Doch Stress kann eben nicht nur durch plötzlich auftretende Ereignisse entstehen, sondern auch durch permanente, sich wiederholende, für sich gesehen auch nur minimale Belastungen. Sie lassen den Hund nicht zur Ruhe kommen und führen in der Summe zu Stress. Derartige Stressfaktoren, die sich über eine längere Zeit entwickeln, setzen dem Hund – vom Halter meist unbemerkt – immer mehr zu. Die folgende Aufzählung darf daher keinesfalls als abschließend betrachtet werden, aber sie gibt eine Orientierungshilfe, mit der Sie ein Gespür entwickeln, was Ihren Hund stressen kann.

Eine Krankheit und die daraus resultierenden Schmerzreize sind offensichtliche Auslöser für Stress. Gerade solche, die die Leistungsfähigkeit oder die Sinnesorgane beeinträchtigen, wie etwa mangelnde Mobilität nach einem Kreuzbandriss, plötzliche Taubheit, Wetterfühligkeit, Läufigkeit einer Hündin oder auch Hypersexualität von Rüden. Extrem schlimm ist der Entzug von elementarsten Bedürfnissen wie Nahrung, Wasser, Schlaf und Bewegung. Daher halte ich von den viel beschworenen Fastentagen für Hunde nichts. Unsere Haushunde sind es gewohnt, ihr Futter von uns zu bekommen. Sie wissen nicht, warum das gerade heute nicht der Fall ist, und vor allem wissen sie nicht, dass morgen alles wieder „normal" sein wird. Solche Tage sind purer Stress für unsere Hunde und können leicht vermieden werden.

Missverständliche Kommunikation, Unsicherheiten des Halters, harte Ausbildungsmethoden oder gewaltsame Strafmaßnahmen in der Hundeerziehung sind häufig Auslöser für Stress. Hunde, die heute mit ins Bett dürfen und morgen nicht, die gestern vom Tisch gefüttert wurden und heute fürs Betteln bestraft werden, verfallen in Erwartungsunsicherheit und reagieren dementsprechend mit Stress. Wer sich voll und ganz auf seinen Halter verlassen können muss, ist der Welpe. Lässt der Halter ihm zu viele oder zu wenig Freiheiten, kann auch das schon große Unsicherheiten hervorrufen, und damit eben auch schon Stress. Auch zu schnelles oder falsches Vorgehen in der Sozialisierungsphase ist eine potenzielle Stressquelle. Deshalb ist es wichtig, langsam, geduldig und verantwortungsvoll vorzugehen und einen neuen Hund, egal ob Welpe oder bereits erwachsen, liebevoll und konsequent zu führen.

Zeigt ein Hund Stresssymptome, sollten bei der Ursachenforschung unbedingt die Haltungsbedingungen überprüft werden. Zu viel, zu wenig Auslauf oder zu wenig Platz können einen Vierbeiner sehr stressen, genau wie ein lautes, hektisches Umfeld oder große Veränderungen wie Umzüge, neue Familienmitglieder und andere Haustiere. Auch Streit und aggressiver Umgang innerhalb seiner Familie oder am Arbeitsplatz sind für einen Hund oft schwer zu verkraften. Das gilt auch für ständige Wohnungswechsel, den Verlust eines Artgenossen oder Bezugsmenschen, einen Besitzerwechsel oder Einsamkeit durch zu langes Alleinelassen.

Leistungsdruck, Unter- und Überforderung sind ebenfalls häufige Ursachen für Stress beim Hund. Sie können etwa beim Hundesport entstehen. Selbst beliebte Hundesportarten mit positivem Image wie Agility können zum Stressauslöser werden, wenn der Hund nicht die körperlichen Voraussetzungen dafür mitbringt, die Kommandos seines Besitzers nicht versteht oder mit dem hohen Tempo, das dort herrscht, überfordert ist. Vielleicht übt der Halter zu viel Druck aus oder trainiert einfach zu viel oder zu lange. Oder der Hund hat Angst vor bevorstehenden Prüfungen oder möglichem Versagen, vor Zurechtweisung oder gar vor Strafe. Auch die vielen Artgenossen auf dem Hundeplatz können ihn in Stress versetzen.

Eine Isolation durch ständige Ausgrenzung aus unserem Lebensumfeld stresst einen Hund als Rudeltier genauso wie die falsche Passung mit Hunden in einem Mehrhundehaushalt oder auch mit dem Halter. Auch mangelndes Fachwissen von Haltern führt leider immer wieder zu gestressten Hunden. Denn oft genug werden Hunde in für sie extrem bedrohlichen Situationen gerade von dem Menschen, der eigentlich ihre wichtigste Vertrauensperson sein sollte, körperlich bestraft. Was dieser multiplizierte Stress für sie bedeutet, lässt sich nur erahnen. Meistens sind es einfach vollkommen falsche Einschätzungen der Hundehalter, die letztlich dazu führen, regelmäßig bei Aussagen wie „der ist dominant" oder „der will doch nur spielen". Deswegen gehört zur Vermeidung von Stress bei unseren Hunden zwingend das Erlernen der Hundesprache. Gute Hundetrainer werden Ihnen deren Einmaleins immer beibringen.

Auch die Überflutung mit Reizen oder der Entzug von Reizen stressen Hunde sehr. Mit einem einzigen Stressor können sie sich meist noch irgendwie arrangieren. Doch wenn sich mehrere Auslöser summieren, wird aus den kleinen Begebenheiten im Alltag nicht selten ein so großes Stressproblem, das am Ende vielleicht gar nicht mehr zu lösen ist.

Wie leicht sich etwas für einen Hund summieren kann, möchte ich anhand eines Beispiels veranschaulichen, das so täglich zig Mal auf der Welt passiert: Ein Straßenhund wird eingefangen und in ein Tierheim gebracht. Er wehrt sich, hat aber keine Chance, wird in eine Box gesperrt, vielleicht dabei ein wenig verletzt, vielleicht noch mit weiteren Hunden zusammen, wird dann in einem Fahrzeug transportiert. Mit der Minute hat dieser Hund seine Freiheit verloren, sein soziales Umfeld, seine gewohnte Umgebung, seine vertrauten Tagesabläufe. Er ist auf der Fahrt ins Tierheim von neuen Gerüchen umgeben, mit Hunden, die er nicht kennt, mit Menschen, vor denen er Angst hat, es ruckelt und rumpelt, was er nicht einschätzen kann. Vielleicht ist es ihm übel vom Fahren und vielleicht verletzt er sich, weil er aus dem Käfig wieder ausbrechen möchte. Kurze Zeit später findet er sich in einem Tierheim wieder, in dem ihm alles fremd ist. Hier muss er sich erst einmal orientieren, was ihm in seiner Situation schwerfallen wird. Es riecht streng, das Bellen der anderen Hunde ist laut, der Zwinger bietet kaum Bewegungsfreiheit. Er muss ihn mit ihm fremden Hunden teilen und hat keinerlei Möglichkeit, sich zurückzuziehen. Der gesamte Organismus dieses Hundes befindet im absoluten Dauerstress.

Muss dieser Hund nun einige Zeit in dem Shelter verbringen, wird er sich scheinbar an die Situation gewöhnen. Das viele Bellen, der penetrante Geruch, die Enge des Käfigs scheinen ihm nicht mehr so viel auszumachen. Aber das täuscht. Es kommen immer wieder andere Artgenossen in seinen Zwinger, sein gewohnter Bewegungsdrang wird nicht gestillt, er hat nach wie vor keine Rückzugsmöglichkeit, ist vollkommen unterfordert. Und, das Schlimmste für einen Hund von der Straße: Er bleibt eingesperrt. Sieht dieser Hund über einen längeren Zeitraum keine Veränderung seiner derzeitigen Lebensumstände und für sich selbst keine Lösung, gerät er schnell in eine Erschöpfungsphase, aus der er, wenn überhaupt, alleine nicht mehr herauskommt. Er gibt sich auf. Wird der Hund doch noch vermittelt, kann man ahnen, welch unglaubliche Stressbelastung sich in ihm aufgebaut hat und welches Päckchen er in sein neues Zuhause mitbringt. Hat er keinerlei Vermittlungschancen und muss im Shelter bleiben, wird er letztlich an dieser Erschöpfung sterben – verursacht durch Dauerstress.

Stressauslösende Ursachen

Diese Liste bietet nur eine Orientierungshilfe und erhebt keinen Anspruch auf Vollständigkeit. Wichtig: Das KÖNNEN Stressauslöser sein, MÜSSEN es aber nicht.

- Krankheiten mit Beeinträchtigungen und/oder Schmerzen
- Hypersexualität oder Läufigkeit
- Schlafmangel und Erschöpfungszustände
- Plötzliche Veränderungen wie Umzug, Familienzuwachs oder Besitzerwechsel
- Trauer um menschliche und hündische Sozialpartner
- Reale oder imaginäre Bedrohung
- Situation der Erwartungsunsicherheit
- Zu harte Erziehungsmethoden
- Unangebrachte Haltungsbedingungen
- Übertriebener Hundesport
- Unprofessionell durchgeführte Welpenspielgruppen
- Vielseitigkeitsprüfungen für sogenannte Gebrauchshunde
- Zu raues und wildes Spielen
- Hektik, Gewalt, Wut, Ärger, Aggression im sozialen Umfeld des Hundes
- Kleine Kinder ohne sachgemäße Anleitung der Eltern
- Zu viel Unruhe im häuslichen Bereich ohne Rückzugsmöglichkeiten
- Zu viel emotionale Aufregung ohne ausreichend lange Ruhephasen
- Jagd- und Rennspiele
- Für den Hund unverständliches Verhalten seines Besitzers
- Körperliches Unwohlsein wie Hunger, Durst, Kälte, Hitze oder mangelnde Möglichkeit zum Kot- und Urinabsatz
- Starkregen, Gewitter oder Silvesterknallerei
- Unterbringung in einer Tierpension
- Besuch in Tierarzt-, Hundephysiotherapie-Praxen oder Hundesalons
- Ausstellungen und Messen
- Autofahrten
- Einschränkung der Bewegungsmöglichkeit durch Zwinger- oder Kettenhaltung, aber auch durch reine Gartenhaltung ohne Spaziergänge
- Einsamkeit, Langeweile, Isolation, Unterforderung
- Alleinbleiben mit Verlassensängsten
- Zu große Bedürfnisse des Hundehalters
- Zu viele oder gar keine Regeln im täglichen Zusammenleben
- Falsche Passung zwischen Mensch & Hund und Hund & Hund
- Zu viel oder zu wenig Körperkontakt

Gibt es Anzeichen für Stress?

Es gibt durchaus einige Anzeichen, die darauf schließen lassen, dass ein Hund gestresst ist. Meistens tritt nicht nur ein einzelnes Symptom auf, sondern gleich mehrere. Zu beachten ist dabei auch, wie häufig sich Symptome zeigen. Natürlich treten einige dieser Verhaltensweisen hin und wieder auf, obwohl Ihr Hund gar nicht gestresst ist, wie zum Beispiel das Kratzen an den Ohren. Es kann auch sein, dass sich an dieser Stelle eine Zecke oder ein Flohbiss befindet. Oder Ihr Hund hat eine bakterielle Ohrentzündung, eine Pilzinfektion oder Ohrmilben. Vielleicht kratzt er sich nur, weil gerade dort eine Fliege über seinen Kopf gelaufen ist. Vor einer Interpretation kommt es daher immer genau darauf an, die beobachteten Verhaltensweisen im Gesamtzusammenhang zu sehen. Dabei ist es wichtig zu wissen, dass Stress sowohl durch physiologische als auch durch psychische Probleme ausgelöst werden kann. Übrigens kann es auch ein Anzeichen für chronischen Stress sein, wenn Ihr Hund frühzeitig ergraut, wie Forscher der Universität Illinois herausgefunden haben. Aber auch hier muss wieder auf den Gesamtzusammenhang geachtet werden: Kann, muss aber nicht.

Ein frühzeitigen Ergrauen beim Hund kann auch ein Zeichen von chronischem Stress sein.

In diesem Kapitel möchte ich Ihnen gerne zeigen, woran man erkennen kann, dass ein Hund Stress hat. Die Stresssignale sind sicherlich nicht abschließend dargestellt und sind für sich allein gesehen nicht zwingend besorgniserregend. Ein häufiges Auftreten in Zusammenhang mit Verhaltensauffälligkeiten kann allerdings sehr wohl einen Hinweis auf Überforderung oder zunehmende Belastungsmomente darstellen. Die Anzeichen eines gestressten Hundes können dabei sehr unterschiedlich sein. Viele betroffene Hunde sind hyperaktiv oder unruhig, aber auch apathisch und ständig müde. Wieder anderen schlägt der Stress auf den Magen. Eine Liste von Stresssymptomen finden Sie im umseitigen Kasten. Sie stellt allerdings keinen Anspruch auf Vollständigkeit dar, zeigt jedoch einmal mehr, wie wichtig das Thema Stress bei Hunden ist und wie schnell diese in einen Teufelskreis kommen, aus dem sie ohne Hilfe nicht mehr herausfinden.

Denn ob es sich nun tatsächlich um Stress bei Ihrem Hund handelt, ist nicht immer leicht zu erkennen. So kann etwa eine Fresssucht beim Labrador Retriever am fehlenden Sättigungsgen liegen (jeder vierte Labrador zeigt Veränderungen eines Gens namens POMC), aber eben auch, weil er unheimlich gestresst ist. In jedem Fall ist Fresssucht gefährlich, denn Hunde schlingen dabei hektisch alles herunter, was sie finden können: Steine, Stecken, Steinobstkerne… Mir selbst kam ein Hund unter, der nicht einmal vor einer Fernbedienung des Fernsehers zurückschreckte und die Batterien gleich mitfraß. Das kann nicht nur zu Vergiftungen führen, sondern auch zu Darmverschlüssen und Verletzungen im Magen-Darm-Trakt. Kurzum: Es ist lebensbedrohlich. Frisst ein Hund alles, weil er Stress empfindet, und wird mit einem Anti-Giftködertraining dahingehend trainiert, keine Gegenstände mehr aufzunehmen, wird er sich ein anderes Ventil für seinen Stress suchen und definitiv Möglichkeiten finden, um Stress abzubauen. Vielleicht jagt er dann seinen Schwanz, findet keine Ruhe mehr, entwickelt Allergien oder leckt sich die Pfoten wund.

Allergien und das Beknabbern der Pfoten: Das erste, was Hundehalter in diesen Fällen in der Regel tun, ist, einen Tierarzt aufzusuchen. Und schon wird eine Maßnahmenmaschinerie in Gang gesetzt: Blutabnahme, Entzündungshemmer, Antibiotika, Schmerzmittel, Salben, Freiheitseinschränkungen. Wahrscheinlich bekommt man mit dieser Armada an Mitteln die Symptome in den Griff. Meist ist es aber so, dass, kaum wird der Hund nicht mehr weiter medizinisch behandelt, die Allergien wieder auftreten, er wieder beginnt, seine Pfoten wund zu lecken oder andere Verhaltensweisen an den Tag zu legen. Spätestens zu diesem Zeitpunkt wäre es angebracht, mit einem Anti-Stress-Training einen anderen Weg für seinen Hund zu gehen.

Denn laut einer neuen Studie sind die wenigstens angehenden Tierärzte, und da erlaube ich mir, die bereits praktizierenden mit einzuschließen, überhaupt in der Lage, Stresssymptome bei Hunden zu erkennen. Sind die Stressindikatoren wie übermäßiges Bellen und Aggressivität offensichtlich, wird Stress beim Hund erfahrungsgemäß zwar erkannt, handelt es sich allerdings um subtile Stressanzeichen wie Gähnen, mangelnde Aktivität oder das Belecken der Pfoten, dann ist das eher selten der Fall. Was natürlich gerade bei Symptomen wie Speicheln, Müdigkeit, Hautproblemen, Allergien oder Wundlecken schon äußerst bedenklich ist. Dazu muss man aber wissen, dass Verhalten von Tieren und daher auch von Hunden gar nicht zum Inhalt eines Veterinärstudiums gehört. Übrigens auch nicht die Ernährung unserer Hunde. Geht es daher um Verhalten oder Ernährung, dann suchen Sie sich bitte einen Experten. Natürlich auch gerne einen Tierarzt, der dann allerdings zumindest eine Fachtierarzt in Verhalten – oder eben in Ernährung – vorweisen sollte.

Ich will damit deutlich machen, dass Hunde, die ein stressbedingtes Verhalten an den Tag legen, eben nicht mit einem normalen Hundetraining oder einem Tierarztbesuch zu „heilen" sind oder das Verhalten „wegzubekommen" ist. Was hier passiert, ist reine Symptombehandlung. Cortisonspritzen und Umkonditionierung reichen nicht aus, wenn der Hund stressbedingte Verhaltensauffälligkeiten zeigt. Das Wichtigste bei einem Hund mit Stressanzeichen ist die Ursachenforschung. Erst dann kann man ihm gezielt helfen.

Wichtig zu erwähnen wäre noch, dass jedes Signal für sich gesehen nicht immer gleich besorgniserregend ist. Appetitlosigkeit kann auch damit zusammenhängen, dass der Hund etwas gefressen hat, was er nicht verträgt, Pfotenbelecken mag daran liegen, dass er sich an einem Dorn verletzt hat. Aber es kann eben auch andere Gründe haben, für die ich Sie sensibilisieren möchte. Denn Zeichen wie Hecheln, Aufreiten oder Bellen können eben Lösungsversuche des Hundes sein, Spannungen abzubauen.

Typische Anzeichen bei Überforderung und Stress

Diese Liste bietet nur eine Orientierungshilfe und erhebt keinen Anspruch auf Vollständigkeit. Wichtig: Das KÖNNEN Stressanzeichen sein, MÜSSEN es aber nicht. In der Regel zeigt der Hund bei Stress aber dann gleich mehrere Anzeichen.

- Beschwichtigungssignale (Gähnen, Blinzeln, Pföteln, Schmatzen, am Boden kriechen…)
- Allergien und Hautprobleme
- Appetitlosigkeit oder Fresssucht
- Übertriebene Körperpflege wie Lecken und Knabbern
- Zerstörungswut
- Kopf oder den ganzen Körper wegdrehen
- Hecheln, obwohl es nicht heiß ist oder der Hund sich viel bewegt hat
- Unangenehmer Körper- und Mundgeruch
- Plötzlich auftretender Haarausfall und schlechte Fellbeschaffenheit
- Vermehrtes Speicheln
- Weit aufgerissene Augen
- Schlechte Konzentrationsfähigkeit
- Lecken der eigenen Schnauze oder an Kissen und Hundebetten
- Sich schütteln
- Mundwinkel nach hinten ziehen
- Unaufmerksamkeit, Bewegungsunruhe und Nervosität
- Überreaktion durch hohe Reaktivität und unverhältnismäßig hohe Aggressivität
- Kratzen (meistens mit einer Hinterpfote hinterm Ohr)
- Übertriebene Lautäußerungen (Knurren, Fiepsen, Winseln, Bellen, Kläffen)

- Anheben einer Vorderpfote (im Sitzen und im Stehen)
- Strecken und Dehnen mit abgesenktem Vorderkörper (keine Spielaufforderung!)
- Schluckbewegungen ohne Nahrungsaufnahme
- Aufblasen der oberen Lefze (Lefzenplustern)
- Peniserektion und Aufreiten – ohne sexuelle Motivation
- Urinieren und/oder Markieren
- Irgendetwas apportieren
- Typisches Stressgesicht (nach hinten gezogene Ohren, glatte Stirn, erweiterte Pupillen, Weiß in den Augen, Hecheln mit stark zurückgezogenen Lefzen)
- Grasfressen als Übersprungshandlung
- Plötzliches Scharren und Graben
- Abwechselndes Vorwärts- und Rückwärtsgehen in schneller Folge
- Lauer-Liegen (am Boden liegend angespannt abwarten)
- Ohrenspiel (anlegen, absenken, aufstellen, hochziehen)
- Körper- oder Lefzenzittern, Zähneklappern (obwohl es nicht kalt ist)
- Konfliktschlaf (Schlafen in Situationen, die Aktivität erwarten lassen)
- Wedeln (ist eben nicht nur freudige Erregung)
- Aufgestellte Haare, gesträubte Fellpartien, Rückenbürste
- Schreckhaftigkeit in vermeintlich belanglosen Situationen
- Bewegungsstarre mit zitternder Schwanzspitze
- Krampfartige Versteifung der Muskulatur
- Hochstehen, Pfoten- und Kopfauflegen (oft in T-Stellung)

Die vier Bewältigungsstrategien bei Stress

Es vergeht kaum ein Tag, an dem unsere Hunde nicht in irgendwelche Konflikte geraten: In Situationen mit uns, mit fremden Menschen, mit Artgenossen, mit unbekannten Gegenständen oder mit anderen Tieren, weil sie diese als bedrohlich oder für sich gefährlich einstufen. Auch wenn für uns alles harmlos erscheint, kann es für unsere Hunde trotzdem angsteinflößend wirken. Je nachdem, wie sich oder dass sich überhaupt ein fremder Artgenosse annähert, kann für den Hund eine Bedrohung darstellen. Schließlich weiß er ja nicht, wie der andere Hund sich ihm gegenüber verhalten wird. Auf derartige Stresssituationen reagieren die einzelnen Hunde sehr unterschiedlich. Letztlich suchen sie nach einer Lösung und einen Weg, mit der vermeintlichen Gefahr zurechtzukommen. Dafür stehen ihnen grundsätzlich vier Strategien zur Verfügung, die hier im Einzelnen besprochen werden.

Flight – Flucht: Unter den Begriff Flight fällt alles, was die Distanz zum Auslöser der Bedrohung vergrößert. Erkennt der Hund momentan keine Chance, dass die vorhandene Situation friedlich gelöst werden kann, dann sieht er als einzige Möglichkeit sein Heil in der Flucht. Manche Hunde drehen sich um und rennen in hohem Tempo weg. Dann ist das Verhalten sehr eindeutig zu erkennen. Manchmal ist das Flüchten aber auch etwas weniger spektakulär, indem der Hund lediglich ausweicht, wenn er etwa Angst vor dem Staubsauger hat. Oder einen Bogen läuft, wenn er einen unfreundlichen Artgenossen sieht oder auch nur den Körperschwerpunkt vom Angstauslöser wegbewegt, wenn er keinen Kontakt wünscht. Flight heißt also nicht zwingend, dass Ihr Hund fluchtartig eine Situation verlässt. Es zählen auch Verhaltensweisen dazu wie sich zu verstecken, zu verkriechen, Distanz aufzubauen, sich abzuwenden. Können sie der Bedrohung nicht aus dem Weg gehen, werden Hunde versuchen, einen anderen Lösungsweg zu finden. Eine weitere Strategie wäre dann etwa das Erstarren.

Freeze – Einfrieren: Hier erstarrt der Hund und verharrt bewegungslos in der Situation, manchmal nur für wenige Sekunden. Seine Körperspannung ist dabei extrem hoch. Er befindet sich in einem Konflikt, welche Strategie er für sich wählen soll. Ob er angreift oder doch besser flüchtet. Bei unsicheren und ängstlichen Hunden ist das Erstarren oftmals die erste und auch nicht selten die einzige Bewältigungsstrategie. Dieses Verhalten fällt den meisten Hundehaltern jedoch gar nicht auf. Sie sehen dieses Nichtstun nicht als Verhalten an. Im Gegenteil: Die meisten freuen sich darüber, dass ihr eigener Hund ruhig bleibt, wenn er beispielsweise von einem Artgenossen angekläfft wird. Der eigene Hund stört ja niemanden, er macht ja nichts. Auch bei seinem eigenen Menschen kann ein Hund erstarren. Etwa beim Training, wenn er überfordert wird oder wenn der Hundehalter ihn scharf angeht und er mit unangenehmen Konsequenzen rechnet. Auch aus einem Freeze heraus kann sich jederzeit eine andere Reaktion der vier Bewältigungsstrategien entwickeln. So etwa auch ein Flirten.

Flirt oder Fiddeln – Herumalbern: Bei Flirt legt ein Hund Verhaltensweisen an den Tag, die geeignet sind, den aktuellen oder anstehenden Konflikt möglichst freundlich zu lösen. Das können etwa Beschwichtigungssignale (Pföteln) oder Demutsverhalten (sich auf den Rücken legen) sein. Meist jedoch erfolgt eine Spielaufforderung, gerade bei Begegnun-

Als Halter sollte man erkennen, wie sich der eigene Hund in Gegenwart von anderen fühlt.

Dieser Halter lässt seinen Hund erst gar nicht in eine Konfliktsituation kommen und geht.

gen mit fremden Hunden. Diese stellt in derartigen Stresssituationen aber keine tatsächliche Spielaufforderung dar, sondern dient lediglich dazu, eine angespannte Atmosphäre friedlich zu lösen und keinerlei Aggression zu provozieren. Die Hunde fangen zwar an zu rennen, häufig ist es aber nur ein Hetzen des Hundes, der zum Spiel aufgefordert hat. Für die Hunde bedeutet das keinen Spaß, sondern vielmehr Stress. Doch es ist für sie eine bevorzugte Strategie, um einen eventuell entstehenden Konflikt im Keim zu ersticken. Als Hundehalter sollten Sie erkennen, ob es sich wirklich um ein nettes Spiel unter Hunden handelt oder ob Ihr Hund gestresst ist. Ist letzteres der Fall, holen Sie Ihren Hund aus dieser Situation heraus oder noch besser, lassen Sie ihn erst gar nicht in eine derartige Situation kommen.

Beim Fiddeln beginnt der Hund mit einem Verhalten, das eigentlich überhaupt nicht zur aktuellen Situation passt, einem sogenannten Übersprungsverhalten. Solche Übersprungshandlungen gibt es viele und oftmals können diese gleichzeitig als Beschwichtigungssignale gesehen werden, so etwa sich kratzen, Gras fressen, sich im Kreis drehen, sich schütteln oder buddeln. Natürlich liegt nicht jedes Mal, wenn ein Hund Gras frisst, eine Übersprungshandlung vor. Fühlt er sich aber gerade unwohl, weil er einen Konflikt fürchtet, dann könnte sein Verhalten eine seiner Strategien sein, ihn zu lösen. Mit Fiddeln versucht der Hund, die für ihn gerade stressige und schwierige Situation zu überspielen.

Bei dieser Begegnung zwischen dem aufdringlichen schwarzen Hund und dem Australian Shepherd lässt sich schön sehen, wie das gesamte Register an Strategien gezogen wird.

Hier versucht der Australian Shepherd dem Konflikt mit leichtem Flirten zu entkommen.

Als das nicht klappt, versucht er, der Situation mit dem schwarzen Hund zu entkommen.

Letztlich ist diese gezeigte Verhaltensweise Ausdruck von Unsicherheit und Aufregung. Außerdem signalisiert ein Hund damit, dass er nicht an Streit interessiert ist. Manche Hunde steigern sich dabei so in ihre Clownrolle, dass sie sich nur schwer beruhigen können und dadurch oftmals das Gegenteil von dem bewirken, was sie beabsichtigt haben: Sie heizen die Situation nur noch an.

Sehen Sie dieses Herumalbern an Ihrem Hund bei Hundebegegnungen häufiger, ist das eine wichtige Information, dass er in solchen Situationen überfordert ist und Sie ihm helfen müssen, diese Situationen entspannter zu meistern. Auch aus einem Flirt heraus kann jederzeit noch eine andere Strategie entstehen. Insbesondere im wilden Spiel ist die Gefahr groß, dass die Spannung bestehen bleibt und in ein aggressives Verhalten überkippt. Womit wir bei der letzten Bewältigungsstrategie wären, dem Kampf.

Fight – Drohen, Kampf: Ist die Distanz zu einem Stressauslöser zu gering, kann der Hund keine anderen Strategien zeigen oder hat er damit keinen Erfolg, wird er beginnen zu drohen. Und wenn das auch nicht hilft, unter Umständen auch kämpfen. Auslöser hierfür können vollkommen unterschiedlich sein: Hunde, Wanderer, Radfahrer, Autos … Der Hund fühlt sich so bedroht, dass er meint, sich verteidigen zu müssen. Dabei fängt ein Fight nicht erst beim Attackieren an. Bereits vorher gibt es weitere kleine Signale, die Hunde aussenden: aufgerichtete und angespannte Körperhaltung, in die Luft schnappen, ein Fixieren, Zähne zeigen oder Knurren. Zunächst erfolgen also verschiedene

Stufen der Eskalation. Nicht alle Hunde kommunizieren gleich und benutzen dabei die gleichen Signale. Wichtig ist, dass Halter ihren Hunden all diese kleinen Körpersignale nicht verbieten, denn dadurch kann es passieren, dass der Hund gleich zuschnappt, weil er die vorherigen Kommunikationsmöglichkeiten ja unterdrücken muss. Und noch etwas ist wichtig: Hunde zeigen dieses Verhalten nicht, weil sie Freude daran haben, der Größte sein zu wollen oder gar dominant sind. Aggressives Verhalten zeigen Hunde meistens erst dann, wenn andere Strategien nicht zur Lösung ihres Konflikts geführt haben. Denn ein Kampf ist immer mit dem Risiko verbunden, selbst verletzt zu werden. Greifen Hunde nach allen vorher vergeblichen Optionen also an, ist es für sie in diesem Moment die einzige Chance, sich eine Bedrohung vom Leib zu halten. Aus einem natürlichen Selbstschutz heraus vermeiden Hunde, wann immer es möglich ist, die direkte Konfrontation über aggressive Verhaltensweisen. Lernen sie, dass ein Drohen andere Hunde auf Abstand hält, werden sie das so verinnerlichen, dass sie auch in Situationen drohen, in denen ihnen auch andere Bewältigungsstrategien helfen könnten.

Da ihm auch Wegrennen nicht weiter zu helfen scheint, versucht er es mit Erstarren.

Erst als alle drei Strategien ergebnislos bleiben, entscheidet er, sich zur Wehr zu setzen.

Ein klassisches Beispiel, warum sich ein Hund für die Option Fight entscheidet, sieht man täglich bei zahlreichen Hundebegegnungen. Viele Hunde an der Leine werden in einer für sie viel zu dichten und unangenehmen Situation an anderen Hunden vorbeigeführt. Ihre Strategie wäre eigentlich zu flüchten oder zumindest mehr Abstand zu halten. Das geht aber nicht, weil sie an der Leine hängen. Ein Flirt in Form einer Spielaufforderung, um die Konfliktsituation zu lösen, klappt an der Leine aber auch nicht. Und die vorangegangenen Übersprungshandlungen werden von Hundehaltern oft ignoriert, da sie von den Hunden gezeigt werden, weit bevor die Halter einen Zusammenhang mit einem inneren Konflikt registrieren. Schnüffeln sie etwa bewegungslos ausgiebig am Boden, also erstarren sie, werden sie weitergezogen. Damit scheidet auch die Bewältigungsstrategie aus. Wenn sich ein Hund also an der Leine bedroht fühlt, hat er aus seiner Sicht dann nur noch die Option, nach vorne zu gehen, um sich zu schützen, ganz nach dem Motto „Angriff ist die beste Verteidigung". Und schon zeigt der Hund Leinenaggression.

Hunde wollen per se keinen Streit. Eskalationen wie Beißvorfälle lassen sich vermeiden, wenn Sie die Warnsignale von Hunden richtig lesen können. Diese reichen von Beschwichtigungssignalen bis zu Drohgebärden. Hunde untereinander erkennen solche Signale sehr früh und respektieren diese in der Regel auch, weshalb es nur in seltenen Fällen zu ernsthaften Kämpfen kommt. Hundehalter hingegen nehmen die Warnsignale leider oft sehr spät wahr, meistens wenn die Hunde schon beim Knurren oder In-die-Luft-Schnappen angelangt sind. Ignoriert man aber die ersten Anzeichen immer wieder und bestraft den Hund womöglich für intensive Signale, anstatt ihm die gewünschte Distanz zu geben, so trainiert man ihn regelrecht, in der nächsten bedrohlichen Situation ohne Voranzeichen sofort zuzubeißen.

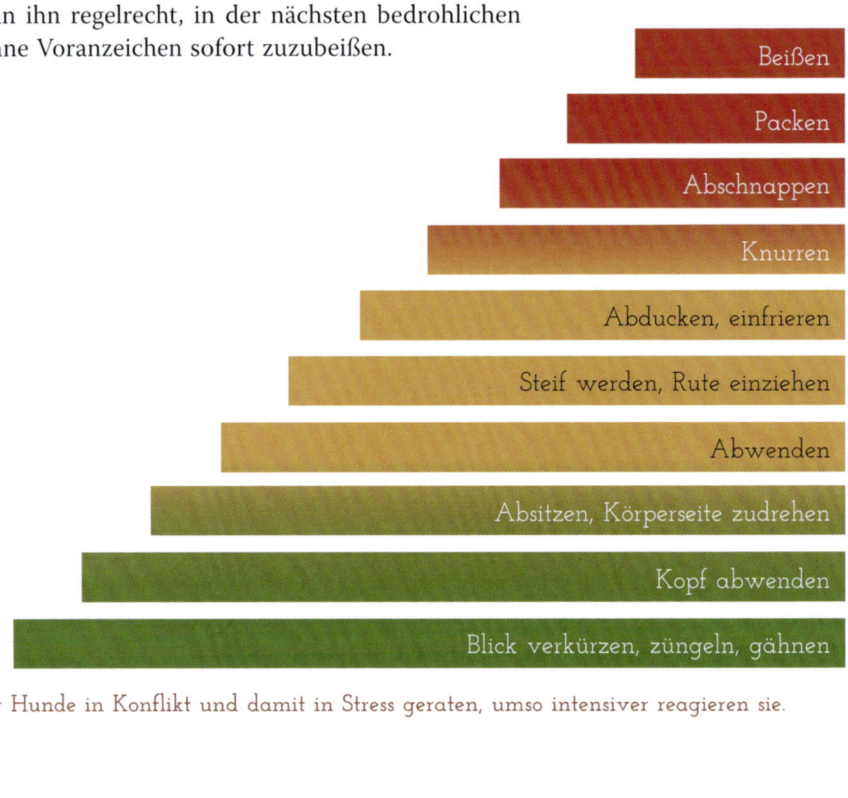

Je mehr Hunde in Konflikt und damit in Stress geraten, umso intensiver reagieren sie.

Auf welche dieser vier Strategien, die fließend ineinander übergehen können, Ihr Hund zurückgreift, hängt von vielen Faktoren ab. Vor allem von seinen bereits gemachten Erfahrungen. So kann es sein, dass ein Hund eher dazu tendiert den Kampf anzutreten, ein anderer am liebsten die Flucht ergreift, ein dritter macht einfach gar nichts mehr und noch ein anderer versucht die Situation zu überspielen. Die Reaktionen sind immer abhängig von seinem Temperament, seinen Erfahrungen und der Situation selbst. Durch Training ist es jedoch möglich, ihm auch alle anderen Optionen wieder näherzubringen und ihm so ein breiteres Handlungsspektrum zu ermöglichen.

Verhängnisvolles Stressgedächtnis

Schöne oder schlimme Erfahrungen haben einen höheren Erinnerungswert als solche, die uns emotional kalt lassen. Erleben wir etwa eine negative Situation und fühlen uns dabei gestresst, entwickeln wir oftmals eine spezielle Sensibilität gegenüber Gegebenheiten, die der ursprünglichen Erfahrung ähneln. Dies kann Personen, Umgebungen und andere scheinbar vollkommen unwichtige Details wie Gerüche, Geräusche oder auch Farben betreffen. Diese abgespeicherte Erinnerung soll dazu dienen, ähnliche Erlebnisse in Zukunft zu vermeiden. Prinzipiell hilft uns dieser Mechanismus dabei, uns vor negativen Erfahrungen zu schützen. Doch sie kann auch nachteilig sein, wenn wir nur beim Gedanken daran bereits Herzrasen und Gänsehaut bekommen und uns deswegen womöglich gar nicht mehr zutrauen, etwas Bestimmtes zu tun, oder andersherum zu einer bestimmten Handlung regelrecht gezwungen werden. Unser sogenanntes Stressgedächtnis ist von daher nicht immer unbedingt hilfreich.

Hunde verfügen ebenfalls über ein Stressgedächtnis und verhalten sich diesbezüglich oft für uns zunächst vollkommen unverständlich. Eine negative Verknüpfung von Erinnerungen kann dabei in mehreren Stufen und in mehreren Varianten auftreten. Bei einer bedrohlichen und für den Hund als unkontrollierbar empfundenen Situation speichert er bereits beim ersten Mal ab, wo, wie und unter welchen Bedingungen er diesen Stress erfahren hat. Er merkt sich also genau den Ort oder die Menschen, die anwesend waren, oder auch die Hunde, die bei seinem Stressempfinden dabei waren, obwohl sie unter Umständen gar nichts mit der Situation zu tun gehabt haben.

Hat ein Hund beispielsweise schlechte Erfahrungen auf einem Hundeplatz gemacht, weil er dort von anderen Hunden gemobbt worden ist oder durch das Training ständig überfordert wird, reagiert er häufig schon mit der Ausschüttung von Stresshormonen, sobald er den Hundeplatz nur sieht. Er wird den Platz nicht mehr betreten wollen, auch wenn der Platz selbst ihm natürlich gar nichts getan hat. Es kann auch sein, dass Geräusche, Gerüche oder bestimmte Personen der Auslöser für einen Stressor sind. Nehmen wir etwa die Angst vor Blitz und Donner. Diese Angst wird bereits bei den ersten Anzeichen eines Gewitters ausgelöst: durch eine veränderte elektrische Ladung in der Luft, durch Luftdruckschwankungen oder auch durch für uns kaum wahrnehmbare Geräusche aus großer Entfernung.

Dass Hunde schon bei Kleinigkeiten extrem in Stress geraten, hängt höchstwahrscheinlich an der Reaktionsfähigkeit der Stresshormondrüsen und an der dadurch erhöhten Produktion der Stresshormone, die wiederum für eine massive Stresshormonausschüttung sorgt. Diese werden wiederum von den Zentren des Gehirns gesteuert. Je öfter diese tätig werden, um so mehr Zellen, Zellverknüpfungen und Fasern für eine erhöhte Leistungsfähigkeit entstehen. Auch die Verbindungen zwischen Zellen und Zellverknüpfungen im Nerven- und Hormonsystem werden aktiviert und werden im Laufe der Zeit leistungsfähiger, da über die gleiche Verknüpfung immer wieder Erregungen fließen. Geschieht das in zeitlich immer kürzeren Abständen, tritt auch die Stressreaktion in immer stärkerem Maß auf, was heißt, dass je öfter der Hund derartigen Stresssituationen ausgesetzt ist, um so eher und heftiger wird ein stressbedingtes Verhalten hervorgerufen. Erweist sich für den Hund eine Verhaltensweise zur Bewältigung einer neuen Herausforderung als erfolgreich, wird die entsprechende Nervenverbindung im Gehirn gestärkt und dadurch stabiler.

Wird ein Hund immer wieder mit den gleichen Stressoren konfrontiert, ohne dass ihm die Möglichkeit einer Lösung gezeigt wird, manifestiert sich das in seinem Gehirn. Dann wird er letztlich in diesen bestimmten Situationen immer wieder dieselbe Bewältigungsstrategie anwenden, weil er nie gelernt hat, dass es auch andere Lösungswege gibt. Mit der Zeit wird er immer heftiger auf den Stressor reagieren. Mit Hilfe seiner Halter kann er das aber ändern.

Was macht Stress mit unseren Hunden?

Wie vielschichtig das Thema Stress ist, davon konnten Sie bereits einen Eindruck gewinnen. Es zeigt sich schon daran, dass Stress eben nicht nur etwas Negatives ist, sondern auch hilft, Herausforderungen zu bewältigen und das Überleben zu sichern. Außerdem hat Stress noch einen Einfluss auf die Verhaltensweisen unserer Hunde. Sie können sogar regelrechte Verhaltensstörungen an den Tag legen.

Von einer Verhaltensstörung spricht man nur dann, wenn dieses Verhalten dem Hund selbst schadet oder ihn schwer beeinträchtigt. Ein den Besitzer störendes Verhalten ist dagegen keine Verhaltensstörung. Und auch auffälliges Verhalten muss nicht gleich eine Verhaltensstörung sein. Dieses Verhalten dient oft dem Stressabbau oder dem Generieren von Aufmerksamkeit, bisweilen ist aber auch gar kein Zweck erkennbar. Dies gilt besonders für stereotype Verhaltensweisen, auf die noch eingegangen wird. Verhaltensstörungen bei Hunden beeinträchtigen nicht nur die Mensch-Hund-Beziehung, sondern oft auch den Sozialkontakt zu anderen Hunden. Ein Hund kann also sehr unter einem von uns nicht immer als problematisch erkannten Verhalten leiden. Dabei kann er nicht nur für sich selbst eine Gefahr sein, sondern auch für andere – Hunde wie Menschen. Ein abweichendes Verhalten sollte daher immer aufmerksam betrachtet und sensibel gehandhabt werden. Denn grundsätzlich ist eine Verhaltensstörung eine Überforderung der Anpassungsfähigkeit: Der Hund ist nicht in der Lage, mit den bestehenden Verhältnissen zurechtzukommen.

Ängstliches Verhalten

Angst ist prinzipiell ein gesundes und sinnvolles Gefühl. Für das Überleben ist sie entscheidend: Wer Angst hat, agiert in kritischen Situationen besonders vorsichtig und aufmerksam oder begibt sich erst gar nicht in Gefahr. Außerdem mobilisiert der Körper bei Angst alle Reserven, die er für Kampf oder Flucht benötigt. Angst ist daher eigentlich eine gesunde Reaktion auf eine bedrohliche Situation, aber eben nur dann.

Ob aus einem mehr oder weniger kurzen Schreckmoment letztlich übertriebenes Angstverhalten wird, hängt von einigen Faktoren ab. So etwa von den bisher gemachten Erfahrungen des Hundes, ob sich Unbekanntes schon häufiger als gefährlich herauskristallisiert hat. Maßgeblich ist natürlich auch, welchen Typ Hund er verkörpert, ob er eher vorsichtig agiert oder sich ohne zu zögern in jedes Abenteuer stürzt. Und natürlich kommt es auch auf die momentane Verfassung an: Ist er angespannt, entspannt, erschöpft, ausgeruht, fühlt er sich überfordert oder ist er krank. Idealerweise kehrt der Körper in den Ruhemodus zurück, sobald der Stressreiz verschwindet oder der Hund feststellt, dass kein Grund mehr zur Sorge besteht. Bleibt die Stresssituation jedoch bestehen oder erlebt der Hund sie immer wieder, dann führt diese permanente Überforderung auch zu vermehrter Unsicherheit und eben auch zu Angstzuständen. Sieht er im Moment des eintretenden Stressors für sich keinerlei Lösungsmöglichkeit mehr, kann es sogar zu regelrechten Panikattacken kommen.

Bei einem übertriebenen Angstverhalten kommt der Hund letztlich in vielen Bereichen seines Lebens nicht mehr zurecht. Das Verhalten kann sich dabei auch auf bestimmte Objekte oder Personen beziehen, wie den bereits erwähnten Hundeplatz oder etwa Fahrradfahrer. Ein übertriebenes Angstverhalten entwickelt sich häufig nach und nach, bis aus dem Verhaltensproblem eine Verhaltensstörung beim Hund geworden ist.

Bei Angst gibt es keinen auslösenden Stressreiz, an den man den Hund langsam gewöhnen oder ihn desensibilisieren könnte. Entspringt die Angst aus Stresssituationen heraus, lässt sich nur durch allgemeine, die Persönlichkeit stärkende Maßnahmen, durch Stärkung des Selbstvertrauens und durch eine vorausschauende, liebevolle Führung eine langfristige Besserung herbeiführen.

Aggressives Verhalten

Ein Hund, der häufig unter Angstzuständen leidet, lernt in diesem angespannten Zustand schnell, sich durch aggressives Verhalten alles und jeden vom Leib zu halten. Aggressives Verhalten ist für sich gesehen nichts Schlimmes und gehört zum Normalverhalten eines Hundes. Doch vergleichsweise geringer Stress kann Verhaltensweisen bereits verändern. Unter bestimmten Gegebenheiten, wie eben unter großem Stress, kann aus diesem normalen Verhalten ein gestörtes aggressives Verhalten werden. Wie Tiere auf massiven Stress reagieren können, haben Wissenschaftler herausgefunden.

Sie haben unter anderem bei weiblichen Rhesusaffen geforscht, deren Nachwuchs unentwegt schrie. Die Affenmütter gerieten dabei nicht nur durch das ständige Schreien in

Stress, sondern auch, weil ihre Artgenossen dadurch gestört wurden. Ein solcher Stress hatte ein aggressiveres Verhalten der Muttertiere gegenüber ihrem Nachwuchs zur Folge. Viele Hunde zeigen in bedrohlichen und permanenten Stresssituationen ebenfalls klare Anzeichen von Verhaltensstörungen. So greifen sie etwa an, ohne vorhergehendes Drohverhalten gezeigt zu haben. Hierfür kann auch eine übersteigerte Angst der Grund sein.

Stereotypie und Zwangsverhalten

Unter einer Stereotypie versteht man eine immer wiederkehrende Verhaltenssequenz, die keinem erkennbaren Zweck dient und in keinerlei Zusammenhang mit der aktuellen Situation steht. Ein motorischer Ablauf wird gleichförmig wiederholt, tritt über einen langen Zeitraum auf und hat für den Hund eine beruhigende Wirkung. Es lässt sich schwer ein Auslöser festlegen, nach dem das Verhalten gezeigt wird. Zu den typischen Stereotypien zählen übermäßiges Lecken, übertriebene Bewegungen, die von plötzlicher Starre unterbrochen werden, Schwanzjagen, Fliegenfangen, Schnappen nach Lichtreflexen, gleichförmig wiederholtes Bellen oder auch Fressen von unverdaulichen Gegenständen wie etwa Steinen. All diese Verhaltensweisen werden bisweilen als Macken bezeichnet, können aber zu einer massiven Verhaltensstörung des Hundes führen. Oft steigern sich die stereotypen Verhaltensstörungen bei Hunden durch eine ungewollte Bestätigung durch ihre Besitzer. Bei Wildtieren dagegen treten sie fast ausnahmslos bei Haltung in Gefangenschaft auf (Zwingerkoller).

Eine Zwangshandlung unterscheidet sich von der Stereotypie dadurch, dass hier die Handlung ein Ziel aufweist, etwa das stressbedingte Aufreiten oder das wiederholte Lecken. Dieses Verhaltensziel wird zwar ebenfalls wiederholt, aber eben ohne ein stereotypes Muster. Zudem unterscheiden sich auch die Vorgänge im Gehirn. Eine Zwangshandlung führt zur Ausschüttung anderer Botenstoffe als eine Stereotypie. Bei ihr muss eine Endhandlung erfolgen, da nur diese letztlich den hormonbedingten Beruhigungszustand und dadurch eine Selbstbelohnung auslöst. Gerade Hunde, die keinen guten Start ins Leben hatten, unter reizarmen Umweltbedingungen leben oder vollkommen unterfordert sind, weisen durch chronischen Stress einen Mangel an Dopamin auf. Häufig zufällig entdecken sie dann für sich Möglichkeiten, um ein bisschen des Glücksbotenstoffes zu produzieren.

Eine bestimmte Ursache für Verhaltensstörungen beim Hund lässt sich nicht festlegen. Sie werden wahrscheinlich kombiniert ausgelöst – durch Hirnstoffwechselstörungen, Traumata oder Gendefekte. Wer feststellt, dass sich sein Hund stereotyp oder anderweitig zwanghaft verhält, sollte direkt etwas unternehmen und sich Hilfe holen, um dem eigentlichen Problem auf die Spur zu kommen. Denn in den meisten Fällen weist das Auftreten von Stereotypien auf ein deutlich erhöhtes Risiko für Leiden und beeinträchtigtes Wohlbefinden hin.

Haben Sie einen Hund aus dem Tierschutz übernommen, der eine Stereotypie bereits mitgebracht hat, bedeutet das nicht zwingend, dass es ihm damit schlecht geht. Denn er hat früher gelernt, damit eine Belastungssituation besser zu überstehen. Dass er sie auch bei Ihnen an den Tag legt, hängt zum einen damit zusammen, dass Stereotypien, sobald sie einmal ausgebildet wurden, auch in ganz anderen als der ursprünglich auslösenden Situation auftreten können. Und zum anderen, dass sie zur Gewohnheit werden können. Doch unabhängig davon, ob Stereotypien durch aktuelle oder zurückliegende Haltungsprobleme ausgelöst wurden, ob ein oder mehrere auslösende Faktoren dazu beigetragen haben: Durch adäquate Haltungsbedingungen können sie oft vermieden oder zumindest stark gemildert werden.

Krank durch Stress

Dass Stress krank machen kann, ist gemeinhin bekannt. Stressbedingte Erkrankungen nehmen nicht nur bei uns Menschen, sondern auch bei unseren Hunden ständig zu. Werden Stresssymptome bei Hunden nicht erkannt oder gar ignoriert, können zum Teil schwerwiegende gesundheitliche Probleme auftreten. Werden permanent zu viele Stresshormone freigesetzt, wird das Immunsystem geschwächt und es kommt zu einer Übersäuerung des Körpers. Diese wiederum ist der Auslöser oder Verstärker für viele Krankheiten und Störungen wie etwa Magen-Darm-Erkrankungen, Allergien, Schmerzen im Bewegungsapparat, Harnwegserkrankungen und auch Tumore.

Im Folgenden möchte ich kurz auf einzelne Krankheiten eingehen, die sich aufgrund von Stress entwickeln können und damit auch die Tragweite zeigen, wenn Hunde gestresst sind.

Geschwächtes Immunsystem

Ist der Körper in Alarmbereitschaft versetzt, wird das Immunsystem für kurze Zeit gestärkt. So kann es Infektionen schneller abwehren. Doch auf Dauer schwächt das Stresshormon Cortisol die Abwehrkräfte des Immunsystems. Bakterien und Viren können den Organismus leichter angreifen und werden nur wenig erfolgreich abgewehrt. Dadurch leiden gestresste Hunde häufiger an Infektionskrankheiten. Zudem brauchen sie länger, um wieder gesund zu werden.

Ein geschwächtes Immunsystem ist der Schwachpunkt des Körpers bei Stress. Denn die Folgen eines schwachen Immunsystems beim Hund erleichtern Erregern das Eindringen in den Organismus. Ist das Abwehrsystem des Hundes erst einmal angegriffen, können Parasiten wie beispielsweise Würmer oder Milben diesen nun leichter befallen. Außerdem ist er häufig anfälliger für Magen-Darm-Probleme, Schnupfen oder auch Allergien. Allergien selbst sorgen wiederum selbst für ein schwaches Immunsystem, sodass hieraus ein Teufelskreis werden kann. Eine körperliche Abwehr, die nicht funktioniert, öffnet für Krankheiten Tür und Tor.

Störungen des Verdauungssystems

Stress kann auch bei Hunden auf den Magen schlagen. Stresshormone haben direkten Einfluss auf den Magen-Darm-Trakt, was vor allem bei andauerndem Stress nicht spurlos bleiben wird. Verdauungsprobleme, Unwohlsein, Erbrechen, Durchfall oder Blähungen sind die Folge. Durch stressauslösende Faktoren wird das Abwehrsystem geschwächt und es kommt zu einer Immunsuppression. Ohne eine körpereigene Abwehr können Keime eindringen, die Magen- und Darmprobleme hervorrufen. Beim Menschen heißt es nicht umsonst, dass man sich vor Angst in die Hose macht. Stress kann eben auch zu einer schnelleren Darmentleerung und einer erhöhten Stuhlfrequenz führen.

Im Magen wird die Nahrung mechanisch und chemisch weiterverarbeitet, mit den Magensäften vermischt und für die Verdauung im Dünndarm vorbereitet. Die Magensäure unterstützt dabei die Verdauung der Nahrung enorm. Durch die Freisetzung von Adrenalin und Cortisol wird die Verdauungstätigkeit allerdings extrem verlangsamt. Anhaltender Stress führt zu einer erhöhten Magensekretion und gleichzeitig zu einer Herabsetzung der Magenschleimproduktion, was gerade in dieser Kombination verheerende Folgen haben kann: Die Schleimhaut kann die Magenwand nicht mehr ausreichend vor der aggressiven Säure schützen und es kommt zu einer Gastritis. Gastritis bezeichnet allgemein eine Entzündung des Magens, die einen akuten oder einen chronischen Verlauf haben kann. Sie kann unterschiedliche Ursachen haben, im Fall von Stress ist die Entzündung aber auf eine Überproduktion von Magensäure zurückzuführen.

Bei einer leichten, akuten Gastritis, einer Magenschleimhautentzündung, ist nur die innere Schleimhaut betroffen. Sie kann sich unter anhaltenden Stressreizen ausweiten und man spricht dann gerne auch von einem „Reizmagen". Hält die Entzündung über einen längeren Zeitraum an und wird die Magenschleimhaut permanent gereizt, kommt es zu einem Magengeschwür, das Schmerzen verursacht und bluten kann. Die Symptome eines Magengeschwürs sind denen der Gastritis sehr ähnlich, wobei es zu einer farblichen Veränderung des Stuhls kommen kann, welche durch Einblutung des Geschwürs in den Magen verursacht ist. Außerdem kann der Hund blutig erbrechen.

Ist es so weit gekommen, muss die Stressursache gefunden und möglichst beseitigt werden. Da dies oftmals lange dauern kann, wenn es denn überhaupt möglich ist, ist in der Zwischenzeit darauf zu achten, dass die Art der Fütterung so gewählt wird, dass sie einer Übersäuerung entgegenwirkt. Zudem kann man die Magenschleimproduktion durch unterschiedliche Pflanzen wie Süßholz, Eibisch und Ulmenrinde unterstützen.

Auch der Darm kann durch Stress in Mitleidenschaft gezogen werden. Hunde leiden dann vermehrt unter Verstopfung oder eben Durchfall. Und auch plötzliches Urinieren kann stressbedingt sein. Bei großer Angst oder durch einen plötzlichen Schrecken kommt es über die Adrenalinausschüttung und die Aktivierung des sympathischen Nervensystems zu einer Verschiebung im Wasserhaushalt, weshalb uriniert werden muss.

Hauterkrankungen

Oftmals gipfelt die Überlastung des Körpers durch Stress in Hauterkrankungen. Nicht umsonst wird die Haut auch als „Spiegelbild der Seele“ bezeichnet. Sie reagiert auf Stress, denn Stress stört die Schutzmechanismen der Haut und macht sie anfällig für Erkrankungen. Juckreiz und Entzündungen sind dann die Folge. Um die Anspannung abzubauen, hilft meist nur Kratzen, was eine Entzündung noch verstärkt. Die Unterdrückung des Juckreizes erhöht wiederum die innere Anspannung.

Auch emotionaler Stress kann Auslöser für verstärktes Lecken und Bekauen bestimmter Körperpartien sein. Das führt beim Hund nicht selten zu haarlosen Arealen und zu Hautentzündungen. Man spricht dann von der psychogenen Alopezie oder Dermatitis. Die Haut reagiert hier mit juckenden Veränderungen, wodurch das Lecken noch intensiviert wird. Da durch das Lecken sogenannte Endorphine (Wohlfühlhormone) freigesetzt werden, entsteht eine regelrechte Sucht nach diesem beruhigenden Glücksgefühl. Durch die Selbstbelohnung wird der Leckdrang immer heftiger und schließlich krankhaft.

Auch Stress kann die Ausbreitung der Demodex-Milben mit all ihren Folgen begünstigen.

Meistens konzentriert sich der Leckzwang auf eine bestimmte Region des Körpers. Bevorzugte Stellen sind die Pfoten der Vordergliedmaßen. Aber auch die hinteren Pfoten, der After- und Kniebereich können betroffen sein. Durch kleine Risse in der Haut dringen Keime wie etwa Staphylokokken und Coli-Bakterien ein. In der Wunde vermehren sich diese Keime exponentiell, das heißt, dass ihre Zahl sich alle zwanzig Minuten verdoppelt. Durch das Belecken wird Speichel in die Wundbereiche getragen, was zu Jucken und Schmerzen führt. Durch das intensive Bearbeiten können aber auch Geschwüre entstehen, die Haut kann stark verdicken und das Fell sich durch den Speichel rot-braun verfärben. Als Folge können sogar Veränderungen am darunter liegenden Knochen auftreten. Ekzeme, Juckreiz und wunde Stellen sind traurige Klassiker in der Stress-Symptomatik.

Auswirkungen auf Herz und Kreislauf

Auch das Herz-Kreislauf-System wird durch chronischen Stress in Mitleidenschaft gezogen. Typische Symptome sind dabei Bluthochdruck, erhöhte Blutfettwerte und verstärkte Ablagerungen in den Gefäßen.

Bei Stress wird der Sympathikus aktiv und sorgt für eine Leistungssteigerung, indem er auf das Herz-Kreislauf-System einwirkt: Die Durchblutung von Herz- und Skelettmuskulatur wird erhöht, der Blutdruck steigt und der Stoffwechsel wird angekurbelt. Dazu werden die Bronchien erweitert und die Herzschlagfrequenz erhöht sich. Auch werden die Atemfrequenz und der Blutfluss gesteigert, sodass Sauerstoff und Energieträger schneller den relevanten Organen und Muskeln zur Verfügung stehen. Zusätzlich wird die Lungenfunktion beeinflusst, die Pupillen erweitern sich und es wird mehr Schweiß produziert. Für diese Reaktionen muss der Stressor übrigens noch gar nicht vorhanden sein. Es reicht schon, wenn der Hund in eine entsprechende Erwartungshaltung kommt. Damit die Herz-Kreislauf-Funktionen gesteigert werden können, hemmt der Körper in der Zeit andere Vorgänge, die er momentan nicht benötigt, wie etwa die Verdauung oder die Durchblutung von Nieren und Haut.

Durch die Ausschüttung von Stresshormonen beginnt das Herz zu rasen und die Atmung wird beschleunigt. Bei Hunden, die bereits an einer Erkrankung des Herzens leiden, wie beispielsweise einer Herzklappeninsuffizienz, kann unter der Stresssituation das Krankheitsgeschehen um ein Vielfaches verstärkt werden. In einigen Fällen kommt es zu einem tödlichen Herzversagen. Hunde mit bekannten Vorerkrankungen des Herzens sollten gut auf die Medikamente eingestellt sein.

Blasenerkrankungen

Exzessives Belecken des After- und Genitalbereichs kann in einigen Fällen durch Stresssituationen oder Langeweile ausgelöst werden. Dabei werden Bakterien der Haut oder des Enddarmes in die Genitalöffnung einmassiert, die sich in den Harnwegen einnisten und zu einer Entzündung der Harnwege führen können. Durch das stressbedingt gehemmte Abwehrsystem können sich die Keime ungehindert ausbreiten.

Diabetes

Unter Stress werden Adrenalin und Noradrenalin produziert. Während die Hauptaufgabe von Noradrenalin darin besteht, ein Absinken des Blutdrucks zu verhindern, ist Adrenalin eine wichtige Substanz, die den Blutzucker reguliert. Prinzipiell ist die Erhöhung des Blutzuckerspiegels in Stresssituationen wichtig, um den Körper auf viele körperliche und geistige Aktivitäten vorzubereiten. Adrenalin hilft zusammen mit dem Anstieg des Blutdrucks dabei, alle Körperteile mit Sauerstoff und Glukose zu versorgen.

Durch die Ausschüttung von Cortisol steigt wiederum der Blutzuckergehalt, um den Körper fit zu machen für bevorstehende Aktivitäten. Stresshormone, allen voran das Cortisol, wirken dem Insulin entgegen, denn es führt dazu, dass die Leber vermehrt Glukose ausschüttet. Die Folge: Der Blutzucker steigt. Zudem werden bei Stress Botenstoffe aktiv, die das Insulin nicht mehr so gut wirken lassen, wodurch sich die Regelung des Blutzuckers erschwert. Deswegen ist Stress auch ein großer Risikofaktor für Diabetes.

Neben Stress kann allerdings auch die Rasse selbst für Diabetes verantwortlich sein. Anfälliger für Diabetes sind unter anderem Pudel, Golden und Labrador Retriever, Beagles und Chow-Chows. Eine Diabeteserkrankung erkennen Sie unter anderem an folgenden Symptomen: Starker Durst, Müdigkeit, Gewichtsverlust trotz Heißhunger, häufiger Harndrang, schlechte Wundheilung, Linsentrübung.

Tumore

Ein erhöhter Spiegel von Stresshormonen wie etwa Cortisol löst biochemische Veränderungen in Zellen aus und kann auf diese Weise zur Tumorbildung beitragen. Krebszellen in ihrer Entwicklung zu hemmen oder zu zerstören ist eine lebenswichtige Aufgabe des körpereigenen Abwehrsystems. Chronischer Stress führt jedoch zu einem schwachen Immunsystem. Doch Stress kann nicht nur Krebs auslösen, er fördert auch das Wachstum und die Vielfältigkeit von Krebszellen. Bestimmte Krebszellen reagieren auf das Stresshormon Cortisol. Im Fall eines hohen Stresslevels, welches wiederum einen hohen Cortisolspiegel zur Folge hat, wird die Metastasenbildung angeregt und somit das Wachstum begünstigt.

Schlechter Schlaf

Auf das Schlafbedürfnis von Hunden gehe ich in einem anderen Kapitel nochmals gesondert ein. Hier will ich nur hervorheben, was Stress auch in puncto Schlaf mit unseren Hunden machen kann.

Schlaf dient der körperlichen Erholung. Während der Dauer des Schlafs finden lebenswichtige Prozesse statt. So werden etwa Abwehrkräfte gestärkt, Abbauprodukte des Stoffwechsels abtransportiert und Wachstumshormone zur Zellerneuerung gebildet. Außerdem verarbeitet und speichert das Gehirn die Eindrücke des Tages. Ein gesunder Schlaf hat erheblichen Einfluss darauf, sich gut konzentrieren und reagieren zu können, sich Neues zu merken und auch Erinnerungen zu bilden. Zudem wirkt er sich positiv auf Gefühle und Stimmung aus. Ein gesunder Schlaf fördert die Leistungsfähigkeit und trägt dazu bei, gesundheitlichen Problemen vorzubeugen.

Anhand einer Studie wurde nun nachgewiesen, dass Hunde nach negativen Erlebnissen weniger fest schlafen. Alle Hunde, die negative Erlebnisse gehabt haben, legen sich zwar früher schlafen als Artgenossen, denen nichts Schlimmes widerfahren ist. Bei der Auswertung der Daten während des Schlafes zeigt sich aber, dass sie sich deutlich kürzer in Tiefschlafphasen befinden, dafür länger in der REM-Phase, in der Blutdruck und Puls schon wieder angestiegen sind. Unzureichender fester Schlaf hat auch negative Auswirkungen auf die Gesundheit.

Stress ist demnach auch ein Grund für einen schlechten Schlaf. Halten Schlafprobleme über mehrere Wochen oder sogar Monate an, steigt das Risiko für Erkrankungen enorm. Dazu gehören Infekte, Bluthochdruck, Herzrhythmusstörungen oder Angststörungen. Schlechter Schlaf erhöht zudem das Risiko für Demenz.

Muskeln und Bewegungsapparat

Verspannungen können verschiedene Ursachen haben: Fehlbelastung der Wirbelsäule, eine schlechte Körperhaltung, monotone Bewegungsabläufe, mangelnde Aktivität, Angst, Magnesiummangel – oder eben auch Stress.

Wie Sie bereits wissen, ist die Anspannung der Muskulatur neben vielen anderen eben auch ein Anzeichen von Stress. Sobald ein Hund Stress empfindet, sendet das Gehirn Informationen an die Muskulatur und diese spannt sich an. Wirkt ein Stressfaktor über längere Zeit auf den Hund ein, bleibt auch die muskuläre Anspannung bestehen. Sind Muskeln verspannt, verhärten sie sich. Die Durchblutung ist behindert und es treten Schmerzen auf, sogenannte Verspannungsschmerzen. Auch die Beweglichkeit ist eingeschränkt. Betroffene Hunde nehmen daraufhin eine Schonhaltung ein, folglich verkürzen sich die Muskeln weiter und verspannen sich noch mehr. Besonders anfällig für stressbedingte Dauerverspannungen sind die Schulter-, Nacken- und Kiefermuskulatur, die Rückenmuskulatur und der große Lendenmuskel.

Durch muskuläre Dysbalancen entstehen Folgeprobleme wie Fehlhaltungen und Haltungsschäden. Diese wiederum führen zu weiteren Verspannungen, die ohne physiotherapeutische Hilfe chronisch werden. Schmerz- und entzündungshemmende Medikamente lindern zwar die Symptome für den Moment, Physiotherapie hilft da aber schon sehr viel besser. Doch reicht eine reine körperliche Therapie bei Rückenschmerzen nicht aus, wenn die Ursachen stressbedingt sind. Am wichtigsten ist es daher, die Ursache für die Verspannung zu bekämpfen, da sie sonst immer wieder auftreten wird.

Faszien

Faszien sind Bindegewebe, die Muskelfasern, Faserbündel und ganze Muskeln umhüllen und Organe umgeben. Sie durchziehen das Gewebe des gesamten Körpers. Da durch sie quasi alles miteinander verbunden ist, wirkt sich eine veränderte Spannung der Faszien an einer bestimmten Stelle häufig auch auf die Faszien anderer Körperbereiche aus. Wenn Faszien verkleben, kann das zu unangenehmen Schmerzen und Schonhaltungen führen. Gründe hierfür sind Bewegungsmangel und eine körperliche Übersäuerung. Aber auch Stress kann zu verklebten Faszien führen.

Das ist wie so oft auf die ausgeschütteten Stresshormone zurückzuführen. Diese bewirken eine Anspannung der Faszien. Dauert die belastende Situation länger an, verhärten sie, was zu schmerzendem Fasziengewebe führt. Heutzutage geht man sogar davon aus, dass Stress die Hauptursache für verklebte Faszien und somit auch für chronische Rücken-, Nacken- und Schulterschmerzen ist.

Neben Faszien enthält das Bindegewebe weitere Gewebearten sowie Blut- und Lymphgefäße. Letztere sind für die Versorgung von Zellen mit Nährstoffen als auch für den Abtransport von Schadstoffen verantwortlich. Damit die Lymphgefäße richtig funktionieren, sind sie auf Muskelaktivität angewiesen. Hält eine Muskelverspannung nun länger an, beeinträchtigt das die Nährstoffversorgung und den Abtransport von Schadstoffen. So kommt es als Kettenreaktion letztlich zu Verklebungen und Schmerzen.

Depression

Dass Depressionen bei Menschen weit verbreitet sind, ist bekannt. Doch auch Hunde können unter Depressionen leiden. Natürlich gestaltet sich die Diagnose einer Depression bei Hunden deutlich schwieriger als bei uns. Schließlich können sie nicht mit Worten auf ihr Leiden aufmerksam machen. Aus diesem Grund ist es wichtig, dass Sie als Hundehalter mögliche Anzeichen genau im Blick haben.

Hunde, die von einer Depression betroffen sind, ziehen sich immer mehr zurück. Sie haben kaum noch Spaß am Spielen und Herumtoben und oftmals keinen Appetit. Sie wirken niedergeschlagen, machen einen traurigen Eindruck und reagieren nicht auf Motivationsversuche ihres Halters. Ein solches Verhalten muss nicht zwangsläufig bedeuten, dass Ihr Hund unter Depressionen leidet. Halten die Symptome jedoch über einen längeren Zeitraum an, können sie durchaus darauf hinweisen. Die häufigsten Ursachen für Depressionen bei Hunden sind Altersschwäche, einschneidende Erlebnisse, eine inkonsequente Erziehung mit einem Mangel an klaren Regeln und übermäßiger Stress. Auch hier spielt die Ursachenforschung wieder eine wichtige Rolle, um dem Hund gezielt helfen zu können.

Subklinische Schilddrüsenunterfunktion

Was immer den Stress auslösen mag: Als Folge beginnen die Nebennieren mit der Bildung von Stresshormonen. Cortisol, Adrenalin und Noradrenalin sind aber nicht nur Stresshormone, sondern erfüllen auch andere wichtige Funktionen im Körper. Dabei nehmen sie unter anderem Einfluss auf die Schilddrüse. Ein Übermaß an Stress führt zu Störungen der Stresshormonbildung und außerdem zur Freisetzung von entzündungsfördernden Stoffen (Cytokinen) aus dem Immunsystem. Untersuchungen zeigen, dass diese Stoffe auch die Bildung von TSH (Tyroid-stimulierendem Hormon) in der Hypophyse verringern. TSH wird benötigt, um die Bildung von Schilddrüsenhormonen anzuregen. In einer Studie hat sich gezeigt, dass entzündungshemmende Cytokine nicht nur die Bildung von TSH reduzieren, sondern auch die Umwandlung des Schilddrüsenhormons T4 (Thyroxin) in T3 (Triiodthyronin) behindern. Stellt die Schilddrüse jedoch zu wenig Hormone her, entsteht eine Schilddrüsenunterfunktion (SDU).

So kann Stress aufgrund der Produktion von Stresshormonen zu Schilddrüsenerkankungen führen, aber im gleichen Maße eine Schilddrüsenerkrankung zu Stress. Es stellt sich dann die Frage, ob der Hund wegen einer SDU gestresst ist und Verhaltensauffälligkeiten zeigt, oder ob er eine ausgeprägte Stressproblematik hat und deswegen verringerte SD-Hormone produziert. Da die Schilddrüsenunterfunktion eine der häufigsten Hormonstörungen beim Hund ist, möchte ich sie an dieser Stelle kurz erwähnen. Denn eine SDU bewirkt nicht nur körperliche Veränderungen, sondern kann auch das Verhalten beeinträchtigen: Betroffene Hunde zeigen oft starke Stimmungsschwankungen, haben keine Lust, sich zu bewegen oder wirken apathisch. Neben der klassischen Form der SDU mit schütterem Fell und Trägheit unterscheidet man seit einigen Jahren auch eine so genannte subklinische Form, bei der die klassischen Anzeichen fehlen. Hier treten stattdessen subtilere Symptome auf, die sich am deutlichsten im Verhalten niederschlagen: Hunde wirken dann launisch oder zickig, können mit der Minute aggressiv, ängstlich oder schreckhaft werden. Mit einer stressigen Situation können sie nur schlecht oder gar nicht umgehen. Sie lassen sich leicht ablenken und sind nur mit Mühe zu bändigen.

Wenn das Training mit einem gestressten Hund nicht fruchten will, dann könnte dahinter auch eine subklinische SDU stecken. Maßgeblich an der Veränderung des Verhaltens beteiligt sind dabei die Hormone T3 und T4. Viele Halter würden sich dies als Ursache und Lösung für ihren verhaltensauffälligen Hund wünschen, weil das sonderbare Verhalten dann endlich erklärbar wäre. Zumal die einfach Abgabe von Medikamente den Hund heilen könnte oder zumindest die Anzeichen deutlich mildern. Mit der These anzukommen, sein Hund hätte eine subklinische SDU, gleicht ein Tierarztbesuch allerdings oftmals einer Lotterie. Ein Teil der Tierärzte verweigert deren Anerkennung total, ein anderer hat sich dagegen bereits darauf spezialisiert. Seit einigen Jahren ist sie auch in den Fokus der Hundetrainer geraten, vor allem dann, wenn Hunde sich schwer konzentrieren und lernen können.

Bei der subklinischen SDU liegen die üblich untersuchten Schilddrüsenwerte im Blut noch im Referenzbereich, meist jedoch entweder in der unteren Hälfte oder im unteren Drittel. Laut Blutbild wäre so weit alles im grünen Bereich. Allerdings sollte bei einem

Befund mit fT3 (freies T3) und fT4 (freies T4) im unteren Drittel auf jeden Fall genauer nachgeforscht werden. Von daher ist es ratsam, bei Verhaltensänderungen zu einem erfahrenen und auf Schilddrüsenprobleme spezialisierten Tierarzt zu gehen, um ein Blutbild durchführen zu lassen, aufgrund dessen sich die Diagnose einer subklinischen SDU erstellen lässt. So kann man herausfinden, ob es sich tatsächlich um einen Mangel an Schilddrüsenhormonen handelt, bevor man weiterhin erfolglos trainiert. Gleichzeitig sollten Halter bis zur Abklärung noch geduldiger und noch ruhiger mit ihrem Hund umgehen und ihn keinesfalls überfordern. Besser wäre es, ihm für den Moment eine Insel der Ruhe und Entspannung zu schaffen. Denn nur ein gesunder Hund kann auch mitarbeiten und lernen.

Folgende Blutwerte sind für eine SDU-Diagnose wichtig:

- Ein großes Blutbild inklusive Cholesterin sowie eventuell Selen, Jod und Zink. Denn diese können relevant sein bei der Diagnostik einer Autoimmunerkrankung.
- Cortisol wäre noch wichtig, um die Nebenniere im Blick zu haben und eine Erschöpfung oder Insuffizienz auszuschließen.
- Dazu noch ein großes Schilddrüsenprofil mit den Werten
  - » T3 Triiodthyronin
  - » fT3 freies Triiodthyronin
  - » T4 Thyroxin
  - » fT4 freies Thyroxin
  - » TSH Thyroid-Stimulierendes-Hormon
  - » TAK Thyreoglobulin-Antikörper
  - » T3AK T3 Antikörper
  - » T4AK T4 Antikörper

Ob Stress einen Hund krank macht, das lässt sich zusammenfassend sagen, hängt von seinen individuellen Fähigkeiten und Lebensumständen ab. Je größer die innere Widerstandskraft, die sogenannte Resilienz, ist, desto weniger belastend nimmt er mögliche Stressauslöser wahr. Hunde können durch bestimmte Übungen eines Anti-Stress-Trainings (siehe weiter unten) lernen, sich selbst zu regulieren und gelassener mit Stress umzugehen, also resilient zu werden. Eines ist jedoch klar: Ohne ausreichende Erholung kann sich Stress negativ auf die gesamte Gesundheit auswirken und den Körper dauerhaft schädigen. Bereits bestehende Erkrankungen vermag Stress zu verstärken und für schwere Erkrankungen wie Diabetes, Magengeschwüre, Herzrhythmusstörungen oder auch Krebs kann er als fataler Auslöser dienen.

Welchen Einfluss hat Stress in der Hundeerziehung?

Das Stressgeschehen beeinflusst das Zusammenleben mit dem Hund in vielfältiger Weise. Zum einen ist es bei der Beurteilung von Problemverhalten wichtig, zum anderen wirkt sich eine Stressbelastung auch auf das Lernverhalten der Hunde aus. In Bezug auf die Hundeerziehung ist besonders zu erwähnen, dass Stresshormone starken Einfluss auf die Funktionen des Großhirns haben. Wie auch Menschen lernen Hunde unter Stress schlechter, weil sie sich nicht optimal konzentrieren können. Die Lernvorgänge werden verlangsamt und das Gelernte wird nicht so gut behalten. Das bedeutet, dass Leistungen des Hundes beim Training durch Stress stark eingeschränkt sind. Dabei mangelt es neben Konzentration an Verlässlichkeit und Genauigkeit. Die Selbstkontrolle ist ebenfalls vermindert (etwa das Weggehen bei einer „Bleib"-Übung) und der Hund ist weniger belastbar. In einem gestressten Zustand ist kein Hund in der Lage, neue Informationen aufzunehmen und sinnvoll zu verarbeiten.

Wenn der Hund bockt

„Verweigert" der Hund die Umsetzung eines Kommandos, kann das mehrere Ursachen haben. Vor allem der Einsatz von Strafe ist hier zu nennen, denn Strafe verursacht immer Stress. Die mit dem Trainieren verknüpften negativen Emotionen werden im Gedächtnis abgespeichert, zudem macht starker Stress ein Lernen unmöglich. Der Hund ist nach einer Strafe durch den Stress hormonell in einem erhöhten Aktivitätszustand, was die Reizschwelle heruntersetzt und ihn dadurch verstärkt auf alle Reize reagieren lässt. Er ist nervöser und zeigt noch mehr unerwünschtes Verhalten. Gleichzeitig kann er dadurch noch weniger Informationen aufnehmen und behalten. Ein echter Teufelskreis beginnt.

Strafe verursacht immer Stress beim Hund. Ein Leinenruck am Halsband etwa, der leider immer noch zum Repertoire vieler Hundeschulen gehört, weil er kurzfristig und effektiv den Hund daran hindert, zu ziehen, kann bei einem Hund viele negative Wirkungen hervorrufen:

- Stress: lässt die Reizschwelle für Aggression sinken
- Stress: führt zu schnellerer Erregung und blockiert das Lernen
- Angst: hier besteht die Gefahr der Verknüpfung mit dem Besitzer oder anderen Hunden
- Angst: wird durch Strafe noch verstärkt
- Schmerz: Blutbahnen zum Hirn sowie Luftröhre, Kehlkopf, Schilddrüse und Bandscheiben können verletzt oder beeinträchtigt werden
- Atemnot: durch den Versuch, dem Strafreiz durch Ziehen zu entfliehen
- Erlernte Hilflosigkeit: lieber nichts mehr machen als etwas, das eh bestraft wird

Grundsätzlich muss der Hund körperlich in der Lage sein, sich konzentrieren zu können und ein Kommando umzusetzen. Daher müssen Schmerzen und Erkrankungen ausgeschlossen werden, wie etwa Störungen im Bewegungsapparat, Entzündungen oder eine Schilddrüsenunterfunktion.

Um Gewünschtes umzusetzen, muss der Hund natürlich auch verstehen, was gemeint ist. Sind Hundehalter nicht in der Lage, ihren Hunden beizubringen, was auf ein Signalwort hin zu tun ist, wird es der Hund auch nicht begreifen. Hierbei kommt es ganz auf das Trainingssetting, den Trainingsplan und auf das Wissen um die Körpersprache des Hundes an. Dazu mehr in anderen Kapiteln. Es kann auch sein, dass der Hund sich gerade in einer der zahlreichen Entwicklungsstufen (etwa der Pubertät) befindet und von daher nicht in der Lage ist, Kommandos umzusetzen – selbst, wenn er es wollte. In bestimmten Phasen ist er nämlich emotional nicht stabil genug und kann sich einfach nicht auf seinen Halter konzentrieren, weil er etwa als Rüde momentan mehr an der läufigen Hündin nebenan interessiert ist als an dem, was sein Halter von ihm will. Auch dazu später mehr.

In all den beschriebenen Situationen kann der Hund einem Kommando nicht oder nicht im gewohnten Maße nachkommen, weil er dazu nicht in der Lage ist – entweder weil er bereits bei Gabe des Signals im Stress ist oder Stress währenddessen entsteht. Dass ein Hund etwas nicht umsetzt, um seinen Halter damit zu ärgern, ist absurd.

Trotz Hundeschule noch gestresster

Insbesondere wenn Halter mit Trainingsprogrammen nicht die gewünschte Besserung des Verhaltens erreichen, sollten sie überprüfen, ob ihre Hunde unter den Voraussetzungen innerhalb der Hundeschule überhaupt in der Lage sind, zu lernen oder ob eine Stressbelastung die Ursache des Problemverhaltens darstellt. Die Erkenntnis, dass ein beobachtetes Verhaltensproblem ganz andere Ursachen haben kann, ist der Anfang zur Problemlösung.

Wird an einem Problem gearbeitet, bringt das immer eine gewisse Stressbelastung für den Hund mit sich, denn er muss sich zumindest in abgeschwächter Form Herausforderungen stellen. Herausforderungen im Training zu schaffen ist für ein erfolgreiches Lernen wichtig. Übertreibt man es allerdings, trainiert man zu oft, zu viel oder wird der Auslösereiz zu intensiv, kann es sein, dass sich zwar das ursprüngliche Problem bessert, sich beim Hund aber gleichzeitig neue „Baustellen" auftun.

Oftmals ist das Trainingsprogramm nicht individuell auf den Hund abgestimmt. Da viele Hundetrainer sich mit dem Thema Stress bei Hunden gar nicht oder nicht ausreichend genug auseinandersetzen und mit unangepassten Methoden ein Verhaltensproblem angehen, sind letztlich die Hunde die Leidtragenden. Wer als Trainer nicht in der Lage ist, den anvertrauten Hund richtig einzuschätzen, wird ihn wohl oder übel falsch trainieren. Das kann schon damit beginnen, dass ein Hund aus dem Tierschutz, der früher von seinen Artgenossen gemobbt wurde, in einer Gruppenstunde (denn man will als Hundehalter ja auch, dass sein Hund soziale Kontakte pflegen kann) im kleinen Abstand die einzelnen Hund-Mensch-Teams umkreisen, oder auch liegen bleiben muss, wenn andere Hunde ihn ganz nah umkreisen. Schießt er dabei jedes Mal nach vorne und bellt, kann es sein, dass

Hund samt Halter ausgeschlossen werden, da man keine aggressiven Hunde im Kurs duldet. Besucht der Halter weitere Hundeschulen mit demselben Wissensstand um gestresste Hunde, verstärkt er unwissentlich den Stress seines Hundes mit Artgenossen. Und dies nur, weil kein Trainer erkennt, dass der besagte Hund lediglich eine größere Individualdistanz braucht. Zumindest am Anfang. Nun verlässt der Halter die Hundeschulen mit dem Eindruck, er hätte einen aggressiven Hund an der Leine. Wenn er das so hinnimmt, wird sein Hund sein Leben lang missverstanden. Der Stress bei Hund und Mensch bleibt zudem weiterhin bestehen und wird wahrscheinlich noch wesentlich größer werden.

Warum leiden immer mehr Hunde unter Stress?

In Deutschland haben 2022 etwa 12,7 Millionen Hunde gelebt, Tendenz stark steigend. Sicherlich mitverantwortlich dafür ist die Corona-Krise samt Home-Office, in der sich zahlreiche Menschen ein Heimtier angeschafft haben. Hunde sind äußerst beliebt gewesen, zumal mit ihnen in restriktiven Zeiten der Passierschein für einen Aufenthalt im Freien verbunden gewesen ist. Kosten sollten sie nicht allzu viel, schön sollten sie sein, und wenn möglich auch noch Welpe. Da lagen Hunde aus dem Auslandstierschutz natürlich ganz weit oben in der Beliebtheitsskala.

Meist besteht für diese Hunde keine Möglichkeit, sie vorab kennenzulernen. Sie werden quasi aus dem Katalog bestellt und der Beschreibung wird blind vertraut. Zwischen den Zeilen wird gar nicht gelesen. An Parkplätzen oder Flughäfen bekommt man ein Bündel Fell überantwortet, das äußerst selten freundlich und aufgeschlossen auf einen zukommt, bestenfalls verschreckt ist ob der neuen Umstände, normalerweise aber voller Angst vor allem Unbekannten steckt und nicht selten total traumatisiert ist. Im Grunde sind das Hunde, die von Menschen mit solidem Fachwissen geführt oder zumindest in unsere Welt eingeführt werden sollten. Diese Hunde müssen kleinschrittig an ihr neues Zuhause gewöhnt werden. Meistens werden sie aber sofort geherzt und getätschelt. Die Liebe zum Tier wird es schon richten. Zeit zum Ankommen haben sie nicht. Sie erreichen ihre neue Heimat gestresst. Statt zur Ruhe zu kommen, erfahren sie täglich noch mehr Stress. Wie sie letztlich damit klarkommen, wird sich zeigen.

Gerade in der Corona-Zeit, in der es schwerfiel, seinen Hund zu sozialisieren und ihn diversen Umwelteinflüssen auszusetzen, zogen sich Neu-Hundehalter wahre Stresshunde mit extremen Verhaltensauffälligkeiten heran. Die Tierheime spiegeln dieses Bild heute wider. Sie quellen über von schnell frustrierten, zu schweren und dadurch auch kranken Hunden, die nicht vermittelt werden können. Manche von ihnen werden noch Monate bis Jahre das Tierheim ihr Zuhause nennen, andere vielleicht für immer.

Dabei will ich gar nicht allein auf Tierschutzhunde abzielen. Ich selbst hatte einen neun Monate alten Mix aus Border Collie und Australian Shepherd aus einer deutschen „Zucht“ (ja, es gibt anscheinend Menschen, die diese beiden Rassen auch noch bewusst kreuzen) in meiner Praxis, der bereits unter schwersten Schäden im Bewegungsapparat litt. Sein an Depressionen erkrankter Besitzer kaufte sich den Hund, der für ein wenig Ablenkung sorgen sollte. Von klein auf musste er mit am Fahrrad laufen, mehrmals täglich einige Stockwerke rauf und runter gehen, und weil er angeblich nicht müde zu kriegen war, wurden ihm so lange Ball und Frisbee geworfen, bis er regelrecht zusammenbrach. Erst dann war es gut für diesen Tag. Mit neun Monaten konnte er sich nicht mehr physiologisch korrekt bewegen, war vollkommen überdreht, kam einfach nicht zur Ruhe. Seine Reizschwelle lag quasi unter Meeresspiegel.

Ich will damit nur zeigen, dass es Hunde gibt, die bereits gestresst in unser Leben treten und die unsere Hilfe bedürfen, weil sie sonst in diesem Zustand gefangen bleiben oder sich ihr Zustand sogar noch verschlimmern wird. Aber auch „unbeschriebene" Welpen können ohne richtige Führung ebenfalls zu gestressten Hunden werden. Unsere Umwelt ist nicht gerade hundegerecht, es gibt viel zu viele Stressoren, die da draußen auf sie warten. Wir als Hundehalter müssen dafür Sorge tragen, dass unsere Hunde damit zurechtkommen und sie auf diese Welt vorbereiten.

Natürlich gibt es auch andere Gründe, warum sich Hunde gestresst fühlen können. Etwa, wenn sie keinerlei Führung erfahren und machen dürfen, wozu sie gerade Lust haben. Besonders interessant sind die Gründe, die einfach in der Natur liegen. Denn auch in der Entwicklung vom Welpen zum erwachsenen Hund werden Phasen des Stresses durchlaufen.

Sensible Entwicklungsphasen des Hundes

Auf seinem Weg zum Erwachsenwerden durchläuft ein Hund einige Entwicklungsphasen, die maßgeblich für sein späteres Verhalten verantwortlich sind. Verläuft die Entwicklung bereits als Welpe nicht normal, kann es zu stressbedingten Verhaltensauffälligkeiten kommen.

Das Nervensystem des Hundes entwickelt seine genetisch vorgesehenen Funktionen nur, wenn es angemessenen Umweltreizen ausgesetzt ist, speziell in der Frühentwicklung. Wächst ein Hund in einer reizarmen Umgebung auf, wird er später häufig nicht fähig sein, Reize als normal wahrzunehmen, da er sie nie kennengelernt hat. Zudem wird er weder emotional stabil noch lernfähig sein. Aus all diesen Gründen muss in den Entwicklungsphasen eine stimulierende Umgebung geschaffen werden. Wichtig ist dabei, dass die Umgebung aus Sicht des Hundes berechenbar ist und er auch die Konsequenzen seines Verhaltens lernen kann. Andernfalls lebt er in ständigem Stress, weil er keinen Einfluss auf die Geschehnisse um ihn herum hat. Solche Hunde gelangen in einen Zustand der erlernten Hilflosigkeit. Dann ist es oft sehr schwierig, ihnen Neues beizubringen.

Ein positiver Stress wie ein Streicheln in der Frühentwicklung beschleunigt das Wachstum, fördert ein ausgeglichenes Wesen, verbessert den Sozialstatus gegenüber anderen Welpen und fördert die Widerstandskraft gegen gewisse Krankheiten. Zudem erleichtert es später die Sozialisierung zum Menschen. Erleben Welpen vom 3. bis zum 21. Tag nach der Geburt bereits, dass sie kurz allein gelassen werden, wird sie das später weniger belasten. Außerdem ist zu erwarten, dass Hunde im Leben weniger stark auf negativen Stress reagieren und auch emotional ausgeglichener sind.

Es gibt auch sensible Zeiten auf dem Weg zum erwachsenen Hund. Diese sind Zeitabschnitte, während derer der Hund gewisse Erfahrungen machen muss, um sich normal zu entwickeln. So lernt ein Welpe zwischen der 4. und der 12. Lebenswoche Sozialpartner kennen. Beim Hund sind das neben seiner Mutter und seinen Geschwistern im besten Fall Menschen und andere Haustiere. Das bewirkt, dass später im Leben gewisse Neuronen im Sehhirn aktiviert werden, wenn der Welpe einen Sozialpartner wiedererkennt. Nach 12 bis 14 Wochen ist es schon schwieriger, dem Welpen beizubringen, bisher unbekannte Arten als Sozialpartner zu akzeptieren.

Doch es gibt noch weitere Phasen, die der Hund durchlaufen muss, bis er erwachsen ist. So verändert sich etwa die Wahrnehmung, wenn er Augen und Nase bewusst einsetzen kann. Infolgedessen werden bereits bekannte Reize, Situationen, Personen oder Tiere neu bewertet. Diese Phase startet in der achten Lebenswoche und dauert etwa eine Woche. Hier sind die Welpen Neuem gegenüber tendenziell unsicher bis ängstlich und suchen vermehrt Schutz bei der Mutter. Daher sollte eine Abgabe in ein neues Zuhause eigentlich nicht vor Ende der achten Woche geschehen, neuesten Forschungen nach sogar erst in der zehnten oder elften Woche.

Die nächste Phase beginnt etwa mit vier oder fünf Monaten und dauert bis zu drei Wochen. Hier werden vermehrt Sinneseindrücke durch Augen und Nase wahrgenommen. Es findet erneut eine Neubewertung von Bekanntem wie Menschen, Artgenossen oder Objekten statt. Das Verhalten gegenüber Artgenossen verändert sich. Gerüche werden stärker wahrgenommen und auch das Sehen verändert sich. Allein durch die Veränderung der Sinne nimmt der Hund seine Umwelt nun anders wahr. So kommt es in dieser Zeit häufig zu Angstreaktionen vor Alltagsgegenständen oder fremden Situationen und Menschen.

In der folgenden Phase, die je nach Rasse mit etwa neun Monaten einsetzt (Dauer etwa drei Wochen), beginnt langsam die Pubertät. Der Hund wird geschlechtsreif. Es treten ausgefallene neue Verhaltensweisen auf, es werden seltsame Anwandlungen gezeigt und die Ohren scheinen auf Durchzug zu stehen.

Zwischen dem 12. und dem 18. Monat erfolgt eine weitere Phase, die ebenfalls etwa drei Wochen dauert. Hier kann ein deutlicher Entwicklungsschub bemerkt werden und der Hund wirkt erwachsen. Auch in dieser Zeit kann auf Neues und Unbekanntes mit Unsicherheit reagiert werden. Anzumerken ist noch, dass diese Zeit überhaupt kein guter Zeitpunkt für eine Kastration ist. Darauf werde ich aber später noch detaillierter eingehen. Und schließlich erfolgt die letzte Entwicklungsphase mit etwa zwei bis zweieinhalb Jahren. Auch diese hält etwa drei Wochen an. Hier macht sich ein deutlicher Entwicklungsschub bezüglich Reife und Erwachsensein bemerkbar, aber auch hier kann auf Neues und Unbekanntes mit Unsicherheit reagiert werden.

Sensible Entwicklungsphasen

Wie sich Ihr Hund in all den Phasen verhält:

- Er ist wesentlich schreckhafter als sonst
- Er ist insgesamt ängstlicher
- Er ist Neuem gegenüber wenig aufgeschlossen
- Auch bereits Bekanntes und Geübtes wird neu bewertet
- Angsterfahrungen werden schnell generalisiert

Die Auswirkungen werden meist erst in der nächsten Phase spürbar.

Wie Sie sich in diesen Phasen verhalten sollten:

- Setzen Sie Ihren Hund möglichst wenig neuen Reizen aus
- Vermeiden Sie eine Überforderung
- Lassen Sie ihm Zeit, etwas zu tun und zu verarbeiten
- Ermöglichen Sie ihm ein gefahrloses Ausprobieren (Explorationsverhalten)
- Stärken Sie sein Selbstwertgefühl
- Sorgen Sie für gute Laune und schöne Momente
- Zeigen Sie ihm liebevoll, wie er etwas schaffen kann
- Bewahren Sie Nerven und bleiben Sie gelassen

Innerhalb dieser Phasen erfolgt die Adoleszenz. Dieser wichtige Schritt auf dem Weg zum erwachsenen Hund wird oft unterschlagen. Es wird so dargestellt, als wären Welpe, Junghund, Pubertät und erwachsener Hund die Entwicklungsstufen. Dabei ist die Adoleszenz eine ungemein wichtige Zeit, die der Hund braucht, um wirklich zu reifen, sowohl vom Körper her als auch vom Gehirn. Die Adoleszenz beginnt mit etwa fünf Monaten und endet etwa mit 24 Monaten. Bei Spätentwicklern und Frühkastraten kann die Adoleszenz deutlich länger dauern. Die Pubertät ist demnach nur ein Teil des Erwachsenwerdens.

Auch das Gehirn muss erst erwachsen werden: Die Amygdala als emotionales Bewertungszentrum steuert Wahrnehmung und Reaktionen. Während der Adoleszenz wird der Mandelkern größer, reagiert empfindlicher und intensiver auf Umweltreize. Infolgedessen fallen die Reaktionen emotionaler aus, Angst und / oder Aggressionsverhalten werden wahrscheinlicher. Außerdem ist die Konzentration der Stresshormone während der Adoleszenz am höchsten. Die Rezeptorendichte und -empfindlichkeit für Dopamin in verschiedenen Gehirnarealen verändert sich, das Belohnungssystem ist leicht erregbar. Ein gesteigertes Neugierverhalten sowie selbstbelohnendes Verhalten bekommen einen größeren Stellenwert. Dem Hund fällt es schwerer, von für ihn wichtigen und lohnenswerten Dingen abzulassen.

Umgang mit dem Hund in der Adoleszenz

Es ist schon nicht immer einfach, mit seinem Hund in diesen Zeiten klar zu kommen. Wenn Sie aber nun wissen, warum Ihr Hund sich gerade so verhält und es nach kurzer Zeit auch wieder vorbei sein wird, ist das Zusammenleben gar nicht so schwer. Hier einige Tipps, wie Sie Ihren Hund auf dem Weg in die Erwachsenenwelt unterstützen können.

- Lassen Sie unerwünschtes Verhalten gar nicht erst entstehen
- Bestärken Sie erwünschtes Verhalten
- Motivieren Sie Ihren Hund dazu, Dinge selbst auszuprobieren
- Erhöhen Sie in kleinen Schritten seine Frustrationstoleranz
- Vermeiden Sie jede Überforderung
- Verbringen Sie viel Zeit gemeinsam
- Passen Sie Ihr Training den Umständen an
- Sorgen Sie für viel Motivation
- Bringen Sie in diesen Wochen viel Verständnis auf
- Stärken Sie das Vertrauen in Ihren Hund
- Geben Sie ihm Sicherheit
- Sorgen Sie für gute Laune
- Lassen Sie Ihrem Hund Zeit, etwas zu tun und zu verarbeiten

Was mir ganz wichtig ist: Sehen Sie die Zeit eher gelassen und mit Humor. Die Einstellung macht's!

Unsere Hunde müssen die Möglichkeit haben, Neues auszuprobieren und sich etwa an unbekannte Gegenstände in einem bereits bekannten Umfeld heranzuwagen. Besonders auffällig ist bei diesem Verhalten, dass sich Hunde in der Regel sehr langsam bewegen und einen unbekannten Gegenstand wiederholt und intensiv beschnüffeln oder benagen, um sich nach kurzer Annäherung wieder zurückziehen – um sich jedoch gleich darauf erneut dorthin zu bewegen. Steht etwa plötzlich ein von Kindern gebauter Schneemann auf dem Feld, der gestern noch nicht da stand, kann man beobachten, wie sich Hunde vorsichtig annähern, um herauszufinden, was es mit diesem unheimlichen Gesellen auf sich hat. Durch dieses Erkundungsverhalten erweitert ein Hund seinen Aktionsraum, lernt eine bestimmte räumliche Umgebung und auch Unbekanntes kennen. Dieses Verhalten lässt sich ganz intensiv bei Junghunden beobachten.

Wichtig für Hundehalter ist dabei, dass der Hund die Kontrolle über die Situation hat (Selbstermächtigung) und dass er dafür belohnt wird, also dass die Situation für ihn in jedem Fall gefahrlos bleibt und er für sein Tun nicht bestraft wird. Es hebt nicht nur das Selbstwertgefühl bei Hunden, sondern solche Hunde, die für sich erkunden dürfen, werden auch künftig Neuem und Unbekanntem problemlösend entgegentreten. Deshalb ist es wichtig, Hunden gerade in den Phasen des Erwachsenwerdens diese Möglichkeiten zu geben, damit sie Erfahrungen ansammeln und sich daraus Problemlösungskompetenzen entwickeln können. Letztlich werden auf diese Weise selbstsichere Hunde, die gefestigt durchs Leben gehen und bei neuen Situationen nicht umgehend in Stress verfallen.

Explorationsverhalten

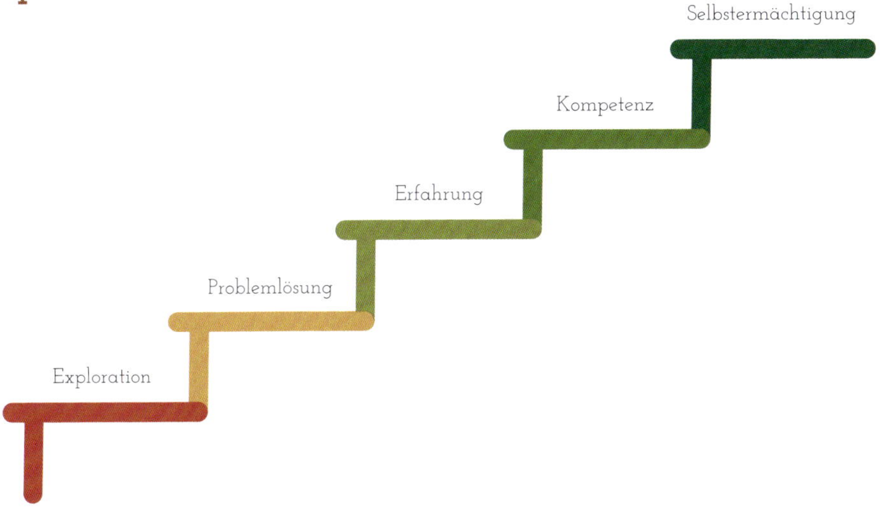

Explorationsverhalten ist wichtig, um zu einem erfahrenen, kompetenten Hund zu werden.

Der Anspruch an den Hund von heute

Die Anforderungen und die gesellschaftlichen Ansprüche, die an den heutigen Familienhund gestellt werden, sind immens. Von unseren Hunden wird erwartet, dass sie sich in unsere Welt integrieren und niemals negativ auffallen. Hunde sollen sich in unsere Tagesabläufe einfügen, uns Freund und Freizeitpartner sein, vielleicht sogar Kind- oder Partnerersatz. Immer, wenn man ihre Nähe braucht, sollen sie für uns da sein, aber bitte nicht stören, wenn man gerade mit etwas anderem beschäftigt ist. Hunde sollen wachsam sein, uns und unser Haus beschützen, aber bitte nicht in der Nacht bellen oder gar unseren Besuch anknurren. Hunde sollen immer und überall dabei sein, aber bitte nicht die Wohnung zerstören, wenn sie alleinebleiben müssen. Hunde sollen Menschen mögen, aber bitte niemanden vor Freude anspringen. Hunde sollen sich mit allen Artgenossen verstehen, auch wenn diese eindeutige Zeichen senden, dass ein Miteinander nicht gewollt ist.

Unsere Hunde leisten heutzutage schon einiges, was eigentlich so ganz und gar nicht ihrer Art entspricht. Ihren ursprünglichen Aufgaben dürfen sie kaum noch nachgehen und sollen sich oft wider ihre Natur verhalten. Trotzdem passen sich die meisten im Laufe ihres Lebens irgendwie ganz gut an uns an. Vielleicht sollten wir daher einfach mal alle Fünfe gerade sein lassen und anfangen, diese Anpassung ein bisschen mehr zu schätzen.

Missverständnisse in der Kommunikation

Hunde, die bellen, beißen nicht. Diesen Satz haben Sie sicherlich schon mal gehört. Aber es stimmt nicht! Natürlich beißen auch bellende Hunde. Und nicht jeder Hund, der mit dem Schwanz wedelt, freut sich. Rund um die Kommunikation des Hundes existieren hartnäckig immer noch Irrtümer und Missverständnisse, die eine Verständigung zwischen Hund und Halter oftmals schier unmöglich machen. Einen Großteil der Missverständnisse kann man meines Erachtens auf die Vermenschlichung hündischen Verhaltens zurückführen. Um angemessen mit seinem Hund umgehen zu können, ist es wichtig, die Sprache der Hunde zu verstehen. Da es darüber viel Literatur gibt und Ihnen zudem jeder gute Hundetrainer die Sprache beibringt, auch ohne, dass Sie ihn danach fragen müssen, will ich an dieser Stelle nur kurz darauf eingehen. Denn gerade für gestresste Hunde ist es unabdingbar, dass Sie wissen, wie es ihnen eigentlich geht. Denn oft genug kommt es zu Beißvorfällen, weil Hunde nicht verstanden oder falsch interpretiert werden.

Durch Unkenntnis kann es leicht passieren, dass Halter ihre Hunde in Situationen bringen, denen sie nicht gewachsen sind und die für sie großen Stress bedeuten – mit oftmals verheerenden Folgen. Wie der Hund sich letztlich verhält, kann dabei vollkommen unterschiedlich sein. Manche ziehen sich zurück, wenn sie können, andere gehen nach vorne und beißen zu, selbst dann, wenn sie laut Halter normalerweise ganz zurückhaltende Gesellen sind. Mit ziemlicher Sicherheit teilen Hunde ihren Haltern bereits vor der eskalierenden Situation mit, wie sie sich fühlen, jedoch können nach wie vor viel zu wenige das Verhalten ihrer Hunde richtig deuten – besonders bei Hundebegegnungen. Diese interpretieren sie gerne wie ein Aufeinandertreffen von Kindern auf dem Spielplatz. Hat der eine Hund aber einen großen Beschützerinstinkt und der andere ein ausgeprägtes Territorialverhalten, dann wäre es falsch, beide an der Leine nah zueinander zu lassen. Duckt sich ein Hund ab und geht langsam, aber fixierend auf den anderen zu, stellt das keine Spielaufforderung dar. Hier fehlt das Bewusstsein für die Anspannung des eigenen Hundes in dieser Situation und es kommt nicht selten zu Raufereien.

Es ist Aufgabe des Halters, das Verhalten und die Kommunikation seines Hundes richtig zu lesen und einzuschätzen, um angemessen für ihn zu reagieren und eine Situation nicht eskalieren zu lassen. Denn Stress lässt sich nicht nur anhand seines Körperausdrucks ablesen, sondern auch anhand seines Konfliktverhaltens.

Haltungsbedingungen

Eigentlich ist eine artgerechte Hundehaltung bereits gesetzlich geregelt, und zwar in Deutschland in § 2 des Tierschutzgesetzes. In Österreich geht nach § 13 des Tierschutzgesetzes der Schutz sogar noch viel weiter, und in der Schweiz beinhaltet Artikel 3 b explizit, dass beim Tier Angst vermieden werden muss. So sind zusammen mit den speziellen Verordnungen für Hunde die Rahmenbedingungen für eine artgerechte Hundehaltung im Grunde bestens geregelt. Doch das sind eben nur die Rahmenbedingungen.

Eine artgerechte Haltung bedeutet viel mehr. So sollte das Zusammenleben in Haus oder Wohnung und nicht in einem Zwinger stattfinden. Dabei muss darauf geachtet werden, dass der Hund sich auf dem Bodenbelag sicher bewegen kann. Parkett, Laminat und Fliesen mögen gut zu reinigen sein, gerade wenn ein kleines Malheur passiert ist. Jedoch sind diese Beläge viel zu glatt für unsere Hunde. Und wie oft wird auf diesen Böden wild gespielt: Zerrspiele, Wurfspiele, Suchspiele… sieht man es ihnen in jungen Jahren vielleicht nicht an, so wird man es im Alter bemerken: Sie bewegen sich unsicher, meiden unter Umständen einige Zimmer oder glatte Treppen, weil sie hier bereits rutschige Erfahrungen gemacht haben. Es entstehen erste Verspannungen – vor Angst oder vor Schmerzen –, Schonhaltungen stellen sich ein, Faszien verkleben, der Gang wird unrund: Probleme im Bewegungsapparat entstehen. Ich finde, wir sind es unseren Hunden schuldig, dass sie sich in unserem gemeinsamen Zuhause auch sicher fühlen und sich gefahrlos bewegen können.

Dem Hund sollte innerhalb dieses Wohnbereichs ein Rückzugsort zur Verfügung stehen, ein Ort, an dem ihn niemand stört und auch nicht anfasst. Dieser sollte ohne Zug und mit einer angepassten Unterlage versehen sein. Trotzdem sollte dieser Platz dem Hund auch die Möglichkeit bieten, am sozialen Leben der Familie teilzunehmen, wenn er es denn möchte. Denn sozialer Kontakt ist für einen Hund unglaublich wichtig. Das umfasst den täglichen Kontakt zu seinen Bezugspersonen wie auch den Kontakt zu Artgenossen, wenn er denn mit letzteren keine Probleme hat. Ansonsten würde es Stress bedeuten. Als soziales Wesen sollte der Hund bestenfalls nie alleine bleiben müssen. Wenn er es in unserer heutigen Arbeitswelt doch muss, dann nie mehr als ein paar Stunden – und das nach einer schrittweisen Eingewöhnungsphase. In dieser Zeit des Alleinbleibens muss dem Hund genügend Wasser zur Verfügung stehen.

Ein weiterer wichtiger Punkt bei der artgerechten Haltung betrifft den Auslauf des Hundes: mindestens zweimal täglich Spaziergänge, optimalerweise in Wald, Park oder auf Feldern und Wiesen. Leider meinen immer noch viele Hundehalter, eine Gassirunde sei primär dazu da, damit der Hund sich lösen kann. Doch vielmehr sollte diese Zeit mit dem Hund Gemeinsamzeit sein: Zeit für Spiele, Training, Spaß, Spannung und Abenteuer. Die Dauer des Auslaufs richtet sich nach Rasse, Größe und Gesundheitszustand des Hundes.

Übrigens: Hunde, die in einem aggressiven Umfeld leben, in einem Zuhause, in denen auch die Menschen nicht sonderlich feinfühlig miteinander umgehen, spiegeln ihre Halter (dazu später mehr). Sie sind in der Regel in einer möglichen Verteidigungssituation viel reizbarer, verteidigungsbereiter, auch heftiger und entschiedener. Sie gehen viel öfter nach vorne. Von daher sollte man für ein harmonisches Umfeld in seinen vier Wänden sorgen – natürlich nicht nur dem Hund zuliebe. Unsere Hunde brauchen nicht nur Zuwendung und Versorgung, sondern auch Sicherheit und Geborgenheit. Hunde müssen sich darauf verlassen dürfen, dass ihre Menschen in der Lage sind, Entscheidungen für sie zu treffen und Probleme zu lösen, aber auch Gefahren abzuwenden.

§ 2 Tierschutzgesetz (Deutschland)

Wer ein Tier hält, betreut oder zu betreuen hat,

1. muss das Tier seiner Art und seinen Bedürfnissen entsprechend angemessen ernähren, pflegen und verhaltensgerecht unterbringen,
2. darf die Möglichkeit des Tieres zu artgemäßer Bewegung nicht so einschränken, dass ihm Schmerzen oder vermeidbare Leiden oder Schäden zugefügt werden,
3. muss über die für eine angemessene Ernährung, Pflege und verhaltensgerechte Unterbringung des Tieres erforderlichen Kenntnisse und Fähigkeiten verfügen.

Leistungsdruck und Überforderung

In den letzten Jahren erleben Bewegungstraining und Hundefitness einen wahren Hype. Immer neue aktive Beschäftigungsmöglichkeiten mit den seltsamsten Namen drängen auf auf den Markt. Grundsätzlich finde ich es schön, dass Halter sich mit ihren Hunden und deren Gesundheit beschäftigen. Das ist ganz im Sinne meiner Arbeit. Wenn ein Training individuell auf den Hund zugeschnitten (Gesundheit, Rasse, kognitive Fähigkeiten) und keine Massenveranstaltung ist, hält man seinen Hund damit mental und körperlich fit und verzögert den Alterungsprozess. Doch nicht selten gehen all diese Beschäftigungen, die eigentlich Hundekörper und -geist fördern sollen, immer absurdere Wege: Der Hund mutiert zur Ehrgeiz-Zielscheibe seiner Halter und erfährt nicht selten einen Druck wie Hochleistungssportler: Höher, schneller, weiter.

Genau wie wir Menschen sind unsere Hunde auch nicht jeden Tag gleich leistungsfähig. Deshalb sollte ein Trainingsplan nicht stumpf abgearbeitet, sondern Rücksicht auf die Bedürfnisse und dem aktuellen Zustand des Hundes genommen werden. Geht es dem Hund nicht gut, kann er nicht voll bei der Sache sein. Am Ende bildet sich an beiden Enden der Leine Frust. Ist der Hund also nicht in der Lage, ein Training vollends zu absolvieren, gibt es nur eines: dies akzeptieren und Rücksicht nehmen. Der Hund ist kein Sportgerät und keine Powermaschine, sondern ein Lebewesen, für das wir verantwortlich sind.

Wie wir wissen, wird Stress auch durch Überforderung oder Unterforderung ausgelöst. Bei all dem Bewegungswahn kann eine Anforderung schnell zu einer Überforderung führen. Rasch züchtet man sich Bewegungsjunkies, die nicht mehr zur Ruhe kommen, obwohl man dem Hund doch nur Gutes tun wollte. Vielleicht sollte man sich einfach nicht von Hundeschulen zu irgendwelchen Beschäftigungsmöglichkeiten überreden lassen, sondern selbst gezielt suchen, was für seinen Hund, genauer: für das jeweilige Mensch-Hund-Gespann das Richtige wäre. Man ist nicht per se ein guter Hundehalter, nur weil man von einem Agility-Turnier zum nächsten saust oder die Woche mit vollem Dogdance-Programm anfüllt. Ist der Hund überfordert und gestresst, können herkömmliche Hundetrainer oft nicht Abhilfe schaffen. Ansonsten säßen wohl nicht so viele Tiere im Heim, die abgeschoben werden, weil sie zu aufgedreht und nicht zu bändigen sind. Auch hierzu später mehr.

Ich denke, dass Halter mittlerweile zu viel von ihren Hunden verlangen. Auch wenn es in bester Absicht geschieht, werden oftmals die wirklichen Bedürfnisse der Hunde vernachlässigt. Anders kann ich mir nicht erklären, warum immer mehr Hunde, deren Halter auf den ersten Blick alles richtig machen, unter stressbedingten Verhaltensauffälligkeiten leiden. Vielleicht sollte in vielen Mensch-Hunde-Teams ein Gang zurückgeschaltet werden und mehr Augenmerk darauf gelegt werden, was der Hund wirklich für ein glückliches Leben braucht. Wirft man einen Blick auf Straßenhunde, auf ihr Verhalten und ihre Sozialstrukturen, sieht man, dass sie selbstbestimmt leben, nicht besonders viel unternehmen und jegliche energieraubenden Anstrengungen zu vermeiden versuchen. Ein Leben, von dem die meisten unserer Haushunde nur träumen.

Schlaf- und Ruhephasen

Mit Hundekumpels über die Wiese rennen, sich im Gras wälzen oder Ballwerfen mit seinem Halter: Für unsere Hunde gibt es doch kaum etwas Schöneres, als ausgiebig zu toben und zu spielen. Da fällt es schwer, sich vorzustellen, dass sie eigentlich ein immenses Bedürfnis nach Schlaf und Ruhe haben. Aber es ist nicht nur wichtig, es ist sogar überlebenswichtig, um dauerhaft gesund und fit zu bleiben. In diesem Punkt gleichen sich Hund und Katz ausnahmsweise einmal. Beide benötigen täglich ausreichende Schlaf- und Ruhepausen. Doch während Katzen sich bei Bedarf einfach zurückziehen, bleiben unsere Haushunde ständig bei uns und im Standby-Modus.

Ein Ruhebedürfnis ist bei Hunden zwar angeboren, doch ihren nötigen Schlaf auch einzufordern, ist ihnen über die Zucht zum Haushund verloren gegangen. Sie wurden regelrecht darauf gepolt, einsatzbereit zu sein, wann immer wir es wollen. Gerade Jagdhunde, Wachhunde und Hütehunde würden sich nie weigern, etwas mit ihren Menschen zu unternehmen, wenn sie aufgefordert werden. Umso wichtiger ist für sie die Unterstützung ihrer Halter, damit individuelle Ruhe- und Schlafpausen in ausreichendem Maße gewährleistet sind. Wenn sie könnten, wie sie wollen, würden unsere Hunde den ganzen Tag dösen und schlafen und sich ihre Energie lediglich zur Futterbeschaffung aufsparen. Sie würden in der freien Natur ein vollkommen anderes Leben führen.

Schlafbedürfnis

Studien an freilebenden, verwilderten Haushunden in Italien haben gezeigt, dass diese am Tag etwa zweieinhalb Stunden für Spielen, Kuscheln, soziale Körperpflege und dem Miteinander im Rudel aufbringen, etwa eineinhalb Stunden für den Nahrungserwerb wie Jagen, Fangen und Fressen und etwa 17 bis 20 Stunden mit Schlafen, Herumliegen, Beobachten und Nichtstun verbringen. Rechnen wir das auf unsere Haushunde um, die keine Zeit für die Nahrungsaufnahme benötigen, dann bedeutet das, dass ein erwachsener Hund mindestens 15 bis 20 Stunden am Tag Schlaf und Ruhephasen haben sollte. Alter, Größe und etwaige Krankheiten spielen dabei eine wichtige Rolle. Welpen und Senioren brauchen übrigens die meisten Schlaf- und Ruhezeiten, etwa 20 bis 22 Stunden.

Aufgrund ihres hohen Schlafbedarfs ruhen Hunde nicht nur nachts, sondern auch am Tag. Dabei ist Schlafen nicht gleich Schlafen. Wie wir Menschen durchlaufen auch sie im Schlaf zwei Phasen: eine Tiefschlafphase und eine Phase mit leichtem Schlaf, allerdings dauern diese Schlafzyklen lediglich 20 Minuten. Dafür durchleben sie Hunde auch öfter am Tag. Wichtig sind beim Schlafen die Tiefschlafphasen, denn sie dienen der Regeneration von Körperzellen und der Erholung. Wegen ihres hohen Schlaf- und Ruhebedarfs müssen Hunde im Gegensatz zu uns sehr viel länger schlafen, um sich zu regenerieren und wieder Kraft zu tanken. Zudem werden im Schlaf die Erlebnisse des Tages verarbeitet und im Gehirn abgespeichert.

Entscheidend ist aber nicht nur, wie lange oder wie ein Hund schläft, sondern auch wie gut. Gerade die wichtige Tiefschlafphase wird nur dann erreicht, wenn er vollends entspannt ist. In der Phase des leichten Schlafs liegen Hunde meist auf dem Bauch oder sind zusammengerollt. In dieser Stellung sind sie weiterhin wachsam und haben ihre Muskeln angespannt. Entspannt schlafen können Hunde nur seitlich oder auf dem Rücken liegend.

Schlafen Hunde weniger als sie sollten, durchschnittlich also unter 17 Stunden pro Tag, haben sie einen deutlich erhöhten Stresspegel. Das kann schwerwiegende Folgen haben: Die Hunde wirken überdreht, können sich nicht konzentrieren, motorische Fähigkeiten

Die meiste Zeit des Tages liegen Straßenhunde nur herum, um damit Energie zu sparen.

lassen nach, die Reizschwelle sinkt, sie sind nervös und hibbelig. Oft reagieren sie über. Chronische Erkrankungen wie Hauterkrankungen, Autoimmunreaktionen und Allergien treten auf. Es gibt auch körperliche Probleme, die einen Schlafmangel begründen. Davon sind vor allem Hunde mit kurzen Schnauzen wie Bulldoggen oder Möpse betroffen. Andere Gründe können sein, dass der Hund zu vielen Geräuschen und Ablenkungen ausgesetzt ist.

Es gibt aber auch Fälle, in denen der Hund zu viel schläft. Ist der Hund nur noch müde und apathisch, will gar nicht mehr vor die Tür, können Depressionen die Schuld daran tragen. Auch Langeweile und starke Unterforderung können die Ursache für zu viel Schlaf sein. Schläft Ihr Hund ungewöhnlich viel, sollte abgeklärt werden, ob emotionale oder körperliche Gründe dahinterstecken.

Leiden Hunde unter längerem oder immer wieder auftretendem Schlafmangel, führt das letztlich zu chronischem Stress. Sie kommen nicht mehr zur Ruhe, selbst, wenn sie die Gelegenheit dazu hätten. Betroffen davon sind vor allem Rassen, von denen es heißt, sie müssten viel beschäftigt und richtig ausgelastet werden wie Jagd- oder Windhunde. Natürlich sollten Hunde rassespezifisch ausgelastet werden, doch nicht dauerhaft. Ein Beagle, ursprünglich zur Jagd auf Hasen und Kleinwild gezüchtet, war mit seiner Meute nur zur Jagdsaison beschäftigt und hatte zwischen den Einsätzen Zeit zum Schlafen, Nichtstun, Herumliegen und Fressen. In unserer Haushund-Welt hat er dagegen nicht selten ein strammes tägliches Programm zu absolvieren. Natürlich soll ein Beagle auch ausgelastet werden, körperlich und mental. Aber eben nicht dauerhaft.

Viele Rassen wie etwa der Border Collie hängt der Ruf an, schwer auszulasten zu sein, weshalb ihnen denn auch ein dementsprechendes Trainingsprogramm aufgebürdet wird. Doch eine Überbeschäftigung und ein Auspowern von Hunden führt nicht etwa zu entspannten, gechillten, ruhigen und glücklichen Hunden. Genau das Gegenteil ist leider der Fall: Weniger Schlaf bedeutet zwangsläufig mehr Stress.

Auspowern: Weniger ist mehr

Trotzdem sind nach wie vor viele Hundehalter der Meinung, ihre überdrehten und hyperaktiven Hunde seien schlichtweg zu wenig ausgelastet. Daher versuchen sie es mit noch mehr Beschäftigung, in der Hoffnung, sie seien danach so richtig müde und glücklich. Doch leider bewirkt mehr Aktivität bei Hunden das Gegenteil. Durch das erfolgte Auspowern werden sie noch hibbeliger, noch überdrehter und noch unentspannter. Meist sitzen Halter dann der Meinung auf, es sei wohl immer noch zu wenig für ihre Hunde, versuchen noch mehr Action zu bieten und wissen manchmal gar nicht mehr, wie sie das zeitlich alles schaffen sollen. Am Ende landen diese „Hibbelhunde“ nicht selten im Tierheim, weil ihre Halter nicht mehr mit ihnen zurechtkommen.

Ein ständiges Auspowern macht Hunde nicht müde. Im Gegenteil: es putscht sie auf. Der Stresslevel eines Hundes, der unruhig und nervös ist, ist ohnehin schon zu hoch. Extrem lange unterwegs zu sein bedeutet, dass auf ihn zahlreiche Reize wie Geräusche, Bilder und Gerüche einströmen, die er verarbeiten muss. Verlässt er schon gestresst das Haus, ist er gar nicht in der Lage, alles zu verarbeiten, fühlt sich überfordert und steht von daher unter einer ständigen Reizüberflutung, die ihn wiederum noch mehr stresst. Das Stresshormon Adrenalin wird ausgeschüttet, hat aber keine Möglichkeit mehr sich abzubauen.

Steht ein Hund quasi unter Dauerstrom, verbleibt dieser Botenstoff im Körper des Hundes, und eine Erholung kann gar nicht mehr stattfinden. Was Stresshormone im Körper bewirken, wissen Sie bereits. Statt ausgeglichen und ruhig zu sein, ist der Hund nun noch gereizter, kann sich noch weniger konzentrieren und ist nicht in der Lage, etwas Neues zu lernen. Helfen kann hier oftmals, wenn Hunden die Möglichkeit gegeben wird, Dinge ganz bewusst wahrzunehmen. So können sie eher beim Verfolgen einer Fährte, bei der Suche nach Leckerchen im Gras oder bei gemeinsamen Hinsetzen im Wald entspannen als bei körperlichen Auslastungen.

Der Hund kommt zwar anfangs nach all dem Radfahren, Ballwerfen oder Joggen zur Ruhe, weil er körperlich an seinen Grenzen gelangt ist. Doch im Laufe der Zeit wird sich sein Organismus an die Aktivitäten gewöhnen, er wird fitter werden. Das heißt: um müde zu werden, braucht er nun noch mehr Sporteinheiten. Dadurch baut er noch mehr Kondition auf, und um ihn müde zu bekommen, reichen dann täglich drei Stunden Fahrradfahren oder zwei Stunden Joggen irgendwann nicht mehr aus. Er wird immer mehr fordern, zumal er dadurch noch mehr Neurotransmitter ausschüttet, die ihn wach und aktiv halten. Kein Halter wird dieses Leistungs- und Zeitpensum mit seinem Hund stemmen können. Außerdem läuft es auch vollkommen an den Bedürfnissen der Hunde vorbei.

Finden Hunde nicht zur Ruhe, stehen sie immer unter Stress, auch wenn die Unruhe krankheitsbedingt ist. Bei ständigen Aktivitäten steigt der Stresslevel von gestressten Hunden noch weiter an. Dabei kann jeder Hund Entspannung lernen. Wie man ihm das beibringen kann, folgt in späteren Kapiteln.

Optimaler Tagesablauf

Gleich einmal vorneweg: Es gibt keinen bestimmten Tagesablauf, der für alle Hunde das Nonplusultra ist. Das liegt schon daran, dass Hunde in Alter, Rasse, Temperament und Gesundheitszustand zu unterschiedlich sind. Natürlich trägt auch der Hundehalter seinen Teil zu diesem Thema bei: Der eine ist sportlich, der andere nicht mehr so gut zu Fuß unterwegs, der eine arbeitet halbtags, der andere hat Schichtdienst oder muss gar nicht mehr arbeiten, der eine bewohnt ein Haus mit Garten, der andere muss sich mit einer Zweizimmer-Wohnung begnügen. Trotzdem kann man für sich und seinen Hund einen passenden Tagesablauf erstellen, wenn man auf individuelle Gegebenheiten achtet. Für die Erstellung eines solchen Plans, gerade für gestresste Hunde, möchte ich Ihnen im Folgenden ein paar Anhaltspunkte geben.

Die oben genannten Studien über verwilderte Haushunde in Italien zeigen den natürlichen Tagesablauf eines Hundes, an dem man sich bei unseren Hunden orientieren kann. Hier werden Schlaf- und Bewegungsbedürfnis in Relation gesetzt und sollten so auch übernommen werden. Hunde schlafen und ruhen je nach Bedarf zwischen 15 und 22 Stunden, im Durchschnitt also zwischen 17 und 20 Stunden. Das bedeutet, für die restliche Zeit stehen noch 4 bis 7 Stunden über den Tag verteilt zur Verfügung. In diese Zeit fallen dann Spaziergänge, Fressen, Spiele, Training, Fellpflege und Kuscheln. Heutzutage wird das Fressen keinen großen Zeitfaktor darstellen und ist zeitlich gesehen daher vernachlässigbar. Doch auch wenn wir diese Restzeit wirklich gemeinsam mit unseren Hunden verbringen, ist das noch keine Garantie dafür, dass sie den Rest des Tages schlafend und ruhend verbringen. Denn allzu häufig werden sie dabei durch unser Alltagsleben gestört: Besuch kommt, der Fernseher ist zu laut, das Handy klingelt ständig. Hat der Hund es nie gelernt, sich trotz all des Trubels entspannen zu können oder verfolgt er zuhause seinen Halter auf Schritt und Tritt, dann kann er es gar nicht schaffen, seinem Schlaf- und Ruhebedürfnis nachzukommen. Ein Schlafmangel aber hat Folgen, um so schlimmere, je gestresster der Hund sich bereits fühlt.

Für einen unruhigen Hund ist es daher äußerst hilfreich, wenn eine feste Struktur im Alltag vorhanden ist, um ihm ein ausgeglichenes Leben zu ermöglichen. Zwar sollte nicht jeder Hunde-Tag nach Schema F ablaufen, Abwechslungen müssen sein und sind wichtig. Unbekannte Wege bieten neue Reize, neue Eindrücke und trainieren das Gehirn des Hundes. Doch gerade am Anfang, wenn ein Hund nicht nur zur Ruhe kommen soll, sondern dies dringend muss, ist ein routinierter Alltag unabdinglich. Der Hund muss lernen, sich auf alles um ihn herum verlassen zu können: gleiche Zeiten, gleiches Futter, gleiche Wege – möglichst in reizarmer Umgebung. Das heißt: kaum Hunde, kaum Menschen, kaum Lärm. Dafür Wald, Wiese und Felder. Wenn er die Gassirunden im Laufe der Zeit entspannter nehmen kann, erst dann sollte man sich über eine Abwechslung Gedanken machen. Vielleicht kann man die Runde um eine Kurve verlängern oder man geht den Weg einfach in umgekehrter Richtung oder man parkt an derselben Stelle, geht aber eine andere Strecke.

Bei Spaziergängen kommt es nicht auf die Länge an, sondern auf die gemeinsame Zeit an der frischen Luft und das gemeinsame Erkunden der Natur. Das alles muss dem Hund angepasst sein, damit er nicht überfordert wird. Zudem sollte man den Hund auch mal Hund sein lassen: ohne Leine (falls das geht), ohne ständige Kommandos und überhaupt ohne viele Worte. Ein geregelter Tagesablauf kann das Zusammenleben mit einem gestressten und überdrehten Hund deutlich erleichtern. Die meisten Hunde gewöhnen sich dabei schnell an die Zeiten und verinnerlichen den Tagesrhythmus ihrer Halter. In den Zeiten, in denen nichts für sie geplant ist, fangen sie an, sich zurückzunehmen und nutzen sie, um zu ruhen. Wenn Ihr Hund das noch nicht kann: Entspannung lässt sich konditionieren.

Ein Tagesablauf sollte also verschiedene feste Elemente enthalten. Dazu gehören Fütterungszeiten, Spiele, Spaziergänge, Sozialkontakte mit dem Halter und auch mit anderen Hunden (soweit Hunde keine Stressoren sind) und eben auch Ruhephasen. Am besten werden mehrere Spaziergänge über den Tag verteilt. Die Spaziergänge sollten in Ruhe stattfinden, damit der Hund entspannt seine Umgebung erkunden und seine Geschäfte verrichten kann. Auch mehrere, über den Tag verteilte Mahlzeiten sollten in den Alltag integriert werden.

Zusätzlich sollten überdrehte Hunde mental gefordert werden – mit Futtersuche, Intelligenzspielzeugen oder dem Beibringen von verschiedenen Tricks. Auch Artikel zum Kauen und Knabbern können gegeben werden, weil Kauen beruhigt. Außerdem sollte dem Hund erlaubt werden, möglichst nah beim Halter zu sein, wenn er das möchte. Das heißt nicht, dass jeder Hund mit ins Bett muss, nur weil er es will. Aber vielleicht könnte man einen

Kompromiss finden, dass der Hund im Schlafzimmer oder zumindest direkt davor liegen darf.

Bei ängstlichen Hunden sollte ein Tagesablauf ähnlich aufgebaut werden. Hier kommt es aber darauf an, ob sie schon bereit für soziale Kontakte mit Menschen und Hunden sind. Falls nicht, werden Kuschelrunden und Spaziergänge mit anderen Hunden erst einmal zurückgestellt. Ein fester Tagesablauf ist gleichwohl Grundvoraussetzung, um Sicherheit zu bekommen.

Wie man sich bettet, so schläft man

Sie wissen nun: Einer der wichtigsten Bestandteile des Hundealltages sind Schlaf- und Ruhezeiten. Bei dieser Menge an Stunden ist es durchaus sinnvoll, sich ein wenig Zeit zu nehmen, um für seinen Hund einen geeigneten Schlafplatz und auch ein geeignetes Hundebett zu finden.

Ein optimaler Schlafplatz bietet dem Hund Schutz und wenig Ablenkung. Empfehlenswert ist ein Standort an einer Wand, der vom aktiven Alltag separiert ist, dem Hund aber trotzdem noch die Möglichkeit bietet, seine Menschen im Blick zu haben. Der Platz sollte nicht direkt neben einer Tür liegen, durch die ständig Menschen kommen. Schon gar nicht eine Eingangstür, hier findet der Hund keine Ruhe. Das Hundebett sollte keiner direkten Sonneneinstrahlung und aus gesundheitlichen Aspekten auch keiner Zugluft ausgesetzt sein. Auch direkt an einer Heizung hat es nichts verloren, weil das im Winter seine Ruhe- und Schlafphasen beeinträchtigt.

Keinesfalls sollte der Hund auf einem kalten und harten Fußboden liegen, um keine Gelenkbeschwerden zu bekommen. Auch ist darauf zu achten, dass sich vor dem Schlafplatz kein glatter Untergrund wie Fliesen oder Laminat befindet, weil Hunde nach dem Schlafen aufstehen und sich normalerweise strecken. Können sie das nicht, weil sie keinen Halt finden, kann das auf längere Sicht zu Problemen im Bewegungsapparat führen.

Eine dicke Hundematte, ein Hundekorb mit Matte oder ein echtes Hundebett, das die Kälte durch Isolierung vom Boden fernhält, braucht jeder Hund, um gut schlafen zu kön-

Demmi hat in seinem orthopädischen Hundebett genug Platz, sich richtig auszustrecken.

nen. Aus physiotherapeutischer Sicht kann ich nur Hundebetten und -liegen aus viskoelastischem Memoryschaum empfehlen, da hier das Gewicht beim Liegen gleichmäßig verteilt und eine Entspannung der Muskulatur unterstützt wird. Gerade bei kranken und alten Hunden ist das ein Muss. Wichtig ist darüber hinaus, dass die Schlafunterlage groß genug ist, damit der Hund sich ausstrecken kann.

Ob Hundekorb, Hundebett oder Liegematte: Für welches Modell man sich auch entscheiden mag, wichtig bei der Auswahl ist es, auf Qualität, Langlebigkeit, eine leichte Reinigung und einen hohen Liegekomfort für den Hund zu achten. Ist der Schlafplatz zu hart, können Druckstellen und Hautreizungen entstehen, ist er hingegen zu weich, findet der Hund beim Aufstehen zu wenig Halt. Hundekudden kommen dem Schlafbedürfnis vielleicht am nächsten, weil sie dort auch graben und sich drehen können, bevor sie sich hinlegen. Bei ängstlichen Hunden bietet sich eine Box zum Schlafen an, weil sie sich dort sicherer fühlen. Doch auch darin muss der Hund genug Platz haben, um sich ausstrecken zu können. Letztlich kommt es bei der richtigen Wahl des Schlafplatzes immer auf Größe, Gewicht und Alter der Hunde an. Schön ist es, wenn einem Hund verschiedene Liegeplätze in der Wohnung zur Verfügung stehen. Für alle gilt dabei: Auf ihren Rückzugsorten dürfen Hunde nicht gestört werden.

Unsere Pflegehunde fühlten sich anfangs bei Holly sicherer. Dann wird es schon mal eng.

2.

Die Grundpfeiler eines stressfreien Lebens mit dem Hund

Eine gute Beziehung zwischen Halter und Hund bildet die Basis für ein harmonisches Miteinander. Doch um gemeinsam stressfrei durchs Leben zu gehen, gehört mehr. Ein unabdingbarer Pfeiler ist hierfür eine Bindung, die auf gegenseitigem Vertrauen und Respekt beruht. Nur dann kann ein wirklich stabiles Zusammenleben entstehen.

Eine starke Bindung zwischen Halter und Hund ist also nichts, was wir geschenkt bekommen oder die Hunde mit im Gepäck haben, wenn sie bei uns einziehen. Sie sind in der Regel zwar treue Begleiter und – zwangsläufig – auch stets an unserer Seite. Doch eine wahre Bindung muss aufgebaut und erarbeitet werden. Das geht nicht von heute auf morgen, sondern erfordert einen permanent liebevollen, konsequenten und artgerechten Umgang mit dem Hund, viel Wissen über sein Verhalten und seine Kommunikationsweise und zudem abwechslungsreiche und individuell angemessene Beschäftigung für Körper und Geist. All das beansprucht jede Menge Zeit und Geduld.

Wir müssen unseren Hunden Führung und Sicherheit geben. Dieser Rückhalt ist von existenzieller Bedeutung für eine stabile Bindung. Lassen Sie Ihren Hund daher nie in einer für ihn stressigen Situation alleine – sei es etwa beim Mobben durch andere Hunde oder bei Gewitter. „Da muss er alleine durch", heißt es oft. Nein, muss er nicht. Und soll er auch nicht. Es ist Ihr Hund und Ihr Hund ist gestresst, unsicher oder ängstlich. Zeigen Sie ihm Ihre Zuneigung und einen Weg aus diesem Konflikt. Und lassen Sie ihn nicht gerade dann im Stich, wenn er Sie am nötigsten braucht.

Im Folgenden möchte ich zeigen, was für eine stabile Bindung notwendig ist. Haben Sie diese mit Ihrem Hund erreicht, wird er keinen Grund mehr sehen, sich gestresst zu fühlen, denn Sie sind ja da und werden, was gerichtet werden muss, schon richten.

Beziehung, Bindung und Vertrauen

Eine Beziehung hat ein Hund zu jedem, den er kennt und mit der er kommuniziert. Treffen sich Hunde und Menschen zum ersten Mal, kann noch nicht von Beziehungen gesprochen werden. Allerdings wird während eines ersten Kontakts bereits der Grundstein für eine Beziehung gelegt. Nach diesem Kontakt sind schon klare Tendenzen zu erkennen, wie die Beziehung einmal aussehen könnte. Um überhaupt eine Beziehung aufzubauen, ist daher immer eine gemeinsame Vorgeschichte nötig.

Eine Beziehung zwischen Halter und Hund entsteht aus verhaltensbiologischer Sicht dann, wenn sich bestimmte Verhaltensweisen entwickeln, die der Hund bei anderen Menschen nicht oder kaum zeigt und die auch ein Mensch nicht oder kaum bei anderen Hunden zeigt. Man spricht hier von einer sozialen Beziehung. Eine soziale Beziehung entsteht, indem Zeit miteinander verbracht wird und gemeinsame Unternehmungen stattfinden. Dabei werden gegenseitig Informationen vom jeweils anderen gesammelt, wie er sich in bestimmten Situationen verhält. Diese Verhaltensweisen können sich gegenseitig beeinflussen. Im Laufe der Zeit wird das Wissen, wie der andere reagiert, immer größer und eine Beziehung entsteht. Herrscht dabei permanent eine positive Grundstimmung, führt das zusammen mit der Vorhersehbarkeit des Verhaltens zu Vertrauen und letztlich zu einer Bindung.

Die meisten Halter wünschen sich eine innige, feste Beziehung zu ihrem Hund. Zwar stehen die Voraussetzungen dafür ziemlich gut, denn unsere Hunde sind eigentlich in allen Belangen absolut von uns abhängig: vom Füttern bis zum Rausgehen, vom Kontaktknüpfen mit Artgenossen bis zum Alleinebleiben, von einer tierärztlicher Versorgung bis zur Schlafplatzvergabe. Doch trotz unserer immensen Bedeutung für den Hund entsteht nicht automatische eine tiefe Beziehung. Auch als Halter muss man sich seinen Stellenwert erst verdienen. Die meisten Hundehalter gehen davon aus, dass sie bedingunslos von ihren Hunden geliebt werden und diese ihnen blind vertrauen. Leider ist dem nicht so: Bindung und Vertrauen muss man sich erarbeiten – bei Menschen wie bei Hunden.

Wie für Kinder die Eltern in der Regel von zentraler Bedeutung sind, so sollten es die Halter auch für ihre Hunde sein und quasi in eine Art Elternrolle schlüpfen, ohne den Hund allerdings dabei zu vermenschlichen. Dies bedeutet nicht weniger und nicht mehr, als dass Halter die Sicherheit ihres Hundes gewährleisten, ihm ein Vorbild in seinem Verhalten sind und ihn artgerecht und individuell fördern und fordern, damit der Hund mit dem Leben in unserer heutigen Gesellschaft klarkommt. Durch Einnahme dieser Elternrolle ist der Grundstein für eine Bindung zwischen uns und unserem Hund gelegt.

Eine Bindung zu seinem Halter setzt beim Hund zunächst eine Beziehung voraus und wird auch nur zu den Menschen aufgebaut, die für sein ganzes Hundeleben von entscheidender Bedeutung sind. Die Beziehungsform, die ein Hund zu verschiedenen Menschen hat, ist in der Regel genau so unterschiedlich wie die Menschen selbst es sind, und ist abhängig davon, welche Bedeutung ihnen beigemessen wird. Eine wichtige Voraussetzung für eine Bindung: Sie kann nicht erzwungen werden. Bindet sich der Hund an seinen Halter, so geschieht das immer freiwillig. Die Qualität der Beziehung, die einer Bindung zu Grunde liegt, ist ausschlaggebend für die Qualität der Bindung.

Bindung beinhaltet wichtige biologische Funktionen, die dafür sorgen, dass beide Bindungspartner sich innerhalb ihrer individuellen Beziehung so wohl fühlen, dass sie die Bindung aufrecht erhalten wollen. Die wichtigsten Funktionen sind dabei eine Stressregulation über soziales Zuwendungs- und Unterstützungsverhalten sowie Fürsorge und Schutz. In einer engen Bindung nehmen Halter die Rolle der schützenden und leitenden Bezugsperson ein, die für ihre Hunde nicht beliebig austauschbar ist. In für sie stressigen Situationen suchen Hunde die Nähe zu genau diesem Menschen. Über bestimmte hormonelle Prozesse (siehe weiter unten), die genau durch diese Nähe zu einem Bindungspartner angeregt werden, beruhigt sich der Hund und sein Stress reduziert sich. Die ungewollte Trennung ihrer Bindungspartner führt im Umkehrschluss allerdings dann auch zu Stress und negativen Emotionen, wenn die Hunde nicht schrittweise an derartige Situationen herangeführt werden. Solch eine Situation wäre etwa das Alleinbleiben zu Hause, während ihre Menschen zur Arbeit gehen.

Als Bindungspartner kommt auf den Halter eine große Aufgabe zu, gerade wenn der eigene Hund leicht in Stress gerät. Mit dem Wissen um die Möglichkeit, jederzeit bei ihm Schutz zu finden, wird ein unsicherer und ängstlicher Hund im Laufe der Zeit gelassener und mehr und mehr seine Umwelt erkunden. Kommt er dabei in für ihn bedrohliche Situationen, die ihn stressen, sollte sein Halter dementsprechend reagieren, um die Erwartungshaltungen zu erfüllen und die Bindung damit weiterhin zu stärken.

Eine feste Bindung stützt sich jedoch nicht nur darauf, dass der Hund, wenn es brenzlig wird, zu seinem Halter eilt und dort Schutz findet. Das bedeutet, es genügt nicht, wenn ein gestresster Hund beispielsweise bei der Begegnung mit einem fremden Artgenossen Hilfe bei seinem Halter sucht, sich zwischen seine Beine quetscht und dort mit Streicheln beruhigt wird. Der Halter muss dem Hund auch die Möglichkeit geben, die Situation selbst zu erkunden. Dieses Explorationsverhalten könnte er damit fördern, indem er sich etwa zusammen mit ihm dem fremden Hund kleinschrittig nähert. Er sollte ihn behutsam und individuell dazu animieren, mit fremden, netten und sozialisierten Hunden Kontakt aufzunehmen. Denn nur ein ausgeglichenes Verhältnis zwischen Bindungs- und Erkundungsverhalten des Hundes macht eine stabile Bindung aus.

Dafür sollten sich Halter für ihre Hunde zudem besonders attraktiv machen. Ein sicheres Auftreten und Authentizität gehören ebenso dazu wie freudiges Interagieren und gemeinsames Erforschen von neuen Dingen und Orten. Und natürlich eine Erziehung, die auf positivem Training beruht. Wenn dann auch noch die Passung stimmt, werden Halter und Hund zu einem unschlagbaren Team. Ein junger Border Collie wird bei einem Rentner mit Arthrosen in beiden Knien nicht in gleicher Weise artgerecht bewegt werden können wie bei einem Sportstudenten.

Was ebenfalls wichtig für eine tiefe innige Bindung ist, ist die Anwesenheit des Halters in belastenden Stresssituationen. Er muss für seinen Hund da sein, bestenfalls natürlich immer. Deswegen sind die Bindungen zwischen Obdachlosen und ihren Hunden meist die besten, denn sie stecken Tag und Nacht zusammen – und das oftmals ein ganzes Hundeleben lang. Ohne diese permanente Verfügbarkeit ist es ansonsten schwieriger, eine starke, innige und vor allem stabile Bindung zu erreichen. Nun ist es heutzutage nicht jedem möglich, 24 Stunden mit seinem Hund zu verbringen. Daher muss ein Halter lernen, in der Zeit, die er mit seinem Hund verbringen kann, ihn vorausschauend, ruhig und souverän zu begleiten und zu führen. Der Hund wiederum muss lernen und erfahren, dass sein Mensch trotz einer zeitweiligen Abwesenheit seine beschützende Verantwortung und soziale Unterstützung wahrnimmt, indem er immer wieder zu ihm zurückkehrt.

Neben einer Beziehung ist die wichtigste Voraussetzung, um eine Bindung zum Hund aufbauen zu können, Vertrauen. Dieses Vertrauen entsteht, wenn ein Hund merkt, dass er sich jederzeit auf seinen Halter verlassen kann. Dieses Gefühl sollte er bereits in den ersten Stunden und Tagen in seinem neuen Zuhause erfahren. Dabei kommt es darauf an, ob man umgehend sehr viel Zeit mit ihm verbringt, um ihm seine neue Welt und den neuen Tagesablauf geduldig und liebevoll zu zeigen, oder ob man ihn zunächst einmal ankommen lässt. Es kommt ganz auf die Situationen und die Vergangenheit der Hunde an, wie man sich ihnen gegenüber am besten verhält, um von der ersten Minute an ein Vertrauen aufzubauen. Es macht daher einen Unterschied, ob ein Welpe vom Züchter bei Ihnen einzieht oder ein Hund aus dem Tierschutz, der schon einiges erlebt hat.

Wichtig zu wissen: Vertrauen ist nicht in Stein gemeißelt. Vertrauen kann durchaus wieder verspielt werden. Wird der Hund regelmäßig zu Dingen gezwungen, und sei es auch in bester Absicht, die er als unangenehm oder gar bedrohlich empfindet, kann das zu einer echten Belastung des Verhältnisses zwischen Hund und Mensch führen.

Mit Kuschelhormonen gegen Stress

Nähe stärkt das Zusammengehörigkeitsgefühl. Das ist nicht nur unter uns Menschen so, sondern auch in der Beziehung zu unseren Hunden. Ein Hund, der keine Zuwendung erfährt, wird erst verhaltensauffällig und schließlich krank. Pflegt ein Hund hingegen eine stabile Bindung zu seinem Halter, ist er ausgeglichen und lebt gesünder.

Noch vor einigen Jahren hat die Vorstellung geherrscht, dass Hunde sich nur aus einem einzigen Grund an ihre Halter binden: Futter. Forschungen in Schweden und Japan haben mittlerweile ergeben, dass etwas ganz anderes dahintersteckt: Hunde schütten das sogenannte Kuschel- oder Bindungshormon Oxytocin aus, wenn sie von ihrer Bezugsperson angesehen oder berührt werden. Oxytocin ist ein Hormon, das bei der Mutter-Kind-Bindung oder ähnlich intensiven zwischenmenschlichen Beziehungen eine entscheidende Rolle spielt. Es sorgt dafür, dass man sich noch enger binden will. Das bedeutet bei unseren Hunden, dass sich eine engere Bindung auch durch regelmäßiges Kuscheln aufbauen lässt. Nicht jeder Hund sucht gleich viel Körperkontakt zu seinen Haltern, aber Berührungen und gegenseitige Blicke bewirken auch bei ihnen eine Ausschüttung des Hormons. Je mehr körperliche Nähe Hunde suchen und dann auch erfahren dürfen, desto intensiver wird die Bindung werden.

Oxytocin gilt zudem als ein Gegenspieler von Stress, denn es bewirkt, dass der Cortisolspiegel sinkt und Blutdruck und Herzfrequenz sich wieder normalisieren, was sich unter anderem auf Ängste und Schmerzempfinden auswirkt. Doch Oxytocin reduziert nicht nur die Ausschüttung von Stresshormonen, sondern auch die Empfindung von Stress und spielt daher eine zentrale Rolle beim Bindungsaufbau. Der Hund fühlt sich bei seinem Halter durch die Ausschüttung des Botenstoffs sicher und geborgen. Außerdem aktiviert Oxytocin den Neurotransmitter Dopamin, wodurch ein Hund gefestigter wird. Er vertraut seinem Menschen und fühlt sich beschützt. Hormone bilden von daher einen wichtigen Bestandteil im Gefüge einer stabilen und belastbaren Bindung zwischen Hund und Halter.

Oxytocin können sich Halter eines Stresshundes beim Training zunutze machen, denn es ist enorm wichtig für die Teambildung und die Bindungsarbeit. Außerdem vermag es Stress zu dämpfen und verhindert gleichzeitig die Cortisolausschüttung. Ohne Oxytocin entsteht kein Zusammengehörigkeitsgefühl.

Besteht aber ein Zusammengehörigkeitsgefühl,

- lässt sich ein (kleinschrittiges) Training ohne Stress gestalten
- führt das zu mehr Selbstbewusstsein – bei Hund und Mensch
- verringert das gestärkte Selbstbewusstsein wiederum weiteren Stress
- fühlt sich der Hund sicherer
- hat er mehr Spaß am Training
- gibt das mehr Raum für weiteres Training
- erhöht es die Konzentration und macht Lernen leichter

Wie man Bindung stärken kann

Wer gemeinsam Positives erlebt, wächst zusammen. Das ist auch zwischen Halter und Hund nicht anders. Im Alltag kann man gemeinsam viele schöne Dinge erleben, allerdings müssen sie immer individuell auf den Hund abgestellt werden. Wenn es dem Hund möglich ist, kann man leicht für mehr Abwechslung sorgen, indem nicht jeden Tag derselbe Weg gegangen wird. Neue Strecken und kleine Ausflüge bringen neue Eindrücke, vielleicht auch kleine Abenteuer, die es gemeinsam zu bewältigen gilt. Auch gemeinsames Spielen und Toben schweißt zusammen. Dafür wird nicht unbedingt ein Spielzeug oder Sportgerät benötigt. Gerade das Wälzen zusammen im Gras, das Raufen um einen Ast oder das sich gegenseitige Fangen bringt Hund und Halter näher und ist wunderbar, um die Bindung zu stärken. Bei diesen gemeinsamen Aktivitäten lernen sich beide besser kennen und einzuschätzen. Und nicht zuletzt machen so viel Körpernähe und Spaß miteinander glücklich und sorgen für Vertrautheit.

Zusammen im Gras wälzen: Gemeinsame Aktivitäten stärken die Bindung ungemein.

Die Rolle des Menschen

Mitgefühl statt Mitleid	Trost statt Hysterie
Schutz statt Aufregung	Hilfe statt Korrektur

Es ist enorm wichtig, dass der Mensch beim Hund ein Leben lang liebevoll konsequent ist.

Auch ein respektvolles, spannendes und positiv angelegtes Training sowie Aufgaben, die man erfolgreich zusammen meistert, sind großartige Erlebnisse. Es eignen sich kooperative Beschäftigungen, um Vertrauen zu fördern und die Bindung zu stärken, wie etwa Schwimmen. Eigentlich alles, was Hund und Halter gemeinsam machen. Und da spreche ich nicht von einem Restaurantbesuch oder vom Gassigehen mit dem Smartphone in der Hand. Nein! Es müssen gemeinsame Aktivitäten sein. Dabei wird das gefördert, was in unserem Hundealltag oftmals in Vergessenheit gerät: Der Hund soll direkt eine Bindung zu seinem Halter aufbauen und nicht über Spielsachen oder Leckerchen dazu verlockt werden. Letztere dürfen gerne Mittel zum Zweck sein und bieten sich für erste Trainingsschritte wunderbar an, wie Sie später noch sehen werden. Wenn aber der eigene Hund nur reagiert, wenn mit einem Ball oder dem Futterbeutel gewunken wird, besteht zwischen beiden eben keine feste Bindung. Hat ein Hund wenige oder gar keine tollen Erlebnisse mit seinem Halter, liegt es auf der Hand, dass er ohne ihn mehr Spaß haben kann, und das wird er in jeder ihm sich bietenden Gelegenheit ausprobieren. Übelnehmen kann man ihm das nicht wirklich. Doch leider hängen meist gerade die Hunde, die keine Bindung zu ihrem Halter haben, draußen ausschließlich an der Leine, weil sie andernfalls eben nicht bei ihrem Halter bleiben würden.

Eine Bindung lässt sich auch stärken, wenn Halter ihre Hunde in stressigen Situationen beschützen und diese sich sicher sein dürfen, dass sie ihrem Menschen vertrauen können. Kommt der Hund beim Spaziergang etwa in eine Situation, dass er sich unwohl fühlt oder Angst hat, dann sollte sein Halter diese Situation für ihn lösen. Sei es, dass man zusammen mit dem Hund den Ort verlässt, sich schützend vor ihn stellt oder andere Menschen anweist, ihn in Ruhe zu lassen. Alles, woran der Hund merkt, dass er sich auf seinen Halter verlassen kann und sich dadurch sicher fühlt, stärkt die Bindung.

Ein Bindungspartner für den Hund ist man, wenn man

- ein sicherer Hafen ist
- authentisch ist
- empathisch ist
- respektvoll ist
- sich Mühe gibt, zu verstehen
- verlässlich ist in seinen Forderungen und damit Konflikte vermeidet
- verlässlich ist in guten wie in schwierigen Situationen
- Strafe und Beschimpfungen vermeidet
- klar kommuniziert und dadurch verständlich und gut lesbar ist
- konsequent und dadurch einschätzbar in seinen Reaktionen ist

Eine vertrauensvolle Bindung lässt sich am besten aufbauen und stärken, wenn der Halter seinen Hund ernst nimmt, wenn er seine Bedürfnisse und Vorlieben kennt und darauf eingeht. Wie Sie die Bedürfnisse und Vorlieben Ihres Hundes erkennen können, folgt in einem späteren Kapitel. Schon einmal vorneweg: Bei Bedürfnissen von Hunden kann es bedingt durch Rasse oder Temperament zu großen Unterschieden kommen. Das sollte bei der Auswahl gemeinsamer Aktivitäten berücksichtigt werden, um den eigenen Hund nicht zu über- oder auch zu unterfordern und damit für negative Eindrücke zu sorgen. Schließlich sollen ja beide Freude an gemeinsamen Erlebnissen haben. Wichtig ist auch die Kommunikation. So fällt es Hunden wesentlich leichter, ihre Halter zu verstehen, wenn diese eine verständliche Körpersprache und klare Kommandos nutzen. Umgekehrt steigert es das Vertrauen, wenn der Halter weiß, was der eigene Hund gerade mitteilen will. Zudem sorgen feste Strukturen und Regeln im Alltag für Sicherheit, weil Hunde sich daran orientieren können. So können etwa feste Zeiten, an denen es Futter gibt oder es rausgeht, dafür sorgen, dass Hunde ihre Halter als verlässliche Partner sehen.

Führung, Grenzen und Regeln

Damit sich Hunde sicher fühlen können, brauchen sie klare Regeln in ihrem Alltag, an denen sie sich orientieren. Diese sollten eindeutig sein und vom Halter verständlich kommuniziert werden. Dadurch wird für den Hund das Leben mit seinem Halter vorhersehbar, was wiederum Sicherheit und Vertrauen schafft.

Durch Regeln bekommt der Hund zwar bestimmte Grenzen aufgezeigt, was er darf und was eben nicht. Sie bieten ihm aber andererseits auch Freiräume, innerhalb derer er sich bewegen kann, wie er es möchte. In diesen Freiräumen darf er Hund sein und eigenständige Entscheidungen treffen, soweit kein Beteiligter in Gefahr und der Hund damit nicht überfordert ist. Sie sind enorm wichtig für seine Entwicklung zu einem souveränen Hund. Außerdem bieten Grenzen ihm in der heutigen, schnellen, mit großem Gefahrenpotenzial versehenen Welt auch Sicherheit.

Regeln dürfen aber nicht einfach reine Verbote für den Hund darstellen. Der Halter sollte ihm vermitteln können, dass er sich in Bezug zu Menschen, in Räumen und auch im Leben vor der Türe an gewisse Regeln halten muss. Das Vermitteln gewisser Benimmregeln, die Erziehung und Sozialisierung ist eine der wichtigsten Aufgaben von Haltern. Denn als Lebewesen, das sich in der Welt von zwei unterschiedlichen Arten zurechtfinden muss, muss der Hund nicht nur die Regeln kennenlernen, die zwischen ihm und seinen Artgenossen gelten, sondern auch zwischen ihm und uns Menschen. Das Wissen, wie man sich in welcher Situation korrekt verhält, reduziert beim Hund Stress.

Der Halter sollte seinem Hund aber andererseits zugestehen, seine Bedürfnisse in einem anderen Rahmen sehr wohl auszuleben. Ein Retriever sollte apportieren, ein Gebirgsschweißhund Fährten verfolgen oder ein Windhund sehr viel rennen dürfen. So bedeutet die Verantwortung bei der Führung des Hundes zu übernehmen immer auch, für Vertrauen und Sicherheit zu sorgen. Wie sonst käme ein Hund dazu, einem Menschen sein Leben anzuvertrauen? Eine sichere Bindung bringt viele Vorteile für Hund wie Halter mit sich. Fühlen sich Hunde sicher und geborgen, sind sie auch wesentlich weniger stressanfällig.

Verschiedene Bindungstypen

Wie bereits geschildert, geht ein Bindungsaufbau nicht über das Futter und Leckerchen, sondern über die Gewährleistung von Sicherheit und gegenseitigem Vertrauen. Wie sehr sich Hunde letztlich an ihre Halter binden können, hängt auch damit zusammen, welcher Bindungstyp sie sind. Bindungstypen gibt es nach der Bindungstheorie der englischen Wissenschaftler John Bowlby und Mary Ainsworth insgesamt vier, die aufgrund unterschiedlicher Qualitäten der emotional-sozialen Bindung eingeteilt worden sind. Festgelegt wurden diese Ende der 1970er Jahre mithilfe des sogenannten Fremde-Situations-Tests, einem entwicklungspsychologischem Experiment, das die Beziehung zwischen Kleinkindern und ihren Müttern unter bestimmten Kriterien getestet hat. Hier wurde in einer für das Kleinkind bedrohlichen oder neuen Situation das Bindungsverhalten sowie das Explorationsverhalten (Erkundung der Umgebung) erforscht. Die Bindungstheorie besagt vor allem, dass die stabile Beziehung zu bestimmten Personen ein grundlegendes Bedürfnis des Kindes ist. Das bedeutet, dass verlässliche zwischenmenschliche Beziehungen während der ersten Lebensmonate für die gesunde Entwicklung des Menschen maßgeblich sind.

Zudem wurde herausgefunden, dass die Art, wie das instinktive Bedürfnis nach Bindung befriedigt wird, das spätere Leben prägt. Das Konzept Bowlbys fand durch die empirischen Untersuchungen seiner Mitarbeiterin Ainsworth erst richtig Akzeptanz. Für die Entwicklung einer sicheren Bindung ist es demzufolge wichtig, dass sich die jeweilige Bindungsperson dem Kind gegenüber feinfühlig verhält. Dies bedeutet, dass sie die kindlichen Verhaltensweisen wahrnimmt, die Signale des Kindes richtig interpretiert und angemessen und prompt, entsprechend dem Alter des Säuglings, auf die Bedürfnisse des Kindes reagiert.

Bei den Untersuchungen wurde auch die Balance zwischen Bindungs- und Explorationsverhalten des Kleinkindes beobachtet. Die Kinder erkundeten in Anwesenheit der Mutter deutlich mehr. Ainsworth faszinierte die unterschiedlichen Verhaltensweisen der Kinder und teilte den unterschiedlichen Bindungsverhaltensstrategien einzelne Typen zu, die weiter unten erläutert werden.

Fazit der Untersuchungen war, dass frühe Bindungserfahrungen im restlichen Verlauf des Lebens relativ stabil bleiben und es sich darauf aufbauend auch bestimmte Erwartungen ableiten. Diese frühen Erfahrungen können positiv, aber auch negativ sein und wirken sich auf das zukünftige Leben eines jeden Individuums aus – nicht nur auf die Persönlichkeitsentwicklung und die Fähigkeit, Partnerschaften einzugehen, sondern auch mit Stress umzugehen und soziale Unterstützung in Anspruch zu nehmen. Gerade letzteres ist für soziale Lebewesen wichtig beim Umgang mit Stress.

1998 haben Forscher um den ungarischen Verhaltensbiologen Ádám Miklósi an der Eötvös-Loránd-Universität Budapest den Fremde-Situations-Test mit Hunden wiederholt, wobei versucht wurde, sowohl die äußeren Bedingungen als auch den Ablauf so weit als möglich zu reproduzieren. 51 Hunde mit ihren Haltern nahmen daran teil, alle unterschiedlichen Alters, unterschiedlichen Geschlechts und bei den Hunden unterschiedlicher Rassen. Heraus kam, dass die Mensch-Hund-Beziehung mit einer Mutter-Kind-Beziehung verglichen werden kann. Es wurde zudem festgestellt, dass auch unsere Hunde ein unterschiedliches Bindungsverhalten zeigen können und sich so ebenfalls in vier unterschiedliche Bindungstypen einteilen lassen.

Der sichere Bindungstyp: Hat der Hund eine sichere Bindung zu seinem Halter, dann ist er für ihn eine Art Fels in der Brandung, eine Bereicherung in seinem Leben, ein Vorbild, an dem er sich gerne orientiert. Diese Art der Bindung sorgt für ausreichend Sicherheit und viele Glücksmomente.

Der unsicher-vermeidende Bindungstyp: In einer unsicher-vermeidenden Bindung empfindet der Hund seinen Halter zwar durchaus als nett, ist sich aber bewusst, dass er ihm in bedrohlichen Situationen keine Hilfe sein wird. Er ist kein Vorbild und gibt ihm auch nicht ausreichende Sicherheit. Im Gegenteil. Oftmals hat der Hund das Gefühl, sich um seinen Halter kümmern zu müssen. Meist will er gar nicht in dessen Nähe und versucht möglichst nicht aufzufallen, um eventuelle Konflikte zu vermeiden. Von ihm wird in erster Linie Leistung gefordert und seine Bedürfnisse wenig bis gar nicht befriedigt.

Der unsicher-ambivalente Bindungstyp: Eine ambivalent-unsichere Bindung entsteht, wenn der Hund mit Stimmungsschwankungen seines Halters konfrontiert wird und damit zurechtkommen muss. Von einem Moment zum nächsten kommt nach dem Zuckerbrot die Peitsche, sodass der Hund seinen Halter nicht einschätzen kann. Die Folge ist ein ängstlicher, gestresster Hund, der ständig zwischen anhänglichem und abweisendem Verhalten schwankt. Er weiß nie, was von ihm gewünscht ist und wie er sich gerade verhalten soll.

Der desorganisierte Bindungstyp: In einer desorganisierten Bindung zeigt der Hund seinem Halter gegenüber kein eindeutig zuzuordnendes Bindungsverhalten. Er reagiert oftmals sehr widersprüchlich auf unbekannte Situationen und legt ungewöhnliches Verhalten an den Tag. Dieses Verhalten rührt daher, dass er bereits in den ersten Lebensmonaten traumatische Erfahrungen gemacht hat, die nicht selten direkt mit dem Halter zusammenhängen. Trotz dieser widersprüchlichen Erlebnisse mit seinem Halter sucht er in Gefahrensituationen Schutz bei ihm, obwohl er sich eigentlich vor ihm ängstigt. Der Hund ist hin und her gerissen.

Prinzipiell entstehen alle Bindungstypen daraus, wie mitfühlend, wie achtsam oder eben auch wie abweisend die Halter auf Signale und Bedürfnisse des Hundes eingehen. Die gute Nachricht, vor allem auch für unsicher-gebundene Tierschutzhunde: Im Laufe des Lebens kann sich die Bindungsqualität und Beziehungsfähigkeit noch durch entsprechende, bedeutungsvolle Bindungserfahrungen mit anderen Bezugspersonen verändern. So können aus unsicher gebundenen Individuen bei vertrauensvollen und positiv fördernden neuen Haltern durchaus sicher gebundene Individuen werden. Dies wird zwar mit zunehmendem Alter und dem Andauern von negativen Erfahrungen schwieriger, bleibt jedoch lebenslang in unterschiedlichen Ausprägungen möglich.

Vertrauensvolle Bindung

Schlussfolgern lässt sich aus den Einteilungen in unterschiedliche Bindungstypen, dass sowohl die Vorgeschichte von Hunden als auch der Umgang mit ihnen sowie die innere Haltung einen großen Einfluss auf ihre Bindungs- und Beziehungsfähigkeit haben. Besonders bei Hunden aus dem Tierschutz mit schwierigen Vorgeschichten ist es deswegen wichtig, zunächst an der Beziehung und Bindung zu arbeiten und das Training erst einmal hintenanzustellen. Denn in erster Linie sind Hunde soziale und emotionale Individuen, die sich nach stabilen Bindungen sehnen. Fühlen sie sich geborgen und können sie sich weiterentwickeln, dann erst gelingt auch eine Erziehung.

Bindung ist daher keinesfalls gleichzusetzen mit Erziehung. Für eine stabile Bindung muss der Halter etwa 90 Prozent in Persönlichkeitsentwicklung, in Selbstwertgefühle und inneres Wachstum und in die Verarbeitung früherer Traumata investieren, um dem Hund eine vertrauensvolle, stressfreie und vor allem verlässliche Partnerschaft zu bieten. Lediglich 10 Prozent für die Stabilisierung einer Bindung machen dabei Methodik oder Training aus. Daher ist es enorm wichtig, sich Zeit für Hunde zu nehmen.

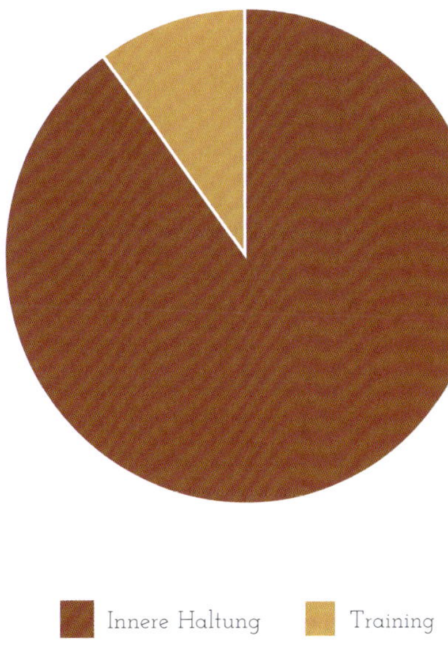

Für eine sichere Bindung ist nicht das Training, sondern die innere Haltung entscheidend.

Im Training und in der Erziehung wiederum beeinflusst eine gute Stimmung die Bindung positiv. Unangemessene Reaktionen oder gar Strafreize fördern keine Bindung, sondern hinterlassen im Gegenteil negative Gefühle bei Hunden. Ein Hund, der Aggressionen gegenüber Artgenossen zeigt, fühlt sich in der Regel bei seinem Halter nicht geborgen und sicher. Damit ein Hund aber auch in solchen Situationen zuverlässig und belastbar wird, sollte sein Halter primär viel Zeit und Arbeit in eine bessere Bindung investieren statt reine Ablenkungsmethoden zu trainieren.

Vertrauen zum Hund aufbauen und die Bindung zum Hund stärken sind wichtige Grundpfeiler für eine harmonische Mensch-Hund-Beziehung. Daher hier nochmal die wichtigsten Punkte zusammengefasst:

- Beziehung und Bindung sind nicht dasselbe
- Bindung und Erziehung sind nicht dasselbe
- Die Arbeit für eine stabile Bindung ist ein Vollzeitjob, ein Hundeleben lang
- Hat ein Hund eine stabile Bindung, bewältigt er stressige Situationen leichter
- Der Halter muss die Bedürfnisse und Vorlieben seines Hundes kennen
- Ein höflicher, respektvoller und feinfühliger Umgang schafft Vertrauen
- Nur wenn der Hund seinem Halter vertraut, kann er sich stressigen Situationen stellen
- Vertrauen kann auch wieder verspielt werden
- Für eine stabile Beziehung müssen Halter emotional ausgeglichen sein
- Der Halter sollte seinem Hund in allem ein Vorbild sein
- Der Halter muss die Signale seines Hundes zu deuten wissen
- Futter oder Spielzeug sind nur das Sahnehäubchen einer festen Bindung
- Eine stabile Bindung senkt das negative Stresslevel
- Eine Bindung lässt sich auch noch bei alten Hunden aufbauen
- Der Halter muss die Zeichen seines Hundes zu deuten wissen
- Der Halter muss die Sprache seines Hundes verstehen

Das Einmaleins der Körpersprache

Um mit Tara richtig kommunizieren zu können, ist es gut, die Hundesprache zu können.

Um eine starke Bindung zwischen Hund und Halter entstehen zu lassen, braucht es Grenzen und Regeln. Damit es überhaupt möglich ist, dem Hund zu vermitteln, was wir genau von ihm wollen, ist eine funktionierende Kommunikation unbedingt notwendig. Nun kommunizieren Hunde auf ihre eigene, nonverbale Weise, die sich von der Sprache der Menschen bekanntlich in so manchem unterscheidet. Im Gegensatz zu uns drücken sie sich vor allem durch ihren Körper und ihr Verhalten aus. Es liegt somit auf der Hand, dass Halter sich ausgiebig mit der Hundesprache beschäftigen müssen, um ihre Hunde zu verstehen und mit ihnen kommunizieren zu können. Andererseits sind Missverständnisse vorprogrammiert, die einer starken Bindung definitiv im Wege stehen werden.

Gemeinsames Spielen oder andere Beschäftigungen, denen zusammen nachgegangen wird, eignen sich bestens dazu, die Sprache und das Verhalten eines Hundes kennenzulernen. Zudem sollte der eigene Hund in unterschiedlichen Situationen ganz genau beobachtet werden, um herauszufinden, wann er sich etwa unsicher verhält, welche Signale er bei fremden Artgenossen aussendet oder wie sein Ausdruck ist, wenn er von Fremden angefasst wird. Je mehr der Halter beobachtet, um so genauer wird er seinen Hund lesen können.

Wie Hunde kommunizieren

Dass ein Schwanzwedeln nicht unbedingt Freude bedeutet, sollte sich mittlerweile herumgesprochen haben. Falls Sie es noch nicht wissen: Wedelt Ihr Hund mit dem Schwanz, kann das durchaus ein Ausdruck von Freude sein, aber in erster Linie zeigt er damit, dass er erregt ist. Ob nun aus positivem oder negativem Stress heraus, lässt sich allein angesichts des Wedelns nicht sagen. Hier ist es wieder entscheidend, wie ein Hund eine Situation empfindet. Genau aus diesem Grund ist es so wichtig, sich als Halter mit der Körpersprache und dem Ausdrucksverhalten von Hunden auseinanderzusetzen.

Welche Anzeichen Hunde bei Stress zeigen, habe ich bereits ausgeführt. Um Ihren Hund aber auch zu verstehen, ist es mir wichtig, dass Sie ihn in verschiedenen Situationen beobachten. Denn so sind Sie in der Lage, den Hund erst gar nicht in eine stressige Situation kommen zu lassen beziehungsweise in für ihn bedrohlichen Situationen auch wirklich der Fels in der Brandung zu sein. Hierzu müssen Sie aber wissen, auf was Sie eigentlich achten sollen.

Hunde haben eine differenzierte Körpersprache, um sich auszudrücken, und kommunizieren durch Gestik, Mimik, Körperhaltung, akustische Signale und Duftmarken mit ihrer Umwelt, also auch mit ihren Haltern. Hunde setzen ihre Kommunikationsmittel auch dazu ein, Konflikten aus dem Weg zu gehen und Auseinandersetzungen friedlich zu klären. Die Fehlinterpretation der Hundesprache ist eine der häufigsten Quellen für Unfälle im Umgang mit Hunden: Situationen werden nicht richtig eingeschätzt oder missverstanden. Doch auch mit Artgenossen kann es zu Missverständnissen kommen, vor allem bei überzüchteten Rassen gibt es immer wieder Verständigungsprobleme. Hunden mit kurzen oder geringelten Ruten, mit Schlappohren oder kupierten Ohren, mit zu langem oder zu kurzem Fell stehen viele Kommunikationsmittel aus dem großen Hundesprachenrepertoire nicht mehr zur Verfügung. Sie senden weniger oder falsche Signale an ihre Artgenossen, was zu Verständigungsproblemen und letztlich auch zu Aggressionen führen kann.

Erschwerend beim Erlernen der Hundesprache kommt hinzu, dass einige Verhaltensmuster oder Elemente der Körpersprache mehrere, im Gesamtkontext teilweise sehr unterschiedliche Bedeutungen haben. Um sie richtig interpretieren zu können, ist die konkrete Situation entscheidend, in welcher das Verhalten gezeigt wird. Außerdem können sich Mimik und Gestik sehr schnell verändern, teilweise innerhalb von Millisekunden, wie etwa minimale Veränderungen der Lippen, der Augenbrauen oder der Kopfhaltung. Entscheidend sind Anzeichen wie beispielsweise Körperhaltung, Körperspannung, Körpergröße, Rutenhaltung, Pfotenhaltung, Kopfhaltung, Schnauze, Blickrichtung, Pupillenweite, Ohrstellung und Rückenfell. Schwierig ist die Interpretation auch deswegen, weil viele aufgeführte Anzeichen in unterschiedlichen Kombinationen etwas vollkommen Unterschiedliches bedeuten.

Wie Hunde allein mit der Haltung ihrer Rute kommunizieren können:

- (relativ) hoch getragen: freudig, aufmerksam
- (relativ) abwärts: gelassen, sicher
- zwischen den Hinterbeinen eingeklemmt: unsicher, unterwürfig
- hoch getragen wedelnd, kreiselnd: erregt, erwartungsvoll
- hoch getragen, schräg, steif: imponierend, angespannt
- ansteigend, zuckend oder steif gerade: angriffsbereit

Ein stressfreies Leben mit Ihrem Hund kann also nur funktionieren, wenn Sie ihn verstehen. Dafür müssen Sie seine Sprache richtig deuten können. Leider sehen viele Halter die Notwendigkeit nicht, die Sprache ihres Vierbeiners zu erlernen. Wie selbstverständlich wird vom Hund erwartet, dass er immer genau weiß, was wir gerade von ihm wollen. Hunde haben zu folgen und zu funktionieren. Geht das nicht mit Training, dann geht es eben oftmals mit Gewalt. Zudem werden viele Hunde von ihren Haltern immer mehr vermenschlicht, was eine Kommunikation auch nicht gerade verbessert, denn wir sprechen nun mal eine andere Sprache als unsere Hunde.

Nehmen Sie sich die Zeit, die Hundesprache zu lernen, fragen Sie Ihren Hundetrainer, belegen Sie Kurse oder kaufen Sie sich Fachbücher, um Ihren Hund besser zu verstehen. Sie begleiten uns so viele Jahre und ich finde, das sind wir ihnen schuldig.

Die Körpersprache des Hundes

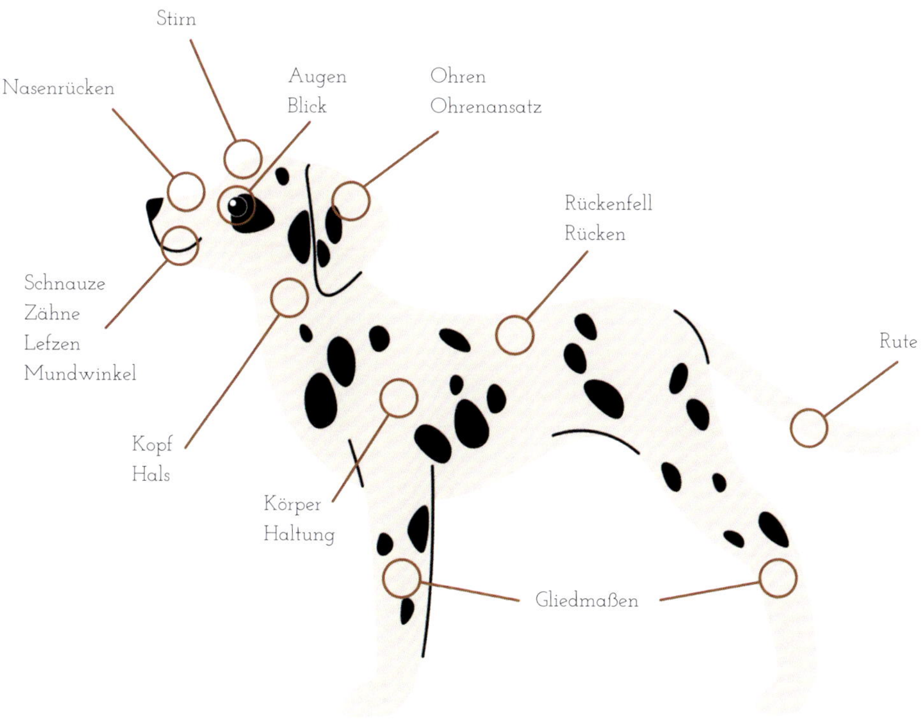

Beim Erlernen der Körpersprache des Hundes ist auf viele Kleinigkeiten zu achten.

Wie Hundehalter kommunizieren

Auch wenn Sie meinen, Sie „sprechen" nicht mit Ihrem Hund, weil er das eh nicht versteht, muss ich Sie enttäuschen. Nach dem österreichischen Psychotherapeuten und Kommunikationswissenschaftler Paul Watzlawick kann man nämlich nicht nicht kommunizieren. Das bedeutet, ein kommunikativer Austausch zwischen Halter und Hund findet jederzeit statt: bei allen Handlungen, allem Gesagten, allen Signalen – vom ersten Tag des Zusammentreffens an. Dafür beobachten uns Hunde ganz genau. Übrigens ist auch das Ignorieren des Hundes eine Kommunikation mit ihm.

Für eine erfolgreiche Kommunikation ist es unerlässlich, dass der Empfänger einer Nachricht diese auch eindeutig verstehen kann. Nun kommuniziert ein Hund naturgemäß ganz anders als ein Mensch, weshalb Missverständnisse eigentlich vorprogrammiert sind. Nicht selten zeigt sich dann unter anderem ein Folgeverhalten, das nicht erwünscht ist. Das liegt daran, dass der Halter seinem Hund vielfach irreführende Signale sendet und der Hund überhaupt nicht weiß, was von ihm in diesem Moment verlangt wird und reagiert dann meist so, wie es ihm in diesem Moment richtig erscheint.

Reagiert ein Hund auf bestimmte Worte, so hat er sie zuvor bereits mit einer bestimmten Handlung verknüpft, etwa durch Training (z. B. ein „Sitz") oder eben durch Beobachtung (etwa ein „Mach nach"). Allen anderen Worten kann keinerlei Bedeutung zugeordnet werden, sie sind für Hunde nur Geräuschkulisse. Dass Hunde bei ihnen nicht bekannten Worten trotzdem reagieren, hängt an der unterschiedlichen Tonhöhe oder Aussprache. Denn diese geben ihnen Aufschluss über den emotionalen Zustand ihres Halters.

Ein weiteres Problem der Kommunikation tritt ein, wenn Hunde nicht umgehend auf ein bestimmtes Kommando reagieren. Halter neigen gerne dazu, Befehle dann vehementer und lauter einzufordern. Für sie ist ja ganz klar, was sie von ihren Hunden wollen, und sie werden nicht müde, Kommandos wieder und wieder zu wiederholen, werden dabei gleichzeitig auch lauter und unfreundlicher im Ton. Verstehen Hunde dagegen nicht, was von ihnen gewünscht wird, bleibt ihnen nichts anderes übrig, als die Emotionen und die Körpersprache ihrer Halter zu bewerten. Und die bedeuten für sie in diesem Fall nichts Gutes. Der Hund reagiert nun nicht auf das gegebene Kommando, sondern auf die negative Energie. Er könnte den Worten seines Halters auch gar keine Taten folgen lassen, weil er sich vollkommen überfordert fühlt.

Wir kommunizieren also mit unseren Hunden, ob wir wollen oder nicht. Der Hund als nonverbaler Kommunikator achtet dabei jedoch weniger auf unsere Worte, sondern weit mehr auf all die anderen Kommunikationsmittel, die uns zur Verfügung stehen: auf unsere Körperhaltung, Blicke, Mimik, Gesten, Berührungen oder auch unsere Körpergerüche. Selbst die Art und Weise, wie wir ihn an der Leine führen, sendet dem Hund situativ Nachrichten.

Hunde verstehen durch undeutliche Kommunikation nicht, was von ihnen gewollt ist. Eindeutige Signale sind hier zielführender und sorgen zudem dafür, dass sie in bestimmten Situationen erst gar nicht in Stress geraten. So kann etwa am Zaun ein Verbellen von vorbeilaufenden Menschen oder Artgenossen negativen Stress beim Hund hervorrufen. Es wird hier wenig bringen, ihn immer wieder zu maßregeln oder, wie es einige Hundetrainer empfehlen, ihn beim Bellen umgehend ins Haus zu holen. Damit der Hund verstehen kann, dass er diese Verhaltensweise nicht an den Tag legen muss, ist es in diesem Fall am besten, der Halter stellt sich zwischen ihm und dem Zaun. Dann wird er freundlich, ruhig und gelassen, aber konsequent weggeschickt. Dem Hund wird damit klar kommuniziert, dass es nicht seine Aufgabe ist, sich um diese vorbeilaufenden Stressreize zu kümmern.

Wichtige Erkenntnisse für den Hundehalter

Sie als Halter Ihres Hundes müssen in der Lage sein, Ihrem Hund ein Umfeld zu bieten, in dem er wirklich Hund sein kann. Er muss sich beschützt und sicher fühlen, angemessene Bewegung bekommen, artgerecht lernen dürfen, spielen und Erfahrungen sammeln können. Zusätzlich benötigt er klare Regeln und Grenzen. Können Sie das nicht gewährleisten, ist es wahrscheinlich, dass Ihr Hund stressbedingte Verhaltensweisen an den Tag legen wird. Sie werden dann vielleicht der Meinung sein, einen Problemhund an der Leine zu haben. Dabei ist die Ursache für die meisten Verhaltensauffälligkeiten eine nicht vorhandene oder nicht ausreichende Hund-Halter Bindung.

Eine gute und belastbare Bindung zwischen Hundehalter und Hund ist Voraussetzung für eine erfolgreiche Erziehung und Ausbildung. Hält sich ein Hund gerne in der Nähe seines Halters auf, wird sowohl das Erlernen der Leinenführigkeit als auch eines Rückrufs wesentlich einfacher und effektiver erfolgen. Erkennt ein Halter nicht, dass die Bindung zwischen ihm und seinem Hund auf eher wackeligen Füßen steht, greift er zum Durchsetzen seiner Wünsche oft zu Leckerchen oder leider auch zu Zwang, was nicht zielführend und bei letzterem sogar vollkommen kontraproduktiv ist. Einem aufgrund von Führung und Haltung eh schon gestressten Hund kann Sicherheit und Geborgenheit nicht mit Leckerchen gegeben werden. Dieser Keks müsste erst noch erfunden werden.

Vertrauen und gute Kommunikation festigen eine Beziehung. Daraus entwickelt sich im Laufe der Zeit eine stabile Bindung. Wer alle angesprochenen Voraussetzungen berücksichtigt, wird mit einer tiefen Freundschaft fürs Leben belohnt – eine Hundeleben lang. Eine gute Bindung braucht Zeit und Geduld, doch mit jedem neuen Erfolgserlebnis wächst man zusammen und wird bald schon ein eingespieltes Team. Eine positive Rückmeldung bei erwünschtem Verhalten ist dabei von unschätzbarem Wert. Viele Hunde werden gemaßregelt und ignoriert, wenn sie erwünschtes Verhalten zeigen. Das verhindert Lernerfolge und müsste doch gar nicht sein. Denn Hunde verstehen sehr genau, was von ihnen gewollt wird, erst recht, wenn sie dafür ein dickes Lob bekommen.

3.

Ernährung

Eines gleich vorab: Im folgenden Kapitel werden keine Futterempfehlungen gegeben. Ich will hier lediglich darauf eingehen, inwieweit Futter Einfluss auf das Verhalten unserer Hunde nehmen kann. Denn das wäre ja zu schön, wenn man nur ein bestimmtes Futter in den Napf geben müsste und schon wären alle Verhaltensauffälligkeiten verschwunden. Obwohl mittlerweile ein bekannter Hundefuttermittelhersteller ein Produkt für kleine (warum eigentlich nur kleine?) ängstliche Hunde anbietet und ein anderer eine Beruhigungspaste für Hunde und Katzen auf den Markt gebracht hat, gibt es zu diesem Thema bislang erst wenige wissenschaftliche Studien. Gleichwohl lässt sich aus dem bereits Erforschten und bezugnehmend auf den Humanbereich durchaus die Tendenz ablesen, dass ein Zusammenhang zwischen Ernährung und Verhalten besteht.

Ihr Einfluss auf das Verhalten des Hundes

Dass Ernährung einen Einfluss auf die Gesundheit haben kann, ist gemeinhin bekannt. Dass aber auch das Verhalten durch das, was wir zu uns nehmen, beeinflusst werden kann, eher weniger. Gibt es am Ende doch eine Verhaltenstherapie aus dem Napf? Lassen sich durch eine bestimmte Ernährung Aggression, Unruhe, Ängstlichkeit oder Stress vermindern oder gar abstellen? Für viele Hundebesitzer wäre es die Lösung, die dazu noch verlockend einfach klingt. An dieser Stelle muss ich Sie leider enttäuschen: das geht nicht. Doch was der Hund frisst, kann seine Verhaltensauffälligkeiten vielleicht nicht stoppen, aber sehr wohl beeinflussen. Denn Futter nimmt auf den Hirnstoffwechsel und damit auch auf das Verhalten Einfluss.

Ab dem Jahr 2002 erfolgten mehrere Studien unter inhaftierten Straftätern, die belegen, dass kriminelles und aggressives Verhalten nicht nur davon abhängt, wie man erzogen wird, welche Bildung man erhält oder wie intelligent man ist. Es gibt auch eine biologische Sichtweise – und zwar in Bezug auf die Ernährung. Diese Studien, die in unterschiedlichen Gefängnissen erstellt wurden, belegten eindeutig, dass der Grad der Aggression unter den Insassen, die bestimmte Nahrungsergänzungsmittel bekommen haben, deutlich gesunken ist: In den drei Monaten der Testphasen fanden 50 Prozent weniger körperliche Auseinandersetzungen und Kämpfe statt.

Auch ein Forschungsteam um die Hirn- und Ernährungsforscherin Soyoung Park in Potsdam hat herausgefunden, dass unsere täglichen Mahlzeiten Einfluss auf unser Verhalten haben. In ihrer Studie ließ sie Probanden unterschiedlich frühstücken – mal mit mehr Kohlenhydraten, mal mit mehr Proteinen. Drei Stunden nach dem Frühstück wurden verschiedene neurokognitive Tests durchgeführt. Die Probanden, die mehr Kohlenhydrate als Proteine zu sich nahmen, schnitten dabei wesentlich besser ab. Durch Blutuntersuchungen ermittelten die Forscher außerdem relevante Hormon- und Stoffwechselwerte.

Interessante Untersuchungen hat auch die US-amerikanische Armee mit der Aminosäure Tyrosin durchgeführt. Durch Tyrosin werden die Botenstoffe Noradrenalin und Dopamin angeregt. Diese Neurotransmitter tragen dazu bei, in Stresssituationen einen kühlen Kopf zu bewahren. 23 Soldaten bekamen entweder 50 Milligramm Tyrosin pro Kilogramm

Was in den Napf kommt, kann ein Verhalten zwar nicht stoppen, aber doch beeinflussen.

Körpergewicht oder ein Placebo verabreicht. Danach mussten die jungen Männer anstrengende Übungen bewältigen und hinterher Mathematik- und Navigationstests bestehen. Es zeigte sich, dass die Tyrosin-Gruppe erheblich erfolgreicher abschnitt als diejenigen, die das Placebo eingenommen hatten.

Und auch bei unseren Hunden ist mittlerweile klar, dass ihre Ernährung in Bezug auf ihr Verhalten durchaus Einfluss nimmt. Eine auf den einzelnen Hund abgestimmte Ernährung kann zumindest seine Erziehung und sein Training erleichtern, was ja letztlich auch zu einem stressfreien Leben bei Hund und Halter führen kann.

Auf welche Inhaltsstoffe es ankommt

Im Folgenden möchte ich die Verhaltensbeeinflussung des Hundes über variable Nährstoffanteile beschreiben. So wird etwa angenommen, dass Futtermittel mit einem hohen Anteil an Protein, also mehr als 25 Prozent, langfristig den Neurotransmitter Serotonin im Gehirn senken. Ein niedriger Serotoninspiegel wird bei Hunden vor allem mit territorialem Aggressionsverhalten in Verbindung gebracht. Wie es sich auf eine Stressreduktion oder zur Beruhigung auswirkt, werden wir noch sehen.

Kohlenhydrate, also Stärke und Zucker, sind weitere Stoffe, die beim Thema Ernährung und Verhalten aufgeführt werden. Es wird angenommen, dass ein hoher Anteil an Kohlenhydraten einen beruhigenden Effekt auf den Hund hat. Warum das so ist, folgt weiter unten. Auch Vitamine und Aminosäuren stehen im Fokus, wenn es um Stress geht. Zudem muss ein Augenmerk auf Fettsäuren gerichtet werden. Antioxidantien, Mineralstoffe und Spurenelemente werden ebenfalls beleuchtet.

Protein

Für viele Halter gilt ein Hundefutter als qualitativ hochwertig, wenn es einen hohen Gehalt an Protein, also an Eiweiß beinhaltet. Eiweiß selbst ist in jeder Körperzelle vorhanden und bildet eine überlebenswichtige Komponente in der Nahrung von Hunden. Hunde, die körperlich sehr beansprucht werden, wie etwa Hütehunde an der Herde oder Welpen im Wachstum, haben einen hohen Bedarf an Protein, der normale Haushund dagegen eher nicht. Auch besondere Umstände erhöhen den Eiweißbedarf, wie etwa die körperliche Beanspruchung von Schlittenhunden beim Rennen, Krankheiten, Erholungsphasen und natürlich die Trächtigkeit einer Hündin samt Säugen ihrer Welpen. Je hochwertiger das Eiweiß im Futter ist, desto weniger an Menge braucht der Hund davon.

Die Körperzellen des Hundes befinden sich in einem ständigen Auf- und Abbau. Daher ist es wichtig, dass immer ausreichend Protein zur Verfügung steht. Zwar werden notwendige Aminosäuren, die beim Abbau von alten Zellen frei werden, vom Körper wiederverwendet. Aber das alleine würde für ein einwandfreies Funktionieren des Prozesses nicht genügen. Werden zu wenig Fette und Kohlenhydrate gefüttert, wird das Protein nicht zum Aufbau der Zellen verwendet, sondern als Energielieferant genutzt, sodass sich Körperzellen nicht mehr in ausreichender Anzahl aufbauen können. Doch allein auf die Menge des gefütterten Proteins kommt es nicht an – die Qualität ist entscheidend, denn die Verwertbarkeit der Eiweiße im Körper ist unterschiedlich. Bei der Fütterung von Knochen fallen etwa lediglich 33 Prozent verwertbares Protein an, wohingegen frisches Fleisch nahezu 100 Prozent enthält. Ein Zuviel an Proteinen liegt für die meisten Hunde geschätzt ab etwa 22 Prozent der Inhaltsstoffe (Rohprotein) ihres Futters.

Dazu kommt noch, dass Rationen mit einem sehr hohen Eiweißanteil die Konzentration von Serotonin absenken. Der britische Tierpsychologe Roger Mugford untersuchte als erster 1987 den Einfluss von Eiweiß auf das Verhalten von Hunden. Er konnte nachweisen, dass durch eine Reduktion des Proteingehalts auf 15 bis 18 Prozent der Gesamtration das aggressive Verhalten von Hunden deutlich weniger wurde. Mugfords Untersuchungen bestätigten die Vermutung, dass vor allem bei territorialer Aggression eine Besserung des Verhaltens erzielt werden kann.

Ein Zuviel an Proteinen ist bei gestressten Hunden nicht gerade von Vorteil.

Auch andere Wissenschaftler empfahlen nach weiteren Studien bei Aggressionsproblemen von Hunden das Absenken des Proteingehalts im Futter.

So zeigte sich in einer Untersuchung von Nicholas Dodman, einem der weltweit renommiertesten Verhaltensforscher in der Tiermedizin, neben einer Reduktion aggressiven Verhaltens auch eine Minderung hyperaktiver oder nervöser Verhaltensweisen, nachdem die Hunde einen geringeren Proteingehalt im Futter bekamen. Tendenziell sollte daher die Versorgung mit Eiweiß zwar bedarfsdeckend sein, aber auf keinen Fall zu viel gefüttert werden. Danach wäre Fleisch aufgrund seines hohen Proteingehalts als hauptsächliche oder gar ausschließliche Nahrungsquelle bei Hunden mit auffälligen Verhaltensweisen nicht gerade dienlich. Zumal der Hund schon lange kein reiner Fleischfresser mehr ist, sondern ein Allesfresser. Daher könnte bereits eine Minderung des Eiweißgehalts im Futter bei manchem Hund eine Veränderung bewirken.

Hat das Futter einen hohen Eiweißgehalt, steht dem Hund mit einem Mal ein Zuviel an Energie zur Verfügung, die er gar nicht nutzen kann. Kurz vor körperlichen Leistungen ist das sicherlich vonnöten, im Alltag bei Hunden mit stressbedingten Verhaltensauffälligkeiten, die dringend Entspannung brauchen, ganz sicher nicht. Für einen reizempfindlichen Hund würden Kohlenhydrate bei weitem hilfreicher sein.

Ein weiteres Protein, das man eigentlich eher als Mini-Protein betitulieren müsste, nimmt Einfluss auf das Verhalten unserer Hunde: das sogenannte Alpha-Casozepin, ein aktives Biopeptid aus der Kuhmilch. Dieses Peptid ist bekannt für seine anxiolytische, also beruhigende Wirkung. So wurde bereits in den 1930er Jahren an Säuglingen und Kleinkindern beobachtet, dass sie nach der Aufnahme von Milch sehr schnell einschliefen. 2007 untersuchte der französische Tiermediziner für Verhaltensauffälligkeiten, Claude Beata, die Wirkung von Alpha-Casozepin in Zusammenhang von Angststörungen bei Hunden – allein oder in einer Kombination mit anderen Verhaltensauffälligkeiten wie Aggression. Alpha-Casozepin erzielte dabei im Vergleich mit gängigen Beruhigungsmitteln der Klasse der Benzodiazepine (etwa Valium) nahezu dieselbe Wirkung, ohne aber deren Nebenwirkungen. Der Grund: Alpha-Casozepin verstärkt die entspannende Wirkung des Botenstoffes GABA, der Angst- und Stressreaktionen hemmt, und dient daher hervorragend zur Beruhigung.

Kohlenhydrate

Kohlenhydrate liefern dem Körper Energie. Sie sind wichtig für viele Stoffwechselvorgänge und Organe. Vor allem die Muskeln und das Gehirn brauchen eine Menge davon. Kohlenhydrate selbst sind komplexe Verbindungen aus vielen einzelnen Zuckermolekülen. Entsprechend der Anzahl der Zuckermoleküle spricht man von Einfach-, Zweifach- oder Mehrfachzuckern. Einfachzucker sind etwa Glukose und Fruktose, die sich relativ schnell verwerten lassen. Jede Körperzelle kann Glukose aufnehmen beziehungsweise auch wieder abgeben. In den Zellen der verschiedenen Organe liefert sie durch Verstoffwechselung die chemische Energie für Muskeln und Gehirn.

Auch unsere Hunde brauchen Kohlenhydrate – doch gerade die sind im Hundefutter mehr als umstritten. Nicht etwa bei der Wissenschaft, sondern bei Hundehaltern. In den Hundeforen des Internets kursieren Thesen, wonach der Hund wie der Wolf ein reiner Fleischfresser sei. Getreide stünde nicht auf seiner Speisekarte, Glukose sei ungesund, der Hund könne Kohlenhydrate gar nicht verdauen und eine Ernährung mit Kohlenhydraten mache Hunde krank. Nichts davon entspricht den neuesten wissenschaftlichen Kenntnissen.

Neue Studien zeigen sogar, dass Hunde, die kohlenhydratarm oder ganz ohne Kohlenhydrate ernährt werden, also nur Fleisch und Gemüse bekommen, wesentlich schneller gestresst, erschöpft und frustriert sind. Liegen die Ursachen für Verhaltensweisen des Hundes in einer mangelnden Ernährung von Kohlenhydraten, hilft dagegen auch kein Training. Die Verhaltensauffälligkeiten gehen in diesem Fall auf die chemischen Prozesse im Gehirn zurück. Sobald etwa Glukose aufgebraucht ist, kann das Gehirn nicht mehr mit ausreichend Energie versorgt werden. Das wiederum führt dazu, dass Hunde ihre Selbstbeherrschung verlieren, heißt: sie können bestimmten Reizen nicht mehr widerstehen. Eine Impulskontrolle (siehe Kapitel 5) kann nicht mehr stattfinden und Informationen werden nicht verarbeitet. Nur durch die Versorgung des Gehirns mit Kohlenhydraten werden die dazu benötigten Botenstoffe Dopamin, Noradrenalin und Serotonin ausgeschüttet. Zeigt der Hund im Training Ermüdungserscheinungen und kann sich nicht mehr konzentrieren, können also Kohlenhydrate dazu führen, dass nach deren Aufnahme das Training wie gewohnt weiterlaufen kann. Versuche zeigten auch, dass es dem Hund durch die Verabreichung von Glukose nach dem Training erleichtert wird, das gerade Erlernte abzuspeichern.

Darüber hinaus belegen wissenschaftliche Forschungen, dass gerade leicht erregbare, ängstliche und nervöse Hunde von hochwertigen Kohlenhydraten profitieren: Sie reagieren viel gelassener, können sich deutlich besser konzentrieren und sind wesentlich lösungsorientierter. Fehlen im täglichen Futter des Hundes nun Kohlenhydrate, so tut sich das Gehirn wesentlich schwerer, Umweltreize zu verarbeiten. Das bedeutet im Klartext, dass Hunde schlechter mit Stress umgehen können. Ihnen fehlt dazu schlicht und ergreifend die hierzu benötigte Energie.

Basiert ein Training darauf, dass der Hund sich sein Futter erarbeiten muss, dass er quasi für jedes richtig umgesetzte Kommando etwas von seiner Tagesration erhält, dann fehlen ihm zu Beginn des Trainings bereits die Voraussetzungen, sich überhaupt konzentrieren zu können. Er bekommt aber sein Futter erst, wenn er etwas richtig gemacht hat. Dadurch gerät der Hund zusätzlich unter massiven Stress, was eine Konzentration auf die ihn gestellten Aufgaben nochmals erschweren dürfte. Hier wird mit dem Grundbedürfnis des Hundes gespielt. Zwangsläufig werden hier weder Hund noch Halter Freude am Training haben, weil Erfolgserlebnisse ausbleiben werden. Dem Hund ab und an ein Futtersuchspiel anzubieten, wobei er in einem bestimmten Gebiet sein Futter suchen muss, ist etwas vollkommen anderes. Hier wird vom Hund keine Gegenleistung erwartet.

Eine Fütterung mit hochwertigen Kohlenhydraten stellt für einen Hund mit stressbedingten Verhaltensauffälligkeiten daher eine dringende Notwendigkeit dar, um gelassener durchs Leben gehen zu können. Nicht umsonst werden Kohlenhydrate auch als „Nervennahrung" bezeichnet. Der Hund kann im Gegensatz zum Wolf Kohlenhydrate nicht nur verdauen, sondern er hat sogar noch einen Nutzen davon: Sie verbessern seine kognitive Leistung und verlängern die Zeitspanne seiner Konzentrationsfähigkeit. Bereits ein sinkender Glukosespiegel kann impulsives Verhalten hervorrufen. Was dann erst ein fehlender bewirken kann, liegt auf der Hand.

Gute Quellen für hochwertige Kohlenhydrate. Was der Hund davon verträgt und was ihm letztlich guttut, ist individuell zu beurteilen.

- Amaranth
- Buchweizen
- Dinkel
- Gerste
- Haferflocken
- Hirse
- Kartoffeln und Süßkartoffeln
- Nudeln
- Quinoa
- Reis
- Mais

Eine Kohlenhydratquelle bildet auch Mais. Gerade über Mais in der Hundefütterung wird viel debattiert. Fakt ist, dass Mais in der Tat Einfluss auf das Verhalten des Hundes hat, ganz besonders, wenn er zu auffälligen Verhaltensweisen neigt, schnell gestresst ist, sich ängstlich zeigt oder vermehrt Aggressionsverhalten an den Tag legt. Dass dem so ist, dafür ist eine Aminosäure verantwortlich: Tryptophan. Sie ist sehr wichtig für Stressabbau, Glücksgefühle und innere Gelassenheit. Mais besitzt ziemlich wenig von dieser Aminosäure, dafür allerdings viel von der konkurrierenden Aminosäure Tyrosin. Durch die Fütterung von Mais kann es daher zu einer Tryptophan-Hemmung kommen. Da Tryptophan aber als Gegenspieler zum Stresshormon Cortisol gilt, können gestresste und auch alte Hunde, für die Tryptophan äußerst wichtig ist, von einer Mais-Fütterung nicht gerade profitieren. Doch das ist nur die eine Seite der Mais-Medaille.

Die andere wäre, dass Mais auch zu einem ruhigen Verhalten führen kann. Denn Mais enthält ein Enzym, welches an der Bildung der Katecholamine beteiligt ist. Dazu gehören die Hormone Adrenalin, Noradrenalin und Dopamin. Diese wirken zwar anregend und bewirken ein aktives Verhalten, aber genau dieses Mais-Enzym verlangsamt deren Bildung – was letztlich zu einem ruhigeren Verhalten führt. Durch diesen Effekt kann Mais bei hyperaktiven Hunden oder Balljunkies durchaus nützlich sein. Bei instabilen Hunden sollte jedoch trotzdem eher eine Versorgung mit ausreichend Tryptophan sichergestellt werden.

Dem Kapitel über Aminosäuren vorausgreifend lässt sich sagen, dass Tryptophan Kohlenhydrate benötigt, um in höheren Mengen im Körper aufgenommen zu werden. Daher ist es sinnlos, teure Tryptophan-Futterzusätze zu kaufen, wenn im Futter nicht auch ausreichend Kohlenhydrate enthalten sind. Oftmals wird Hundefutter bereits genug Tryptophan beigemischt, es kann aber wegen fehlender Kohlenhydrate nicht oder nicht optimal genutzt werden.

Aminosäuren

Aminosäuren sind die Grundlage aller Lebensvorgänge. Sie sind unentbehrlich für nahezu jeden Stoffwechselvorgang im Körper. Häufig werden sie auch als Bausteine des Lebens bezeichnet. Die wichtigste Aufgabe, die ihnen im Körper zukommt, stellt dabei der optimale Transport und die optimierte Speicherung aller Nährstoffe wie Wasser, Fette, Kohlenhydrate, Proteine, Mineralstoffe und Vitamine dar. Nimmt der Hund proteinhaltiges Futter zu sich, so werden im Verdauungstrakt die Eiweiße aus der Nahrung in einzelne Aminosäuren zerlegt. Erst dann, wenn dem Organismus des Hundes ausreichend Aminosäuren zur Verfügung stehen, funktioniert der Stoffwechsel reibungslos.

Es wird zwischen neutralen und essenziellen Aminosäuren unterschieden. Essenzielle Aminosäuren müssen Hunden gesondert zugeführt werden, sie können sie nicht selbst produzieren. Zur Aufnahme eignen sich sowohl tierische als auch pflanzliche Nahrungsmittel. Essenzielle Aminosäuren wären Arginin, Histidin, Isoleucin, Leucin, Lysin, Methionin, Phenylalanin, Threonin, Tryptophan und Valin. Alle Aminosäuren konkurrieren untereinander um das gleiche Transportsystem, die Blut-Hirn-Schranke. Sie bildet eine selektiv durchlässige Schranke zwischen Hirnsubstanz und Blutstrom und kontrolliert den Austausch im zentralen Nervensystem. Stoffe, die nicht in das Nervengewebe des Gehirns gelangen sollen, werden am Durchtritt durch die Kapillarwand gehindert.

Die Aminosäure Tryptophan ist bereits Gegenstand vieler Forschungen rund um das Verhalten des Hundes. Sie dient als Grundbaustein für den stimmungsaufhellenden Neurotransmitter Serotonin. Serotonin wird als Glückshormon bezeichnet, weil es zu ausgeglichenerem Verhalten und einer positiveren Stimmung führt. Es hemmt die Impulsivität und Aggression und ist ein wichtiger hormoneller Gegenspieler der uns bekannten Stresshormone. Ein Serotoninmangel führt wiederum zu depressivem Verhalten, Überreaktionen und hoher Schmerzempfindlichkeit. Auch wenn sich Serotonin etwa in Form von Bananen zufüttern lässt, würden selbst immense Mengen nicht ausreichen, um Einfluss auf ein Verhalten nehmen zu können.

Trotzdem lässt sich über die Fütterung der Serotoninspiegel beeinflussen, zwar nicht direkt, aber eben über die Grundsubstanz des Serotonins, die Aminosäure Tryptophan. Ein hoher Anteil an Kohlenhydraten stimuliert die Insulinausschüttung, wodurch die Aufnahme an Kohlenhydraten und Aminosäuren in die Zellen gesteigert wird. Besonders die neutralen Aminosäuren werden so vermehrt in die Muskelzellen aufgenommen, die ja sonst mit Tryptophan an der Blut-Hirn-Schranke konkurrieren würden. Auf diesem Weg kann mehr Tryptophan ins Gehirn gelangen und mehr Serotonin zur Verfügung gestellt werden.

Wird daher nur der Proteingehalt des Futters erhöht, steigt zwar die Menge an Tryptophan, aber natürlich auch die der anderen Aminosäuren. Diese Maßnahme würde daher nichts bewirken. Damit Tryptophan also in der Lage ist, Serotonin zu bilden, müssen neben Kohlenhydraten auch Magnesium, Vitamin B6 und Folsäure in ausreichender Menge vorhanden sein. Sie verringern den Konkurrenzdruck an der Blut-Hirn-Schranke, was zur Folge hat, dass mehr Tryptophan ins Gehirn gelangt und Serotonin produziert werden kann. All diese Substanzen werden zur Serotoninbildung benötigt. Fehlt eine, nützt auch eine große Menge an Tryptophan nichts.

Wenn man sich die Wirkung des Tryptophans zur Bildung von Serotonin zunutze machen möchte, bieten sich einige Lebensmittel an, deren Gehalt sehr hoch an Tryptophan ist, wie etwa Lammfleisch und Huhn, Lachs und Thunfisch, Hirse und Haferflocken, Linsen und Limbabohnen, Brie und Edamer, Erdnüsse und Cashewkerne. Auch Tofu ist eine hervorragende Quelle, da es zwar viel Tryptophan enthält, aber wenig Tyrosin. Natürlich lässt sich Tryptophan dem Hund auch als Nahrungsergänzungsmittel (dazu später mehr) zufüttern.

Lebensmittel, in denen ausreichend Tryptophan enthalten ist:

- Fette und Öle (viel in Fischöl und Erdnussmus)
- Fisch
- Fleisch und Geflügel
- Getreideprodukte
- Hülsenfrüchte
- Milch, Milchprodukte, Eier
- Nüsse
- Tofu

Um die Wirkung von Tryptophan zu unterstützen, sollten, wenn dies im Alltag überhaupt umgesetzt werden kann, bei der Fütterung Proteine und Kohlenhydrate möglichst getrennt angeboten werden. Das bedeutet, eiweißreiche Mahlzeiten wie etwa Fisch oder Tofu sollten etwa drei Stunden vor Kohlenhydraten wie etwa gekochten Kartoffeln oder Haferflocken verfüttert werden.

Abschließend möchte ich noch kurz auf die ebenfalls wichtige, aber nicht essenzielle Aminosäure Tyrosin eingehen, da sie ebenfalls Einfluss auf gestresste Hunde nehmen kann, indem sie es Nerven- und Hormonsystem ermöglicht, sich schnell an Stress anzupassen. Der Körper kann Tyrosin selbst produzieren, wenn ihm eine ausreichende Menge einer anderen Aminosäure zur Verfügung steht: Phenylalanin. Eine der Aufgaben von Tyrosin besteht darin, an der Synthese von Neurotransmittern wie den Stresshormonen Noradrenalin, Adrenalin und Dopamin teilzunehmen. Diese sind dafür verantwortlich, den Körper zu stimulieren und zum Handeln zu mobilisieren. Ein richtiger Tyrosinspiegel im Körper beeinflusst daher eine gute Konzentration sowie die Fähigkeit, schnell zu reagieren und zu denken, was sich wiederum positiv auf die Erziehung und ein Training auswirken kann. Tyrosin konkurriert im Körper mit Tryptophan. Ein hoher Anteil an Tryptophan in der Nahrung bewirkt aufgrund dieser Konkurrenz an der Blut-Hirn-Schranke eine verringerte Aufnahme von Tyrosin ins Gehirn.

Vitamine und Antioxidantien

Gute Nerven sind eine Voraussetzung, um stressigen Situationen Paroli bieten zu können. Das ist bei unseren Hunden nicht anders. Die Gruppe der B-Vitamine hat unter den essenziellen Nährstoffen einen wichtigen Stellenwert, werden diese doch vom Hundekörper für den Erhalt, die optimale Funktion sowie für die Regeneration der Nervenzellen und Nervenstränge benötigt.

Alle B-Vitamine müssen vom Hund über das Futter aufgenommen werden. Sie werden nicht oder nur geringfügig im Körper gespeichert und müssen deswegen regelmäßig durch die Nahrung oder durch Zusatzmittel ergänzt werden. Eine unausgewogene Ernährung führt daher zwangsläufig zu einem Mangel dieser wichtigen Vitamine. Langfristig können so neben unterschiedlichen Krankheiten auch Nervenerkrankungen entstehen. Da bei älteren Hunden die Nervenleistung und Regenerationsfähigkeit der Nerven als Begleiterscheinung des Alterungsprozesses abnimmt, ist eine Versorgung mit B-Vitaminen für sie besonders wichtig. Gerade sie zeigen bei einer Mangelernährung vermehrt Sehschwächen, auffällige Bewegungsabläufe, Ängstlichkeit, Nervosität, Demenz oder auch Inkontinenz.

Den B-Vitaminen werden zudem Auswirkungen bei Stress zugeschrieben. Eine australische Doppelblindstudie aus dem Jahr 2011 zeigte, dass sich bei Testpersonen, die einen Vitamin-B-Komplex bekamen, im Gegensatz zur Placebo-Gruppe sowohl die nervliche

Die Gruppe der B-Vitamine

Zur Gruppe der B-Vitamine gehören mehrere Nährstoffe, wobei jedem einzelnen eine ganz besondere Aufgabe im Körper der Hunde zukommt.

Vitamin B1: Vitamin B1 trägt im Hundekörper dazu bei, aus der aufgenommenen Nahrung Energie zu gewinnen, die mit dessen Hilfe in die Nervenzellen geleitet wird. Hierdurch wird konstant gewährleistet, dass die Zellen des Nervensystems immer mit einer ausreichenden Menge an Energie versorgt werden, was für deren optimalen Funktion unerlässlich ist.

Vitamin B2: Auch das Vitamin B2 beteiligt sich aktiv an der Energiegewinnung im Körper der Hunde, wobei es dazu beiträgt, die Verstoffwechselung von Eiweißen, Fetten und Kohlenhydraten umzusetzen. Zudem ist es daran beteiligt, für den Erhalt der Sehnerven und somit auch der Sehschärfe des Hundes zu sorgen. Welpen benötigen das Vitamin B2 für ein optimales und gesundes Wachstum.

Vitamin B3: Das Vitamin B3 wird vom Stoffwechsel der Hunde benötigt und hilft, dass alle Stoffwechselvorgänge im Körper der Tiere in einem idealen Maß arbeiten. Hierdurch wird gewährleistet, dass die Nervenzellen der Hunde konstant mit einer optimalen Menge an Energie versorgt werden.

Vitamin B5 (Pantothensäure): Vitamin B5 trägt zur Aktivierung und Steuerung des Nervenstoffwechsels bei, wodurch zum einen die Energieversorgung der Nervenzellen

Ein Vitamin-B-Komplex hilft Hunden dabei, stressige Situationen besser zu meistern.

Belastbarkeit als auch die Konzentrationsfähigkeit erhöhte, während gleichzeitig das Stressniveau, die stressbedingte Unkonzentriertheit sowie die stressbedingten Angstzustände, Depressionen und Stimmungstiefs merklich nachließen. Auf unsere Hunde übertragen, fördert ein Vitamin-B-Komplex daher nicht nur die Nervenregeneration, sondern hilft ihnen auch dabei, stressige Situationen besser zu meistern.

Ein Vitamin-B-Komplex trägt aber nicht nur zur Stärkung und Regeneration des Nervensystems bei, sondern kann den Hund auch bei Nervenentzündungen, Ängstlichkeit und Nervosität unterstützen. Daneben sorgt er unter anderem für einen Eiweiß- und Glykogenstoffwechsel, eine funktionierende Hormontätigkeit und die Funktion des Energiestoffwechsels. B-Vitamine werden zudem benötigt, um ein Stoffwechselgift, die schwefelhaltige Aminosäure Homocystein abzubauen. Liegt ein Vitamin-B-Mangel vor, so findet kein Abbau dieser schädlichen Aminosäure statt. Bereits ein geringer Anstieg von Homocystein kann aber zu Demenz, Depressionen und Panikattacken führen.

und Nervenstränge optimiert und zum anderen die Wachstumsprozesse von Welpen reguliert werden. Dieses Vitamin wirkt sich positiv auf die maximale Belastbarkeit in Bezug auf Stress, Nervosität und Ängstlichkeit bei Hunden aus.

Vitamin B6: Das Vitamin B6 wird in erster Linie vom Eiweißstoffwechsel der Hunde benötigt. Ohne Vitamin B6 kann der Hundekörper keine Energie aus den in der Nahrung befindlichen Eiweißen gewinnen. Außerdem sorgt dieser Nährstoff für eine konstante Weiterleitung dieser Energie in die Nervenzellen.

Vitamin B7 (Biotin): Biotin unterstützt die Bildung von Kreatin und ist für die Ausbildung eines gesunden Fells und der Krallen des Hundes bedeutsam. Darüber hinaus spielt Biotin im Protein- und Kohlenhydratstoffwechsel eine wichtige Rolle und reguliert den Blutzuckerspiegel.

Vitamin B9 (Folsäure): Das Vitamin B 9 sorgt für den Aufbau und den Erhalt der Nervenzellen. Diese Funktion bezieht sich sowohl auf die Blutkörperchen als auch direkt auf die Nervenzellen.

Vitamin B12: Der Nährstoff mit der Bezeichnung Vitamin B12 unterstützt den Hundekörper, rote Blutkörperchen und neue Nervenzellen zu bilden. Daher stellt dieses Vitamin für die Nervenfunktion wie für den allgemeinen Gesundheitszustand der Hunde einen überaus wichtigen Mikronährstoff dar.

Quelle: DOG FIT Magazin

Eine tägliche Gabe von Vitamin C hat auf gestresste Hunde einen positiven Einfluss.

Zu den Vitaminen, die Hunde bei Stress unterstützen, zählen neben den B-Vitaminen auch die Vitamine C, D und E. Vitamin C ist nicht nur ein lebenswichtiges Vitamin, sondern auch ein Antioxidans. In Studien aus den Jahren 2014 und 2015 wurde untersucht, ob ein Zusammenhang zwischen einem Vitamin-C-Mangel und Depressionen besteht. Das Ergebnis überraschte: Die Probanden ohne eine ausreichende Ernährung mit Vitamin C wiesen signifikant ausgeprägte Symptome einer Depression auf. Im Umkehrschluss hatte eine tägliche Abgabe an Vitamin C positiven Einfluss auf das Wohlbefinden, auf die Reduzierung eines Angstgefühls und eine Verbesserung der geistigen Leistungsfähigkeit. Die Forscher betonten, dass sowohl eine prophylaktische als auch eine therapeutische Abgabe von Vitamin C Ängstlichkeit und Angstzustände verringern kann und somit Auswirkungen auf die Psyche hat. Natürliches Vitamin C wird vom Körper dabei besser aufgenommen und verwertet und sollte daher in der täglichen Fütterung unserer Hunde nicht fehlen. Eine Überdosierung von Vitamin C sollte allerdings vermieden werden, da sie in der Harnblase zu einer Grieß- oder Steinbildung führen kann. Eine gute Quelle für Vitamin C sind etwa Hagebutten und Sanddornbeeren.

Vitamin D kann normalerweise nur mit Hilfe des Sonnenlichts (UV-B-Strahlung) hergestellt werden und ist eigentlich kein richtiges Vitamin, sondern ein Prohormon, das den Aufbau vieler anderer Hormone steuert. Es besitzt neben zahlreichen anderen Wirkungen auch positive Auswirkungen auf die Psyche und steuert in den Nebennieren ein Enzym, das die Produktion der Stresshormone Dopamin, Adrenalin und Noradrenalin reguliert. Ist nicht ausreichend Vitamin D vorhanden, schütten die Nebennieren verstärkt Stresshormone aus, was auf Dauer zu Erschöpfungszuständen und chronischer Müdigkeit führen kann. Vitamin D müsste im Prinzip nicht zugefüttert werden. Aus einer Vorstufe von Vitamin D, die in der Haut entsteht, kann der Hund aktives Vitamin D in Leber und Niere selbst synthetisieren. Voraussetzung dafür ist aber, dass Sonnenstrahlen auf die Haut treffen. Das dürfte in Wintermonaten oder aber auch bei Hunden mit dichtem Fell ganzjährig nicht gegeben sein. Hier bietet es sich an, Vitamin D in die Ernährung aufzunehmen. Besonders viel davon enthalten ist in Leber, Niere, Eigelb, fettem Fisch oder Lebertran. Aber es lässt sich auch in Form von Tropfen oder Tabletten zufüttern. Doch Vorsicht: Auch hier kann eine Überdosierung zu gesundheitlichen Problemen wie Skelettdeformationen und Kalziumablagerungen führen.

Vitamin E ist nicht ein einzelner Nährstoff, sondern setzt sich aus verschiedenen Antioxidantien zusammen, die den Organismus vor freien Radikalen (schädlichen Stoffwechselprodukten) schützen. Freie Radikale erhöhen unter anderem auch das Risiko von neurodegenerativen Erkrankungen beim Hund. Das essenzielle Vitamin E kann nicht vom Körper selbst hergestellt werden und sollte folglich regelmäßig über die Nahrung aufgenommen werden, damit die Zellen optimal versorgt sind. Seine volle Wirkung entfaltet Vitamin E nur in Kombination mit anderen Vitaminen, vor allem mit Vitamin C. Studien haben belegt, dass Vitamin E neben vielen anderen Funktionen vor allem für kognitive Fähigkeiten interessant ist, weil es sich positiv auf die Leistungsfähigkeit des Gehirns auswirkt. Zudem scheint es nach längerer Einnahme das Gehirn auch vor der Ausbreitung von Schäden im Gewebe schützen zu können.

Zusammenfassend lässt sich sagen, dass in der Nahrung gestresster Hunde die Gruppe der B-Vitamine genauso wenig fehlen sollten wie die Vitamin C, D und E. Gerade die Kombination von Vitamin C mit Vitamin B1, B2 und B6 ist für die Psyche sehr empfehlenswert.

Fettsäuren

Fettsäuren bilden einen unentbehrlichen Baustein aller lebenden Organismen. Sie werden grundsätzlich in gesättigte und ungesättigte Fettsäuren unterteilt. Zu den ungesättigten zählen die Omega-6- und die Omega-3-Fettsäuren. Omega-3-Fettsäuren sind sowohl für uns Menschen als auch für Hunde lebensnotwendig. Sie können nicht vom Körper produziert werden, sondern müssen zugeführt werden. Besonders wertvolle Omega-3-Fettsäuren für Hunde sind in Fischölen enthalten – etwa in Lachsölen oder noch mehr in Wildlachsölen.

Die derzeitige Forschung lässt Hinweise zu, dass genau diese beiden ungesättigten Fettsäuren einen Einfluss auf das Verhalten von Hunden haben. Im Humanbereich ist bereits belegt, dass gewaltbereite und aggressive Menschen über einen höheren Omega-6-Spiegel verfügen als die Durchschnittsbevölkerung. Eine Studie aus dem Jahr 2020 hat im Umkehrschluss gezeigt: Je mehr Omega-3-Fettsäuren eine Person zu sich nimmt, umso besser kann sie ihr aggressives und impulsives Verhalten unter Kontrolle halten. Mit Hilfe eines Elektroenzephalogramms haben die Wissenschaftler zudem aufzeigen können, dass die Probanden, die besser mit Omega-3-Fettsäuren versorgt gewesen sind, auch besser jene Gehirnregionen haben aktivieren können, die für die Kontrolle der entsprechenden Verhaltensweisen zuständig sind.

Wissenschaftler der Universität Pavia in Italien haben diese Studien zum Anlass genommen und Deutsche Schäferhunde untersucht, die durch ein gesteigertes Aggressionsverhalten aufgefallen sind. Im Vergleich zu einer Gruppe Deutscher Schäferhunde, die kein aggressives Verhalten an den Tag gelegt hat, wurde festgestellt, dass die aggressiven Hunde ein erhöhtes Verhältnis von Omega-6-Säuren zu Omega-3-Säuren aufgewiesen haben. Demnach scheint ein zu niedriger Omega-3-Spiegel im Blut auch bei Hunden ein aggressives Verhalten zu begünstigen.

Ob nun die Supplementierung des Futters mit Omega-3-Fettsäuren tatsächlich eine abnorm hohe Aggressionsbereitschaft von Hunden herabsetzt, müssen weitere Studien festigen. Trotzdem spricht nichts gegen die Zufütterung von Fischöl, zumal es sich äußerst positiv auf den gesamten Organismus auswirkt. Was allerdings belegt ist: Ein hoher Anteil von mehrfach ungesättigten Fettsäuren in der Nahrung unterstützt Hunde im Lernverhalten und bei gesundheitlichen Problemen signifikant. Die Zufütterung von Fischöl hat auch Auswirkungen auf den Hormonhaushalt. So ist ein Anstieg des Testosteron-Gehalts bei Rüden festgestellt worden. Es ist davon auszugehen, dass Hunde mit einem höheren Testosteronspiegel selbstsicherer sind.

Derzeit liegen zwar noch keine stichhaltigen Belege vor, die eine Wirksamkeit von Omega-3-Fettsäuren bei Hyperaktivität oder Unruhe bei Hunden bestätigt. Aber auch hier fanden im Humanbereich bereits Studien statt, die belegen, dass Kindern mit Gedächtnis- und Konzentrationsstörungen oder gar ADHS geholfen worden ist, wenn sie lange genug Omega-3-Fettsäuren maritimen Ursprungs eingenommen haben.

Mineralstoffe und Spurenelemente

Auch Mineralstoffe und Spurenelemente können bei Stress eine positive Wirkung auf den Hund haben. Wie Vitamine zählen Mineralstoffe zu den Mikronährstoffen und müssen dem Körper über die Nahrung zugeführt werden.

Ein wichtiger Mineralstoff, dem stressdämpfende Eigenschaften zugeschrieben werden, ist Magnesium. Es wird nicht umsonst das „Salz der inneren Ruhe“ bezeichnet. Magnesium beeinflusst die Produktion von Stresshormonen. Steht dem Hund genügend Magnesium zur Verfügung, kann damit eine erhöhte Ausschüttung von Cortisol gebremst werden. Der Mineralstoff sorgt dadurch für ein Gleichgewicht im Stoffwechsel. Gleichzeitig dämpft er die Erregungsweiterleitung der Nerven, die für Stresssymptome wie etwa einem erhöhten Spannungszustand der Muskeln verantwortlich sind. Bei einer unzureichenden Versorgung von Magnesium senden Nervenzellen hingegen vermehrt Signale, was zu einer gesteigerten Reizbarkeit führt. Magnesium verringert Anspannung und Nervosität und mindert Stress. Hunde, die unter permanentem Stress stehen, sollten daher dauerhaft und ausreichend damit versorgt werden.

Zudem hilft Magnesium auch bei Unruhe, Konzentrationsschwäche, Hyperaktivität und Unaufmerksamkeit. In mehreren Studien im Humanbereich wurde untersucht, wie sich eine ausreichende Magnesiumversorgung auf Kinder mit einer Aufmerksamkeits-Defizit-Hyperaktivitäts-Störung (ADHS) auswirkt. Das Ergebnis: Die Kinder, die zuvor fast immer niedrige Magnesiumwerte aufwiesen, waren nach der Mineralstoff-Supplementierung weniger hyperaktiv und zeigten sich in der Schule deutlich aufmerksamer. Forscher glauben, dass das sowohl mit den beruhigenden Effekten des Magnesiums zusammenhängt als auch mit der Tatsache, dass Magnesium die Gehirnaktivität steigert.

Zwei weitere Mineralstoffe zeigen eine stressreduzierende Wirkung: Kalzium und Kalium. Kalzium stärkt sowohl das Skelett als auch die Muskeln und sorgt für einen gesunden Herzrhythmus sowie einen funktionierenden Stoffwechsel. Ein Mangel an Kalzium kann nicht nur zu Osteoporose oder Muskelschwäche führen, sondern auch Angstzustände auslösen. Kalium wiederum ist für die Weiterleitung von Reizen verantwortlich, reguliert den Blutdruck und gewährleistet die Funktionalität der Muskulatur. Ein Mangel kann zu Lähmungserscheinungen, Bluthochdruck oder Unruhe führen.

Mineralstoffe mit einem geringeren Vorkommen im Körper bezeichnet man als Spurenelemente. Trotz ihrer winzigen Vorkommen sind Spurenelemente essenziell und somit für das Funktionieren des Organismus lebenswichtig. Drei dieser Spurenelemente können auch bei Stress wirken. Zum einen Selen, das einen Schutz vor freien Radikalen bietet, die in Stressphasen vermehrt gebildet werden. Dann Zink: Es schützt in gleicher Weise vor freien Radikalen und wirkt zudem gegen Ängste und Nervosität. Und schließlich Kupfer, das die nötige Energie in Stresssituationen bereitstellt und gleichzeitig die Nerven stärkt. Vorsicht bei der Verabreichung von Kupfer ist allerdings bei Hunden mit Leberproblemen geboten, gerade bei der Kupferspeicherkrankheit.

Fazit

Jeder Hund ist anders, alle sind Individuen mit ganz unterschiedlichen Vorgeschichten, bevor sie es sich in unseren Wohnzimmern gemütlich machen. Schon deswegen ist es mir gar nicht möglich, hier spezifische Ernährungstipps zu geben. Sicherlich nützt eine Nahrungsumstellung allein nicht wirklich, um stressbedingte Verhaltensauffälligkeiten bei Hunden zu verändern. Ich wollte mit diesem Kapitel lediglich aufzeigen, wie komplex auch Nährstoffe sind, wie sie auf einen gestressten Hund wirken und wie viel sie letztendlich doch zu seiner Entspannung beitragen können. Und Ihnen nahelegen, ruhig auch einmal den Inhalt des Napfs auf den Prüfstand zu stellen, ob Ihr Hund mit alldem versorgt ist, was er benötigt, und um in der Folge an seinem Verhalten trainieren zu können. Die Forschungen, wie sich Ernährung auf das Verhalten der Hunde auswirkt, sind noch lange nicht abgeschlossen und hier werden sicherlich noch viele Studien aus dem Humanbereich belegt werden.

Fakt ist: stressbedingte Verhaltensweisen lassen sich nicht so einfach wegfüttern. Eine Futterumstellung sollte Ihnen nach all den Ausführungen aber einen Versuch wert sein, denn Nahrung trägt einen Teil zur Verhaltensänderung bei – und sei es auch nur ein kleiner. Ob sie erfolgreich sein wird, hängt letzten Endes natürlich vom Organismus Ihres Hundes ab. Beim einen Hund wirkt eine Umstellung besser, beim anderen weniger. Das Wichtigste für eine Änderung des Verhaltens ist jedoch immer, das gesamte Umfeld des Hundes genau zu durchleuchten. Eine entsprechende Erziehung und ein individuell abgestimmtes Anti-Stress-Training können und dürfen mit einer Futterumstellung natürlich nicht ersetzt werden.

Bevor Sie sich jedoch einen Ernährungsberater und einen Anti-Stress-Trainer suchen, sollte bei plötzlich auftretenden Verhaltensauffälligkeiten zunächst abgeklärt werden, ob Ihr Hund etwa aus gesundheitlichen Gründen so reagiert. Denn beispielsweise starke Schmerzen im Bewegungsapparat, hormonelle Veränderungen, Tumore oder beeinträchtigte Sinnesorgane sind durchaus auch in der Lage, das Verhalten Ihres Hundes zu ändern. In diesen Fällen wäre es die bessere Option, einen Tierarzt Ihres Vertrauens aufzusuchen.

Was bei allen Informationen über die Auswirkungen von Futter auf Stress nicht fehlen darf: Wasser. Denn zu trinken ist nicht nur lebenswichtig, sondern kann auch bei Stress helfen. Trinkt der Hund zu wenig, wird das Blut dickflüssiger und fließt langsamer. Die Versorgung aller Zellen mit Sauerstoff und Nährstoffen verzögert sich – auch die der Gehirnzellen. Sowohl die kognitive als auch die mentale Leistungsfähigkeit reagieren sensibel auf eine unzureichende Flüssigkeitsversorgung. Vor allem die Aufmerksamkeitsspanne und die Informationsgeschwindigkeit leiden bei zu wenig Flüssigkeit.

Der Flüssigkeitsbedarf Ihres Hundes hängt von vielen Faktoren ab, in erster Linie aber von der Fütterung. Bei Trockenfutter muss er wesentlich mehr Wasser zu sich nehmen als etwa beim Barfen. Weitere Faktoren sind Gewicht, Außentemperatur und Aktivitätszustand. Ein Richtwert bei normaler Raumtemperatur und bei normaler Aktivität lautet: Fütterung mit Nassfutter – 20 bis 50 ml pro Kilogramm Körpergewicht, Fütterung mit Trockenfutter – 50 bis 100 ml pro Kilogramm Körpergewicht.

Barf, Nass- oder Trockenfutter?

Erwarten Sie in diesem Abschnitt bitte nicht, dass ich Ihnen die für Ihren Hund einzig richtige Art der Fütterung präsentiere. Ob Barf, Fertigfutter, Selbstgekochtes, ob Trockenfutter, Nassfutter oder Mischfutter, ob frisch, tiefgefroren oder konserviert: Mir geht es hier einzig darum, welchen Einfluss die einzelnen Inhaltsstoffe auf stressbedingte Verhaltensauffälligkeiten haben können.

Die gute Nachricht: Wie Sie Ihren Hund füttern, spielt gar keine Rolle. Es kommt darauf an, was Sie füttern. Denn es zählt allein, was und wie viel davon sich in der Hundenahrung befindet. Denn nur das ist entscheidend, ob das Futter letztlich einen Einfluss auf das Verhalten Ihres Hundes hat oder nicht. Wie Sie nun wissen, gibt es bestimmte Grundbaustoffe in der Nahrung, die Botenstoffe und Hormone bilden können, welche wiederum Einfluss auf das Verhalten haben können. Einzig diese sind ausschlaggebend.

Maßgeblich sind also die oben angesprochenen Aminosäuren, Mineralstoffe, Fettsäuren, Spurenelemente und Vitamine – und natürlich auch, in welcher Menge sie im Futter enthalten sind. So sollten alle Inhaltsstoffe einer Hundenahrung immer auf die aktuellen Lebensbedingungen abgestimmt sein: auf das Alter, auf das Gewicht, auf die Kieferbeschaffenheit, auf eine eventuelle Kastration, auf Allergien, auf bestimmte Krankheiten und natürlich auch auf die Vorlieben des Hundes. Um eine Verhaltensänderung des Hundes herbeiführen zu können, müssen bestimmte Voraussetzungen vorliegen: eine genaue Kenntnis des Persönlichkeitstyps, des Problemverhaltens und der diesem Verhalten zugrunde liegenden Hormone und Botenstoffe.

Eine Ernährungsweise ist jedoch absolut abzulehnen: die rein auf Fleisch basierte. Sie führt bei Hunden immer zu Mangelerscheinungen, die der Körper nicht ausgleichen kann und langfristig unter Umständen zu irreparablen Schäden. Diese Art der Fütterung sollte in jedem Fall unterbunden werden. Nicht nur aus gesundheitlichen Gründen, sondern auch, um ein langes, stressfreies und gesundes Leben des Hundes zu garantieren.

Exkurs: Deklaration

Wer das Futter seines Hundes nicht selbst herstellt und somit keine Kontrolle über sämtliche Inhaltsstoffe hat, die in seinen Hund wandern, wird ihn notgedrungen mit Fertigfutter ernähren müssen. Meist bedeutet das für Hunde, dass sie Nass- oder Trockenfutter vorgesetzt bekommen oder aber auch fertig zusammengestellte Barf-Komplettmenüs. Möchte man sich als Halter nicht weiter mit dem Selbsterstellen des Hundefutters beschäftigen, kann einen die Auswahl an Futtermitteln schier erschlagen.

Nicht selten treffen Halter ihre Wahl dann nach dem Aussehen einer Verpackung oder nach den Werbeversprechen der Hersteller. Eine Fütterung, die sich am Wolf orientiert, kann doch für unseren Wolfsabkömmling gar nicht schlecht sein, denkt man. Und wenn ein Futter nun offensichtlich extra für einen erwachsenen Schäferhund gemacht ist, dann muss doch genau das das beste Futter für den eigenen Schäferhund sein. Verschiedene TÜV- und Gütesiegel und Bezeichnung wie Gold, High, Premium, Country oder gar Natural tun ihr Übriges. Oftmals erfolgt die Futterauswahl aber auch nur nach dem Preis.

Der Hund ist, was er frisst. Bekommt er nur minderwertiges Futter, kann sich das nicht nur physisch, sondern auch psychisch bemerkbar machen. Dabei sagen hohe Preise nicht zwingend etwas über die Qualität des Futters aus. Allergien, Magen-Darm-Probleme oder Hauterkrankungen sind Beispiele für sofortige Auswirkungen von schlechtem Futter. Andere gesundheitliche Beschwerden, etwa am Bewegungsapparat, treten erst langfristig auf. Beim Kauf eines hochwertigen Futters ist es unumgänglich, einen Blick auf die Deklaration zu werfen. Sie umfasst alle Pflichtangaben, die ein Hersteller auf die Packung seines Produkts drucken muss. Bestenfalls, aber selten, ja nicht einmal normalerweise sind auf der Packung alle Inhaltsstoffe präzise aufgelistet.

In der Deklaration muss der Hersteller alle Zutaten in absteigender Reihenfolge nach ihrem prozentualen Anteil angeben. Was zunächst verbraucherfreundlich und einleuchtend klingt, ist es in der Realität nicht. Denn das Gewicht jedes Inhaltsstoffes wird im Anlieferungszustand angegeben, das heißt: vor dem jeweiligen Verarbeitungsprozess zum Hundefutter. Während der Verarbeitung beispielsweise zu extrudiertem Trockenfutter verlieren die einzelnen Inhaltsstoffe etwa durch starkes Erhitzen an Gewicht: frisches Fleisch zirka

Der Hund ist, was er frisst: Zu seinem Wohl sollten Sie genau auf die Deklaration schauen.

70 Prozent, vorgetrocknete Zutaten wie Fleischmehl um die fünf Prozent und Getreide etwa zehn Prozent. Da ein Trockenfutter kaum Feuchtigkeit enthält, verschieben sich somit die realen Anteile innerhalb der Futterzusammenstellung. Trotzdem bleibt Fleisch an erster Stelle der Inhaltsliste stehen, obwohl es anteilsmäßig nach der Verarbeitung an einer hinteren Stelle stehen müsste. Alle aufgeführten Zutaten vor den ernährungsphysiologischen Zusatzstoffen machen mindestens 80 Prozent des Futters aus.

Ein besonderes Augenmerk sollte den so genannten Nebenerzeugnissen gelten. Dabei handelt es sich in der Regel um Abfallerzeugnisse der Lebensmittelindustrie. Auch das mag auf den ersten Blick unbedenklich klingen, muss es aber nicht zwangsläufig sein. Unter tierischen und pflanzlichen Nebenerzeugnissen darf man durchaus auch Dinge wie Klauen, Federn, Sehnen, Fischschuppen, Schnäbel oder auch Erdnussschalen, Rübentrockenschnitzel oder Pressrückstände aus der Ölgewinnung verstehen. Selbst Spuren von gefährdeten und sogar vom Aussterben bedrohten Haiarten wurden schon gefunden, ohne dass sich ein Hinweis auf Fisch auf der Verpackung befunden hätte. Verbraucher können aufgrund dieser irreführenden Kennzeichnung kaum informierte Kaufentscheidungen treffen. Sie können sogar unwissentlich auch zur Überfischung gefährdeter Arten beitragen

Auch analytische Bestandteile müssen auf jeder Verpackung mit ihrem prozentualen Anteil angegeben sein. Pflichtangaben bei Allein- und Ergänzungsfutter sind dabei Rohprotein (Eiweiß), Rohfett (Fett), Rohasche (Mineralstoffe) und Rohfaser (Ballaststoffe). Diese Werte sind prinzipiell wichtig, um den Nährwert des Futters bestimmen zu können. Aussagen über die Qualität und biologische Wertigkeit der Bestandteile im Futter lassen sich daraus allerdings nicht ableiten.

Die Unterschiede einer Deklaration zwischen Nassfutter und Trockenfutter liegen lediglich im Wassergehalt. Dieser beträgt je nach Sorte bei Nassfutter maximal 80 Prozent, bei Trockenfutter maximal 14 Prozent. Obwohl Wasser einen erheblichen Anteil im Nassfutter ausmacht, verschwindet er bei manchen Deklarationen und es kommt vor, dass er zum Fleischanteil gezählt wird, was zu Verwirrung bei Verbrauchern führt. Der vergleichsweise hohe Wasseranteil im Nassfutter entsteht allerdings nicht, weil während der Produktion sehr viel Wasser hinzugefügt wird, sondern weil die Zutaten wie Fisch, Fleisch oder Gemüse bereits Wasser enthalten. Beim Trockenfutter wird dagegen durch bestimmte Verarbeitungsprozesse den Inhaltsstoffen Feuchtigkeit entzogen.

Jeder Hersteller kann sich nach der Futtermittelverkehrsverordnung frei entscheiden, ob er seine Zutaten alle einzeln aufzählt (offene Deklaration), oder ob er sie in den gesetzlich definierten Kategorien zusammenfasst (geschlossene Deklaration). Eine Vermischung beider Deklarationen ist dabei nicht zulässig. Bei der offenen Deklaration werden einzelne Inhaltsstoffe genau aufgelistet (etwa Wild 34 % – davon frisches Wildfleisch 30 %, getrocknetes Wildfleisch 4 %, Süßkartoffeln 20 %, …) . Das macht die Zusammensetzung halbwegs nachvollziehbar. Der Anbieter muss aber nicht hinter jeder Zutat den genauen Prozentanteil am Futter angeben, weshalb detaillierte Angaben wie oben eher selten zu sehen sind. Bei der geschlossenen Deklaration werden nur Überbegriffe und Kategorien (etwa Getreide, Fleisch und tierische Nebenerzeugnisse, Öle, …) angegeben. Der Hersteller darf dabei aus vorgegebenen Kategorien wählen. Dem Halter ist es hier kaum möglich, die einzelnen Zutaten nachzuvollziehen.

Es gibt auch noch eine andere Deklarationsvariante: die halboffene. Hier darf der Hersteller von der geschlossenen Deklaration abweichen und ganz bestimmte Zutaten einzeln aufführen, etwa weil er diese auf der Packung groß bewirbt (wie Lachs, Kartoffeln, Sonnenblumenöl, ...). Dem Käufer wird der Eindruck einer transparenten Deklaration vermittelt. Doch letztlich weiß er nicht im Einzelnen, welche Zutaten sich in welcher Menge im Futter befinden. Selbst wenn auf der Packung ein Fisch abgebildet ist und damit der Eindruck erweckt wird, das könnte die Hauptquelle der Inhaltsstoffe sein, genügt es, wenn sich neben anderen Fleischquellen lediglich auch ein paar Prozente an Lachsprotein im Futter finden. Daher sollten Sie beim Futterkauf wirklich ganz genau hinsehen und sich nicht von der tollen Verpackung und den Werbeversprechungen blenden lassen. Zum Wohl Ihres Hundes.

4.

Stress durch Kastration?

Im Zusammenleben mit einem Hund stellt sich wohl fast jeder Halter einmal die Frage, ob er ihn kastrieren soll oder nicht. Damit verbunden sind oft viele Hoffnungen, etwa dass ein Rüde danach ruhig, gelassen und souverän durchs Leben geht. Aber auch Sorgen: Wird der operative Eingriff gut überstanden und treten keine Folgeerscheinungen wie etwa eine Inkontinenz auf? Was aber eine Kastration wirklich bedeutet und welche weitreichenden Folgen sie für den eigenen Hund hat, hinterfragen dabei die wenigsten. Meist wird es „eben einfach gemacht", weil es danach praktischer ist, mit dem Hund unterwegs zu sein oder man sich saubere Teppiche und weniger Erziehungsaufwand wünscht. Können durch eine Kastration aber wirklich stressbedingte Verhaltensauffälligkeiten verschwinden? Oder haben Hunde am Ende durch eine Kastration noch mehr Stress?

Was Kastration mit unseren Hunden macht

Beim klärenden Vorgespräch mit meinen Hundehaltern fällt mir eines immer wieder auf: Die Frage, ob ihr Hund kastriert sei, wird von vielen mit einem Ja beantwortet, das so klingt wie „Na klar!". Will ich den Grund für die Kastration erfahren, folgen regelmäßig dieselben Antworten: „Das macht man halt so." – „Das haben wir mit allen Hunden so gehandhabt." – „Der kommt vom Tierschutz und da musste ich ihn kastrieren lassen." – „Der kam schon kastriert zu mir." Oder: „Ist doch eine Hündin." Höre ich dann noch, dass der Hund schon mit wenigen Monaten unterm Messer gelegen ist, klappt mir regelmäßig dasselbe in der Hose auf. Hier folgen dann als Antwort die immer gleichen Standardsätze: „Das haben die schon im Ausland vor der Einreise gemacht." Und: „Mein Tierarzt hat mir das empfohlen, weil dadurch die Hündin später mal keine Gebärmutterentzündung oder Mammatumore bekommt." Und beim Rüden heißt es: „Weil er dann von vornherein nicht so aggressiv gegen andere Rüden werden wird." Wie praktisch doch so ein „kleiner" Eingriff ist…

Die Kastration von Rüde und Hündin gilt als Routineeingriff, bei dem die Organe des Körpers entfernt werden, die für eine Fortpflanzung verantwortlich sind. Bei Hündinnen ist eine Kastration übrigens der häufigste Grund für eine Operation. Einmal kastriert, bleibt der Hund dauerhaft unfruchtbar. Doch das ist leider noch lange nicht alles.

Was versteht man unter Kastration?

Eine Kastration ist kein unerheblicher Eingriff. Es handelt sich um eine Amputation innerer Organe, was einen erheblichen und irreversiblen Eingriff in das Leben des Hundes darstellt. Operativ werden Keimdrüsen entfernt. Beim Rüden sind das die Hoden und bei der Hündin die Eierstöcke. Traditionell, aber im Wandel begriffen, wird bei der Kastration einer Hündin zusätzlich noch die Gebärmutter herausgenommen. Da es sich bei den Keimdrüsen unter anderem um Hormondrüsen handelt, also um hormonbildende Organe, ist die Kastration immer auch ein gravierender Eingriff in das Hormonsystem des Hundes.

Dieser kann schwere physische und psychische Folgen haben. Beim Rüden etwa geht mit der Entfernung seiner Hoden ein Sinken des Testosteronspiegels einher, bei der Hündin sinkt nach der Entnahme der Eierstöcke der Östrogenspiegel. Auf diese hormonellen Veränderungen reagiert dann der Körper und stellt die Produktion der Sexualhormone ein. Wenn man bedenkt, wie stark der Einfluss von Geschlechtshormonen ist, dann kann ein Produktionsstopp dieser Hormone für den Hund doch gar nicht folgenlos bleiben.

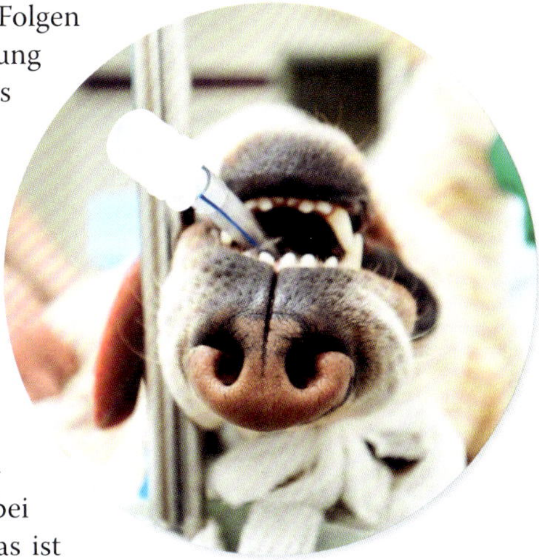

Der Einfluss von Sexualhormonen ist so stark, dass deren Wegfall Folgen haben wird.

Fälschlicherweise wird immer noch angenommen, eine Kastration gäbe es nur beim Rüden, bei der Hündin würde eine Sterilisation erfolgen. Das ist nicht korrekt, beides gibt es bei beiden Geschlechtern. Von einer Kastration spricht man, wenn die hormonproduzierenden Keimdrüsen des Hundes vollkommen entfernt werden. Bei der Sterilisation werden dagegen die Samen- beziehungsweise Eilleiter durchtrennt oder herausgenommen, sodass keine Keimzellen mehr transportiert werden können. Beide Operationen machen den Hund unfruchtbar. Der große Unterschied zur Kastration liegt aber darin, dass bei der Sterilisation nicht in den Hormonhaushalt des Hundes eingegriffen wird.

Gründe für eine Kastration

Seinen Hund kastrieren zu lassen ist eine Entscheidung, die gut überlegt sein will. Die Gründe hierfür können unterschiedlicher Natur sein. Bei der Hündin dürfte wohl in erster Linie die gutgemeinte medizinische Fürsorge der Halter eine Rolle spielen. Man will Vorkehrungen treffen, damit Hündinnen im Laufe ihres Lebens nicht an den vielzitierten Mammatumoren erkranken, vor denen gewarnt wird. Bei Rüden liegen die Gründe in der Regel woanders: Mit einer Kastration will der Halter hauptsächlich ein Verhalten ändern, das man als störend empfindet und nicht in den Griff bekommt: Es nervt, wenn der eigene Hund ständig in der Leine hängt und sich gegenüber anderen Rüden aggressiv verhält. Wieder andere Halter haben es satt, dass ihre Rüden ständig ausbüxen, um dem Geruch einer läufigen Hündin zu folgen. Und Halter von Hündinnen wollen oft nicht, dass der teure Bodenbelag und die Designercouch mit Blut besudelt werden. Auch Mehrhundehaltungen mit unterschiedlichen Geschlechtern sind oft genannte Gründe für Kastrationen. Ein weiterer, nicht unerheblicher Grund: Tierschutzorganisationen und Tierheime fordern in ihren Schutzverträgen eine Kastration. Die Rechtswirksamkeit derartiger Klauseln darf zumindest in Deutschland mehr als fragwürdig erscheinen, was einige Gerichte bereits bestätigt haben: In mehreren Fällen wurden derartige Verpflichtungsklauseln in Abgabe-

beziehungsweise Pflegeverträgen für nichtig erklärt. Trotz alledem werden wie selbstverständlich weiterhin jeden Tag Hunde in unseren Tierarztpraxen kastriert.

Natürlich gibt es zwischenzeitlich sehr gewissenhafte Tierärzte, die sich Zeit nehmen, die vorgetragenen Gründe zusammen mit dem Halter wenigstens mal zu analysieren und auch alle Nebenwirkungen einer Kastration aufzeichnen. Bestenfalls holen sie sich auch noch die Meinung eines Verhaltenstherapeuten ein. Und sicherlich gibt es dann unter diesen auch Veterinäre, die eine vom Halter gewünschte Kastration ohne medizinische Notwendigkeit rigoros ablehnen. Mir persönlich sind leider nur zwei bekannt. Dafür weiß ich von vielen Tierärzten, die schon Welpenbesitzer regelrecht dazu drängen, ihre Hunde noch vor der Pubertät kastrieren zu lassen. Dem Thema Frühkastration widme ich später noch einen eigenen Abschnitt in diesem Kapitel.

Rechtliche Lage

Nach dem deutschen Tierschutzgesetz (TierSchG) ist die Kastration unserer Hunde klar geregelt. Demzufolge darf Tieren nur in eng definierten Ausnahmefällen ein „Schaden" zugefügt werden. Paragraph 6 des Gesetzes, der bei einer Kastration seine Anwendung findet, verbietet prinzipiell die teilweise beziehungsweise vollständige Entnahme von Organen. Eine Kastration, bei der ja Organe (Keimdrüsen) entfernt werden, ist gesetzlich nur dann erlaubt, wenn sie im Einzelfall medizinisch indiziert ist, zur Verhinderung einer unkontrollierten Fortpflanzung oder zur weiteren Haltung des Tieres notwendig ist.

Medizinisch indiziert bedeutet im Fall der Kastration, dass es seitens eines zugelassenen Tierarztes zur Gesunderhaltung und zum Abwenden von Schmerzen, Leiden oder Schäden unerlässlich erscheint, den Eingriff vorzunehmen, der zu einer Unfruchtbarkeit des betreffenden Hundes führt. Liegen diese Voraussetzungen vor, ist die Kastration gesetzlich unproblematisch und der Eingriff erlaubt. Diese Erlaubnis setzt damit eindeutig bestimmte, einschlägige Erkrankungen voraus. Laut Gesetz dürfen Tierärzte Hunde also nur kastrieren, wenn der Eingriff medizinisch indiziert ist. Sie müssen in jedem Einzelfall prüfen, ob eine Kastration gerechtfertigt ist (etwa eine starke Gebärmuttervereiterung bei Hündinnen oder ein Hodenhochstand beim Rüden), oder ob mit an Sicherheit grenzender Wahrscheinlichkeit eine bevorstehende Erkrankung durch die Kastration verhindert oder aufgehalten werden kann (bei Hündinnen etwa bei Tumoren an Eierstock oder Gebärmutter sowie Diabetes). Es reicht hingegen nicht aus, einer in der Zukunft möglichen Erkrankung wie etwa dem Entstehen von malignen (bösartigen) Mammatumoren rein präventiv vorzubeugen. Das ist keine medizinische Indikation, und damit ist eine prophylaktische Kastration nicht gesetzeskonform. Die medizinische Indikation beschränkt sich allerdings nicht ausschließlich auf bestehende Erkrankungen. Sie kann weitere medizinische Gründe umfassen, wie etwa die Kastration von Hunden, die aufgrund einer Erbkrankheit von der Zucht ausgeschlossen werden müssen.

Auch eine Kastration zur Verhinderung der unkontrollierten Fortpflanzung ist nach dem TierSchG grundsätzlich erlaubt, wenn sie unter bestimmten Voraussetzungen erforderlich ist. Unkontrolliert bedeutet dabei, dass eine ungewollte Fortpflanzung im Einzelfall nicht

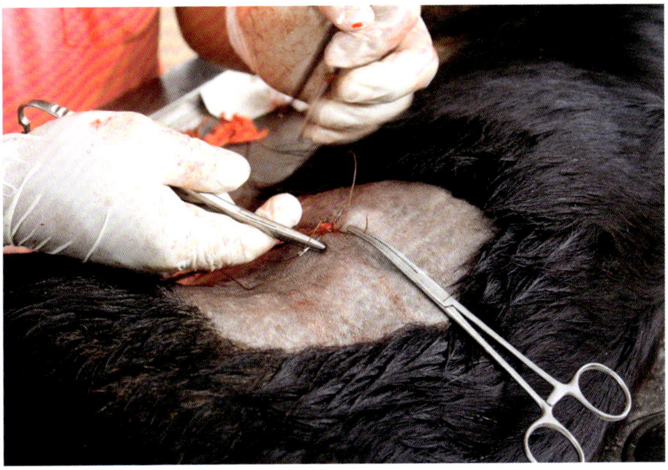

Für eine Kastration muss eine medizinische Indikation vorliegen, was fast nie der Fall ist.

durch die Kontrolle der Halter verhindert werden kann. Bei Katzen mit Freigang ist eine Indikation daher sicherlich unstrittig, denn deren Halter haben draußen keinerlei Einfluss auf ihre Tiere. Diese Ausnahmeregelung kann jedoch nicht einfach auf unsere Haushunde übertragen werden. Denn grundsätzlich ist es jedem Halter auch ohne einen operativen Eingriff möglich, seinen Hund davon abzuhalten, sich fortzupflanzen.

Die Kastration wird rechtlich einer Amputation gleichgestellt und steht damit von Gesetzes wegen in einer Reihe mit dem Kupieren von Ohren und Ruten. Eine Ausnahme für eine Amputation besteht gemäß § 6 TierschG für die Hunde deutscher Jäger: Hier ist das Kupieren der Rute erlaubt, während es in fast allen anderen europäischen Ländern seit vielen Jahren bereits ein absolutes Kupierverbot gibt. Dementsprechend wird auch keine medizinische Indikation gefordert, wenn die Amputation für die vorgesehene Nutzung des Hundes unerlässlich ist. Diese Ausnahmeregelung gilt allerdings lediglich für das Kupieren und nicht etwa auch für die Kastration von jagdlich geführten Hunden. Eine Kastration bedarf daher auch gemäß § 6 TierschG einer medizinischen Indikation.

Handeln Tierärzte dann aber noch gemäß des geltenden Tierschutzrechts, wenn sie Hündinnen kastrieren, weil den Haltern die Läufigkeit lästig ist, und Rüden, weil ihre Halter sie erzieherisch nicht in den Griff bekommen? Selbstverständlich tun sie das nicht. Doch auch Hundebesitzer stehen ohne Vorliegen eines medizinischen Grundes in der Verantwortung. Das dürfte den meisten gar nicht bewusst sein, weil sie die entsprechenden Bestimmungen in der Regel kaum kennen.

Studien belegen, dass Kastrationen bei Hündinnen lediglich zu etwa zehn Prozent medizinisch indiziert vorgenommen werden, 31 Prozent aufgrund von Krankheitsprophylaxen und nur etwa zwei Prozent aufgrund von Verhaltensproblemen. Rüden hingegen werden zu nur 21 Prozent aus medizinischen Gründen und etwa zu 74 Prozent aufgrund von Verhaltensauffälligkeiten kastriert. Sein Verhalten scheint also der Hauptgrund für die Kastration beim Rüden zu sein. Aus letzterem Grund werden viele Halter leider auch heutzutage immer noch von ihrem Hundetrainer zum Tierarzt geschickt.

Gerne wird sich in Tierarztpraxen bei der Kastration von Hündinnen auf eine Statistik aus dem Jahr 1969 (!) bezogen, nach der etwa 30 bis 40 Prozent aller Tumore das Gesäuge betreffen. Im Umkehrschluss bedeutet das: 60 bis 70 Prozent der Tumore tun das schon mal nicht. Was hier aber vollkommen außen vor bleibt, ist die Frage, wie viele Hündinnen denn überhaupt von Gesäugetumoren befallen werden. Je nachdem, welche Altersgruppe und welche Studie man heranzieht, sind das etwa nur 0,2 bis 1,8 Prozent aller Hündinnen. Und nur etwa die Hälfte dieser Tumore ist auch maligne. Nebenbei bemerkt: Neuere Untersuchungen zeigen auf, dass es durchaus nebenwirkungsfreie Prophylaxen gibt, die Gesäugetumore verhindern helfen. Die Nahrung der Hündin darf beispielsweise nicht zu eiweißreich und energiereich sein, es darf keine hormonelle Unterdrückung von Läufigkeiten stattfinden und die Hündin darf, vor allem im ersten Lebensjahr, nicht unter Fettleibigkeit leiden.

Gesetzliche Grundlage für eine Kastration ist das Tierschutzgesetz (TierSchG).

Nach § 1 TierSchG trägt der Mensch die Verantwortung für das Tier als Mitgeschöpf und hat dessen Leben und Wohlbefinden zu schützen. Niemand darf einem Tier ohne vernünftigen Grund Schmerzen, Leiden oder Schäden zufügen.

Nach § 6 TierSchG ist das vollständige oder teilweise Amputieren von Körperteilen oder das vollständige oder teilweise Entnehmen oder Zerstören von Organen eines Wirbeltieres verboten. Medizinische Eingriffe in den Körper eines Tieres sind im Einzelfall nur dann erlaubt, wenn eine tierärztliche Indikation vorliegt oder zur Verhinderung einer unkontrollierten Fortpflanzung.

Kastrationen gelten im Tierschutzgesetz als Amputation.

Kastration auf Probe

Für Rüden gibt es seit einiger Zeit eine Alternative zur chirurgischen Kastration: die chemische Kastration. Hier wird mithilfe eines chipartigen Suprelorin-Implantats eine Kastration simuliert. Der Chip wird unter die Haut des Hundes eingesetzt, und der Halter kann somit testen, welche Auswirkungen die irreversible Maßnahme einer Kastration bei seinem Rüden hätte. Durch den im Implantat enthaltenen Wirkstoff wird die Produktion von Sexualhormonen gedrosselt. Wie bei der chirurgischen Kastration sinkt das Testosteron auf einen niedrigen Wert, sobald die Wirkung des Hormonchips eintritt.

Der Eingriff ist für den Hund nicht sehr schmerzhaft, zudem benötigt er im Gegensatz zur Kastration hierfür keine Narkose. Nach dem Einsetzen des Chips werden fortwährend kleinere Mengen des Wirkstoffes Deslorelin ausgeschüttet. Solange dieses ausgestoßen wird, ist der Rüde zeugungsunfähig. Je nach Implantat soll die Wirkung zwischen sechs und zwölf Monate anhalten. Ist der Wirkstoff aufgebraucht, soll der Rüde seine Fruchtbarkeit allmählich zurückerhalten und das Implantat soll im Laufe der Zeit im Körper des Hundes abgebaut werden. Der Kastrationschip ließe sich zudem beliebig oft implantieren. Stark abzuraten ist davor, den Chip vor dem Ende des Wachstumsprozesses anzuwenden, da dieser Einfluss auf die Verknöcherung der Wachstumsfuge sowie auf andere Veränderungen im Bewegungsapparat haben kann. Bei Hündinnen besteht die Möglichkeit, „auf Probe" zu kastrieren, derzeit noch nicht. Der Grund dürfte darin liegen, dass eben auch nur zwei Prozent der Hündinnen aufgrund von Verhaltensproblemen unters Messer kommen.

Diese Methode eröffnet durchaus eine Möglichkeit, über einen bestimmten Zeitraum die Auswirkungen einer Kastration beim eigenen Rüden zu beurteilen und greift nicht unumkehrbar in den Hormonhaushalt ein. Dennoch darf man nicht vergessen, dass es auch hier für eine Zeitlang zu hormonellen Veränderungen kommt und währenddessen exakt dieselben Nebenwirkungen eintreten können wie bei einer chirurgischen Kastration (siehe unten). Das bedeutet auch, dass Ihr Rüde ängstlicher, unsicherer und aggressiver werden kann. Natürlich ist eine Testphase mit einem Hormonchip in Hinblick auf Verhaltensauffälligkeiten Ihres Hundes die bessere Alternative als eine endgültige Kastration. Trotzdem will ich an dieser Stelle erwähnen, dass eben auch diese Option längst nicht so harmlos ist, wie es auf den ersten Blick scheint. Deshalb sollten Sie es sich gut überlegen, ihm mal eben so „zur Probe" einen Kastrationschip setzen zu lassen.

Dem Beipackzettel des Suprelorin-Implantats ist zu entnehmen, dass der Kastrationschip laut Hersteller ausdrücklich nur zur Erzielung einer vorübergehenden Unfruchtbarkeit bei gesunden, nicht kastrierten, geschlechtsreifen Rüden empfohlen wird. Vor einer Verabreichung an aggressive Hunde wird eindringlich gewarnt: Sie sollten den Hormonchip nicht bekommen, da er eventuell auch zu einer Verschlimmerung des Aggressionsverhaltens führen kann. Zudem wird explizit erwähnt, dass die potenziellen Folgewirkungen einer Langzeitbehandlung nicht gezielt untersucht wurden, die Auswirkungen sind daher noch vollkommen unbekannt. Gleichzeitig wird aber wiederum zur Aufrechterhaltung der Wirkung die Wiederholung der Behandlung ausdrücklich empfohlen.

Nebenwirkungen

Eine Kastration bringt aufgrund der hormonellen Veränderungen im Körper gesundheitliche Risiken und Nebenwirkungen mit sich – neben dem bestehenden Risiko der hierfür notwendigen Vollnarkose. So kann es etwa bei kastrierten Hündinnen zur Inkontinenz kommen. Nach der hormonellen Veränderung durch die Kastration passiert es nicht selten, dass sie insbesondere im Schlaf unkontrolliert Urin verlieren. Auch Veränderungen am Fell können auftreten. Bei Hündinnen mit langhaarigem Fell und / oder roter Fellfarbe (etwa Irish Setter) wächst vermehrt wieder Unterwolle, sodass sie sich wie ein Welpe anfühlen und auch äußerlich so wirken. Rüden können ein stumpfes Fell bekommen. Zudem kann es bei beiden zu einem symmetrischen Haarausfall im hinteren Bereich ihrer Körper kommen.

Viele kastrierte Hunde nehmen zu, da die – ihnen nun fehlenden – Geschlechtshormone für eine appetitdämpfende Wirkung zuständig sind. Zudem verbrauchen sie nicht mehr so viel Energie wie vormals, wodurch eine unglückliche Kombination entsteht: Kastrierte Hunde haben vermehrt Hunger, brauchen gleichzeitig aber weniger Energie. Hier müssen Halter unbedingt die Ernährung anpassen, damit es nicht zu Übergewicht mit all seinen fatalen gesundheitlichen Folgeerscheinungen wie etwa Diabetes, Herzkreislauferkrankungen und Gelenkerkrankungen kommt. Denn bei allen kastrierten Hunden besteht eine erhöhte Gefahr für Gelenkschäden. Je früher ein Hund kastriert wurde, desto größer ist dabei das Risiko. So scheinen etwa Hüftgelenksarthrosen früher und auch vehementer aufzutreten als bei unkastrierten Hunden. Studien zufolge birgt eine Kastration auch die Gefahr von Kreuzbandrissen. Dabei sind Rüden gefährdeter als Hündinnen. Grund hierfür sind der verstärkte Muskelabbau und die eintretende Bindegewebsschwäche durch den Wegfall von Testosteron. Liegen bereits vor einer Kastration Schäden im Bewegungsapparat vor, dann werden sich diese nach einer Kastration eher noch verschlimmern. Denn gerade Hunde mit Problemen im Bewegungsapparat benötigen eine starke Muskulatur und ein festes Bindegewebe, um eine Belastung zumindest teilweise zu kompensieren. Hier kann die Hundephysiotherapie gute Dienste leisten – für Schmerzfreiheit (mindestens aber Schmerzlinderung) und mehr Lebensqualität.

Verschiedene Studien belegen, dass etwa 30 bis 60 Prozent der Hunde, die älter als sieben Jahre alt sind, Anzeichen einer Demenz zeigen. Denn im Alter lagern sich schädliche Proteine im Gehirn und an den Nerven ab. Bestehende Ablagerungen werden bei intakten, also nicht kastrierten Hunden durch Östrogen teilweise verhindert. Bei Rüden wird Testosteron im Gehirn hierfür in Östrogen umgebaut. Fehlt diese Schutzfunktion des Östrogens, steigt das Risiko von Altersdemenz. Orientierungslosigkeit, Vergesslichkeit, gesteigerte Nervosität, teilweise Aggressivität sowie Schlafstörungen sind im Alter wesentlich früher zu erwarten als bei unkastrierten Hunden.

Einer umfassenden Studie an Magyar Vizslas aus dem Jahr 2014 an der John Hopkins Bloomberg School of Medicine in Maryland zufolge ist die Wahrscheinlichkeit, dass kastrierte Hunde an bestimmten Krebsarten erkranken, im Vergleich zu ihren intakten Artgenossen signifikant höher. Zudem erkranken sie auch noch deutlich früher daran. Das Risiko für Knochenkrebs (Osteosarkom) etwa ist bei kastrierten Hunden um das Drei- bis Vierfache erhöht. Einer Auswertung des Schweizerischen Hundekrebsregisters lässt sich entnehmen, dass bei beiden Geschlechtern durch eine Kastration das Risiko der Bildung von Tumoren an Milz und Herz steigt. Ebenso ist die Wahrscheinlichkeit erhöht, an Mastzelltumoren und Lymphkrebs zu erkranken. Vermutlich liegt die Anfälligkeit von Tumoren am Immunsystem von kastrierten Hunden. Denn aufgrund mangelnder Sexualhormone scheint auch dieses extrem beeinträchtigt zu sein, zumindest lässt sich feststellen, dass sie wesentlich öfter an Infekten erkranken. Keine Zweifel bestehen dagegen, dass die Kastration Schilddrüsenunterfunktionen begünstigt. Auch bestimmte Verhaltensauffälligkeiten wie etwa Angst vor Gewitter kommen auffallend häufig vor, vor allem dann, wenn die Hunde schon früh kastriert worden sind.

Da Stress oftmals Krankheiten begünstigt, andererseits Krankheiten zu Stress führen, kann sich eine Kastration schon allein aufgrund der möglichen, aber durchaus schwerwiegenden Nebenwirkungen negativ auf unsere Hunde auswirken. Es liegt daher auf der Hand, dass Hunde, die an einer der Nebenwirkungen der Kastration erkranken, gestresster sind als zuvor. Und auch, dass reizempfindliche Hunde durch Erkrankungen, die ja oftmals mit Schmerz, Unwohlsein und physischen Einschränkungen einhergehen, noch gestresster werden. Daher ist dieser immense Eingriff bei Hunden mit stressbedingten Verhaltensauffälligkeiten noch einmal mehr reiflich zu überlegen.

Physische Nebenwirkungen einer Kastration bei Hündinnen und Rüden

Mehrfach erhöhtes Risiko bei kastrierten Hunden für

- Inkontinenz, achtfach erhöht - nicht altersbedingt
- Mastzelltumoren, dreifach erhöht
- Lymphome und Lymphosarkome, bis zu vierfach erhöht
- Prostatatumoren, drei- bis vierfach erhöht
- Übergangszellkarzinome, vierfach erhöht
- Osteosarkome (Knochenkrebs) drei- bis vierfach erhöht
- Perianaladenom, eineinhalbfach erhöht
- Immunsystem bedingte Erkrankungen, bis zu dreifach erhöht
- Diabetes (bei Rüden)
- Hämangiosarkomen (Milztumoren), bis zu neunfach erhöht
- Schilddrüsenunterfunktion
- Altersdemenz
- Kreuzbandriss, bis achtfach erhöht
- Hüftgelenksarthrose, dreifach erhöht
- Patellaluxation, dreifach erhöht
- Adipositas (mit allen bedenklichen Folgeerscheinungen)
- Höhere Infektanfälligkeit
- Bandscheibenvorfälle (vor allem bei Dackeln), zweifach erhöht
- Fellveränderungen

Fatale Frühkastration

Bei einer Kastration, die vor der Geschlechtsreife erfolgt, spricht man von einer Frühkastration. Bei der Hündin wäre dies die Zeit vor der ersten Läufigkeit, je nach Rasse in etwa zwischen dem sechsten und zwölften Lebensmonat. Beim Rüden derselben Rasse kann man sich in der Regel an den Hündinnen orientieren.

Die Begründung einer medizinischen Indikation für eine Frühkastration der Hündin dürfte sich als schwierig erweisen: Eine Gebärmutterentzündung macht sich regelmäßig meist wenige Wochen nach der Läufigkeit bemerkbar. Extreme Scheinschwangerschaften können logischerweise erst nach der Läufigkeit einsetzen. Ein Scheidenvorfall heißt auch Läufigkeitsprolaps, weil er eben während der Läufigkeit auftritt. Und ein Gebärmuttervorfall kommt entweder während der Geburt oder nahe des Geburtszeitpunkts vor. Da schwere Erkrankungen der Geschlechtsorgane sowie Diabetes bei sehr jungen Hündinnen sehr selten sind, dürften Frühkastrationen bei Hündinnen somit eher nicht gesetzeskonform sein.

Beim Rüden sieht es etwas anders aus: Bei Hunden mit Hodenhochstand sind die Hoden nicht in den Hodensack abgestiegen. Der einseitig oder beidseitig bestehende Hodenhochstand (Kryptorchismus) sollte zum Wohl des Hundes mit einer Kastration behandelt werden. Denn im Körper verbliebene Hoden neigen Studien zufolge 30 Mal häufiger dazu, tumorös zu entarten. Jedoch sei auch erwähnt, dass Hodentumore lediglich etwa vier bis sieben Prozent aller Tumore beim Rüden ausmachen. Eine Prostataerkrankung kann ausgeschlossen werden, weil sich die Prostata erst während der Pubertät entwickelt.

Eine Frühkastration hat verheerenden Auswirkungen auf den Körper des Hundes, denn sie erfolgt noch vor der Pubertät. Wie bei uns Menschen ist auch bei unseren Hunden die Pubertät eine entscheidende Entwicklungsphase, in der weitreichende Veränderungen des Körpers stattfinden. Durch Hormone und Wachstumsfaktoren werden eine Menge an physiologischen Prozessen in Gang gesetzt. Erfolgt in dieser wichtigen „Umbauphase" des Körpers eine Kastration, werden natürliche Entwicklungsprozesse unterbrochen, verzögert oder sogar verhindert. Das alles kann sich nicht nur auf die Gesundheit des Hundes auswirken, sondern auch auf sein Verhalten gegenüber Artgenossen und Menschen. Zudem sind früh kastrierte Hündinnen oftmals kleiner und bleiben geistig auf dem Niveau eines Junghundes stehen. Leider ist dieses Phänomen der Kindbleibung (Neotenie) in den USA derart beliebt, dass Hunde dort gerade wegen dieser neotenen Begleiterscheinung früh kastriert werden.

Ist die Fütterung zu proteinreich, kann das den Eintritt der Pubertät beschleunigen. Leidet der Hund unter zu viel Stress, kann das wiederum den Eintritt verzögern. Mit dem Anstieg der Sexualhormone werden gleichzeitig auch Thyroxin (Schilddrüsenhormon), Wachstumshormone sowie weitere für das Wachstum wichtige Faktoren (etwa der Nervenwachstumsfaktor) produziert. All diese Hormone haben wiederum Auswirkungen auf das Wachstum der Knochen, deren Form und Funktion von einem ausgewogenen Längenwachstum abhängig ist. Aufgrund der späteren Schließung der Wachstumsfugen sind früh kastrierte Hunde nicht zuletzt dadurch häufiger von Gelenkerkrankungen betroffen.

Das Fehlen der Sexualhormone während der Pubertät kann sich neben dem Bewegungsapparat auch auf die Tumorentstehung und das Immunsystem auswirken. Bei früh kastrierten Hunden kann das Herz für die Körpergröße des Hundes zu klein oder zu schwach sein. So kann es in der Folge vermehrt zu Herzschwächen und Kreislaufproblemen kommen.

Besonders verheerend ist eine Frühkastration für Hunde, weil das Gehirn während der Pubertät enorme Entwicklungsprozesse durchläuft, denn bis zur Adoleszenz finden dort unzählige physiologische Vorgänge statt. Unter anderem bildet sich die Myelinschicht, eine Schicht, die die Nervenzellfortsätze (Axone) umgibt. Sie dient dazu, die Nervenfasern untereinander besser abzugrenzen, die Reize unmissverständlich weiterzuleiten und die Geschwindigkeit der Erregungsleitung zu erhöhen. Sie sorgt damit für eine reibungslose Informationsweitergabe. Da Myelin die Schnelligkeit der elektrischen Impulse der einzelnen Nervenzellen verbessert, ist es auch entscheidend für die gesamten Lern-, Denk- und Erinnerungsprozesse. Hinzu kommt, dass die Empfindlichkeit für Nervenimpulse in manchen Bereichen des Gehirns zunimmt und in anderen ab. Das Gehirn mistet quasi innerhalb der neuronalen Verbindungen aus, kappt die nicht mehr benötigten, verbindet neue und stärkt bestehende.

Auch die Großhirnrinde, in der Sinneseindrücke und andere Gedächtnisinhalte gespeichert sind, ist von diesen Entwicklungsprozessen betroffen. Dieser Bereich wird mit Sozialverhalten und sozialen Kompetenzen in Verbindung gebracht. Während durch die Produktion der Sexualhormone eine Empfindlichkeit in diesem Hirnbereich steigt, wird gleichzeitig die Empfindlichkeit im emotionalen Bereich des Gehirns, des limbischen Systems, verringert. Das Ergebnis nach der Transformation: Der Hund kann nun mehr rationale Entscheidungen treffen. Auch die Impulskontrolle nimmt zu. Die Pubertät lässt sich daher als eine Art Optimierungsprozess des Gehirns beschreiben. Auf seinem Weg zum erwachsenen Hund werden die Leitungen, mittels derer Informationen und Emotionen transportiert und verarbeitet werden, neu justiert. Das Hirn reift zu einer effizienten Denk- und Kontrollmaschine mit weniger, aber schnelleren Verbindungen.

Einfluss auf Verhaltensauffälligkeiten

Eine Kastration stellt einen massiven Eingriff in den Hormonhaushalt unserer Hunde dar. Vielleicht sollte man sich das ganze Hormonsystem hierzu wie ein Schweizer Uhrwerk vorstellen: Alle Abläufe greifen direkt oder über Umwege ineinander, sind reibungslos aufeinander abgestimmt und sorgen so für ein präzises Funktionieren. Wird auch nur an einem Rädchen gedreht, gerät das gesamte System in Mitleidenschaft. Von einer Kastration sind nicht etwa nur die Geschlechtshormone betroffen, sondern das gesamte Hormonsystem, in dem die Hormone sich gegenseitig beeinflussen – damit letztlich auch die Stresshormone. Eine Kastration nimmt auf diese Weise indirekt auch Einfluss auf das Verhalten.

Bei einer echten Hypersexualität des Rüden kann durch eine Kastration Abhilfe geschaffen werden, um dieses Verhalten zu stoppen. Aber Vorsicht: Ein Aufreiten von Junghunden impliziert nicht zwangsläufig eine sexuelle Motivation. Wie bereits beschrieben, kann das Aufreiten auch ein Mittel zum Stressabbau in für den Hund bedrohlichen Situationen sein. Hypersexualität selbst kann auch durch Stress entstehen, wenn etwa das Dopaminsystem an der Auslösung sexueller Aktivitäten beteiligt ist. Es kann aber auch aus purer Langeweile auftreten oder weil der Hund einen Artgenossen in seiner Bewegungsfreiheit einschränken will. In diesen Fällen muss eine gründliche Analyse durch einen Verhaltensexperten stattfinden. Denn liegt eine Hypersexualität nicht zweifellos vor, wird sich das Verhalten des Hundes durch eine Kastration auch nicht ändern, sondern kann unter Umständen gar zu einer Verschlimmerung führen.

Auch bei Aggressionen müssen die Auslöser gründlich analysiert werden, zumal sie nicht immer offensichtlich sind. Sollte ein Rüde sich nur gegenüber anderen potenten Rüden aggressiv verhalten, mit Menschen, Hündinnen oder nicht geschlechtsreifen und kastrierten Rüden hingegen problemlos auskommen, kann eine Kastration zu einer Verhaltensänderung beitragen. Sie kann auch hilfreich sein, wenn zwei unkastrierte Rüden in einem Haushalt zusammenleben und sich aufgrund sexueller Konkurrenz immer wieder ineinander verbeißen. Sinnvoll ist sie aber hierbei nur, wenn sie bei dem Rüden durchgeführt wird, der keinen ausgeprägten Führungsanspruch an den Tag legt. In beiden Fällen und nach eingehender Analyse sollte hier allerdings zunächst ein Hormonchip getestet werden. Ist eine positive Verhaltensänderung zu erkennen, dann sollte eine Kastration direkt im Anschluss nach Ablauf der Implantat-Wirkung erfolgen, um dem Rüden ein hormonelles Auf und Ab zu ersparen.

Zeigt ein Hund unangemessenes Aggressionsverhalten gegenüber Artgenossen, dann befindet er sich in der Regel in einem Stresszustand. Im Bereich der Amygdala befinden sich Rezeptoren, an die sowohl Sexualhormone als auch Stresshormone wie das Cortisol andocken können. Je mehr dieser Rezeptoren von Sexualhormonen belegt sind, desto weniger Cortisol findet dort Platz. Das bedeutet, Sexualhormone dienen auch als Gegenspieler des Stresshormons Cortisol und können Stress entgegenwirken. Werden Hunde kastriert, weil sie Aggressionsformen aufgrund von Unsicherheit oder Eigenschutz zeigen, so können sich diese Verhaltensauffälligkeiten sogar noch potenzieren, denn durch den Verlust der Sexualhormone entfällt eine stressdämpfende Wirkung auf das Stresshormon Cortisol. Ein ängstlicher oder angstaggressiver Hund sollte daher keinesfalls kastriert werden.

Bei Hündinnen, die aggressives Verhalten nur während der Läufigkeit zeigen, würde eine Kastration zwar helfen, aber es sollte wohl überlegt werden, ob einige Wochen im Jahr einen derart folgenschweren Eingriff ins Hormonsystem rechtfertigen. Hier sollte, wenn nötig, eher über Anti-Stress-Methoden nachgedacht werden. Ganzjährig gezeigtes aggressives Verhalten kann sich durch eine Kastration wiederum negativ auswirken, weil die Sexualhormone wegfallen. Denn insgesamt reagiert das Stresssystem weniger sensitiv auf Stress, wenn genügend Östrogen vorhanden ist. Im Umkehrschluss bedeutet dies, dass sich eine Hündin ohne Östrogenproduktion gestresster fühlt und sensibler auf Stress reagiert.

Hündinnen werden auch oft aufgrund einer Scheinträchtigkeit oder Scheinmutterschaft kastriert. Dabei sind diese Phasen bei einer intakten Hündin etwas ganz Natürliches. Oftmals wird Hündinnen unterstellt, sie würden darunter leiden, und deshalb wäre eine Kastration notwendig. Hierbei muss der Einzelfall betrachtet werden. Es gibt durchaus Hündinnen, die sich richtiggehend in ihre Mutterrolle hineinsteigern oder in der Zeit depressiv werden. Dann ist es sinnvoll, dem etwa mit viel Bewegung und Ablenkung entgegenzuwirken. Alles, was der Hündin Freude bereitet, ist in dieser Zeit ausdrücklich erlaubt, auch ihr Decken-Nestbau. Es ist ja nur für eine Weile, bis sie wieder „ganz die alte" ist. Bildet eine Hündin dagegen extrem viel Milch – etwas Milch ist übrigens ganz normal und noch nicht besorgniserregend – und kommt es dabei zur Entzündung der Milchdrüsen, sollte sie einem Tierarzt vorgestellt werden, der Medikamente gegen die Milchproduktion verabreichen kann. Zudem sollte darauf geachtet werden, dass es zu keiner Gebärmutterentzündung kommt.

Studien lassen darauf schließen, dass rauflustige Hunde äußerst selten durch Sexualhormone gesteuert sind. Aggressionen werden deutlich öfter von kastrierten als von unkastrierten Hunden gezeigt. Beim Raufen werden vorwiegend das Suchthormon Dopamin oder das Belohnungshormon Serotonin ausgeschüttet. Auf diese Stresshormone hätte eine Kastration nur einen geringen Einfluss, sodass sich auch danach kaum etwas am Verhalten ändern dürfte.

Wenn man bedenkt, wie stark Sexualhormone die Psyche und die Physis des Hundes beeinflussen, kann man sich vorstellen, wie sich ein Produktionsstopp auf den Körper auswirkt. Unsicherheit, Stress, Angst, Aggression, Nervosität und eine verminderte Sozialkompetenz können die Folgen sein. Kastrierte Hunde, ganz gleich ob Rüden oder Hündinnen, scheinen im Umgang mit intakten Artgenossen unsicherer zu werden. Aber auch auf der Gegenseite ändert sich etwas: Kastrierte Hunde werden von nicht kastrierten Artgenossen anders wahrgenommen, was in erster Linie am veränderten Geruch liegen dürfte. Eine veränderte Kommunikation beeinträchtigt auch das Sozialverhalten. Gar nicht selten kommt es daher vor, dass kastrierte Rüden sexuelle Belästigungen seitens intakter Rüden erfahren.

Aber kann denn nun eine Kastration konkret Verhaltensprobleme lösen? Ja, kann sie. Allerdings nur, wenn entsprechende Verhaltensauffälligkeiten direkt oder indirekt durch Sexualhormone beeinflusst sind. Sind die Verhaltensweisen hingegen erlernt oder Ausdruck einer fehlenden Erziehung, wird eine Kastration zu keiner Veränderung führen, manchmal sogar zu einer Verschlimmerung. Es ist daher unabdingbar zu analysieren, ob Verhaltensauffälligkeiten auch wirklich auf Sexualhormonen beruhen oder stressbedingt sind. Rüden, die immer wieder von zu Hause ausreißen, müssen nicht zwingend ein starkes Interesse an läufigen Hündinnen haben. Sie können auch jagdlich motiviert sein. Wird diese Ursache nicht erkannt, wird die jagdliche Motivation nach einer Kastration sehr wahrscheinlich noch steigen. Auch beim Markieren des Rüden im Haus wird sich nur dann etwas ändern, wenn es sexuell motiviert ist. Ist das Pinkeln eine stressbedingte Verhaltensauffälligkeit, wird er auch künftig an den Wohnzimmerschrank urinieren.

Die Kastration ersetzt auf keinen Fall Erziehung, Anti-Stress-Training oder eine Verhaltenstherapie. Denn die meisten Ursachen für Verhaltensauffälligkeiten bei Hunden beruhen eben nicht auf Sexualhormonen. Statt den Weg zum Tierarzt zu gehen, sollten Halter bei Verhaltensauffälligkeiten lieber an Bindung, Respekt und Vertrauen arbeiten. Denn nur wenn es sich tatsächlich um sexuell motiviertes Verhalten handelt, ist eine Kastration in Erwägung zu ziehen. Hier muss mit professioneller Hilfe eine genaue Analyse des Verhaltens vorgenommen werden. Zusätzlich müssen alle Vor- und Nachteile einer Kastration im Sinne des Hundes abgewogen werden. Indiziert und für den Hund zweifelsohne von Vorteil kann eine Kastration nur dann sein, wenn er durch seine Sexualhormone in seinem Verhalten so beeinflusst wird, dass ihm ein artgerechtes Leben gar nicht mehr möglich ist.

5.

Anti-Stress-Training

Das Zusammenleben sollte für Halter und Hund eine bereichernde und lohnenswerte Erfahrung sein. Wenn man sich allerdings auf den Wiesen und in den Parks umsieht, fällt auf, dass viele Halter sich das Leben mit ihren Hunden und damit auch das Leben ihrer Hunde unnötig schwer machen. Kurze Leinen, viel Gebelle, viel Geschrei. Hier trifft man auf Teams aus Mensch und Hund, die zumindest außerhalb der vier Wände offensichtlich wenig Freude miteinander haben. Ich finde das sehr schade für beide.

Der Umgang mit unseren Hunden hat sich im Laufe der vergangenen 25 Jahre sehr verändert. Sind Halter damals noch davon ausgegangen, eine allein im Garten verbrachte Stunde würde einem Hund vollkommen genügen, können viele Hunde heutzutage ein Tagesprogramm vorweisen, das einem Leistungssportler alle Ehre machen würde. Die Beschäftigungsmöglichkeiten für Hunde scheinen immer mehr zu werden und das Angebot wird von Haltern dankbar angenommen. Oftmals tritt dabei in den Hintergrund, dass es bei einer Beschäftigung mit dem Hund nicht nur um Zeitvertreib und Auslastung gehen soll, sondern in erster Linie um eine gemeinsam verbrachte Zeit, am besten mit einer Beschäftigung, die individuell zugeschnitten auf den eigenen Hund, den Halter und derer beiden Bedürfnisse und Fähigkeiten ist.

Hunde richtig auslasten

Dass es *den* optimalen Tagesablauf nicht gibt, haben Sie bereits im ersten Kapitel erfahren. Trotzdem werden die einen Hunde täglich und regelmäßig zu häufig und zu viel ausgelastet, andere dagegen viel zu wenig und oftmals dann noch falsch. Das hängt natürlich auch damit zusammen, ob man sich als Halter den passenden Hundetyp für seine Lebensweise ausgewählt hat. Schaut man sich um, entdeckt man viel zu viele Hunde, die mit ihrem Alltag über- oder unterfordert sind oder unter chronischem Stress leiden. Doch wie findet man die richtige Balance zwischen erholsamer Entspannung und angemessener Auslastung für seinen Hund?

Ausgewogenheit

- ausgewogener Rhythmus zwischen Ruhe- und Aktivitätsphasen
- gleichbleibender Tagesablauf
- Abweichung von der Norm bringt Unruhe und Aufregung

Herausforderungen brauchen reichliche Ruhezeiten, damit sie verarbeitet werden können.

Bei gestressten Hunden muss auf einen ausgewogenen Tagesablauf geachtet werden.

Das ist ein ganz wichtiger Punkt: Denn Beschäftigung soll gerade dem gestressten Hund langfristig helfen, sich zu entspannen und ihn nicht noch mehr hochfahren und für zusätzlichen Stress sorgen. Um den Hund in Balance halten zu können, muss der Halter wissen, welche Aktivitäten für ihn mehr oder weniger Stress bringen und welche gar für Entspannung sorgen. Natürlich sollte ein Hund zu Aktivitäten jedweder Art angeregt und bestenfalls auch begeistert werden. Genauso wichtig ist aber, daran zu denken, dass jede Aufregung von einer Entspannung abgelöst werden muss. Dieses Gleichgewicht zu finden ist Aufgabe des Halters, übrigens auch, herauszufinden, was dem eigenen Hund überhaupt gefällt. Springt er lieber über Hürden als Leckerchen zu suchen? Zieht er es vor, mit seinen Hundekumpels über die Wiese zu sausen, als eine Spur zu verfolgen?

Möglichkeiten, einen gestressten Hund zu entspannen, gibt es genug, wie Sie noch sehen werden. Letztlich richten sie sich aber immer nach den Vorlieben des Hundes und was ihm ganz individuell dazu verhilft, herunterzukommen. Kuscheln, ein langsamer Schnüffelspaziergang oder einfach mit ihm auf der Wiese zu sitzen, um die Landschaft zu genießen, wären schon einmal ein paar Ideen. Denn gerade angespannte und leicht reizbare Hunde sollten nicht ständig mit neuen Umgebungen, Artgenossen oder Erlebnissen konfrontiert werden.

Alles, was man für einen glücklichen Hund braucht, sind Bewegung, Kopfarbeit und Ruhe. Körperliche Möglichkeiten zur Auslastung wären neben dem täglichen Spaziergang Beschäftigungen wie etwa Joggen, Agility, Dogdance oder auch Hundesport. Die mindestens genauso wichtige geistige Auslastung wird bei Hunden leider meist sehr stiefmütterlich behandelt. Im Alltag gibt es hierfür wenig Angebote für unsere Hunde, deswegen ist man als Halter gefragt. Mentales Training sollte Hunden möglichst täglich angeboten bekommen, aber natürlich nicht jeden Tag dasselbe. Eine kognitive Auslastung erreicht man mit Intelligenzspielen, mit Suchspielen, bei der Hunde ihre Nasen einsetzen müssen oder mit Kursen wie Mantrailing oder Fährtenarbeit und Angeboten wie Krimiwanderungen. Und die letzte Voraussetzung, um einen entspannten und zufriedenen Hund zu haben, sind Schlaf und Ruhe in dem Maße, das er benötigt.

Ganz nach dem Hund richten sich auch Intensität und Dauer der Auslastung. Hier dienen als Parameter das Alter, die Größe, die Rasse und die körperliche Gesundheit. Ein Welpe benötigt viel mehr Zeit, alle Eindrücke zu verarbeiten, ein Senior dagegen wird schneller müde und ein gesunder Jungspund ist nach 20 Minuten noch topfit. Für alle gilt aber: Das Schlaf- und Ruhebedürfnis ist art- und typgerecht einzuhalten. Ansonsten kann Auslastung schnell zum Teufelskreis werden. Wichtig zu wissen ist außerdem, dass ein Hund im Laufe der Zeit durch verstärkte Aktivitäten immer fitter und dann auch immer mehr von seinem Halter fordern wird. Allein schon deshalb muss bei der Auslastung von Hunden gelten: Weniger ist mehr. Zuviel Auslastung wirkt sich negativ aus.

Im Gegensatz zu Schlaf- und Ruhezeiten gibt es keine allgemeingültigen Empfehlungen, wie lange ein Hund ausgelastet werden soll. Es kann sein, dass ein Hund bereits nach 30 Minuten Spaziergang körperlich an seine Grenzen kommt oder nach zehn Minuten Nasenarbeit erschöpft ist. Deswegen ist die bloße Dauer kein guter Berater, wenn es um die Auslastung von Hunden geht. Schauen Sie lieber, wie lange Ihr Hund Spaß an der Sache hat, und auch, wie erschöpft er danach ist. Richten Sie Ihre gemeinsamen Aktivitäten immer nach seiner aktuellen körperlichen und geistigen Verfassung – und nicht stringent nach dem Wochenplan der Hundeschule. Zeigt der Hund zu viel Stress bei den für ihn auserkorenen Beschäftigungen, tun Sie weder ihm noch sich einen Gefallen. Gönnen Sie sich dann einfach mal eine ruhige Gemeinsamzeit mit Ihrem Hund.

Aber bitte unterfordern Sie ihn auch nicht. Wenn er nur ein paar Minuten vor die Tür darf, um seine „Geschäfte" zu erledigen und ansonsten keine weiteren Aktivitäten stattfinden, wird er sich selbst eine Beschäftigung suchen. So kann er bei jeder Kleinigkeit anfangen zu bellen oder er übernimmt den Wachdienst in Haus und Garten. Schlimmstenfalls richtet sich sein Frust gegen ihn selbst und er fängt an, extensiv an sich herumzuknabbern. Nicht zuletzt weise ich Sie zum Wohl Ihres Hundes darauf hin, dass Sie bei zu kurzem Auslauf oder bei reiner „Gartenhaltung" gegen § 2.1 der Tierschutz-Hundeverordnung verstoßen.

Aktivitäten, die eine Erregung steigern:

Alles, was Schnelligkeit, Körpereinsatz oder auch zu viel Impulskontrolle erfordert, ist sehr aufregend, auch wenn es Spaß macht. Beobachten Sie daher, ob Ihr Hund noch Spaß etwa am Ballspiel hat oder schon zum Balljunkie mutiert. Dann sollten Sie den Ball vielleicht lieber nur einmal werfen und ihn als alternative Beschäftigung verstecken, damit er ihn suchen muss. Eventuell wäre auch eine kleine Auszeit angebracht, wenn die Erwartungshaltung in Verbindung mit dem Ball den Hund zu sehr aufregt.

- Ballspiele
- Frisbee
- Wurfspiele
- Zerrspiele
- Agility
- Laufspiele
- Reizangel

Aktivitäten, die eine Erregung senken:

Alles, was Konzentration und ruhiges Arbeiten fordert, lastet einen Hund auf befriedigende Art und Weise aus und fördert Selbstbewusstsein und Vertrauen in seine vielfältigen Fähigkeiten. Achten Sie aber beim Training darauf, dass Sie ihn immer positiv bestärken und sich an seinen Möglichkeiten orientieren.

- Fährtensuche
- Sprinkeln (s. S. 226)
- Ruhige Suchspiele
- Bodenarbeit
- Kopfarbeit, Tricks lernen
- Degility
- Intelligenzspielzeug (nicht zu viel)
- Empowerment bei der Futtergabe

Beschäftigen Sie noch oder „enrichen“ Sie schon?

Der Begriff Behavioral Enrichment oder kurz Enrichment bedeutet so viel wie Verhaltensanreicherung und stammt ursprünglich aus der Zoologie. Dahinter verbirgt sich ein für Zootiere entwickeltes Konzept, um deren Umgebung interessanter zu gestalten, aufkommender Langeweile entgegenzuwirken und ihre Lebensqualität zu steigern. Denn gerade Tiere in Käfig- oder Gehegehaltung neigen dazu, stereotypes Verhalten oder andere abnormale Verhaltensauffälligkeiten an den Tag zu legen, weil sie in ihrem Lebensumfeld vollkommen unterfordert sind. Mithilfe des Konzepts werden ihnen neue Reize geboten und ihre kognitiven Fähigkeiten werden gefördert. Überall dort, wo Enrichment-Programme angewandt werden, ist eine Steigerung der Lebensqualität deutlich sichtbar. Enrichment ist also etwas, das Tieren offensichtlich Spaß macht und sie fordert, Grips und Geschick einzusetzen.

Mittlerweile hat Enrichment im Sinne von Bereicherung seinen Platz auch in der Welt der Hunde gefunden, denn nicht nur Zootiere oder wir Menschen benötigen immer wieder neue Impulse, um nicht zu verkümmern. Während allerdings Tiere in Gefangenschaft in der Regel zu wenigen Reizen ausgesetzt sind, leben unsere Hunde eher in einer Umgebung, in der sie mit zu vielen Reizen umgehen müssen. Ein Übermaß an Reizen führt zu Stress, vor allem dann, wenn Hunde nicht gelernt haben oder auch gar nicht in der Lage sind, sie zu verarbeiten. Die Folge eines chronisch erhöhten Erregungslevels sind nicht selten stressbedingte Verhaltensauffälligkeiten. Enrichment, als Anreicherung interpretiert, würde nun eigentlich bedeuten, einen bereits gestressten Hund weiteren Reizen auszusetzen, was ihn zwangsläufig noch gestresster werden lässt. Ist dieses Konzept denn dann für gestresste Hunde überhaupt sinnvoll?

Durchaus, denn Enrichment ist, gerade weil Hunde so vielen Reizen ausgesetzt sind, enorm wichtig. Es geht hier nicht darum, sie wahllos noch mehr, sondern ganz gezielt zu beschäftigen. Und zwar genau abgestimmt auf ihre Bedürfnisse und Vorlieben. Dazu ist es als Halter notwendig, die Bedürfnisse seines Hundes wahrzunehmen und zu wissen, was der eigene Hund wirklich mag. Je genauer der Hund analysiert wird, umso größer wird die Bereicherung sein, umso besser weiß sein Mensch, was der Hund wirklich als Bereicherung empfindet und nicht einfach nur als Beschäftigung. (Tipps, wie man seinen Hund analysieren kann, finden Sie in Kapitel 7.) Denn das Ziel muss sein, das Wohlbefinden des Hundes zu steigern. Deshalb sollte ein Halter auch hinterfragen, ob das, was sein Hund gerade macht, eine reine Beschäftigungsmaßnahme zum Zeitvertreib ist oder eine wirkliche Bereicherung für ihn darstellt. Es ist also wichtig, zwischen Beschäftigung und Enrichment zu differenzieren.

So muss nicht für jeden Hund ein Schnüffelteppich das Nonplusultra sein. Es kann auch nur ein gut gemeinter Zeitvertreib des Halters sein oder sogar ein weiterer Reiz, der den Hund in einen höheren Energielevel kommen lässt, statt ihn glücklich auszulasten. Vielleicht mag er die versteckten Leckerchen besonders gerne, aber das Schnüffeln mit seiner empfindlichen Nase in einem nach Chemie riechenden Berg von Polyesterstreifen empfindet er als vollkommen unangenehm. Und die Größe des Teppichs ist nach wenigen Malen auch keine richtige Herausforderung mehr. In diesen Fällen handelt es sich um eine Beschäftigung. Von Bereicherung kann keine Rede sein, denn für diesen Hund ist das Suchen nach Leckerchen kein Mehrgewinn und steigert durch den penetranten Geruch schon gar nicht sein Wohlbefinden.

Darf derselbe Hund die Leckerchen draußen im hohen Gras suchen, kann das schon ganz anders aussehen. Hier muss er sich richtig konzentrieren, die Nase arbeitet auf Hochtouren, der Fundort ist jedes Mal ein anderer und das Entdecken macht ihn glücklich. Jetzt fühlt er sich wohl, obwohl Sie als Halter denken mögen, ihn im gleichen Maße zu beschäftigen. Vielleicht mag Ihr Hund überhaupt nicht gerne nach Futter suchen, weil er dabei zu viel Energie aufwenden oder zu viel Durchhaltevermögen zeigen muss, seine Geduld übermäßig strapaziert wird und die Suche in ihm sogar Frust statt Freude hervorruft. Auch dann ist er nur beschäftigt, aber keinesfalls bereichert.

Bereichert könnte er sein, wenn er sich regelrecht auf den Schnüffelteppich stürzt und es kaum erwarten kann, die Leckerchen zu fressen. In diesem Fall könnte der Halter darüber nachdenken, ob er den Teppich nicht mit Leckerchen bestückt, die sein Hund ganz besonders gerne mag. Oder er legt verschiedene Teppiche mit jeweils verschiedenen Leckerchen nebeneinander und lässt den Hund selbst entscheiden, auf welchem Teppich er zuerst suchen möchte. Denn eigene Entscheidungen zu treffen, gehört ebenfalls zu einer Bereicherung. Diese Art der Selbstbestimmung müssen viele Hunde heutzutage aber leider erst wieder lernen. Eine Wahl zu haben kann daher wiederum auch zu einer Überforderung des Hundes führen und ihn schnell in Stress geraten lassen. Mit leicht erregbaren Hunden muss hier zunächst kleinschrittig und behutsam trainiert werden, um sie daran zu gewöhnen. Letztlich macht sich das Training aber bezahlt, denn Hunde, die ab und an frei entscheiden dürfen, sind nicht nur ausgeglichener, selbstbewusster und lösungsorientierter, sondern fühlen sich auch wertgeschätzt.

Der Hund hat die freie Auswahl, mit welchem Gegenstand er spielen möchte.

Von all den Spielsachen entscheidet er sich letztlich für einen bunten Ball.

Eine Bereicherung für den Hund muss aber nicht unbedingt nur kognitives und sensorisches Enrichment sein. Das Training selbst kann so aufgebaut werden, dass es für den Hund eine Bereicherung bietet. Auch soziale Kontakte wie Körperpflege, Spielen und Interagieren mit Artgenossen oder seinem Menschen können ein wohliges Empfinden hervorrufen. Kuscheln ist leider nicht immer eine Bereicherung für den Hund. Das ist es nur dann, wenn der Hund es von sich aus anbietet, also zu uns Menschen kommt. Ein Anfassen, Streicheln oder auf den Schoß gehoben zu werden empfinden viele Hunde als körperliche Einschränkung und fühlen sich dabei äußerst unwohl. Leider nehmen viele Halter darauf keinerlei Rücksichten, denn Kuscheln mit dem Hund muss doch auch er toll finden. Wenn allerdings sowohl Hund als auch Halter in Kuschellaune sind, ist das für beide ein unschätzbar großer Mehrwert.

Ist ein Spaziergang für Hunde wirklich Freizeit?

Ein Spaziergang soll dem Hund in erster Linie zur Auslastung dienen. Die Frage, die sich Halter aber stellen sollten, lautet: Ist das auch wirklich eine tolle Freizeit für den Hund? Laut Wikipedia ist Freizeit eine für Hobbys oder Erholung frei verfügbare Zeit. Bezieht man die Definition auf Hunde, wäre für sie Freizeit, wenn sie in dieser Zeit ihren Vorlieben und Bedürfnissen nachgehen können. In ganz vielen Fällen wird die Gassirunde daher eine eher weniger schöne Freizeitbeschäftigung für den Hund sein, schon alleine, weil er weder mitentscheiden kann, wann es rausgeht, wohin es dann geht, wie lange er unterwegs sein wird und, ja, ob er gerade überhaupt das Haus verlassen will. Und dann natürlich einer der wichtigsten Punkte: Wie viel Bewegungsfreiheit gestatten die Halter ihren Hunden in dieser Zeit? Viele, ich würde mich trauen zu sagen, die meisten Hunde müssen einen Großteil des Spaziergangs an der Leine gehen – wenn nicht sogar die gesamte Runde.

An der Leine wird zudem von ihnen verlangt, dass sie möglichst nahe bei ihrem Menschen laufen. Hierfür müssen sie sich im selben Tempo bewegen und dieses auch beibehalten, da ansonsten vom Halter ein – hoffentlich ungewollter – Ruck an der Leine passiert, der bei Halsbändern langfristig durchaus zu Schäden an der Halswirbelsäule führen kann. Unterschätzen Sie das nicht, ich behandele diese Hunde in meiner Praxis. Viele Hunde müssen zudem die wenige Zeit, in der sie ihr Zuhause verlassen dürfen, im Stadtverkehr verbringen. Der dort auf sie eindringende Lärm aus unterschiedlichsten Quellen kann sehr belastend sein. Auch Lichteffekte können Hunde stressen, gerade bei Regen, wenn sich die Scheinwerfer der vorbeifahrenden Autos auf der Straße widerspiegeln. Ein nicht zu unterschätzender Wert ist auch die Geruchsbelästigung in den Städten. Den Haltern ist es oft gar nicht bewusst, dass ihre Hunde um ein Vielfaches besser riechen als sie selbst und wie viel unangenehmer ihre Hunde Gerüche wahrnehmen. Zugleich bedeutet das auch, dass die Hunde eine enorme Menge an olfaktorischen Informationen bei einem Spaziergang bekommen, für die sie natürlich Zeit zum Abspeichern und Verarbeiten benötigen. Doch dafür lassen ihre Halter ihnen in der Regel gar nicht die Möglichkeiten.

Ein weiterer Punkt, der gerade im innerstädtischen Bereich eine große Rolle spielt, ist die ständige Unterschreitung der Individualdistanz (dazu später mehr). Jeder Hund braucht, wie wir Menschen auch, eine bestimmte Distanz zu anderen Lebewesen, das heißt einen für ihn individuell empfundenen, noch erträglichen Abstand, ehe ein Drohverhalten oder ein Ausweichen einsetzt. Wird diese Distanz permanent unterschritten, also kommt ihnen ständig jemand zu nahe, obwohl sie das nicht möchten, geraten Hunde in Stress. So gut gemeint es von Haltern auch sein mag, ihre Hunde überall hin mitzunehmen, sollte es doch wohl überlegt sein, ob es auch bei einem Stadtbummel, einem Volksfest oder einem Weihnachtsmarkt sein muss. Hierfür sollten Hunde schon eher einen Zen-ähnlichen Charakter an den Tag legen. Bei großen Hunden sind Halter meist selbst bedacht, möglichst einen kleinen Bogen um andere Menschen zu machen. Meist jedoch nicht, um ihre Hunde vor zu viel Nähe zu schützen, sondern die Fremden vor ihren Hunden. Bei kleinen Hunden sollten Halter viel Vorsicht walten lassen, damit sie nicht unter die Räder kommen.

Die Unterschreitung der Individualdistanz ist den Haltern in den meisten Fällen gar nicht bewusst, und auch nicht, wie schlimm das für ihre Hunde ist. Eine weitere Herausforderung gerade für gestresste Hunde ist die frontale Annäherung, wenn einem auf dem Gehweg Fußgänger oder Fahrradfahrer entgegenkommen. Viele Hunde empfinden es als Bedrohung, wenn jemand direkt von vorne auf sie zukommt. In Städten ist das der Regelfall. Dass ein Spaziergang dann nicht gerade entspannend verläuft und dem Hund eher weniger Freude bereiten wird, liegt auf der Hand.

Auf Bahnhöfen und in engen Zügen kommen Hunde unweigerlich in stressige Situationen.

Egal ob Sommer oder Winter: Da Fly und Billy gerne Leckerchen suchen, ist es zu jeder Jahreszeit leicht, einen Spaziergang zwischendrin mit kleinen Futterspielen aufzuwerten.

Viele Halter gehen gar nicht zusammen mit ihrem Hund spazieren, sondern bewegen sich neben ihm her. Sie sind mit ihren Gedanken woanders, schauen aufs Smartphone oder unterhalten sich ständig mit anderen Hundebesitzern. Die Gassizeit, die eigentlich die glücklichste Zeit am Tag für unsere Hunde sein sollte, wird einfach verschwendet. Dabei könnten genau diese Momente die schönsten des Tages sein – für Halter und Hund. Es braucht so wenig, um aus einem lustlosen Spaziergang ein besonderes Ereignis zu machen, das beiden Spaß macht. Voraussetzung ist auch hier wieder, dass Halter wissen, was ihre Hunde wirklich wollen – und was sie natürlich auch gefahrlos umsetzen können (Hasen jagen geht natürlich nicht). Es ist so leicht, einen Spaziergang zu einer enormen Bereicherung für den Hund zu machen, wenn man ihm den Freiraum gibt sich auszusuchen, wo er gerne schnüffeln, rennen oder buddeln möchte.

Die Gestaltung von Stadtspaziergängen

Wohnen Sie in der Stadt, können Sie den Spaziergang mit folgenden Tipps trotzdem bereichernd gestalten. Eine Voraussetzung hierfür ist, dass der Hund mit den Vorschlägen keinen Stress hat, sondern es ihm im Gegenteil Spaß macht und er gesundheitlich dazu in der Lage ist. Damit ein Spaziergang auch wirklich eine Zeit für seine Vorlieben ist und er so die Chance bekommt, zufrieden zu werden.

Gehen Sie mit dem Hund bewusst langsam und lassen Sie ihm alle Zeit der Welt, um zu schnüffeln und seine Umwelt in Ruhe wahrzunehmen. Dann ist er auch in der Lage, neue Informationen zu verarbeiten und wird damit gleichzeitig weniger Reizen ausgesetzt sein. Das ist zwar keine Methode, um Muskulatur aufzubauen, aber dafür werden seine Sinnesorgane und kognitiven Fähigkeiten intensiv gefordert. Wenn Ihr Hund zu Beginn des Spaziergangs immer sofort an der Leine zieht und nach vorne will, dann müssen Sie beide zusammen das Trödeln erst Schritt für Schritt erlernen.

In jeder Stadt gibt es auch irgendwelche „grünen Inseln" wie kleinere und größere Parkanlagen, auch Bäume säumen oftmals die Straßen. In die Baumrinden lassen sich wunderbar ein paar Leckerchen in unterschiedlicher Höhe verstecken, die der Hund dann suchen muss. Bei diesem Spiel wird zudem die Rückenmuskulatur gestreckt und die Muskulatur der Hinterläufe gestärkt. In Büschen, hinter Bänken und auf Steinen lassen sich außerdem Leckerchen und andere Dinge verstecken, die der Hund suchen darf.

In Baumrinden lassen sich wunderbar Leckerchen verstecken, die der Hund suchen muss.

Bei dieser Suche wird außerdem die Muskulatur von Rücken und Hinterläufen gestärkt.

Es gibt an vielen Ecken in der Stadt und in Parks Hydranten, Holzpfeiler, Laternen oder Papierkörbe. Hier können Sie Ihren Hund einmal in jede Richtung herumschicken. Durch das Umrunden in beide Richtungen wird die Rückenmuskulatur gedehnt. Mit etwas Glück finden Sie auch eine Baum- oder Holzpfeilerreihe, die sich eignet, Ihren Hund im Slalom durchzuführen. Auch das Steigen über herumliegende Äste oder Baumwurzeln ist eine gute Koordinationsübung. Lassen Sie ihn auch ruhig einmal auf einer niedrigen Mauer laufen. Und schauen Sie, dass Ihr Hund über möglichst viele Untergründe geht: Kopfsteinpflaster, Rindenmulch, Kieselsteinchen, Tannenzapfen, Wurzeln, Wiese… Neben der Selbstwahrnehmung profitieren bei diesen Übungen auch Gleichgewicht, Trittsicherheit und Konzentration.

Wenn Sie nun oftmals langsam mit Ihrem Hund unterwegs sind, dann bieten sich auch in der Stadt verschiedene Möglichkeiten an, seine Muskulatur gezielt zu trainieren. So können Sie mit ihm Treppensteigen (wenn es geht, bitte nur aufwärts!), ihn mit den Vorderbeinen auf ein Mäuerchen oder, falls er größer ist, auf eine Bank stellen lassen, damit Rücken und Hinterbeine gestreckt werden, oder ihm ein Leckerchen vor die Nase halten und die Hand nach oben führen, um seine Halsmuskulatur zu dehnen.

Freilauf dürfte sich in der Stadt meist als schwierig erweisen. Zum einen, weil oft Leinenpflicht besteht, und zum anderen, weil es nicht nur für Ihren Hund, sondern auch für andere Hunde und Menschen Gefahren bergen kann. Allerdings sollten Sie Ihrem Hund dann spätestens am Wochenende die Möglichkeit eines Freilaufs in der Natur gönnen. Ist Ihnen beiden ein Freilauf nicht möglich, sollte zumindest eine lange Schleppleine zum Einsatz kommen.

Ausgleich zwischen Ruhe und Aktivität

Wichtig ist es, auch wenn ich mich an dieser Stelle wiederhole, dass Hunde den überwiegenden Teil des Tages mit Schlafen, Ruhen und Dösen verbringen. Lediglich einen kleinen Teil des Tages sollten sie aktiv sein. Deswegen ist es die Aufgabe des Halters, für den Hund eine gelungene Balance zwischen Ruhe- und Aktivitätsphasen zu finden. Findet etwa am Montag ein aufregendes Agility-Training statt, wird am Dienstag für mehr Ruhe gesorgt, um einen ausgewogenen Rhythmus zu gewährleisten. Hilfreich für Hunde, die an sich schon zu Stress neigen, ist ein gleichbleibender Tagesablauf. Dieser muss nicht exakt auf die Minute gleich ablaufen, aber die Struktur sollte dem Hund ein Art Vorhersehbarkeit geben. Gerade, wenn Hunde sehr schnell erregt, unkonzentriert oder gar ängstlich sind, bringen Abweichungen von allem, was sie gewohnt sind, Unruhe und Aufregung.

Steht ein Hund täglich vor neuen Herausforderungen, braucht er Zeit, um alle Reize und Informationen verarbeiten zu können. Je mehr Halter mit ihren Hunden unternehmen, umso mehr müssen sie Zeit- und Ruhezonen schaffen, in denen sie sich ausruhen können. Das Verhältnis sollte immer in Balance sein. Das bedeutet aber keine Aufteilung zu gleichen Teilen! Balance heißt je nach Hund 17 bis 22 Stunden Schlafen und Dösen, der Rest ist individuell abgestimmte Aktivität. Ist das einmal nicht der Fall, weil der Hund etwa in den Urlaub mitfährt, tagsüber nicht zur Ruhe kommt und auch abends ins Restaurant mitgenommen wird, bedeutet das, dem Hund nach dem Urlaub eine Möglichkeit zu bieten, sich von den körperlichen und geistigen Anstrengungen zu erholen. Höchstwahrscheinlich ist dem Hund schon im Urlaub anzumerken, dass er gereizter und unkonzentrierter ist als im Alltag zuhause. Denn: Weniger Schlaf bedeutet immer mehr Stress.

Gerade bei Hunden mit einem sogenannten will to please, die also ihrem Menschen zuliebe über die eigenen Belastungsgrenzen gehen, ist es für Halter besonders wichtig, darauf zu achten, dass sie ihren Hund eine Auslastung mit Maß und Ziel bieten. Denn Hunde wie etwa Labrador Retriever, Golden Retriever, Malinois oder auch Australian Shepherd und Border Collies wurden bewusst so gezüchtet, dass sie allzeit einsatzbereit und willig sind. Das sind Rassen, die von sich aus eher nicht zeigen, wenn sie ihr Limit erreicht haben. Hier ist die Fürsorge des Halters gefragt, rechtzeitig einzuschreiten und für Pausen zu sorgen.

Rituale geben Halt und Sicherheit

Einen Blick auf die Definition von Ritualen laut Wikipedia zeigt bereits, warum sie gerade für gestresste Hunde so wichtig sind: „Rituale sind ein Phänomen der Interaktion mit der Umwelt und lassen sich als geregelte Kommunikationsabläufe beschreiben." Und weiter: „Sie sind in sozialen, partnerschaftlichen und familiären Beziehungen von großer Bedeutung und fördern und stabilisieren Bindungen, Gemeinsamkeiten, Harmonie, Kommunikation und Intimität." Rituale lassen sich daher im Umgang mit Hunden wunderbar einsetzen, denn sie sind, wie wir Menschen auch, Gewohnheitstiere. Mit Ritualen sind sie bestens vorbereitet auf das, was als nächstes kommt – was gerade bei gestressten, unsicheren und ängstlichen Hunden von unschätzbarem Wert ist.

Rituale bilden eine Art Sicherheitszone: Hunde wissen immer, was sie erwartet und was von ihnen erwartet wird. Das schafft Vertrauen – zum Halter und auch in die Umwelt. Rituale sollen helfen, Situationen besser zu meistern, weil über den nächsten Schritt gar nicht mehr nachgedacht werden muss. Sind sie gut etabliert, ersparen sie Hund und Halter, immer wieder neue Entscheidungen treffen zu müssen. Sie geben beiden einen sicheren Halt, weil die Situation bereits viele Male stattgefunden hat und immer in derselben Art und Weise gehandelt wurde, etwa das Abputzen der Pfoten, bevor es in die Wohnung geht. Ein Ritual anzukündigen, kann Hunden eine zusätzliche Sicherheit im Zusammenleben mit seinem Halter geben, gerade Tierschutzhunden, die die Nähe von Menschen nicht kennen oder sich sogar davor ängstigen. So kann etwa mit einer Ankündigung, dass das Fell nun gebürstet, die Zecke entfernt oder die Ohrentropfen eingegeben werden, die Situation für Hunde wesentlich erträglicher gestaltet werden.

Sehr aufgeregten, unsicheren oder ängstlichen Hunden können ritualisierte Spaziergänge eine gewisse Sicherheit geben. Zunächst wird immer dieselbe Strecke gegangen, früh und nachmittags. Losgegangen wird erst, wenn der Hund genügend Zeit hatte, sich genau

Beim Spaziergang mit einem von der Umwelt gestressten Hund sollte man folgendes beachten:

- das Wichtigste ist, eine Routine zu schaffen, denn das gibt Sicherheit, und Sicherheit reduziert Stress
- zunächst immer dieselben Wege gehen (hin und zurück, erst später Rundwege)
- zunächst auch nur kurz gehen und die Länge langsam steigern
- zunächst immer gleich lang gehen (30 Minuten, 45 Minuten)
- immer zu denselben Uhrzeiten aus dem Haus gehen (Rituale)
- immer genauso oft spazieren gehen (zweimal am Tag, dreimal am Tag
- dem Hund ein Aufbruchssignal geben („Gassi")
- auf ein entspanntes Weggehen achten (Rituale mit Geschirr und Leine und Rausgehen)
- reizarme Umgebung auswählen mit möglichst wenig Umwelteinflüssen
- langsam spazieren gehen, mit Zeit zum Schnüffeln und Orientieren
- gerne auch den Hund das Tempo bestimmen lassen
- öfter stehen bleiben, damit der Hund sich „sortieren" und die Umwelt wahrnehmen kann
- situationsbedingt eventuell bereits erlernte Entspannungsübungen durchführen
- weggehen, umkehren oder heimgehen, wenn der Hund sich überfordert fühlt
- eventuell ein ausbruchssicheres Geschirr anlegen
- Distanz halten, wenn er Unsicherheiten zeigt (bei anderen Hunden, Radfahrern)
- zwischen den Spaziergängen Ruhephasen einplanen
- zwischen den Spaziergängen Entspannungsübungen machen (so diese bereits erlernt sind)

umzusehen, denn für einen ausgeglichenen Spaziergang ist ein ruhiger Start wichtig. Das Tempo und die Länge bestimmt anfangs der Hund. Er sollte immer wieder auch Möglichkeiten haben, sich zu orientieren und viel zu schnüffeln. Später können an fest vorgegebenen Plätzen auf der Runde Entspannungs- oder Aktivitätsphasen stattfinden – je nach Typ des Hundes. Dadurch, dass der Hund genau weiß, wo es hingeht, wo genau die Orte sind, an denen etwas Schönes mit dem Halter passiert, und dass er danach auch immer wieder in sein Zuhause zurückkommt, fällt im Laufe der Zeit sein Stresspegel. Diese anfängliche Routine gibt ihm Sicherheit. Nach und nach wird die Gassirunde dann verändert: ein bisschen weiter, mal andersherum gehen, nur noch den Start oder das Ziel belassen. Bevor es wieder zurück nach Hause geht, sollte in jedem Fall wieder Ruhe einkehren, damit der Spaziergang auch als entspanntes Erlebnis empfunden werden kann und Mut macht für neue Wege.

Eine besondere Bedeutung haben Rituale in Situationen, die für Hunde befremdlich oder gar beängstigend wirken. Gerade für Hunde, die unsicher oder ängstlich sind, kann es äußerst hilfreich sein, in diesen Momenten auf einfache Routinen zurückgreifen zu können, die vorab etabliert worden sind. Manchmal jedoch müssen Halter gar kein Ritual etablieren, weil unsere Hunde scharfsinnige Beobachter sind. Es dauert nicht lange und sie wissen genau, wann es Zeit für die Nachmittagsrunde ist, wann sie ihre zweite Mahlzeit bekommen und wann es sich für sie lohnt, sich in die Küche zu begeben. So wissen sie auch, was es bedeutet, wenn Halter sich anziehen: Ist es die Designer-Jeans für die Arbeit oder die Hundehose mit den vielen Taschen? Je nachdem reagieren sie darauf. Es gibt zahlreiche Beispiele für Rituale, die den Alltag unserer Hunde strukturieren und die Halter ihren Hunden ganz unbewusst beigebracht haben.

Reagiert der Hund beim Anziehen der teuren Jeans im Anschluss mit sofortigem Stress, weil sein Halter direkt danach das Haus verlässt und er für Stunden alleinebleiben muss, sollten Gegenmaßnahmen getroffen werden. Viele stressbedingte Verhaltensauffälligkeiten lassen sich bereits durch ein Abändern von eingeschlichenen Ritualen beheben. Manchmal sind es auch einfach nur schlechte Angewohnheiten, die durch Rituale gefestigt wurden, wie etwa das Anspringen des Halters nach dessen Heimkehr. In Hinblick auf das Zusammenleben zwischen Hund und Halter lohnt es sich, einmal in Ruhe darüber nachzudenken, ob es Rituale gibt, die überflüssig geworden sind oder die dringend neu aufgebaut werden müssen. Rituale sollen Hunden dabei helfen, sich im Leben zurechtzufinden und sich sicher zu fühlen. Sie sollten aber auf keinen Fall immer und unter allen Umständen eingehalten und schon gar nicht eingefordert werden.

Grundlagen eines stressfreien Trainings

Das Training mit einem Hund, der schnell erregt ist, der ängstlich oder unsicher ist, stressbedingte Verhaltensauffälligkeiten an den Tag legt und sich schlecht konzentrieren kann, sollte sich in vielerlei Hinsicht von dem mit anderen Hunden unterscheiden. Es muss wesentlich einfühlsamer erfolgen, individuell genau auf den Hund abgestellt sein und die einzelnen Trainingsschritte müssen detaillierter formuliert werden. Die Trainingsziele müssen für den Hund erreichbar sein, der Umgangston hat dabei immer freundlich zu bleiben. Der Halter seinerseits sollte sich aufgehoben und verstanden fühlen. Natürlich sollte für alle Beteiligten der Spaß nicht zu kurz kommen. Und ganz wichtig: Das Training muss kleinschrittig, wenn nicht sogar kleinstschrittig aufgebaut sein. Nach Schema F vorzugehen, wie es die meisten Hundeschulen tun, ist daher nicht zielführend.

Ein Training, das keinerlei Stress hervorruft, nehmen Hunde dankbar an, ihre Halter dagegen nicht immer. Denn vielen kann es nicht schnell genug gehen, eine Lösung an die Hand zu bekommen, wenn sie ein Problem mit ihrem Hund haben. Am besten sollte der Hund nach ein paar Trainingsstunden keinerlei Verhaltensauffälligkeiten mehr zeigen und ganz „normal" sein. Dafür bräuchte es aber den vielmals herbeigesehnten Knopf am Hund, den man drückt und danach wäre die Welt zumindest für den Halter wieder rosarot. Einen solchen Knopf gibt es aber nicht. Wer einen aufgeregten, ängstlichen und unsicheren Hund an seiner Seite hat, dem gebe ich gerne ein afrikanisches Sprichwort an die Hand: Das Gras wächst nicht schneller, wenn man daran zieht. Ein Training dauert die Zeit, die es braucht. Natürlich lassen sich auch mit gestressten Hunden größere Ziele erreichen. Der Weg dorthin ist aber in sehr viel kleineren Schritten zu gehen – für den Hund als auch für den Menschen. Schließlich soll das Training dem Hund helfen, mehr Lebensqualität zu bekommen und sich in für ihn beängstigenden und befremdlichen Situationen handlungsfähig zu fühlen.

Ein Training mit gestressten Hunden ähnelt daher nur begrenzt dem von herkömmlichen Hundeschulen. Sind die Stresshunde dort Teil einer Gruppe, gehen sie oftmals gnadenlos unter, weil sie mit dem vorgegebenen Tempo, den Methoden und Übungen vollkommen überfordert werden. Dies stresst sie von neuem, mit dem Resultat, dass sie gar nicht mehr in der Lage sind, sich zu konzentrieren, etwas aufzunehmen und zu lernen, geschweige denn Fortschritte zu machen. Was wiederum auch den Halter stresst, der sich dann Fragen stellt wie: „Ist mein Hund etwa zu doof für den Kurs? Warum versteht er das nicht? Oder bin ich zu blöd, das zu kapieren? Bin ich am Ende unfähig, einen Hund zu führen?" Kommen in einer Hundeschule derartige Gefühle auf, kommt Ihr Hund keinen Schritt weiter, und lässt Sie das Training an sich selbst zweifeln, dann sind Sie buchstäblich an der falschen Adresse.

Bei Hunden, die aufgrund mangelnder Führung und Erziehung, ihres individuellen Charakters, ihrer Vergangenheit, ihrer Erlebnisse oder ihrer Lebensumstände ihr Verhalten entsprechend angepasst haben, braucht es ein individuell abgestimmtes Training. Hier muss der Hund genau analysiert werden, um erlernte oder ritualisierte Verhaltensweisen zu erkennen und zu verstehen. Denn diese ergeben für den jeweiligen Hund immer einen Sinn oder sicherten ihm bisher sogar sein Überleben. Mit einem klassischen Gehorsamkeitstraining stößt man bei unsicheren, ängstlichen und aufgeregten Hunden schnell an seine Grenzen. Daher müssen nach einer Verhaltensanamnese zielführende Trainingsansätze erarbeitet werden.

Ein gutes Training hilft aber nicht nur dem Hund, sondern auch dem Halter, weil auch er in vielen Situationen oftmals gar nicht mehr weiß, was er tun soll. Vielleicht schämt er sich auch oder nimmt das Verhalten seines Hundes gar persönlich. Gerade gestresste Hunde leiden unter der Hilflosigkeit ihrer Halter, die nicht selten verkennen, wie sich ihr Hund gerade fühlt. Das Ergebnis: Die Hunde, die nicht befolgen, was von ihnen verlangt wird, werden – bestenfalls nur mit Worten – abgestraft. Dabei sind sie vielleicht schlicht und ergreifend gar nicht in der Lage dazu, ein komplexes Kommando umzusetzen.

Ein gutes Training bedeutet sowohl für den Hund als auch für seinen Halter, dass sie neue oder andere Möglichkeiten an die Hand bekommen, damit sich stressbedingte Verhaltensauffälligkeiten verbessern oder gar abgestellt werden können. Der Fokus liegt dabei nicht auf den Dingen, die der Hund noch nicht richtig beherrscht oder vielleicht gar nicht beherrschen kann, sondern darauf, was er bereits alles gelernt hat oder von sich aus anbieten kann. Potenziale bei Mensch und Hund müssen hier klar herausgearbeitet werden und die gesetzten Ziele müssen auch erreichbar sein. Nur so können Halter wieder einen freundlichen Umgang mit ihrem Hund lernen, denn leider allzu häufig wird der eigene Hund angeschrien, wird an der Leine geruckt oder mit dem Finger in die Seite gepikst, wenn nicht sogar mit dem Fuß getreten. Oftmals überhaupt nicht aus Überzeugung der Methoden, sondern aus reiner Verzweiflung. Leider aber auch, weil man das so oder so ähnlich im Fernsehen gesehen hat oder Hundewiesenbekanntschaften es einem geraten haben. Das Ziel soll aber sein, eine Kooperationsbereitschaft zwischen Halter und Hund zu schaffen. Beide sollen Freude aneinander haben, gerne zusammen Dinge erarbeiten und voneinander lernen.

Ein gutes Training hat also nicht nur den Hund im Blick, sondern auch seinen Menschen. Daher muss es Teil des Trainings sein, gegenseitigen Respekt und Vertrauen zu fördern. Denn nur dann können nachhaltig positive Verhaltensänderungen beim Hund greifen. Erst wenn der Halter das Umfeld und die Situationen wahrnimmt, in denen sein Hund Stress empfindet, seine Bedürfnisse erkennt und sein Wesen annimmt, ist der Hund überhaupt in der Lage, seinem Menschen Vertrauen entgegenzubringen. Der Hund wiederum muss soziale Kompetenzen erlernen sowie verstehen und respektieren, was von ihm in einzelnen Situationen erwartet wird. Das alles ist weder Hunden noch ihren Haltern in einer klassischen Hundeschule möglich, wo immer am selben Ort zu immer derselben Zeit auf einem eingezäunten Platz zusammen mit mehreren Hunde-Mensch-Teams trainiert wird und wo immer dieselben allgemein gehaltenen Anweisungen mit zeitlich vorgegebenen Trainingszielen erteilt werden.

Wie kleinschrittig in einem Training vorgegangen wird, muss detailliert, individuell und sorgfältig entschieden werden. Es ist dabei wichtig, darauf zu achten, ob der Hund bereits etwas von sich aus anbietet. Das können minimale Signale sein, auf die das Training dann aufbauen kann. Für ein Training mit gestressten Hunden sind genaues Beobachten, ein ruhiger Umgang, kurze Einheiten, immer wieder eingebaute Entspannungspausen, realistische Trainingsziele, viel Zeit und noch viel mehr Geduld essenziell. Die Arbeit mit gestressten Hunden ist oftmals ein langer Weg und nicht gerade von schnellem Erfolg gekrönt. Doch letztlich ermöglichen Halter ihren Hunden damit ein glückliches und entspanntes Hundeleben.

Und auch die Halter selbst werden sich ändern. Nicht nur, weil sie ihren Hund im Ganzen besser verstehen lernen, sondern auch, weil es keinen Stress mehr im Training gibt. Denn Stress entsteht in der Hundeerziehung meist dann, wenn Halter falsche oder zu hohe Erwartungen an den Hund stellen, er diese aber gar nicht oder noch nicht erfüllen kann. In der Regel erfolgen dann Druck, eine gewisse Angespanntheit und auch ein Gefühl der Machtlosigkeit, da unsichere Hunde nun erst recht nichts mehr umsetzen können, was von ihnen gefordert wird. Ein regelrechter Teufelskreis entsteht. Geht der Halter dagegen entspannt und realistisch an die Erziehung des Hundes heran, begreift er, was sein Hund wirklich benötigt und warum er vieles gar noch nicht umsetzen kann, wird er auch nicht mehr das Gefühl haben, dass der Hund nicht macht, was er soll.

Richtige Lernatmosphäre schaffen

In meiner Ausbildung zur SVH-Trainerin (Trainerin für stressbedingte Verhaltensauffälligkeiten beim Hund) habe ich ein schönes Wort für meine Arbeit beibehalten, wenn es darum geht, wo das Training bei gestressten Hunden beginnen soll: im Lernstübchen. Das bedeutet, dass Training eben nicht draußen beginnt, nicht auf dem Hundeplatz, nicht im Wald oder in der Stadt, sondern direkt bei Ihnen zu Hause.

Prinzipiell lernt ein Hund immer, also nicht nur speziell im Hundetraining, sondern 24 Stunden am Tag, sieben Tage die Woche. Selbst im Schlaf werden Ereignisse verarbeitet, die der Hund tagsüber erlebt hat. Dabei verinnerlicht er leider nicht nur für ihn nützliche Dinge für ein unbeschwertes Hundeleben, sondern speichert auch beängstigende und schlimme Erlebnisse auf Spaziergängen, in Hundeschulen, im Umgang mit fremden Hunden oder Menschen ab. Was für einen, ich nenne es jetzt einmal wertfrei „normalen" Hund eher kein Problem ist, kann für unsichere und ängstliche Hunde eine furchtbare und nicht zu überwindende Situation sein. Soll der Hund nun aber trainiert werden, muss für ihn ein besonders stabiler Trainingsrahmen aufgebaut werden. Jeder Hund lernt am liebsten und am besten auf seine ganz individuelle Weise. Auch hierauf muss beim Training mit gestressten Hunden geachtet werden.

Für eine effektive Lernsituation bedarf es allerdings einiger Voraussetzungen. So sollte genau festgelegt werden, wo das Training stattfindet und auch wann. Das klingt banal, ist es aber nicht. Es ist entscheidend, dass der Hund überhaupt in der Lage ist, sich konzentrieren zu können, um zu lernen. Das ist direkt nach dem Füttern oder nach dem Spaziergang nicht der Fall. Es ist in der Regel auch nicht der Fall, wenn vor der Haustür gerade ein Laubbläser im Einsatz ist oder der Rasenmäher des Nachbarn läuft. Der Termin sollte ihn zudem nicht aus seiner sicheren Tagesstruktur oder seinen Schutz bietenden Ritualen reißen. Denn eine Erwartungssicherheit ist gerade für gestresste Hunde absolut notwendig. Von daher wäre es kontraproduktiv, wenn das Training direkt nach dem Zurückkommen des Halters startet, wenn genau dann immer der zweite Spaziergang des Tages ansteht. Ein unruhiger Hund, bei dem ich gerade konditionierte Entspannung trainiert habe und der das Training auch ganz wunderbar mitgemacht hat und sichtlich zur Ruhe gekommen ist, hat auf seiner Decke trotz geschlossener Augen und ruhiger Atmung wie aus dem Nichts heraus plötzlich eine Hechtrolle vollführt, ist aufgestanden und zur Tür marschiert. Es ist fünf Minuten vor fünf Uhr gewesen. Ritualisiert ist bei ihm Punkt 17 Uhr Futterzeit – und das hat er unter keinen Umständen verpassen wollen.

Es ist also zu Beginn nicht immer leicht, die beste Zeit festzulegen, in der der Hund aufnahmefähig ist und ihn auch keine Umweltreize stören. Bei arbeitenden Hundehaltern ist der Tagesablauf oftmals so eng getaktet, dass es besser ist, am Wochenende zu trainieren. Hier kann es dagegen wieder sein, dass der tägliche Rhythmus aufgeweicht ist, weil länger geschlafen wird, Kinder auch vormittags zu Hause sind, der Fernseher tagsüber läuft oder andere „Störfaktoren" den gewohnten und sicheren Ablauf verändern. Der Hund kann sich an diesen Tagen nie sicher sein, was als nächstes passiert. Das allein birgt schon Stressfaktoren, die wiederum ein optimales Training mit dem Hund verhindern können. Für eine entspannte Lernatmosphäre zu sorgen hat daher erste Priorität.

Was zudem eine entscheidende Rolle für ein gutes Training bei unsicheren und aufgeregten Hunden spielt, sind die Emotionen. Der Halter kann selbst gestresst aus dem Büro kommen, der Hund hat an diesem Tag ein für ihn furchtbares Erlebnis hinter sich – das alles kann dazu führen, dass ein Training entweder gar nicht oder lediglich suboptimal abgehalten werden kann. Selbstverständlich können auch Krankheiten oder Schmerzen dazu führen, dass der Hund unfähig ist, sich zu konzentrieren. Auf all das muss Rücksicht genommen werden. Ist das so, muss das Training eine andere Wende bekommen. Einem spezialisierten Trainer steht hierfür ein ausreichendes Repertoire zur Verfügung.

Was natürlich absolutes Zutrittsverbot im Lernstübchen hat, sind Strafe, Druck, Ungeduld und Geiz. Strafe verursacht immer Stress. Die beim Lernen verknüpften Emotionen werden im Gehirn abgespeichert. Sind sie negativ, werden sie ein zukünftiges Lernen negativ beeinflussen. Extremer Stress macht ein Lernen komplett unmöglich. Der Hund kommt nach einer Strafe stressbedingt hormonell in einen erhöhten Aktivitätslevel, was die Reizschwelle heruntersetzt und ihn nun noch schneller auf alle Reize reagieren lässt. Er wird dadurch noch gestresster und zeigt eventuell noch mehr Verhaltensauffälligkeiten. Zudem zerstört eine Erziehung mit Strafen jegliche Bindung zum Halter nachhaltig oder sie wird erst gar nicht aufgebaut. Das Verhältnis zum Hund ist von Stress, Angst und eventuell auch von Schmerz geprägt statt von Freude und Vertrauen. Im Laufe der Zeit wird sich das Bestrafen verselbstständigen. Viele Halter nehmen gar nicht mehr wahr, wie oft sie an der Leine rucken, den Hund schroff anfahren, handgreiflich werden, ihn ins Sitz drücken und dergleichen. Fatalerweise werden Strafen auch immer nachdrücklicher angewandt, was bedeutet, dass beispielsweise ein Leinenruck immer rabiater und häufiger stattfindet.

Statt seinen Hund zu bestrafen, sollte der Halter sich lieber die Frage stellen, warum der Hund sich nicht so verhält, wie er es sich wünscht. Ist der eigene Hund überfordert, gestresst, reagiert er auf die eigene Unsicherheit oder hat er schlicht die eingeforderten Regeln oder Kommandos noch nicht verstanden? Vielfach trägt der Halter selbst stark zum auffälligen Verhalten und zum Stress des Hundes bei: durch unklare Kommunikation, eigene Unruhe, Ungeduld oder eigenen Stress. Dazu aber später mehr. Zu viele Erwartungen und zu viel Training erzeugen Druck und Ungeduld. Das ist für eine gute Lernatmosphäre vollkommen hinderlich und führt sowohl bei Hund als auch bei Halter zu Frust. Nicht selten reagieren Halter dann unfair, was eben der bereits aufgebauten Beziehung und gar dem Vertrauen, das der Hund ihm entgegenbringt, vehement schaden kann. Zudem konzentriert sich der Halter dann mit all seiner Energie auf die Dinge, die eben noch nicht gut funktionieren, was wiederum zu Unzufriedenheit führt. Um eine gute Atmosphäre zu schaffen, sollte der Halter auch nicht mit Belohnungen geizen. Belohnungen motivieren den Hund zum Mitarbeiten, was das Training zu einem gemeinsamen freudigen Ereignis werden lässt.

Strafen haben im Hundetraining nichts verloren

Mit Strafen schaffen Sie möglicherweise Probleme, anstatt sie zu lösen. Denn Strafe hat eine ganze Reihe von Nachteilen:

- Strafe erklärt dem Hund nicht, was von ihm gewünscht wird
- Strafe erzeugt Stress beim Hund
- Stress verursacht eine erhöhte Erregungslage und blockiert ein Lernen
- Strafe erzeugt Angst oder Unsicherheit beim Hund, was die Lernfähigkeit hemmt
- Stress, Angst und Unsicherheit werden durch Strafen verstärkt
- Strafe führt zu einer Hilflosigkeit und einer Handlungsunfähigkeit (Meideverhalten)
- Strafe stört das Vertrauen und die Beziehung des Hundes zum Halter als Strafenden
- Strafe schwächt oder zerstört sogar die Bindung zwischen Hund und Halter

Strafen schaffen Probleme und keine Lösungen!

Optimales Trainingssetting

Um ein effektives Training gestalten zu können, ist es wichtig, am Anfang genau festzulegen, wohin die Reise mit dem Hund gehen soll. Dafür ist es unabdingbar zu wissen, wo der Hund momentan steht und welche Potenziale er bereits in einzelnen Situationen besitzt. Kennt er schon einige Kommandos? Kann er die bereits gut umsetzen? Vielleicht lassen sich auch schon Verhaltensweisen nutzen, die der Hund von sich aus anbietet. Ganz wichtig ist es auch, vorab den Hund genau zu beobachten, um seine Stresssignale zu erkennen und zu deuten. Nur so lässt sich beim Training ganz individuell auf den Hund eingehen. Vielleicht lassen sich auch bereits bestimmte Situationen beschreiben, in denen der Hund stressbedingte Verhaltensauffälligkeiten zeigt. Und nicht zu vergessen sind die für ein Training geeigneten Belohnungen.

Das Training selbst beginnt im oben beschriebenen, reizarmen Lernstübchen und erfolgt bis zum Ziel in vielen Teilabschnitten, die zuvor definiert werden. Schon zu Beginn des

Trainings muss der erste Schritt klar vor Augen sein. Je mehr Zwischenschritte eingebaut werden können, umso besser ist es für den Hund. Je kleiner die einzelnen Schritte sind, umso sicherer können sie auch vom Hund gegangen werden. Für den Halter erscheinen derartige Trainingspläne meist zu langsam vorwärtszugehen und auch zu lange angesetzt zu sein. Sie sind viel zu ungeduldig mit ihren Hunden und lassen ihnen nicht die Zeit, die sie brauchen. Was jedoch übers Knie gebrochen wird, geht eben auch nicht selten kaputt, heißt: gerade Ungeduld ist bei einem Training mit einem gestressten Hund kontraproduktiv und führt in der Regel zu Misserfolgen und Frustration. Und gerade diesen Hunden müssen möglichst wenige Gelegenheiten gegeben werden, etwas falsch zu machen.

Kleinschrittiges Training

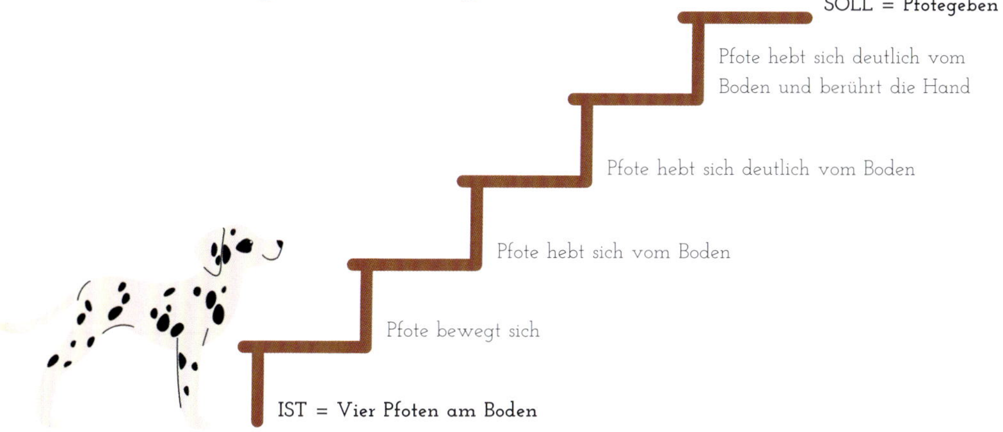

Mit einem kleinschrittigen Training lernen auch gestresste Hunde das Pfoteheben leicht.

Äußerst hilfreich ist es für den Hund, ein Anfangssignal und ein Schlusssignal einzusetzen, damit er genau weiß, dass jetzt gerade Training stattfindet. Hiermit kann dem Hund eine Erwartungssicherheit gegeben werden. Die Startposition sollte dabei auch zunächst am selben Ort stattfinden, also auf einer Decke oder in der Sitzposition vor seinem Halter. Nun folgen nach und nach die im Plan festgelegten Einheiten. Dazwischen werden immer wieder kurze Ruhepausen eingelegt. Nach dem Training erfolgt das Schlusssignal. Das sollte für den Hund eine längere Erholungsphase einläuten.

Die Anforderungen während des Trainings müssen schrittweise erhöht werden bis hin zu einer gründlichen Generalisierung. Der Hund sollte zu keiner Zeit über- oder auch unterfordert sein. Auch sollten vorab solch lapidare Dinge überlegt werden, wo der Halter sich während des Trainings befindet. Soll er eher sitzen, knien oder stehen? Auch die Bekleidung kann eine Rolle spielen. Beugt der Halter sich etwa zum Hund herunter, um ihm ein Leckerchen zu geben, und jedes Mal streift sein Schal dabei dessen Ohr, kann das für den Hund unangenehm sein. Ein weiterer wichtiger Faktor ist der Belag des Bodens. Er sollte in keinem Fall glatt sein, also weder Fliesen, Laminat noch blankes Parkett. Der Hund muss alle Übungen ausführen können, ohne dabei den Halt zu verlieren. Das ist nochmal wichtiger bei Hunden, die Probleme im Bewegungsapparat haben oder auch schon älter sind und sich nicht mehr sicher auf glattem Untergrund fühlen. Ansonsten schafft man während des Trainings ungewollt einen Stressor, den man im Vorfeld einfach beseitigen könnte.

Bei einem optimalen Training für gestresste Hunde ist es wichtig, dass Hund und Halter in der Lage sind, die gestellten Aufgaben auch wirklich zu erfüllen und Spaß dabei haben. Hunde lernen, indem sie beinahe gleichzeitig auftretende Ereignisse miteinander verknüpfen. Dabei verknüpfen sie sämtliche Sinneseindrücke in der Situation, also was sie hören, sehen, spüren, riechen, und auch, wie sie sich in diesem Moment gerade fühlen. Darum ist eine positive Lernatmosphäre so wichtig. Sicht- oder Hörsignale müssen dabei immer gleich bleiben und auch immer richtig eingesetzt werden. Nur so lassen sich im Laufe der Zeit Umgebungen und Eindrücke verändern. Der Hund weiß dann immer, was von ihm gerade gewünscht wird. Es braucht richtig viele Wiederholungen an verschiedenen Orten mit verschiedenen Ablenkungsgraden, bis Gelerntes wirklich perfekt sitzt. Daher müssen Hunde erst einmal die Chance erhalten, zu lernen, welche Verhaltensweisen von ihnen erwünscht sind und welche nicht. Allzu oft gehen Halter davon aus, dass ihre Hunde ja mittlerweile schon genau wüssten, dass ein Verhalten unerwünscht sei. Vielleicht hilft dieses Kapitel dabei, ihnen zu zeigen, dass unsere Hunde wesentlich mehr Verständnis verdienen. Sie geben ihr Bestes – und das sollten Sie auch tun.

Beim Training von ängstlichen, unsicheren und aufgeregten Hunden müssen folgende Punkte beachtet werden:

- Teilabschnitte festlegen
- keine Überforderung
- keine Unterforderung
- kurze Trainingssequenzen
- kleine Zwischenschritte
- genügend Pausen einplanen
- eine gute Struktur des Trainings ausarbeiten
- klare Regeln und Rituale aufbauen
- auf Erfolgserlebnisse achten, um weiterhin für Motivation und Spaß zu sorgen
- Entspannungsübungen einbauen
- Körperwahrnehmungsübungen einbauen
- Entschleunigungsübungen einbauen
- die Ziele realisierbar stecken
- Entspannungssignale etablieren
- ein geeignetes Belohnungssystem anwenden
- Übungen zur Selbstkontrolle einbauen
- Übungen zur Frustrationstoleranz einbauen

Aufmerksamkeit ist das A und O

Die klassische Definition von Aufmerksamkeit beschreibt diese als eine Art Scheinwerferlicht: Wichtige Aspekte werden vom Gehirn in einer Situation im Vordergrund beleuchtet, nicht wichtig erscheinende treten in den Hintergrund der Wahrnehmung und Fokussierung. Unter diesem Gesichtspunkt nimmt Aufmerksamkeit eine Filterfunktion für das Gehirn ein. Diese Filter entstehen aus der Aufmerksamkeit auf bestimmte Aspekte im Umfeld und sie bestimmen auch, wie einzelne Situationen erlebt werden. Aufmerksamkeit ist also ein Zustand, der wichtig ist für die Aufnahmefähigkeit, der Grundvoraussetzung zum Lernen.

Eine Aufmerksamkeitsfokussierung fällt Hunden besonders unter dem Einfluss von Stress schwer. Denn Stress kann die Aufmerksamkeit und das kurzzeitige Erinnerungsvermögen beeinträchtigen. Je häufiger Hunde gestresst sind, desto unkonzentrierter und vergesslicher sind sie und desto überforderter fühlen sie sich. Umgekehrt gilt, dass je entspannter Hunde sind, desto komplexer sind die Aufgaben, die sie bewältigen, und desto größer ist das Wissen, das sie sich aneignen können. Das lebenslange Lernen funktioniert besonders erfolgreich, wenn das Kurzzeitgedächtnis stressfrei eingesetzt werden kann, um Inhalte zu analysieren, zu organisieren und zu vernetzen. Je wichtiger der emotionale Inhalt einer Information ist, umso mehr Aufmerksamkeit wird dieser Information geschenkt.

Auch die Dauer der Aufmerksamkeit sollte in einem Training bei gestressten Hunden langsam gesteigert werden, indem kurze Übungssequenzen abgehalten werden. Um einen hohen Erregungslevel beim Hund zu verhindern, sollte das Training dann beendet werden, wenn es richtig gut läuft. Auch bei uns Menschen heißt es immer, man solle gehen, wenn es am schönsten ist. Mit dieser Taktik hält man die Vorfreude auf das nächste Training aufrecht.

Hunde lernen immer im Kontext, deshalb ist es wichtig, ein stabiles Umfeld für das Training zu schaffen. Gerade bei Hunden mit stressbedingten Verhaltensauffälligkeiten ist es von großer Bedeutung, genau zu arbeiten und immer mit denselben Signalen und Worten. Denn wird im Aufbau etwas verändert, führt das zu einem Aufmerksamkeitswechsel und die Übung wird nicht funktionieren. Der Hund versteht seinen Halter in diesem Moment nicht mehr und versucht nun mit den Mitteln, die ihm zur Verfügung stehen, dem Wunsch des Halters nachzukommen. Das kann eine vollkommen andere Handlung sein oder aber ein Einfrieren, also ein Nichtstun. Hier besteht kein Grund, sauer zu werden oder frustriert zu sein. Der Hund ist lediglich nicht in der Lage, zu verstehen, was der Mensch gerade will.

Hunde konzentrieren sich im Training auf zwei Dinge: ihre Halter und ihre Umwelt. Das ist draußen sehr anstrengend, weil es hier viele Reize gibt. Daher ist es wichtig, zunächst in reizarmer Umgebung zu trainieren. Es kann für gestresste Hunde anfangs auch dort schwierig sein, aber draußen wäre es unmöglich. Denn seinem Halter ständige Aufmerksamkeit zu schenken, während vermeintliche Gefahren hinter jedem Busch, an jeder Ecke und auch am Himmel lauern, ist für diese Hunde reiner Stress. Prinzipiell ist ein Training draußen für jeden Hund anstrengend. Daher sollte jedem Hund genug Zeit zugebilligt werden, seine Umwelt zu erkunden und den Dingen nachzugehen, die er gerade für wichtig hält – wenn er dabei keine Gefahr für andere Menschen und Tiere darstellt. Ablenkungen sind natürlich, und sie wird es immer geben. Letztlich hilft dem Hund aber eine sichere Bindung, seinem Halter aufmerksam zu folgen. Durch Druck oder Angst dagegen lässt sich Aufmerksamkeit nicht erzwingen.

Was ein gutes Training auszeichnet

Ein gutes Training soll niemals Selbstzweck sein, sondern die Lebensqualität der Hunde verbessern, indem sie sich in bestimmten Situationen handlungsfähig fühlen. Doch auch dem Halter, der sich überfordert fühlt und nicht genau oder gar nicht mehr weiß, was er tun soll, muss das Training helfen. Gutes Training zeigt die Möglichkeiten auf, die getan werden können, um stressbedingten Verhaltensauffälligkeiten entgegenzuwirken. Der Fokus liegt dabei nicht darauf, was beim Hund alles nicht klappt, sondern darauf, welche Potenziale vorliegen – beim Hund und auch beim Halter.

Die Ziele, die ein Halter sich vorstellt, etwa seinen souveränen Hund ins Restaurant mitnehmen zu können, scheinen mitunter zu Beginn des Trainings vermessen zu sein. In kleinen Schritten, mit den richtigen Übungen, dem richtigen Maß und der richtigen Umgebung lässt sich das aber vielleicht hinbekommen. Das hängt einfach von vielen Faktoren ab. Daher sollte das Ziel zu Beginn ein wenig realisierbarer ausfallen, um die Motivation aufrecht zu erhalten und Erfolge zu erzielen. Das wiederum wird sowohl beim Hund als auch beim Halter Verhaltensänderungen hervorrufen, was letztlich zu einer Kooperationsbereitschaft führen wird. Beide haben Lust daran, gemeinsame Dinge zu machen und zu erleben. Und womöglich sitzen beide demnächst entspannt zusammen in der Pizzeria.

Für Sie als Halter sollten Handlungsschwerpunkte gesetzt werden, die Sie zusammen mit Ihrem Hund wie die Stufen einer Treppe erklimmen, Schritt für Schritt. Das fällt umso leichter, je mehr Sie sich darauf konzentrieren, was Ihr Hund mittlerweile schon alles kann, und nicht pessimistisch auf die Verhaltensweisen schauen, die er immer noch zeigt. Alles, was vom Hund erwünscht wird, wird klar kommuniziert. Es erfolgen eindeutige Informationen für den Hund, denn auch das mindert Stress und sorgt somit für eine gute Zusammenarbeit. Wichtig ist es auch, Prioritäten im Training zu schaffen und den Mut zur Lücke zu haben: Lassen Sie ruhig einmal alle Fünf gerade sein. Das Leben ist zu kurz, um sich ständig zu ärgern – und ein Hundeleben allemal …

Je kleiner die einzelnen Schritte sind, umso sicherer können sie auch gegangen werden.

Das Training mit gestressten Hunden

Selbstverständlich kommen auch gestresste Hunde nicht um eine Erziehung und um ein Training herum, schon allein deswegen nicht, weil sie sich ansonsten in unserem Leben nie ganz zurechtfinden werden. Ein Training muss dabei unter den bereits genannten Vorgaben stattfinden, um überhaupt erfolgreich sein zu können. Die äußeren Umstände sind also schon mal geklärt, sodass es nun mit den praktischen Übungen weitergehen kann. Nachdem Sie bereits über eine Menge theoretisches Wissen verfügen und hoffentlich dadurch über ein tieferes Verständnis für den Hund an Ihrer Seite haben, versuche ich in den folgenden Abschnitten, Ihnen einige Werkzeuge an die Hand zu geben, mit denen Sie in der Lage sind, Ihrem Hund und sich selbst das Leben angenehmer zu machen.

Wenn Sie im Laufe der Zeit immer mehr Reize für Ihren Hund ins Training eingebaut haben, werden Sie beide irgendwann so weit sein, das Lernstübchen zu verlassen. Doch auch im wirklichen Leben gibt es Hürden, die Sie zusammen meistern müssen, allerdings nun mit einem hoffentlich gut gepackten Rucksack an Bewältigungsstrategien. Zunächst sollte bei Spaziergängen so weit wie möglich weiterhin alles vermieden werden, was Stress beim Hund verursachen könnte. Wenn es nicht anders möglich sein sollte, und nicht gerade Autofahren ein Stressor für den Hund ist, ist das Fahren in eine weniger stressauslösende Umgebung für die ersten bewussten Trainingsschritte in jedem Fall die richtige Maßnahme. Diese Schritte sind wiederum davon abhängig, was den Hund genau stresst und wo er nach dem Indoor-Training steht. Es muss draußen daher zunächst wieder ganz neu und in kleinen Zwischenschritten angefangen werden, um das angestrebte Ziel zu erreichen. Allerdings kann Ihr Hund nun auf bereits erlernte Strategien zurückgreifen, sodass nicht mehr bei Null begonnen werden muss.

Essenziell ist es, dem Hund von Anfang an Sicherheit zu geben. Es kann in der reizärmsten Umgebung trotzdem zu Begegnungen kommen, die der Hund als bedrohlich oder beängstigend empfinden kann. Sei es, dass selbst in dieser Gegend ein Mountainbiker den Waldweg entlangkommt oder ein Reh unverhofft den Weg kreuzt. Sind das Stressoren für den Hund, muss der Halter versuchen, diesen Begegnungen ruhig und kontrolliert entgegenzutreten. Das beginnt mit dem Abrufen des bereits Erlernten, solange der Stressfaktor noch weit genug entfernt ist, sodass der Hund noch entspannt bleiben kann. Grundlage hierfür ist es, wie schon erwähnt, die Körpersprache seines Hundes genau zu kennen, um auch zu merken, ab welcher Distanz er Stresssignale zeigt. So lässt sich dem Hund zeigen, dass der bis dahin Stress auslösende Faktor eben nicht bedrohlich ist, weil es für ihn ein Alternativverhalten gibt. Er lernt, dass er mit bereits bekannten Strategien versuchen kann, eine Konfliktsituation zu lösen. Deshalb ist ein Trainingsstart vorab in Ruhe und ohne Ablenkungen von entscheidender Bedeutung. Wie Sie bereits wissen, kann auch eine klare, eindeutige Kommunikation zwischen Hund und Halter Stress nochmal deutlich reduzieren. Und wenn der Hund am Ende für sein gezeigtes Verhalten honoriert wird, wird sich das Alternativverhalten für ihn doppelt lohnen. Was im Einzelnen eine tolle Belohnung für Ihren Hund sein kann, erfahren Sie in Kapitel 7. Alle Trainingsschritte müssen dazwischen immer wieder in entspannten Situationen gegangen werden, damit Ihrem Hund auf Dauer zuverlässig geholfen werden kann.

Auf das richtige Ende kommt es an

Ein Hund kann auch während des Trainings in Stress geraten. Gerade wenn die Übungen von innen nach außen verlagert werden, kann es passieren, dass er eine Bewältigungsstrategie zwar bereits erlernt hat, diese aber in einer für ihn fremden Situation nicht vollends umsetzen kann. Ist der Hund anfangs nur fähig, mit einem gewissen Grad an Stress umzugehen, wäre es absolut kontraproduktiv, ihn weiterhin in dieser Situation zu belassen und ihn damit regelrecht in eine Stressreaktion hineinzutreiben.

Ihr Hund wird in solchen Momenten nicht mehr in der Lage sein, sich zu konzentrieren und mental abschalten. Oftmals sind dann Übersprungshandlungen zu beobachten – ein Bellen etwa als Zeichen dafür, dass er vollkommen überfordert ist. Wird nun weiter trainiert, ist der Hund kaum in der Lage zu lernen. Der Weg in ein stressfreies Dasein wird enorm verlängert, wenn nicht gar versperrt. Denn in diesen Augenblicken stellt der Hund zwischen Stress und Training oder auch zwischen Stress und seinem Halter einen Zusammenhang her.

Es ist daher wichtig, den Hund stets aufmerksam zu beobachten, um zu erkennen, wann es ihm zu viel wird mit dem Training und die Aufmerksamkeitsspanne nachlässt. Training sollte Hunden Spaß machen und muss in jedem Fall beendet werden, bevor eine Stressreaktion eintritt – und wenn es irgendwie geht, mit einem positiven Erlebnis. Sie müssen Ihrem Hund dabei helfen, wirksame Bewältigungsstrategien in stressigen Situationen zu entwickeln. Ein wichtiger Punkt dabei ist es, ihn im Training nicht zu überfordern. Ansonsten kann es sein, dass er eigene Strategien gegen stressige Situationen entwickelt, obwohl Sie ihm doch gerade in diesen einen festen Halt geben wollen.

Gestresste Hunde brauchen individuelles Training

Natürlich kann ein Training bei stressbedingten Verhaltensauffälligkeiten nicht generalisiert werden, denn das Verhalten der einzelnen Hunde sowie auch die Ursache sind vollkommen unterschiedlich. Der eine Hund springt aggressiv in die Leine, wenn er einen anderen Artgenossen sieht, ein anderer erstarrt und hat die Rute eingeklemmt, wenn sich Menschen nähern, wieder ein anderer ist vollkommen nervös und hibbelig, kaut auf Steinen und ist kaum ansprechbar. Genau aus diesen Gründen muss jedes Training ganz individuell auf den einzelnen Hund und dessen Verhalten abgestimmt sein – und auch auf Sie als Halter. Nichtsdestotrotz gibt es durchaus Trainingsmethoden, die für alle gestressten Hunde für Entspannung sorgen können.

Die Vergangenheit lässt sich nicht mehr ändern, aber es lassen sich mit neuen Strategien neue Wege für eine gemeinsame und zufriedene Zukunft ebnen. Das Gute ist doch, zu wissen, dass Sie und Ihr Hund mit dem richtigen Training all den stressigen Situationen nicht mehr hilflos ausgeliefert sind. Das Ziel ist es dabei nicht, etwaigen Stressoren auf Dauer aus dem Wege zu gehen, sondern ein nötiges Repertoire aufzubauen, um für den Fall der Fälle gewappnet zu sein. In diesen Zeiten, in denen Stresssituationen und Stressauslöser unvermeidbar scheinen, können Sie versuchen, Ihrem Hund Erleichterung zu verschaffen.

Die Mittel hierzu mögen bisweilen unspektakulär oder gar lächerlich erscheinen, wie etwa bewusste Atemübungen mitten im Park. Dazu aber später mehr. Alles, was letztlich nützt, den Hund in seiner Stresssituation zu unterstützen, ist nicht nur erlaubt, sondern sogar erwünscht.

In meiner Zeit bei Animal Aid Unlimited in Indien, in der ich dort kranke Straßenhunde eigentlich nur physiotherapeutisch betreuen wollte, lag der Stress, den neu ankommende Hunde hatten, regelrecht in der Luft. In diese Hunde, die verletzt von der Straße aufgesammelt werden, plötzlich „hinter Gittern" sitzen, ihrer Freiheit beraubt sind, die nicht wissen, was mit ihnen geschehen ist und noch geschehen wird, und ob diese Situation jemals enden wird, die ihre Kumpel auf der Straße vermissen, die vor Schmerzen und / oder vor Trauer und „Heimweh" winseln, konnte ich mich absolut hineindenken.

Ich wollte, dass sie Vertrauen fassen, dass sie ruhig werden, dass sie lernen, mit dieser für sie beängstigenden Situation zurechtzukommen. Deswegen habe ich mich jedem Hund dort angenommen, bin erst vor der Türe gesessen (später auch in jede Zelle gegangen) und habe leise mit ihnen gesprochen, bis sie zu winseln, zu zittern oder zu bellen aufhörten, bis sie aus der hintersten Ecke zum Gitter vortraten und sich ganz nah zu mir an die Stäbe pressten. Dann habe ich, in Ermangelung einer beruhigenden Musik, die ich normalerweise bei Hunden einsetze, angefangen, ihnen vorzusingen. Immer dasselbe Lied: „La-Le-Lu, nur der Mann im Mond schaut zu". Ausnahmslos alle Hunde haben sich nach kürzester Zeit niedergelegt und die Augen geschlossen. Und Singen ist nun wirklich nicht gerade meine Stärke, also so viel dazu, sich eventuell lächerlich zu machen. Wenn es auch nur einem Hund nützt, bitte, dann mache ich mich eben lächerlich. Und Sie sollten auch nicht groß darüber nachdenken.

In solchen Zellen werden verletzte Straßenhunde in Indien notgedrungen zunächst untergebracht.

Was ich an dieser Stelle gerne noch einmal erwähne und was mir auch als Hundephysiotherapeutin sehr am Herzen liegt: Vor jedem Trainingsbeginn muss überlegt und dann notfalls abgeklärt werden, ob der Hund sich vielleicht aufgrund von Schmerzen oder Krankheiten so verhält, wie er es tut. Denn wie Sie bereits wissen, ist Schmerz ein großer Stressauslöser, und wenn das Verhalten dadurch beeinflusst wird, kann auch das beste Anti-Stress-Training nichts bewirken.

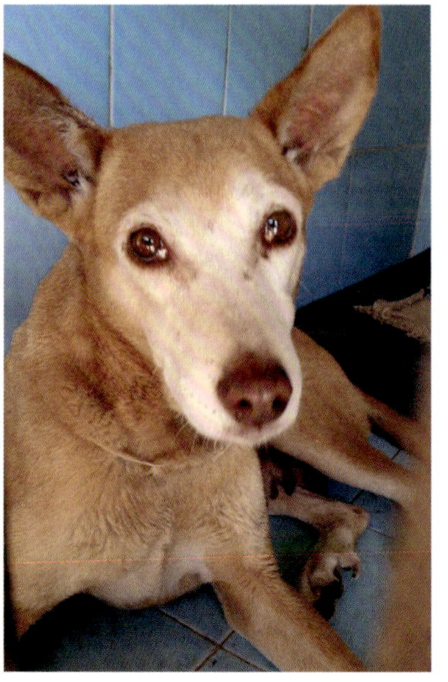

Diese alte Hündin litt ganz extrem unter Stress und hatte sich schon beinahe aufgegeben. Nachdem ich in ihre Zelle bin, ihr vorgesungen und sie massiert habe, ist sie aufgeblüht.

Einhalten der Individualdistanz

Als Individualdistanz bezeichnet man die Entfernung zu Individuen der gleichen Art, die noch ohne Ausweich- und Angriffsreaktion geduldet wird. Wie groß diese Distanz in Zentimetern ist, lässt sich bei Hunden nicht grundsätzlich sagen. Das hängt individuell von verschiedensten Faktoren ab, etwa von Erfahrungen, der konkreten Stresssituation oder auch von Hormonen. Oft genug ist es genau die Individualdistanz, besser gesagt: deren Unterschreitung, die immer wieder zu Problemen zwischen Hunden führt und auch zu Stress. Stress, der sich ganz leicht vermeiden ließe.

Es gibt verschiedene Einflussfaktoren, aufgrund derer ein Hund seine eigene Individualdistanz aufbaut. Einen starken Einfluss auf die Wohlfühldistanz des Hundes hat seine Sozialisierung: Wie er aufgewachsen ist und was er in der ersten Zeit erlebt hat, wie der Umgang mit der Mutterhündin oder mit seinen Wurfgeschwistern gewesen ist, ob er ohne Artgenossen hat aufwachsen müssen oder keine Nähe von Menschen hat erfahren dürfen. Je nachdem wird er später Nähe zulassen oder anfangs, vielleicht auch immer, Stress damit haben. Positive und negative Erfahrungen im Laufe des Hundelebens können ebenfalls zu einer großen Individualdistanz führen. Diese beziehen sich auf Artgenossen und Menschen gleichermaßen. Zu letzteren zählt auch der eigene Halter. Selbst dessen Anfassen und Streicheln kann Stress auslösen, wenn der Hund es nicht will. Deshalb sollten Sie immer auf die Signale achten, die Ihr Hund Ihnen zeigt.

Das Wesen des Hundes kann für dessen Individualdistanz von Bedeutung sein. Ein unsicherer und ängstlicher Hund fühlt sich wesentlich eher bedrängt, unwohl oder gestresst, wenn ihm etwa ein anderer Hund zu nahe kommt, während ein selbstbewusster und stabiler Hund auch einmal eine kleinere Individualdistanz dulden kann. Krankheiten, Schmerzen, Unwohlsein sind Faktoren, bei denen der Hund, unter Umständen nur temporär, Abstand benötigt. Ein Hund mit akutem Bandscheibenvorfall oder ein Senior, der nicht mehr ganz sicher auf den Beinen unterwegs ist, wird von sich aus anderen Hunden aus dem Weg gehen, wenn es ihm möglich ist. Dass er genügend Abstand halten kann, dafür sind Sie als Halter verantwortlich. Ihnen obliegt die Fürsorgepflicht für Ihren Hund. Egal, ob bei der Begegnung mit fremden Hunden oder Menschen, ob auf Hundewiesen oder in engen Fußgängerzonen, ob in der Hundeschule oder im Restaurant.

Ist eine Hündin läufig, kann es passieren, dass sie eine Weile Rüden verbeißt, die ihr zu nahe kommen, und kurz darauf gar nicht nah genug bei ihnen sein kann. Schuld daran tragen die Sexualhormone. Doch auch Stresshormone können den Mindestabstand bestimmen, denn auch sie regeln Individualdistanzen. Welpen wiederum lassen in der Regel eher wenig Distanz zu Hunden. Finden Menschen diese Distanzlosigkeit meist entzückend, stößt sie bei erwachsenen Hunden, irgendwann selbst bei der Mutterhündin, nicht immer auf Gegenliebe.

Um Stress bei seinem Hund zu vermeiden, sollten Sie als Halter daher nicht nur den Abstand kennen, den Ihr Hund zu fremden Menschen und Hunden braucht, sondern auch die Körpersprache Ihres Hundes. Denn in der Regel zeigen Hunde klar und deutlich an, wenn sie sich bedrängt oder unwohl fühlen. Dabei spielt es keine Rolle, ob Ihr Hund an der Leine ist oder frei läuft. Auch auf der Hundewiese kann Ihr Hund so bedrängt werden, dass er Ihre Hilfe benötigt. Und nicht alles, was nach Spiel aussieht, muss eines sein. Vielleicht befindet sich Ihr vermeintlich herumtollender Hund ja auf der Flucht, um sich genügend Distanz zu den anderen Hunden zu verschaffen, und es handelt sich um gar kein „Jagdspiel"? Hier müssen Sie eingreifen und ihn aus dieser Stresssituation befreien. Generell aber fühlen sich Hunde, die eine große Individualdistanz benötigen, im Freilauf wohler, weil sie eben selbst für genügend Abstand sorgen können.

Wird ein Training daher von innen nach außen verlegt, sollten Sie unbedingt die Individualdistanz Ihres Hundes kennen, um ihn nicht unnötig zu stressen. Individualabstände lassen sich im Laufe der Zeit auch verringern, allerdings bedarf auch dies eines kleinschrittigen Vorgehens.

Mit kleinschrittigem Training lässt sich die Individualdistanz, ab der der Hund oben rechts beim Anblick des Hundes in der Mitte keinen Stress mehr empfindet, nach und nach verringern.

Ein gestresster Hund wird anfangs immer Probleme mit dem Unterschreiten seiner Individualdistanz haben. Es kann aber auch durchaus Situationen geben, in denen er noch mehr Individualdistanz als normalerweise benötigt. Dafür gibt es viele Gründe:

- ein Erlebnis kurz vorher, das ihm Stress bereitet hat
- negative Erfahrungen in bereits ähnlich erlebten Situationen
- Schmerzen, Krankheiten, Müdigkeit
- Stress durch Sexualhormone (läufige Hündin)
- ein enger Weg ohne Ausweichmöglichkeit
- an zu kurzer Leine oder zu fest an der Leine (keine Ausweichmöglichkeit)
- Hunde, die ihm ohne Ausweichmöglichkeit zu nahe kommen und bleiben (oftmals bei Gesprächen zwischen Hundehaltern, während die angeleinten Hunde direkt daneben im Sitz warten müssen)

Erstmal schauen dürfen

Sie kennen das vielleicht selbst: Sie treffen sich mit einem Freund im Foyer eines Kinos. Als Sie ankommen, ist die ganze Vorhalle bereits mit Menschen gefüllt. Es ist laut, es riecht nach Popcorn, vielleicht läuft auch noch irgendwo Musik oder der Trailer für einen neuen Film. Das Licht ist gedämmt, manche Plakate oder auch die Bar sind bunt beleuchtet. Sie werden zunächst im Eingang stehen bleiben und sich umschauen, ob Sie Ihren Freund irgendwo entdecken. Ist das nicht der Fall, werden Sie langsam die Halle ablaufen. Waren Sie zuvor noch nie in diesem Kino, werden Sie versuchen, sich zu orientieren: Hier ist die Kasse, Ihr Film läuft in Saal 1, da geht es dort entlang, links hinten sind die Toiletten und vorne rechts gibt es auch eine Wartemöglichkeit mit Stühlen. Ihr Freund ist zwar immer noch nicht erschienen, aber Sie fühlen sich in der Umgebung nun allmählich sicherer, dadurch wohler, und können nun in Ruhe abwarten, bis er eintrifft.

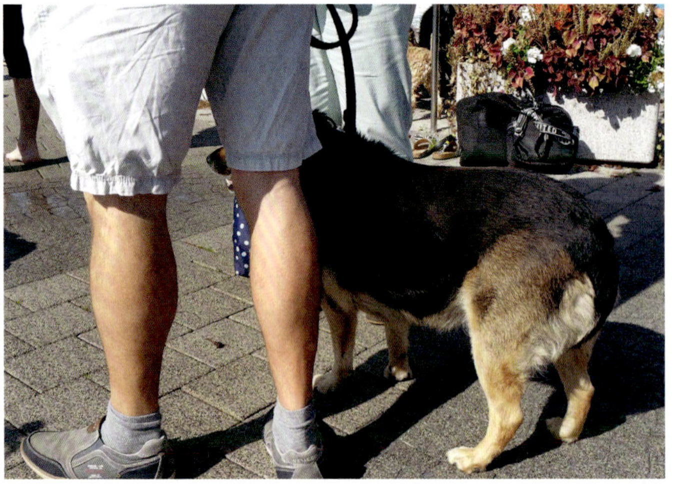

Diesem ängstlichen Hund wird die Möglichkeit gegeben, sich erst in Ruhe umzuschauen.

Was Menschen für sich wie selbstverständlich in Anspruch nehmen, nämlich sich erst einmal zu orientieren und die Lage einzuschätzen, kurz: sich zu akklimatisieren, gestehen die wenigsten Haltern Ihren Hunden zu. Dabei ist das gerade für unsichere und ängstliche Hunde so wichtig. Umso mehr in einer neuen Umgebung oder in einer Hundeschule: Erst mal schauen dürfen, um zu wissen, wo man hier eigentlich ist und ob es hier gefährlich werden könnte. Erst mal abschätzen, was das für Hunde sind oder welche Skulpturen dort hinten stehen. Erst mal riechen, wer so alles schon hier war und ob einem etwas bekannt vorkommt.

Ein Akklimatisation ist auch für unsere Hunde wichtig. Sie als Halter wissen ja genau, wohin Sie nun gleich mit Ihrem Hund gehen: Sie treffen sich mit Freunden, besuchen eine neue Hundeschule oder wollen eine neue Umgebung erkunden. Ihr Hund weiß das alles nicht, steigt aus dem Auto aus und wird mit alldem sofort konfrontiert. Hier ist es nicht nur wichtig, sondern auch nur fair, dem Hund die Möglichkeit zu geben, die neue Situation erst einmal mit all seinen Sinnen aufzunehmen.

Fehlerfreies Lernen

Lange ist man der Ansicht gewesen, ein Hund lerne am effektivsten und schnellsten durch die Methode „Versuch und Irrtum". Heutzutage weiß man jedoch, dass es bei dieser Art des Lernens sehr viele Versuche braucht, bis der Hund das gewünschte Verhalten zeigt. Die zahlreichen Misserfolge, die der Hund dabei durchlebt, verursachen nicht nur Frustration, sondern können auch zu aggressivem Verhalten oder zur Kapitulation führen. Wird dagegen die Methode des fehlerfreien Lernens angewandt, ist es dem Hund gar nicht möglich, die gestellte Aufgabe nicht zu lösen. Denn im Training wird eine Aufgabe so gestellt, dass sie nie falsch, sondern immer nur richtig gelöst werden kann – natürlich immer individuell auf den einzelnen Hund abgestellt.

„Versuch und Irrtum" bedeutet, dass der Hund etwas Neues so lange ausprobiert, bis er weiß, was von ihm gewünscht ist oder wie es geht. Es liegt in der Natur der Methode, dass er dann auch Dinge versuchen wird, die ihn nicht zum Ziel führen. Sie hat in der Hundeerziehung sicherlich ihre Berechtigung, um Hunde auch mental zu fördern. Wenn der Hund etwas unbedingt erreichen möchte, er aber noch nicht weiß, wie er dorthin gelangt, ist die Motivation selbstverständlich hoch und er wird so lange weitermachen, bis er eine Lösung gefunden hat. Hier steht an erster Stelle die Motivation, etwas unbedingt erreichen zu wollen, was bei gestressten Hunden regelmäßig nicht der Fall ist. Denn weiß der Hund gar nicht, um was es eigentlich geht, beziehungsweise was von ihm gerade verlangt wird, ist die Suche nach der Lösung oder der Weg dorthin erst einmal nicht wichtig für ihn, das Training jedoch anfangs sicherlich frustrierend und irgendwann auch enttäuschend.

Ein Beispiel für „Versuch und Irrtum" wäre, dass der Hund lernen soll, draußen Kontakt mit dem Halter aufzunehmen. Bei jedem Blick zu seinem Halter bekommt er ein Leckerchen. Sobald er wieder wegschaut, um anderen Dingen nachzugehen, wie Schnüffeln am Boden, bleibt der Halter stehen, hält die Leine fest und wartet, bis er wieder angeschaut wird. Dann bekommt er wieder ein Leckerchen, und so geht es weiter. Später lässt sich hier noch ein Markersignal einbauen, wie etwa ein „Schau". Bei dieser Art des Trainings hat der Hund viele Möglichkeiten, etwas zu machen, aber für den Halter nur eine einzig richtige, nämlich das Anschauen. Für alle anderen Handlungen wie das Schnüffeln am Boden wird der Hund nicht belohnt. Letztlich hat der Hund wesentlich mehr Aktivitäten gezeigt, die nicht belohnt wurden, als solche mit einer Belohnung. Diese Art des Trainings dauert nicht nur lange, sondern kostet Hund und Halter viel Energie und kann auch zu Enttäuschungen und Frustration auf beiden Seiten führen. Während des Trainings hat der Hund viele Verhaltensweisen gezeigt, die vom Halter weder gewünscht noch nötig waren. Es kann auch sein, dass der Hund für sich entdeckt, dass ein Schnüffeln ihm wesentlich mehr Freude bereitet als ein Leckerchen, für das er den Halter zuvor ansehen muss.

Die Kontaktaufnahme mit seinem Halter kann der Hund jedoch auch viel effektiver und damit schneller lernen, und zwar durch die Methode des fehlerfreien Lernens. Fehlerfreies Lernen beim Hund heißt, die Trainingssituation für ihn so ideal wie möglich zu gestalten und das Training so kleinschrittig wie nötig anzulegen. Das bedeutet, dass jede Ausführung einer Handlung gleichzeitig auch eine Übung ist. So lässt sich ein bereits angebotenes Verhalten einfach nutzen und im Laufe der Zeit mit einem Markersignal verknüpfen. Natürlich lässt sich ein bestimmtes Verhalten auch mit einer sinnvollen Trainingsgestaltung herbeiführen und dann einfangen. Die Übungen müssen dabei Schritt für Schritt gemacht werden und es darf während des Trainings keine Manipulation stattfinden, also kein Schieben, Drücken oder Ziehen des Hundes.

In dem oben genannten Beispiel, in dem der Halter gerne möchte, dass sein Hund während des Spaziergangs Kontakt mit ihm aufnimmt, wird das Training so gestaltet, dass der Hund quasi von alleine auf die richtige Lösung kommt. Das bedeutet, jedes Mal, wenn der Hund seinen Halter ansieht, wird er mit einem Leckerchen belohnt. Ansonsten bleibt der Halter nicht stehen und hält auch nicht die Leine auf Anschlag. Der Hund kommt von alleine auf die Lösung: Anschauen = Belohnung. Erkennt er dahinter ein System, wird er das Verhalten von sich aus immer häufiger zeigen, wird dadurch natürlich auch häufiger belohnt, wird die Übung schneller begreifen und auch viel mehr Freude am Training haben. Auch hier kann im Laufe der Zeit ein Markersignal eingebaut werden. Natürlich wird der Hund auch hier zunächst ausprobieren müssen, was eigentlich von ihm gewünscht ist. Aber er wird dabei viel weniger Fehlversuche haben.

Beeindruckend ist die Anzahl an Wiederholungen, die ein Hund beim fehlerfreien Lernen im Gegensatz zur Methode „Versuch und Irrtum" benötigt. Braucht der Hund beim fehlerfreien Lernen etwa 25 Durchgänge, bis die Übung sitzt, sind es beim Lernen durch „Versuch und Irrtum" etwa 3.000. Hunde lernen durch ein fehlerfreies Lernen also wesentlich effektiver, was von ihnen gewünscht wird. Es sorgt für weniger Fehlversuche, das Lernziel wird schneller erreicht und ein falsches Verhalten wird erst gar nicht trainiert. Dadurch werden in einem Training Frust und Verunsicherung reduziert. Und das ist ja ganz entscheidend für gestresste Hunde. Sie werden es ihren Haltern danken und auch künftig freudig etwas Neues ausprobieren.

Das Premack-Prinzip

Das Premack-Prinzip ist ein Konditionierungs- und Verstärkungsprinzip und wurde nach seinem Begründer David Premack benannt, einem US-amerikanischen Psychologen und Verhaltensforscher. Es besagt, dass das, was der Hund tun möchte (ein Verhalten mit hoher Wahrscheinlichkeit), dazu verwendet werden kann, das zu verstärken, was der Hund tun soll (ein Verhalten mit niedriger Wahrscheinlichkeit). Mit anderen Worten: Sie können den Hund belohnen, indem Sie ihm die Möglichkeit geben, das zu tun, was er will, nachdem er etwas getan hat, was Sie wollen.

Im Grunde genommen bedeutet die Premacksche Belohnung, dass man den Hund mit allem belohnen kann, was er lieber macht als das, was er gerade tut. Das ist eine wunderbar einfache Möglichkeit, ein Training abwechslungsreicher zu gestalten. Da Motivation durch ein In-Aussicht-Stellen oder durch die Erwartung einer Belohnung entsteht, wird der Hund auf diesem Weg dazu gebracht, vermehrt das gewünschte Verhalten zu zeigen. Aber das Verhalten sollte dabei wirklich passend und lohnend sein.

Was dieses Prinzip interessant für gestresste Hunde macht, ist, dass es Konfliktpotenzial aus dem Training nimmt. Will ein Hund beispielsweise unbedingt an einem Grashalm schnüffeln, der Halter möchte aber, dass sein Hund Blickkontakt aufnimmt, stehen sich zwei unterschiedliche Interessen gegenüber. Der Hund will schnüffeln, der Halter, dass er ihn ansieht. Setzt sich der Halter hier durch, wird das Gras für den Hund allerdings nicht weniger interessant. Wenn der Hund unbedingt am Gras schnüffeln möchte und der Halter ihn bittet, etwas anderes zu tun, in diesem Fall Blickkontakt aufzunehmen, und ihn danach schnüffeln lässt, belohnt der Halter den Hund für seine Aufmerksamkeit und hat den Konflikt aus der Situation genommen, indem er ihn tun lässt, was er ursprünglich gewollt hat. Würde man dieses Prinzip in die Kinder-Erwachsenen-Welt übertragen, würde das bedeuten: Erst hilfst Du mir noch beim Tisch abräumen, danach darfst Du dann gerne fernsehen. Aber vorher eben nicht.

Ein Halter, der seinen Hund nicht schnüffeln lässt, fühlt sich oft in einem ständigen Kampf gefangen, bei dem es darum geht, die Aufmerksamkeit des Hundes zu gewinnen oder ihn an die Umgebung zu verlieren. Wendet er das Premack-Prinzip an und lässt den Hund das tun, was er von vornherein tun wollte, wird er quasi der Türöffner für die Wünsche seines Hundes. Der Hund lernt, dass die Aufmerksamkeit für seinen Halter nicht im Widerspruch zu anderen Aktivitäten steht. Denn die Aufmerksamkeit für seinen Halter ist der Weg, auf dem der Hund Zugang zu den anderen Aktivitäten erhält. Auf diese Weise wird der Hund darauf trainiert, seinem Halter auch in turbulenten Situationen Aufmerksamkeit zu schenken.

Ein Halter kann bei Hunden dadurch erreichen, was er möchte, ohne mit seinem Hund einen Konflikt austragen zu müssen. Doch auch hier gilt wieder, in kleinen Schritten zu trainieren. Das Schöne daran: Sie arbeiten immer mit Ihrem Hund, und niemals gegen ihn. Aber natürlich muss das, was Ihr Hund möchte, auch ein Verhalten sein, das weder für ihn noch für andere Lebewesen gefährlich werden kann. Hasen zu hetzen etwa sollte genauso wenig auf der Liste stehen wie Tümpelwasser zu trinken.

Mehr Gelassenheit durch Kooperation

Es ist viel schöner, mit jemandem zusammenzuarbeiten als gegen ihn. Ich denke, das sieht jeder so. Alleine die Energie und Kraft, die benötigt wird, seine Meinung und Wünsche umzusetzen, fehlen dem eigentlichen Projekt. Arbeitet man hingegen als Team, lassen sich viel mehr Probleme und Hindernisse aus der Welt schaffen und man fühlt sich zusammen stark und wohl. Wieso nutzen dann eigentlich so wenig Halter diese Möglichkeit für ihre Hunde? In meinen Anfangszeiten als Hundephysiotherapeutin habe ich oft erlebt, wie Halter zunächst versucht haben, ihren Hund für die Behandlungen in ein „Platz“ oder in die Seitenlage zu bekommen. Hat das nicht auf Anhieb funktioniert, ist mit schroffem Ton und mitunter Zug am Halsband versucht worden, dem Befehl Nachdruck zu verleihen. Je gewalttätiger manipuliert und je lauter geschrien worden ist, umso mehr hat sich der Hund gewehrt, umso unsicherer und verängstigter ist er geworden. Und auch die Halter sind in Stress verfallen, weil ihre Hunde einfach nicht verstanden haben, was von ihnen erwartet wird. So etwas lasse ich schon sehr, sehr lange gar nicht mehr zu. Sobald ich merke, dass der Hund nicht mit seinem Halter kooperieren will, finde ich alternative Lösungen und Wege, um ihn behandeln zu können.

Was in meinen Behandlungen ein No-Go ist, sieht bei Hundefriseuren und natürlich bei medizinischen Untersuchungen oftmals anders aus. Gerade Tierarztbesuche sind meist purer Stress für Hunde. Die vielen Menschen, die anderen Tiere, der enge Warteraum, die Gerüche, der Lärm – all dies schafft nicht gerade eine Wohlfühlsituation für gestresste Hunde. In diesem Ausnahmezustand muss es im Behandlungszimmer meist noch hopplahopp gehen, und ehe sich der Hund versieht, steht er schon auf dem Tisch und wird, notfalls mit einem wenig einfühlsamen und oft auch gewaltvollem Hauruck auf die Seite des harten Tisches gezwungen. Vor allem kleine Hunde haben schlechte Karten: Sie werden einfach umgeworfen und dann zu Boden gedrückt. Bei größeren endet das oft in einem wahren Gewaltakt, bei dem die Hunde aber immer die Verlierer sind.

Der verständlicherweise nun panische Hund wird sodann noch von mehreren Händen fixiert, damit er liegen bleibt. Ein verzweifeltes Ausweichen oder ein Knurren wird bestenfalls mit unqualifizierten Erziehungstipps gegenüber dem Halter kommentiert, schlimmstenfalls mit Korrekturen, nicht selten auch tätlicher Natur. Natürlich fühlen sich auch die Halter in diesem Moment unwohl. Zum einen, weil es ihnen leidtut, ihren Hund in dieser wehrlosen Situation erleben zu müssen, zum anderen, weil sie sich schlecht fühlen, ihrem Hund das nötige Vertrauen nicht geben zu können, das er gerade jetzt bräuchte. Vielleicht sind sie aber auch nur sauer, weil der Hund sich hier von seiner schlechtesten Seite zeigt. Sich dabei noch unqualifizierte Trainingstipps von so manchem Tierarzt anhören zu müssen, ist zudem nicht förderlich, sich besser zu fühlen.

Leiden also die einen empathisch mit ihren Hunden mit, sind die anderen der Meinung: „Da muss er durch!“ Aber muss er das denn wirklich? Mit Hunden und ihren Gefühlen wird viel zu oft viel zu leichtfertig umgegangen. Anscheinend nehmen Halter es gar nicht ernst oder zumindest nicht wahr, dass ihre Hunde wirkliche Probleme damit haben, untersucht, angefasst oder behandelt zu werden. Reagieren die Hunde in diesen Situationen für den Halter vollkommen unverständlich, werden sie verbal gemaßregelt, notfalls von mehreren festhalten und bekommen vielleicht sogar das erste Mal in ihrem Leben einen Maulkorb übergestülpt. Die Antwort auf die Frage, ob ein Hund da durch muss, lautet eindeutig: Nein, das muss er nicht. Zumindest müsste er das nicht. Denn gerade für derartige Situationen gibt es Möglichkeiten, Hunden ihre Angst zu nehmen oder aber wenigstens zu mindern: Kooperationssignale.

Kooperationssignale sind schon seit längerer Zeit in Zoos weit verbreitet. Hier lassen sich große oder potenziell gefährliche Tiere ohne körperliche Fixierung oder ohne Sedierung und Narkose nicht sicher festhalten und behandeln. Mithilfe von Kooperationssignalen kann jedoch beispielsweise Nilpferden beigebracht werden, ihr Maul für Zahnbehandlungen offen zu halten, Löwen, ihren Schwanz für eine Blutabnahme anzubieten, und Gorillas, für Herzultraschalluntersuchungen stillzusitzen. Bei Zootieren geht man also international bereits andere Wege, sie zu pflegen, zu untersuchen und zu behandeln. Bei unseren Hunden scheint es aber einfach und naheliegend zu sein, sie festzuhalten, zu fixieren und zu Handlungen zu zwingen.

Zugegebenermaßen funktioniert bei vielen Hunden ein Festhalten, um sie etwa zu untersuchen. Aber nur, weil sie im Laufe ihres Lebens gelernt haben, viel zu erdulden. Bei gestressten Hunden wird das allerdings eher weniger der Fall sein. Dabei könnten Tierarztbesuche, physiotherapeutische Behandlungen oder Friseurtermine wesentlich entspannter ablaufen: durch Kooperation. Eine freiwillige Mitarbeit des Hundes ohne Zwänge lässt sich spielerisch trainieren. Das Schöne daran ist, dass Hunde dabei eine Art Mitspracherecht besitzen. Diese Art der Selbstbestimmung gibt den Hunden zusätzlich Sicherheit, den Mut, etwas freiwillig zu tun, und die Garantie, dass sie jederzeit unterbrechen dürfen, wenn es ihnen zu viel wird.

Ein Kooperationssignal setzt man immer dann ein, wenn es um Manipulationen geht, die nur ausgeführt werden können, wenn der Hund mitmacht oder ansonsten ruhiggestellt werden muss. Ein klassisches Beispiel ist die Untersuchung beim Tierarzt. Hier bündeln sich für den Hund viele bedrohliche Situationen: die Unterschreitung der Individualdistanz, die bedrohliche Haltung des Tierarztes, der sich meist von oben über den Hund beugt, das Ignorieren der Körpersprache, zahlreiche Berührungen, Zwangsmaßnahmen wie das Fixieren. Der Hund fühlt sich absolut ausgeliefert. Am Ende addieren sich diese Erlebnisse, und der Rucksack des Hundes füllt sich im Laufe der Zeit immer mehr mit negativen Erfahrungen.

Doch auch bei alltäglichen Routinehandlungen durch den Halter kann ein Kooperationssignal einen Hund sehr unterstützen, etwa beim Bürsten, bei Ohrentropfen, beim Entfernen von Zecken oder auch beim Schneiden der Krallen. Ich hatte einmal einen Patientenhund, der wie so viele andere auch, extreme Probleme mit dem Krallenschneiden hatte. Hier haben wir es mit einem Kooperationssignal geschafft, dass der Halter jeden Tag eine Kralle schneiden durfte, bis eben alle gekürzt waren. Der Hund hielt für diese eine Kralle vollkommen still und alles verlief vollkommen stressfrei. Es war eben auch täglich nur eine Kralle an der Reihe.

Gerade, wenn ein Hund immer wieder zum Tierarzt, zum Hundefriseur oder zur Hundephysiotherapie muss und der Besuch für ihn immer wieder eine absolute Tortur ist, wäre es doch dem Hund gegenüber nur mehr als fair, als Halter etwas Mühe darauf zu verwenden, seinem Hund diese Situation so angenehm wie möglich zu gestalten. Oder auch, wenn der Halter selbst seinen Hund immer wieder bürsten muss. Bei den Kooperationssignalen geht es nicht darum, bestimmte Verhaltensweisen zu können. Denn natürlich kann man keinen Hund auf alle furchtbaren Erlebnisse vorbereiten, die das Leben mit sich bringt. Aber wenn ein Hund Stress beim Tierarzt hat, dann wäre es doch wesentlich wichtiger, für genau diese Situationen mit ihm zu üben, statt dass er zum hundertsten Male liegen bleiben muss, wenn in der Hundeschule andere Hunde um ihn herumlaufen.

Das Ziel von Kooperationssignalen ist es, dass der Hund seine Bereitschaft für an ihm vorzunehmende Handlungen zeigt. Und dass er signalisieren darf: Jetzt ist es genug. Daraufhin erfolgt umgehend und auch garantiert eine Pause. Ein Beispiel für ein Kooperationssignal wäre das „Kinn ablegen". Hierfür ist ein zuverlässiger Grundaufbau unerlässlich, denn der Hund muss wissen, dass er jederzeit eine Pause einfordern darf und diese auch bekommt. Und dass jegliche Manipulation sofort eingestellt wird, wenn er das Kinn vom antrainierten Zielort – das kann ein Tuch sein oder auch eine Hand – entfernt. Das gibt dem Hund viel Sicherheit, denn er macht freiwillig mit, wird zu nichts gezwungen und kann die Situation jederzeit beenden. Das Üben eines Kooperationssignals ist keine Anweisung, sondern ein Angebot. Der Hund kann die Einladung seines Halters annehmen oder auch ablehnen. Dann erfolgt eben später erneut ein Angebot an den Hund.

Im Jahr 2016 rief der US-amerikanische Tierarzt Marty Becker „Fear Free" ins Leben, ein Ausbildungs- und Zertifizierungsprogramm, das Tierärzten beibringt, ihre Patienten zu behandeln, ohne sie dabei in Angst und Stress zu versetzen. Mittlerweile werden dort auch Ausbildungsmöglichkeiten für Hundetrainer und Hundefriseure angeboten. Gleichwohl muss festgehalten werden, wenn Gefahr für Leib und Leben eines Hundes besteht, muss bei einem Notfall statt eines stressfreien Handhabungsverfahrens eine physische oder chemische Sedierung durch einen Tierarzt stattfinden. Sobald der Hund behandelt worden ist, sollte eine Kooperation für künftige Eingriffe allerdings – weiter – geübt werden.

Der Weg zu einer freiwilligen Kooperation wird abhängig von Hund und Halter und deren Verhältnis zueinander eine Weile dauern. Die Umsetzung in anderen Situationen und an anderen Orten wird auch nicht sofort funktionieren, gerade dann, wenn das Kooperationssignal gehalten werden soll, wenn der Hund beispielsweise Schmerzen hat. Aber die Geduld beim Üben wird sich auszahlen, denn der Erfolg ist immer ein Mit-, nie ein Gegeneinander. Wer sich entscheidet, mit seinem Hund ein Kooperationssignal zu verwenden, geht dabei einen Vertrag ein, der absolut verbindlich ist.

Mögliche Kooperationssignale:

- Kinn ablegen auf einem Tuch oder auf der Hand (bei Hunden, die stark hecheln, sollte man dieses Signal eher nicht einsetzen)
- spezielles Körperteil anbieten: etwa Pfote fürs Krallenschneiden oder Schulter für die Seitenlage
- Auf einen dicken Stock beißen: für die Zahnpflege
- Körbchenspiel (Bucket game): gibt dem Hund die Möglichkeit, Nein zu sagen, ohne aggressiv zu werden
- Stationäres Target: Solange der Hund auf einer bestimmten Decke steht, darf man ihn manipulieren

Die Übungen müssen einfach sein, Spaß machen und immer gut gelaunt stattfinden.

Markersignale für mehr Sicherheit

Hier ausführlich auf das Markertraining mit all seinen Facetten einzugehen, würde das Thema dieses Buch sprengen. Ich möchte Ihnen diese Art des Trainings aber nahelegen, weil es perfekt geeignet ist, Ihnen und Ihrem Hund Stress zu nehmen. Mit dem richtigen Trainingsaufbau, viel Geduld, zahlreichen Wiederholungen und auch einer positiven Grundstimmung helfen Markersignale Ihnen beiden in jeder Lebenslage.

Doch was sind Markersignale eigentlich? Wie der Name schon vermuten lässt, wird mit einem Signal etwas markiert. Zeigt der Hund ein Verhalten, das Ihnen gefällt, können Sie ihn in dem Moment, in dem er das Verhalten anbietet, mithilfe eines Signals markern. Es kann sein, dass Sie solche Signale bereits unbewusst von sich gegeben haben: Wenn ein Hund sieht oder auch nur hört, dass sein Halter einen bestimmten Schrank in der Küche öffnet, indem sein Futter gelagert ist, passiert es nicht selten, dass er sich umgehend auf den Weg dorthin macht. Bei mir zuhause war es die „Magic Schublade", deren Herausziehen Assoziationen bei Holly weckte. Lebt man mit einem Hund zusammen, wird man feststellen, dass er sehr schnell eins und eins zusammenzählen kann: Das Öffnen der „Magic Schublade" verheißt baldige Fütterung, Geschirr und Leine in die Hand nehmen bedeutet „raus geht's", und das Anschalten des Fernsehers signalisiert – jedenfalls für den Hund – Sendepause.

Hunde werden mit großer Wahrscheinlichkeit ein Verhalten wiederholen, wenn sie Aussicht auf etwas Lohnenswertes haben. Das bedeutet, Ihr Hund wird weiterhin eine Verhaltensweise an den Tag legen, wenn diese ihm etwas Positives gebracht hat. Geben Sie Ihrem Hund beispielsweise ein Leckerchen, sobald er sich einfach hinsetzt, wird er sich, vorausgesetzt er hat Geschmack an der Belohnung gefunden, wahrscheinlich vor Ihren Augen mit großer Erwartungshaltung einfach wieder hinsetzen. Dann können Sie ihm auf diese Weise ganz einfach, präzise und vollkommen positiv verknüpft ein „Sitz" mit einem

Markersignal beibringen: Das Kommando „Sitz“ erfolgt, der Hund setzt sich hin, sobald der Po den Boden berührt, erfolgt das Markersignal und er bekommt seine Belohnung.

Ein Markersignal ist eine klare und verständliche Botschaft und vermittelt Sicherheit. Damit lässt sich ein gezeigtes Verhalten des Hundes sehr genau markieren. Der Marker selbst ist ein sekundärer Verstärker. Primäre Verstärker sind alle Dinge, die ein Hund toll findet und die dazu führen, dass er ein gewünschtes Verhalten zeigt. Diese Verstärker können von Hund zu Hund sehr variieren. Was für den einen absolut toll ist, mag ein anderer total langweilig finden. Primäre Verstärker können etwa Futter, Spielzeug oder Schnüffeln sein. Alles, was einen primären Verstärker ankündigt, ist ein sekundärer Verstärker.

Da ein sekundärer Verstärker immer eine Belohnung ankündigt, weiß der Hund, dass er gerade lohnenswertes und in den Augen seines Halters richtiges Verhalten gezeigt hat und wird dies von sich aus nun öfter anbieten. Dadurch lernen Hunde sehr schnell und sind extrem konzentriert bei der Sache. Ein Marker ist aber auch ein sehr gutes Instrument für ängstliche und unsichere Hunde, weil sich durch dieses Training für sie beängstigende Situationen besser ertragen lassen. Denn es lassen sich damit eben auch bestimmte Situationen und Reize positiv belegen. Der Halter kann seinem Hund deutlich machen: Hey, alles halb so schlimm. Der Einsatz eines Markersignals gleicht daher einem gemeinsamen Code zwischen Hund und seinem Halter.

Als Marker bieten sich ein Clicker, ein Handsignal, ein Geräusch wie etwa ein Zungenschnalzen oder ein kurzes, prägnantes Wort an wie „Top“ oder „Prima“. Ein Clicker ist ein sehr effektiver Marker, weil er sich durch sein Geräusch von anderen Geräuschen unterscheidet, sich weder im Ton noch im Aussehen verändert und einfach anzuwenden ist. Der Nachteil eines klassischen Clickers ist es, dass dieses blecherne Geräusch bei schon verunsicherten und ängstlichen Hunden selbst oftmals Stress oder Angst hervorruft, weil er relativ laut ist und in Innenräumen einen unangenehm lauten Hall erzeugen kann. Zwar gibt es mittlerweile auch leise Clicker, aber ein Halter sollte individuell für sich und auf seinen Hund abgestimmt entscheiden, welcher Marker letztlich zum Einsatz kommt.

Ein Markersignal lässt sich im Alltag grundsätzlich bei allem anwenden, was der Hund im Sinne seines Halters toll gemacht hat und ganz gezielt auch bei Kommandos, die dem Hund noch etwas schwerfallen. Man setzt es einfach immer vor eine Belohnung und kündigt diese damit an. Gestresste Hunde können sich mit einem ihnen bekannten und gut etablierten Marker auch auf fremde Situationen einlassen. Denn zwischen all den widrigen und fremden Gegebenheiten gibt es etwas, das ihnen vertraut ist: das Markersignal. Erfährt ein Hund dadurch, dass sich befremdliche und beängstigende Situationen umschiffen lassen, ermuntert ihn das zu mehr Aktivitäten und stärkt sein Selbstbewusstsein. Deswegen muss schon das Markertraining positiv ablaufen – mit viel Spaß beim Trainieren und mit vielen Erfolgen für den Hund. Gemeinsame Aktivitäten führen wiederum zu einer besseren Beziehung und zu einem guten Lernerfolg. Markertraining muss bei Hunden immer für gute Gefühle sorgen.

Das Markertraining ist gerade bei stressbedingten Verhaltensauffälligkeiten eine effektive Technik für den Halter, weil er sich hierbei nur auf das erwünschte Verhalten seines Hundes konzentriert. Wenn der Blick sich aber nur noch auf die erfreulichen Verhaltensweisen richtet, wird der Halter damit automatisch achtsamer und schätzt seinen Hund mehr wert. Das Resultat: Er wird ihn schnell in einem ganz anderen Licht sehen und das

Verhältnis zu ihm wird sich zum Positiven ändern. Und auch für den Hund ist ein Markertraining positiv belegt. Denn nicht nur die Belohnungen sind für ihn angenehm, auch die freundliche Umgangsweise hilft ihm, Stress zu minimieren und mit schwierigen Situationen nachhaltig klarzukommen. Durch Markertraining kooperiert der Hund viel lieber und ist besser ansprechbar, da er weniger Stress hat. Letztlich wirkt sich das Training auf beide aus: Beide fühlen sich wohler, bekommen ein höheres Selbstwertgefühl und nebenbei wird noch die Bindung gestärkt.

Bewegungstraining für mehr Entspannung

Studien aus der Humanpsychologie belegen, dass aerobe Bewegung, also solche, die mit moderater Intensität erfolgt, die Stimmung verbessert und Stress abbaut. Ein Feierabend-Spaziergang tut nicht nur dem Körper Gutes, sondern auch dem Kopf. Die Gedanken ordnen sich, der Abstand zur Arbeit wird größer und ein Glücksgefühl kommt auf. Bewegung ist nicht nur ein gutes Ventil für Stress, es reduziert auch wirksam Krankheiten, indem es etwa Diabetes, Depressionen und Rückenschmerzen vorbeugt oder lindert. Nicht gleich ein Marathon, doch moderate Bewegung ist daher eine gute Möglichkeit, Stress zu bewältigen. Wichtig ist allerdings immer, dass man sich in der Bewegung sicher und wohl fühlt. In Schlittschuhen auf einem zugefrorenen See, dessen Eis nicht mehr vertrauenswürdig scheint, ist das eher nicht der Fall.

Auch Hunden hilft Bewegung beim Stressabbau. Auch bei ihnen wird dabei Krankheiten vorgebeugt und überschüssige Energie abgeleitet. Geeignet sind hierfür Übungen, die diese Energie auf den Boden bringen und den Hund zugleich widerstandsfähiger machen. Ein Bewegungstraining sollte bei gestressten Hunden daher ganzheitlich erfolgen: Mit individuell abgestimmten Übungen, die nicht nur den Körper von übermäßigem Stress befreien, sondern ebenso den Geist wieder ins Gleichgewicht bringen. Bei einer Stressbewältigung geht es letztlich darum, die Produktion von Stress abbauenden Hormone anzuregen. Sport und Bewegung sind dafür prädestiniert: Durch körperliche Bewegung gelangt vermehrt Sauerstoff in die Zellen und der Stoffwechsel wird angekurbelt. Während Blutzucker, Blutfette und auch der Stresshormonpegel sinken, steigt die Produktion von Hormonen wie Serotonin. Diese, wie wir bereits wissen, neutralisieren die Stresshormone und helfen dem Hund dabei, sich besser zu fühlen.

Besonders wirksam ist ein Bewegungstraining als Stresspuffer, wenn es regelmäßig durchgeführt wird. Denn auch, wenn während des Trainings auf die neuen Reize hin Stresshormone ausgeschüttet werden, reagiert der Körper bei regelmäßigem Training damit, dass er immer geringere Mengen dieser Hormone freisetzt. Dies beschränkt sich nicht nur auf die Zeit eines Anti-Stress-Trainings, sondern findet auch in allen anderen Lebenslagen statt. Der Körper reagiert somit in für den Hund befremdlichen und beängstigenden Situationen weniger empfindlich auf Stressreize. Das Ergebnis: Er bleibt gelassener. Daher ist Bewegung gerade für ängstliche und unsichere Hunde hervorragend geeignet, Stress zu bewältigen, nicht zuletzt auch, weil Bewegung vor Furcht ablenkt.

Doch nicht jede angebotene Sportart oder Beschäftigungsmaßnahme ist für gestresste Hunde geeignet. Ein Bewegungstraining kann nämlich selbst zusätzlichen Stress verursachen. Das ist dann der Fall, wenn eine Sportart zu intensiv und häufig ausgeübt wird oder sie dem Hund keine Freude bereitet. Um ihm psychisch und physisch zu unterstützen, sollte ihm zwar ein Anreiz gesetzt werden, allerdings sollte er niemals überfordert werden. Und dass ein Hund nicht zu einem Training gezwungen wird, muss ich hoffentlich nicht gesondert erwähnen.

Verständnis statt Leistungsdruck

Nicht selten nehmen Halter gerne und in bester Absicht Angebote von Hundeschulen an, um ihre Hunde unter Anleitung zu beschäftigen und auszulasten. Oftmals gerät man dort jedoch in eine Art Leistungsdruckspirale, bei der sowohl Halter wie Hund nur mehr an ihren Erfolgen gemessen werden. Es geht dann nicht mehr um ein entspanntes Miteinander, sondern darum, dass der Hund vorzeigbare Leistungen erbringen muss, nicht mehr um eine schöne Beschäftigung für beide, sondern nur noch um Erfolge. Der Blick liegt nicht mehr darauf, wie der Hund sich fühlt, sondern, was er alles noch nicht beherrscht und wie sich seine „Defizite" möglichst schnell abstellen lassen. Es wird – beim Halter und beim Hund – immer mehr Druck erzeugt. Bleiben Erfolge aus, wird dieses gemeinsame Training bald gar keinen Spaß mehr machen. Dass so eine Beschäftigung für einen gestressten Hund vollkommen kontraproduktiv ist, liegt auf der Hand. Aber was ich an dieser Stelle gerne wiederhole: Man kann sich auf diese Weise einen Stresshund auch regelrecht heranzüchten. Es ist unbedingt wichtig, Hunde zu bewegen und auch zu beschäftigen, aber eben nicht um jeden Preis. Bewegungstraining soll Hund und Halter Freude bereiten, es soll einem Vertrauensaufbau dienen und muss individuell auf den Hund abgestimmt sein – auf seine Fähigkeiten, auf seine gesundheitlichen Probleme und natürlich auf seine Stressoren.

Geeignetes Bewegungstraining für gestresste Hunde darf daher nie unter Druck stattfinden und keinem vorgegebenen zeitlichen Rahmen unterworfen sein. Der Weg muss zum Ziel werden. Nie zu vergessen: Grundlage für ein Training ist immer die freiwillige Mitarbeit des Hundes. Ist ihm die Aufgabe nicht geheuer, möchte er nicht mitarbeiten oder fühlt er sich überfordert, dann ist das so. Dann müssen Sie als Halter Ihre Sichtweise ändern. Es handelt sich nicht um eine Arbeitsverweigerung und spiegelt weder die wahren Fähigkeiten des eigenen Hundes wider noch sollte es persönlich genommen werden. Vielleicht ist der Hund für die gestellte Aufgabe im Moment einfach noch nicht so weit. Schraubt man die Anforderung herunter, wird es dem Hund gelingen, die Aufgabe zu bewältigen, er wird Freude daran haben und Sie sicherlich auch. Dann macht nicht nur ein gemeinsames Training mehr Spaß, sondern das gegenseitige Vertrauen wird gestärkt. Es lassen sich von daher einfache Bewegungsübungen sehr gut zum Aufbau der Beziehung einsetzen. Durch diese langsam durchgeführten Übungen gewinnen Hunde an Selbstvertrauen, das ihnen später auch in stressigen Situationen helfen wird.

Entschleunigung ist das Zauberwort

In der Ruhe liegt die Kraft. Diese Redensart drückt aus, dass man Ruhe benötigt, um immer wieder neue Energie zu gewinnen. Durch ruhiges, bedächtiges Vorgehen kann man meist mehr bewirken als durch schnelles, unüberlegtes und plötzliches Handeln. Ruhig Blut bewahren und in aller Ruhe etwas angehen ist in der Welt der Menschen meist ein gutes Rezept für Erfolg, weil es zu mehr Energie sowie körperlicher und mentaler Gesundheit führt. Wir brauchen Pausen, um Erlebtes und Erlerntes zu verarbeiten, um gesund zu bleiben und um uns wohlzufühlen. Pausen bedeuten Ruhephasen. Und wenn wir diese nicht in genügend Schlaf finden, dann sollten wir uns bewusste Auszeiten nehmen.

Unseren Hunden geht es nicht anders. Um ihr Leben ausgeglichen zu bewältigen, brauchen sie genügend Auszeiten, damit sie erlebte Eindrücke verarbeiten und sich erholen können. Doch mittlerweile gibt es immer mehr Hunde, die gar nicht in der Lage sind, zu ruhen. Und damit auch nicht, neue Reize zu verarbeiten und Kraft zu schöpfen. Dass diese Hunde sich nicht konzentrieren können, dadurch nichts oder nur partiell lernen und ein wesentlich höheres Risiko haben zu erkranken, wissen Sie bereits. Kann Ihr Hund nicht abschalten, müssen Sie dafür sorgen, dass er lernt, sich zu entspannen. Auf diese konditionierte Entspannung gehe ich weiter unten separat nochmals ein.

So widersprüchlich es klingen mag, verhilft dem Hund Bewegung zu mehr Gelassenheit und innerer Ruhe. Allerdings keine dynamischen Aktivitäten wie etwa Ballspielen und Agility, die den Hund aufputschen, sondern bewusste und langsame Bewegungen. Bewegung verbessert die Durchblutung und den Stoffwechsel der Muskulatur. Wechseln sich Be- und Entlastung in einer sanften Intensität ab, kann sich die Muskelspannung normalisieren. Zudem wird das Herz-Kreislauf-System gestärkt. Gleichmäßige Übungen, die zwangsläufig eine tiefere Atmung erfordern, steigern die Wahrnehmung des eigenen Körpers. Die Konzentration auf den Körper lässt andere Gedanken gar nicht zu, sodass neben dem Körper auch der Geist entspannt. Der Hund wird zwangsläufig konzentrierter und aufnahmefähiger werden und besser gewappnet sein für künftig belastende Situationen. Er wird im Laufe der Zeit lernen, dass der Weg der Gelassenheit an der Seite seines Menschen ihn stressfrei an sein Ziel führt, was wiederum die Bindung stärken wird.

Bewusst Gassigehen

Ein langsamer Spaziergang mit vielen Möglichkeiten zum Schnüffeln für den Hund und vielen Pausen ist ein wunderbares bewusstes Bewegungstraining. Der erste Punkt für einen solch entspannten Spaziergang für Hund und Halter ist, dass er nicht unter Zeitdruck stattfinden darf. Halter, die schnell mit ihrem Hund eine Runde gehen und dafür genau 15 Minuten Zeit haben, weil sie anschließend sofort losfahren müssen, um pünktlich zur Arbeit zukommen, machen nicht nur sich, sondern auch ihren Hunden das Leben schwer. Der Halter ist unter Strom, der Hund natürlich dann auch. Für ihn bedeutet diese Runde nichts anderes, als eine Möglichkeit zu haben, sich zu lösen – und das auch noch unter Druck. Zum Schnüffeln und für Artgenossen bleibt keine Zeit. Um Reize wahrzunehmen, zu verarbeiten und sich zu orientieren, ebenso nicht. Unter Zeitdruck geht der Halter auch viel schneller, der Hund wird eigentlich gar nicht wahrgenommen und an der Leine regelrecht hinterhergezogen. Vielleicht wäre es eine Lösung, für seinen Hund einfach eine halbe Stunde früher aufzustehen, um die Morgenrunde in Ruhe zu gehen und dann auch genießen zu können? Das wäre nicht nur für den Hund, sondern auch für den Halter entspannter und sorgt für einen guten Start in den Tag.

Damit ein Spaziergang entspannt ist, sollten Halter und Hund die Umgebung bewusst wahrnehmen. Das gelingt am besten in der Natur. Nun wird nicht jede Morgenrunde im Wald oder auf der Wiese möglich sein, schon gar nicht in großen Städten, aber dann sollte zumindest der lange Spaziergang dazu dienen, dass Hund und Halter entspannen können und sich körperlich moderat betätigen. Der zweite Punkt lautet daher Gemeinsamkeit. Bei einem gemeinsamen Spaziergang sollte sich der Halter auf seinen Hund konzentrieren und ihm genügend Aufmerksamkeit schenken. Gut für eine Bindung ist es auch, miteinander Dinge zu erleben: gemeinsam einen kleinen Bach durchqueren, gemeinsam über eine Brücke gehen, gemeinsam neue Wege erkunden. Ich mag es, im Wald die kleinen Trampelpfade entlangzugehen statt der breiten geschotterten Wege. Hierhin kommt kein Forstauto, kein Radfahrer und auch selten Hunde. Zudem lässt sich hier wunderbar auch noch ein wenig Bodenarbeit einbauen. Ein langes Telefonat am Smartphone oder das Abhören von Whatsapp während des Spaziergangs dient der Sache, als Team etwas zusammen zu erleben, nicht. Nehmen Sie sich die Zeit für sich und Ihren Hund und schalten Sie das Handy einfach einmal ab.

Der dritte Punkt für die perfekte Gestaltung eines stressfreien Spaziergangs mit seinem Hund ist, die Runden so zu wählen, dass er mit der Umgebung nicht überfordert ist. Wurden gestresste Hunde nicht ausreichend darauf vorbereitet, auch an anderen Orten Bewältigungsstrategien anwenden zu können, wurden sie nicht adäquat an Leine, Brustgeschirr, an einen Maulkorb gewöhnt oder reibt das Geschirr unter den Achseln und jeder Schritt schmerzt, kann ein Spaziergang gar nicht entspannt sein.

Achtsames Führen

Alle Wege führen nach Rom. So verhält es sich, wenn man einem Hund das perfekte Gehen an der Leine beibringen möchte: Es gibt schier unendlich viele Möglichkeiten. Die meisten werden im Laufe der Zeit zum Ziel führen, doch gerade bei unsicheren und ängstlichen Hunden sollte ein Leinentraining so angelegt sein, dass es keinerlei zusätzlichen Stress für den Hund bedeutet. Der Hund soll an Selbstvertrauen gewinnen, und die Leine als eine Art Freundschaftsband begreifen. Deswegen gehe ich hier kurz auf einige kontraproduktive Methoden ein, um zu zeigen, dass es das Wichtigste ist, mit einem Hund partnerschaftlich an der Leine zu gehen und ihn dabei achtsam zu führen. Über die Möglichkeit, einen Hund mit Leinenruck zu erziehen, brauche ich hoffentlich gar kein Wort zu verlieren.

Vielfach propagiert und entsprechend praktiziert ist die Methode, einfach stehenzubleiben, sobald der Hund zieht, und erst weiterzugehen, wenn die Leine wieder locker durchhängt. Ein unsicherer Hund, der ständig ausgebremst wird, wenn er nach vorne gehen möchte, wird jedoch nicht verstehen, was er nun tun soll und sich wohl irgendwann gar nicht mehr bewegen. Ein eher aufgeregter Hund wird dadurch frustriert, weil er nach vorne möchte und nicht kann. Der Halter selbst wird mit der Zeit seinerseits frustriert werden, weil er mit seinem Hund nicht vorankommt. Zudem stellt er für seinen Hund weder eine Vertrauensperson noch einen Fels in der Brandung dar.

Ganz schlimm – und am Halsband ausgeführt einer Körperverletzung gleichend – ist die Methode, sich während des Laufens einfach umzudrehen und in eine andere Richtung zu laufen. Am besten noch, ohne dem Hund den Richtungswechsel vorher anzukündigen. Der Halter lässt seinen Hund beinahe bis zum Ende der Leine laufen, um ihn dann mit einem Ruck in eine andere Richtung zu ziehen. Der Sinn dahinter: Der Hund soll aufmerksamer werden und beim Gehen nur Augen für seinen Halter haben. Ist er aber aufgeregt, kann er das gar nicht, weil ihn die Umgebung viel zu viel ablenkt. Das bedeutet, dass der Hund total verunsichert und noch viel gestresster sein wird. Irgendwann wird er dem Halter aus Furcht vor weiterem Leinenrucken oder auch verbalen Maßregelungen folgen. Doch auch mit dieser Methode findet kein freudiger gemeinsamer Spaziergang statt.

Den Hund das Überholen zu verwehren, indem er mit einem Bein oder gar bedrohlich mit dem gesamten Körper geblockt wird, ist eine weitere verbreitete Trainingsmethode. Durch das Blocken kann der Halter effektiv verhindern, dass der Hund vor ihm läuft, weil er ihn schlicht und ergreifend erst gar nicht an sich vorbei lässt. Doch je nachdem, welche Art von Hund am anderen Ende der Leine hängt, kann allein ein einziger Blockversuch bereits ein für den Hund nicht nur befremdliches, sondern auch beängstigendes Erlebnis sein. Vertrauen zu seinem Halter, der ihn offensichtlich bedroht und ängstigt, kann hier nicht erzeugt werden. Vielmehr wird ein Spaziergang an der Leine noch zu einem weiteren Stressor in seinem Leben.

Ein Leckerchen in der Hand zu halten, damit der Hund möglichst nahe beim Halter bleibt, ist eine freundliche Möglichkeit, mit seinem Hund locker an der Leine zu gehen. Das mag für eine Ausnahmesituation, in der der Hund möglichst nah sein sollte, sicherlich seine Berechtigung haben. Doch letztlich wird er damit lernen, Futter hinterherzulaufen. Dass es eigentlich um das körpernahe Laufen an der Leine geht, wird er so nicht verknüpfen. Und gibt es kein Futter, wird er seiner Wege gehen. Zudem wird ein Hund in Stresssituationen ein Leckerchen überhaupt nicht wollen, weshalb diese Methode hier gar nicht greifen würde.

Ein Leinentraining mit einem Hund, der gestresst ist, könnte dagegen gut mit einem bereits eingeführten Markersignal erfolgen. Immer, wenn er von sich aus sich nahe und an der lockeren Leine befindet, wird der Hund von seinem Halter dafür belohnt. Mit der Zeit wird er verstehen, dass es lohnend ist, sich in der Nähe seines Menschen aufzuhalten. Es wird ihm die nötige Zeit und Distanz gegeben, die er vielleicht anfangs noch braucht. Doch letztlich entsteht genau daraus ein achtsames Führen an der Leine, ein vertrauensvolles Miteinander, ein gemeinsames Training. Hier besteht eine Führung durch den Halter, die der Hund als Sicherheit empfindet und von daher auch folgen wird.

Durch ein Gehen an lockerer Leine wird einem Hund damit ein weiteres Bewegungstraining angeboten und eine weitere Möglichkeit, ihm zu helfen, seinen Stress zu verringern oder gar abzubauen. Gerade, wenn Sie Ihren Hund anfangs nicht frei laufen lassen können, sind Sie und er auf eine Leine angewiesen. Die Leine sollte zu einem Band werden, dass Sie und ihn verbindet, dass ihm Sicherheit gibt und mit dem er sich freudig führen lässt – und nicht zu einem verlängerten Straf- und Stresswerkzeug. Zeigen Sie ihm, dass Sie es wert sind, Ihnen zu folgen.

Bodenarbeit gegen Stress

Das extrem langsame Gehen durch einen Parcours fällt Billy anfangs sichtlich schwer.

Unter Bodenarbeit versteht man eine Art Parcourstraining, bei dem der Halter seinen Hund äußerst langsam und ruhig über unterschiedliche Untergründe und verschiedene Hindernisse führt. Durch diese bewussten Bewegungen müssen sich beide harmonisch zusammen bewegen. Die Bewegungen werden dabei äußerst langsam und äußerst gezielt ausgeführt. Diese Langsamkeit ist für ängstliche und unruhige Hunde bestens geeignet, denn nicht nur, dass Bewegungen selbst schon gegen Stress wirken, hier muss sich der Hund zusätzlich stark darauf konzentrieren, was er gerade tut. Dadurch kann er sein Tun auch besser verarbeiten. Bodenarbeit verhilft dem Hund außerdem, die Beweglichkeit seines Körpers zu erhöhen und verschafft ihm im Ganzen mehr Körperhaltung.

Wie bereits erwähnt, haben Studien in der Humanpsychologie schon lange nachgewiesen, dass Körperhaltung und Bewegung die Psyche beeinflussen. Der Grund liegt wohl darin, dass zwischen motorischen und emotionalen Prozessen enge Wechselwirkungen existieren. So wirken sich Stress, Angst und Unsicherheit auf die Körperhaltung aus. Doch auch umgekehrt kann eine schlechte Körperhaltung zu einer negativen Gefühlslage führen. Daraus lässt sich folgern, dass eine stabile Haltung Voraussetzung dafür ist, dass der Hund sich überhaupt wohlfühlen kann. Wer sich wohlfühlt, ist aufmerksamer, kann sich besser konzentrieren, damit besser lernen und auf Stressoren angemessener reagieren. Eine perfekte Haltung bedeutet: Das Gewicht ist gleichmäßig verteilt, die Vorderbeine tragen also etwa 60 Prozent und die Hinterbeine 40 Prozent, die Muskulatur ist fest, aber nicht verhärtet, der Hund atmet ruhig und gleichmäßig, sodass der Körper optimal mit Sauerstoff versorgt werden kann. Der Kopf ist erhoben und schaut nach vorne: Der Hund steht stabil mit allen vier Beinen fest auf dem Boden.

Bodenarbeit verbessert neben Koordination und Konzentration auch noch die Balance.

Diese körperliche Stabilität gibt dem Hund zugleich ein sicheres Gefühl. Er fühlt sich im wahrsten Sinne des Wortes geerdet, bekommt mehr Selbstvertrauen, indem er seinen eigenen Körper kontrollieren kann, was wieder zu mehr Selbstkontrolle und Gelassenheit führt. Bodenarbeit verbessert neben seiner Koordination und seiner Konzentration auch noch seine Balance. Der Besitz eines körperlichen Gleichgewichts bedeutet, dass der Hund lernt, auch mental nicht gleich aus der Fassung zu geraten. Das Führen des Hundes durch den Parcours bietet ihm neue Körpererfahrungen. Dadurch werden im Gehirn neuronale Bahnen und Verknüpfungen geschaltet. Mit der Zeit wächst daraus eine neue Balance zwischen Körper und Geist.

Stress und die hieraus entstehenden Verhaltensauffälligkeiten können negative Auswirkungen auf die Körperhaltung eines Hundes haben. Ist ein Hund frustriert, weil er sein rassetypisches Verhalten wie etwa Hüten nicht ausleben kann und ihm von seinem Halter auch keine adäquate Alternative angeboten wird, ist dessen Muskulatur mit Sicherheit verspannt. Oftmals sind Hals- und Rückenbereich betroffen, die Körperhaltung ist nicht mehr stabil, durch die verspannte Muskulatur entstehen Schmerzen und der Hund ist gestresst. Stress kann wiederum zu einem höheren Erregungslevel führen und dieses letztendlich zu Verhaltensauffälligkeiten. Lockert sich die Muskulatur, verändert das die Körperhaltung, der Hund fühlt sich wohler und dadurch reduziert sich der Stress. Er bekommt mehr Selbstvertrauen, wird aufmerksamer und konzentrationsfähiger. Gleichzeitig ist er weniger anfällig für Verletzungen und gesundheitlich stabiler, weil das Immunsystem nicht mehr durch Stress geschwächt wird.

Die einzelnen Parcours, also die Geräte und deren Anordnung, können unter ganz verschiedenen Aspekten gelegt werden, je nachdem, welche stressbedingten Verhaltensauffälligkeiten der jeweilige Hund zeigt und natürlich auch, zu was er körperlich und mental momentan in der Lage ist. Ob es mehr um Konzentration und Finden von Lösungen geht, mehr um die Koordination und die Stabilisierung der Körperhaltung oder mehr um Kommunikation und eine Teamarbeit zwischen Hund und Halter: Bodenarbeit lässt sich für alle Bereiche einsetzen, um einen gestressten Hund zu unterstützen und seine Lebensqualität zu verbessern. Dafür müssen Halter ihre Hunde genau beobachten und auch klar kommunizieren. Und auch hier gilt es bei aufgeregten, unsicheren und gestressten Hunden für eine möglichst reizarme Umgebung zu sorgen, jede Menge Geduld mitzubringen und kleinschrittig vorzugehen, um sie nicht zu überfordern. Das bedeutet, dass die Übungen anfangs so einfach gestaltet werden müssen, dass der Hund die Aufgabe in jedem Fall bewältigen kann und auch Spaß daran findet. Sie bieten ihm Sicherheit und sind ein Garant für Erfolgserlebnisse und damit für mehr Selbstvertrauen.

Zum Einstieg eignen sich für gestresste Hunde gleichmäßige Bewegungen in Form eines Cavaletti-Trainings. Übungen zur Körperdehnung und für einen beweglichen Rücken könnte eine Strecke um Stangen oder Pylonen sein. Langsame Durchgänge bringen Entlastung für den gesamten Bewegungsapparat und dienen der Konzentration. Ein Gang über unterschiedliche Untergründe ist gut für die Körperwahrnehmung und gemeinsam durch ein Labyrinth zu gehen fördert nicht nur die Koordination, sondern auch die Kommunikation und stärkt gleichzeitig auch noch die Bindung.

Bodenarbeit ist ein wunderbares Training für gestresste Hunde

Die Vorteile von Bodenarbeit:

- Verbesserung der Koordination
- Steigerung des Selbstvertrauens
- Verbesserung der Selbstbeherrschung
- Verbesserung der Körperhaltung
- Verbesserung des Gleichgewichts
- Verbesserung der Konzentrationsfähigkeit
- Verminderung von Stress
- Verminderung der Verhaltensauffälligkeiten
- Verbesserung der Aufmerksamkeit
- Verbesserung der Kommunikation
- Verminderung von Muskelverspannungen
- Verminderung von Verletzungen
- Aufhellung der Stimmungslage

Diese Übung um Pylonen herum stärkt neben Hollys Rücken auch die Kommunikation.

Ein gemeinsamer Gang durch das Labyrinth stärkt neben der Koordination die Bindung.

Ein Parcours muss individuell auf den Hund abgestimmt werden, damit er ihn auch schafft.

Mit einem kleinschrittigen Trainingsaufbau gelingt es Billy, diesen Parcours zu meistern.

Propriozeptives Training

Abgeleitet vom lateinischen „proprius“ für eigen und „recipere“ für aufnehmen versteht man unter Propriozeption die Eigenwahrnehmung seines Körpers. So lässt sich ein Propriozeptionstraining auch als Körperwahrnehmungstraining bezeichnen. Die Körperwahrnehmung basiert dabei auf zahlreichen Sinnesrezeptoren in Muskeln, Gelenken und Sehnen, die durch Bewegung angeregt werden. Werden diese Rezeptoren, die sich über den gesamten Körper verteilen, aktiviert, gelangen Informationen über die Nerven bis zum Gehirn. Die Rezeptoren informieren dabei permanent über die Position der Gliedmaßen, die die Bewegungen ausführen und senden detaillierte Informationen, damit der Körper jederzeit sicher stehen, gehen oder ruhen kann. Dieser Vorgang läuft meist automatisiert und unbewusst ab. Man könnte sagen, dass die Propriozeption eine Art Navigationssystem für den eigenen Körper ist.

Nicht alle Hunde verfügen jedoch über eine gute Eigenwahrnehmung ihres Körpers. Tun sie es nicht, neigen sie dazu, sich immer wieder zu vertreten oder ihre Bewegungen falsch einzuschätzen. Eine gute Propriozeption ist daher schon allein aus gesundheitlichen Aspekten extrem wichtig. Die Gründe für eine schlechte Körperwahrnehmung können auch neurologische Ausfälle oder Erkrankungen sein, wie etwa ein Bandscheibenvorfall oder eine degenerative Myelopathie. Hier sind Nervenfunktionen geschädigt oder eingeschränkt. Auch nach Verletzungen im Bewegungsapparat kann die Propriozeption gestört sein und chronische Rückenschmerzen können mit einem Mangel an lokaler Propriozeption zusammenhängen. Dabei kommt es zu falschen Wahrnehmungsmeldungen zwischen Gehirn und der betreffenden Rückenpartie.

Leidet ein Hund nun unter Stress und hat infolgedessen Verspannungen in der Muskulatur, nimmt Schonhaltungen und dadurch eine schlechte Körperhaltung ein, muss das Bewegungserleben gestärkt werden. Hierfür wird eine propriozeptive Stimulation eingesetzt, bei der die Aufmerksamkeit gezielt auf die Körper- und Bewegungsempfindung gelenkt wird. Mithilfe dieses propriozeptiven Trainings wird neben der Koordination und Körperwahrnehmung auch die Geschwindigkeit und Zielsicherheit der Ausführungen einer Bewegung geschult, die sogenannte Feinmotorik. Dies schützt nicht nur vor Verletzungen, sondern fördert zudem die Leistungs- und Konzentrationsfähigkeit des Hundes. Gerade letzteres ist wieder entscheidend für gestresste Hunde. Sie fühlen sich sicherer in ihren Bewegungen, bekommen mehr Selbstvertrauen und sind physisch wie psychisch stabil.

Wichtig ist auch bei dieser Art des Trainings die Entschleunigung. Indem der Hund im Schritt langsam und bewusst über verschiedene Untergründe geführt wird, werden seine Propriozeptoren aktiviert. Es bieten sich für einen Parcours verschiedene Möglichkeiten an. So kann der Hund beispielsweise mit gezielten Bewegungen etwa auf Sand, über Korken und Kieselsteinchen, über kleine Wurzeln im Wald und herabgefallene Zapfen oder Eicheln, um Baumstämme herum und über moosbedeckte Waldböden, über Wiesen und abgemähte Felder geführt werden. Auch auf dem täglichen Spaziergang lassen sich so ganz nebenbei Koordination, Körpergefühl und Feinmotorik trainieren.

Langsames Führen über diverse Untergründe stärkt die eigene Körperwahrnehmung.

Noch intensiver ist die Eigenwahrnehmung auf instabilen Untergründen, da der Hund hier zusätzlich seinen Körper ausbalancieren muss. Diese Art des Propriozeptionstrainings muss abhängig vom Gesundheitszustand des Hundes durchgeführt werden. Als Untergründe eignen sich hier Wackelbretter, Trampolin, Schaumstoffmatten, Luftmatratzen, Balancekissen und Balanceboards. Neben den zuständigen Rezeptoren wird auf wackeligen Untergründen neben der Feinmotorik gleichzeitig auch die Tiefenmuskulatur trainiert.

Noch intensiver ist die Eigenwahrnehmung des Körpers auf instabilen Untergründen.

Auf dem Gang über die Luftmatratze muss Billy seinen Körper zusätzlich ausbalancieren.

Um ein propriozeptives Training durchzuführen, bedarf es keiner teuren Trainingsgeräte. Selbst eine Gewichtsverlagerung im Stehen oder das Ausbalancieren auf Bett und Sofa helfen dabei, die Koordination und das Gleichgewichtsgefühl zu verbessern. Um auf dem Spaziergang den Hund möglichst langsam und bewusst über verschiedene Untergründe laufen zu lassen, empfiehlt es sich, ihn an der Leine zu führen, um die Geschwindigkeit steuern zu können. Das Training sollte wieder in kleine Einheiten eingeteilt werden und auch die Untergründe sollten variieren, damit sich der Körper immer wieder neu einstellen muss. Auch Übungen, die der Bodenarbeit dienen, wirken sich positiv auf die Propriozeption des Hundes aus.

Eine verbesserte Körperwahrnehmung kann bei ängstlichen und unsicheren Hunden viele Verhaltensauffälligkeiten verändern. Um jedoch Erfolge mit einem Propriozeptionstraining zu erzielen, müssen sie möglichst bewusst und langsam geführt werden und der Untergrund, auf dem sie sich bewegen, muss rutschsicher sein. Außerdem sollen die Übungen so angelegt sein, dass Hunde sie auch schaffen. Hier gilt es wieder, den eigenen Hund gut zu beobachten und zu kennen. Zwang hat in diesem Training nichts verloren. Wenn er sich bei einer Übung nicht wohlfühlt, wird sie umgehend abgebrochen. Geduld und ausreichend Zeit sind auch hier wieder Voraussetzungen: Der Hund darf die Übungen stets in seinem ihm gemäßen Tempo erarbeiten.

Übungen für mehr Gleichgewicht und Ruhe

Um gestresste Hunde zu mehr Ausgeglichenheit und Ruhe zu bringen, bieten sich einige Übungen an: das Fühlen von Bodenunebenheiten, dem Ausbalancieren auf instabilen Untergründen, statische Übungen wie dem Halten der Position trotz Druck (siehe weiter unten: Isometrische Übungen), dem Steigen über kleine Hindernisse und ganz gezielte, bewusste Bewegungsabläufe. Letztlich dienen sie alle dazu, dem Hund beizubringen, sich zu konzentrieren und seinen Körper wahrzunehmen. Sich selbst zu spüren gibt Sicherheit. Fehlhaltungen zu verlieren nimmt Schmerzen. Überlegungen sorgen für mehr Aufmerksamkeit und effektiveres Lernen. Eine bessere Körperhaltung ermöglicht eine klarere Kommunikation mit der Umwelt und das Lösen von Aufgaben gibt mehr Selbstvertrauen. Wird den Hunden bei den einzelnen Übungen auch noch die Zeit gegeben, die sie benötigen, und ist das Training so angelegt, dass sie es auch schaffen können, spricht alles dafür, mit unsicheren, ängstlichen und gestressten Hunden einen Übungsparcours festzulegen. Koordination, Konzentration, Vertrauen und Bindung verhelfen ihnen letztlich zu mehr Lebensqualität.

Über die zahlreichen Übungen, die sich für Bodenarbeit und propriozeptives Training eignen, ließe sich ein eigenes Buch verfassen. Um Ihnen aber dennoch ein wenig Einblick zu gewähren, wie sich ein solches Training gestalten könnte, möchte ich gerne zwei Übungen etwas näher erläutern: Das Labyrinth und das Cavalettitraining. Beide fördern koordinierte Bewegungen und trainieren Konzentration, Geschicklichkeit, Körperbewusstsein, Gleichgewicht und Feinmotorik.

Zu Beginn der Übung schafft es Billy noch nicht, langsam durch den Reifen zu steigen.

Billy konzentriert sich nun sichtlich auf die bevorstehende Übung mit dem Reifen.

Und dann geht er langsam, konzentriert und körperbewusst durch das grüne runde Ding.

Das Übersteigen der Reifen verhilft Billy zu mehr Ausgeglichenheit, Sicherheit und Ruhe.

Das Cavalettitraining oder Hürdentraining stammt ursprünglich aus dem Pferdesport. Es geht darum, kleine Hindernisse zu überwinden, die aus einer langen Stange und zwei Halterungen bestehen. Das Material der Stangen ist entweder aus Kunststoff oder Holz. Die Stangen selbst müssen vom Hund als Hindernis erkannt werden. Wichtig dabei ist es, dass sich der Hund durch die Stangen keinerlei Verletzungsgefahr aussetzt. Ich verwende in meiner Praxis ein Steckhürdenset und ein Hürdenset mit Muldenhauben, jeweils aus Plastik, da ich ein Cavalettitraining nicht nur bei gestressten Hunden einsetze – vor allem bei Hibbelhunden –, sondern auch bei Hunden mit Problemen im Bewegungsapparat. Das Schöne ist, dass viele Varianten des Hürdentrainings sich auch in der Wohnung durchführen lassen und für die Übungen auch Besenstiele verwendet werden können. Da ein Hund in etwa so sieht wie ein Mensch, der rot-grün-blind ist, sollten die Stangen eher schwarz, weiß, gelb oder blau sein.

Bei einem Training mit gestressten Hunden lassen sich die Stangen sehr vielseitig einsetzen – etwa in einer Reihe oder mit unterschiedlicher Höhe. Zu Beginn aber sollten die Hürden am Boden liegen, in einem Abstand, der der Körperlänge des Hundes gleichkommt. Mit der Zeit werden die Abstände geringer, und auch die Höhen werden eingeführt. Dafür werden die Stangen zunächst nur wenig vom Boden entfernt – je nach Hundegröße. Die Stangenhöhe sollte die Höhe des Sprunggelenks nicht überschreiten. Die Stangen selbst müssen so befestigt werden, dass sie nicht unmittelbar beim Berühren herunterfallen, aber auch so, dass der Hund sich beim Übersteigen nicht daran verletzen kann.

Anfangs erfolgt das Übersteigen in der Vorwärtsrichtung, langsam und bewusst. Weil viele Hunde schon bei kleinen und niedrigen Hindernissen sofort in den Turbo schalten und sie mit viel Schwung versuchen, die Sache zu meistern, muss der Halter hier anfangs notfalls den Hund an der Leine führen. Auch hier kann es sein, dass er noch versucht, die Cavaletti möglichst schnell hinter sich zu bringen. Dann bietet es sich an, den Hund erst einmal ohne Stangen im Schritttempo, eigentlich eher im Schneckentempo durch die Wohnung oder den Garten zu führen. Erst, wenn der Hund bei dieser Geschwindigkeit mit dem Halter mitgeht und beim Laufen im Fluss bleibt, wird das Training mit den Stangen begonnen.

Wie viele Hunde schaltet auch Billy zu Beginn des Cavaletti-Trainings den Turbogang ein.

Nach einem Konzentrationstraining steigt er dann aber langsam und bewusst darüber.

Die Stangen selbst lassen sich in den unterschiedlichsten Varianten legen: mal strikt in einer Reihe, mal dazwischen zwei Hürden mit weniger Abstand, mal ein oder zwei Hürden quer gestellt. Dann lassen sich sich noch in einer Sternform legen, im Halbkreis, in einer Zick-Zack-Form und auch als Stangenmikado. Es gibt schier unendlich viele Möglichkeiten, dem Hund einen Hindernislauf zu gestalten. Wichtig ist dabei immer, dass der Untergrund rutschsicher ist und dass die Hindernishöhe dem Gesundheitszustand und den anatomischen Voraussetzungen des Hundes angepasst wird. Liegen die Stangen eher niedrig, lässt sich damit ein Aufmerksamkeits-, Koordinations- und Konzentrationstraining absolvieren. Je höher die Stangen positioniert werden, umso mehr geht das Ganze zusätzlich in den Bereich eines Krafttrainings, was ich eher in der Physiotherapie anwende.

Der Untergrund selbst sollte je nach Aufgabenstellung unterschiedlich sein. Übungen auf weichem Boden wie Moos oder Sand kosten den Hund Kraft und belasten den Bandapparat und die Sehnen. Ein harter Boden wie Asphalt oder ausgetrocknete Feldwege geben nicht nach und beanspruchen wiederum den Bewegungsapparat und ganz besonders die Gelenke. Fliesen, Laminatboden oder lackiertes Parkett sind zwar gut zu reinigen, aber prinzipiell Gift für Hunde, weil sie hier wenig bis keinen Grip haben. Solche Böden müssen mindestens für die Übungen, bestenfalls für immer mit rutschfesten Teppichen oder Matten ausgelegt werden – unter allen Umständen aber bei Hunden, die sich darauf unsicher fühlen und auch unsicher laufen. Das sind vor allem alte und kranke Hunde.

Auch ein Cavalettitraining muss in reizarmer Umgebung langsam aufgebaut werden und Aufgaben enthalten, die der Hund problemlos lösen kann. Falls keine Erkrankung vorliegt, wie etwa Ellenbogendysplasie oder Probleme mit Schulter- oder Karpalgelenk, wird der Hund zwar mit den Vorderbeinen gut über die Stangen kommen, aber kann das Hindernis mit den Hinterbeinen reißen. Das liegt daran, dass Hunde nicht wissen, dass sie überhaupt Hinterbeine haben und diese daher auch nur bedingt wahrnehmen. Trainiert man nun aber gezielt mit Stangen und legt man Manschetten oder dicke Haargummis unterhalb des Sprungegelenks an, dann bekommen die Hunde ein Gefühl für ihre Hinterläufe und damit auch für ihren Körper. Kommen sie letztlich ohne Mühen über die Hindernisse, haben sie bereits Koordination und Konzentration gelernt und fangen an, ihre Körperhaltung zu verändern. Gerade mit diesen vielen unter-

Cavalettistangen lassen sich unterschiedlich anordnen, wie hier dazwischen quer gestellt.

Bei unterschiedlichen hoch gelegten Stangen muss sich Billy noch mehr konzentrieren.

Doch mittlerweile meistert er diese Übung an der lockeren Leine schon wie ein alter Hase.

Das Herzstück der Bodenarbeit ist das in verschiedenen L-Formen gelegte Labyrinth.

schiedlichen Möglichkeiten, die ein Cavalettitraining bieten kann, ist mit Sicherheit auch eine Übung für Ihren Hund dabei, um ihm mehr Selbstvertrauen und Gelassenheit zu geben. Vielleicht sehen Sie es auch als Start für ruhige und bewusste Bodenarbeit.

Eine weitere wunderbare Übung ist das Herzstück der Bodenarbeit, das Labyrinth. Das Labyrinth wurde erstmals von Linda Tellington-Jones bei Hunden angewandt. Aus Stangen, schmalen Holzbrettern, Ästen oder Plastik-Rohrleitungen aus dem Baumarkt lässt sich ein Labyrinth ganz leicht legen. Ich selbst bevorzuge neben Cavalettistangen (bei kleinen Hunden) Schwimmnudeln. Das Labyrinth besteht im Prinzip aus mehreren zusammengesetzten L-förmigen Begrenzungen mit einem Ein- und einem Ausgang. Die Gassenbreite muss den Möglichkeiten und der Größe des Hundes angepasst werden. Kennt er noch keine Wendungen auf engem Raum, sollten die Wege anfangs breiter gelegt werden. Dann wird der Hund ganz langsam und Schritt für Schritt an der Leine durch die Gassen geführt. Achten Sie darauf, die Leine dabei immer so zu halten, dass Ihr Hund nicht gezogen wird und auch in seinen Bewegungen nicht gehindert wird.

Diese Übung eignet sich zur Verbesserung der Koordination und zur Stärkung des Körperbewusstseins. Auf die meisten Hunde hat es eine sehr beruhigende Wirkung und fördert den effizienten Einsatz von Gehirn und Körper. Zudem ist es ideal zur Verbesserung der Balance und des Körperbewusstseins. Für hyperaktive Hunde mit einem hohen Erregungslevel und zur Regeneration nach Operationen an Gelenken eignet sich das Labyrinth hervorragend, um die Lebensqualität zu verbessern. Die vorgegebenen Wege, die festgelegten Begrenzungen und der sich immer wiederholende Ablauf wirken sehr beruhigend auf Hunde.

Der Hund wird im Laufe der Zeit aufmerksamer und sich seines Körpers bewusst. Die Aufmerksamkeit richtet sich vor allem auf die Hinterbeine, die er bewusst einsetzen muss. Ein Gang durch das Labyrinth schult auch die Kooperationsbereitschaft des Hundes und stärkt die Führungsposition des Halters. Durch die unterschiedlichen Wendungen innerhalb des Parcours nach links und rechts muss der Hund abwechselnd die linke und die rechte Gehirnhälfte benutzen. Das verhilft ihm zu mehr Gleichgewicht und dadurch auch zu mehr Selbstvertrauen. Und ein weiterer positiver Nebeneffekt aus physiotherapeutischer Sicht: Der Hund wird nicht nur wendiger, sondern bewegt sich auch im Ganzen besser.

Ein Gang durch das Labyrinth wirkt beruhigend auf unsichere und hyperaktive Hunde.

Bei der Bodenarbeit – wie überhaupt, meiner vollen Überzeugung nach, generell – ist es sinnvoll, bei Hunden ein Brustgeschirr zu verwenden und kein Halsband. Viele Brustgeschirre bieten mittlerweile die Möglichkeit, nicht nur am Rückenring die Leine einzuhängen, sondern auch an der Brust und haben hierfür extra einen Ring. Mit zwei Kontaktpunkten kann der Halter wesentlich klarer mit seinem Hund kommunizieren. Mit Kontrolle hat das nichts zu tun, denn Kontrolle und Perfektion haben bei dieser Übung gar nichts verloren. Geht der Hund durchs Labyrinth, gibt es kein Richtig und kein Falsch. Von einem sogenannten Halti als zweitem Kontaktpunkt, das gerade bei diesen Übungen oft gesehen wird, sehe ich als Hundephysiotherapeutin prinzipiell ab. Ein Halti, eine Art Halfter, das dem Hund, ähnlich wie beim Pferd, über den Kopf gezogen wird, hat meines Erachtens am Hund weder als Führungshilfe und schon gleich gar nicht als Erziehungshilfe irgendetwas verloren. Die wenigsten Halter sind in der Lage, dieses „Hilfsmittel" korrekt anzuwenden, weshalb es bei längerer und falscher Nutzung zu erheblichen Schäden an der Halswirbelsäule kommen kann, weil es immer auf den sensiblen Hals- und Nackenbereich wirkt und dabei Schmerzen verursacht. Letztlich kann es auch zu Problemen im gesamten Bewegungsapparat führen.

Wenn der Hund sicher und selbstbewusst durch das Labyrinth gehen kann, dann lassen sich zu dieser Übung zusätzlich Reize einführen. Hat der Hund Probleme mit Artgenossen, könnte man beispielsweise einen Hund in gebührendem Abstand zum Labyrinth absitzen lassen. Zunächst am besten mit dem Rücken zu Hund und Halter, während beide sich weiter durch das Labyrinth bewegen. So könnte der Hund lernen, dass ein eigenes Abwenden vom Artgenossen genügt, um ihm Sicherheit und Ruhe zu geben statt wegzulaufen oder zu bellen. Oder dass es an der Seite seines Menschen gefahrlos ist, einem anderen Hund den Rücken zuzuwenden. Mit der Zeit ließe sich die Distanz zum anderen Hund verkürzen, um zu sehen, wie der Hund darauf reagiert, während er sich weiterbewegt. Es lassen sich damit viele Informationen sammeln, die Hund und Halter letztlich helfen können, mit schwierigen Situationen, eben speziell auch Hundebegegnungen, umzugehen.

Gerade beim Labyrinth kann es sein, dass sehr aufgedrehte Hunde mit einem extrem hohen Erregungslevel sich nicht an der Leine durch die Übung führen lassen. Dann nimmt man die Leine ab und versucht den Hund anderweitig durch das Labyrinth zu führen, etwa indem man eine Leckerchen-Spur auslegt. Auch dabei bekommt der Halter gezielte Informationen über seinen Hund. Der Vorteil ist, dass der Hund sich anfangs die Pausen, die er benötigt, selbst nehmen kann. Dazwischen kann es sein, dass der Hund seine Stressrituale zeigt, aber er wird danach schneller wieder ruhiger werden und auch entspannter wiederkommen. Diese freie Bodenarbeit wende ich mittlerweile gerne bei extrem hyperaktiven Hunden an, weil gerade ihnen so die Übung leichter fällt. Bevor sie startet, darf der Hund erst einmal alles erkunden und sich orientieren. Auch die Halter bekommen auf diese Weise viele Eindrücke von ihren Hunden. Mit diesen guten Erfahrungen im Gepäck ist die freie Bodenarbeit eine gute Voraussetzung für die Bodenarbeit an der Leine, weil sich der Hund vor den Übungen entspannen kann und dann viel gelassener und viel kooperativer mitarbeitet.

Auch wenn sich in diesem Kapitel alles um ein entspanntes Bewegungstraining handelt, sprich: hier die Langsamkeit an erster Stelle steht, würde ich Sie bitten, bevor Sie Ihren Hund auf Wackelbretter stellen oder über Hürden führen, sich zuvor mit einem zertifizierten Physiotherapeuten für Hunde zusammenzuschließen, wenigstens aber mit einem Tierarzt. Eine anerkannte Zertifikation bei Hundephysiotherapeuten ist deshalb so wichtig, weil der Begriff Hundephysiotherapeut nicht geschützt ist und es mittlerweile Ausbildungen von Anbietern gibt, die nur wenige Wochenendschulungen umfassen. Normale Hundeschulen haben diesen Blick auf den Bewegungsapparat Ihres Hundes nicht und können ihn auch nicht haben. Vielleicht ist am Ende aber ein blockierter Wirbel daran schuld, dass sich Ihr Hund so verhält, wie er es tut. In diesem Fall werden Sie auch mit der besten Hundeschule keine durchgreifenden Erfolge erzielen. Ganz im Gegenteil: Am Ende kann sich ein gesundheitliches Problem durch unsachgemäßes Bewegungstraining sogar noch verschlimmern – und damit auch das Verhalten Ihres Hundes.

Isometrische Übungen

Unter isometrischen Übungen versteht man spezielle Entspannungstechniken, die auf einer gezielten Muskelanspannung und -entspannung basieren, ohne den Muskel dabei aktiv zu bewegen. Das heißt, der Hund muss sich dabei nicht bewegen.

Sie eignen sich bestens dazu, die Körperwahrnehmung und das Gleichgewicht des Hundes zu schulen. Durch sie lassen sich gestresste Hunde auf ein niedriges Erregungslevel bringen. Sie sind daher die ideale Ergänzung zur Bodenarbeit und lassen sich auch in aufregenden Situationen einsetzen, um den Hund zu entspannen. Zusätzlich eignen sich isometrische Übungen hervorragend für physiotherapeutische Behandlungen. Ich setze sie in beiden Bereichen sehr gerne ein, weil sich dadurch eben auch ganz gezielt bestimmte Muskelpartien trainieren und aufbauen lassen.

Die An- und Entspannung der Muskeln erfolgt dabei über einen leichten Druck, der durch die Hände ausgelöst wird. Über diesen gezielten Druck auf bestimmte Muskelpartien wird ein Gegendruck im Muskel ausgelöst. Der Hund muss sich dabei sehr auf sich und seinen Körper konzentrieren, um dem Druck standzuhalten. Daher bleibt wenig Raum, anderen Dingen in seinem Umfeld große Aufmerksamkeit zu schenken. Durch dieses Umlenken der Interessen gelingt es, dass sich Hunde auf sich selbst konzentrieren und sich Körper und Geist in einem engen Zusammenspiel befinden.

Wichtig ist, dass der Aufbau der Übungen gerade bei ängstlichen und unsicheren Hunden, die sich gar nicht oder zumindest ungern anfassen lassen, wieder in sehr kleinen Schritten erfolgt und an den jeweiligen Hund angepasst wird. Auch an dessen gesundheitlichen Zustand. Leidet dieser beispielsweise an einer Muskelatrophie im linken Oberschenkel, wird er links weniger Gegendruck erzeugen können wie mit dem rechten Hinterlauf. Die Übungen sollten wieder mit einem Anfangssignal, etwa „Iso", starten, damit der Hund weiß, was auf ihn zukommt. Dies ist besonders wichtig bei Hunden, die ein Problem damit haben, berührt zu werden. Dieses Signal macht es dem Hund auch leichter, wenn die isometrischen Übungen in angespannten Situationen eingesetzt werden.

Übungen zur Stressreduktion

Für isometrische Übungen ist es unabdingbar, dass der Hund auf einem rutschsicheren und ebenen Untergrund steht, um physiologisch korrekt einen Gegendruck erzeugen zu können. Im Folgenden erkläre ich kurz zwei Übungen eines isometrischen Trainings. Falls der Hund ein Problem damit hat, berührt zu werden, wird zuvor erst das Annähern der Hand in kleinen Schritten geübt. Dies gelingt wieder optimal mit einem Markersignal. Der Halter sollte auch darauf achten, dass er nicht selbst zum Stressor des Trainings wird. So sollte er es vermeiden, dem Hund frontal gegenüber zu sitzen, sich über ihn zu beugen oder ihn anzustarren. Zeigt der Hund beim Annähern der Hand kein Meideverhalten mehr, kann es losgehen.

Eine ganz einfache Übung ist die Gewichtsverlagerung der Hinterbeine zur Seite. Nach dem Anfangssignal geht der Hundehalter hierfür hinter seinem Hund in die Hocke. Der Hund sieht nach vorne, die Wirbelsäule ist gerade und die Hinterbeine werden physiologisch korrekt gestellt. Notfalls wird der Stand korrigiert. Dann fassen beide Hände rechts und links an die Oberschenkel des Hundes. Nun gibt eine Hand zunächst ganz leichten Druck auf den Oberschenkel, also etwa die rechte Hand, die dann das Bein nach links drückt. Diese Position wird etwa drei Sekunden gehalten und dann führt man den Hund langsam wieder in die Ausgangsposition zurück. Bitte lassen Sie hierbei die Hand nicht einfach los, sondern führen Sie den Hund langsam zurück. Kurz darauf drückt die linke Hand den anderen Oberschenkel nach rechts, hält ihn kurz und führt ihn in die Startposition

Hier werden die Ansatzpunkte gezeigt, die Sie für die folgenden Übungen benötigen.

zurück. Wichtig dabei: Der Hund darf bei dieser Übung keinen Schritt machen. Tut er das, haben Sie zu fest gedrückt und der Hund ist ausgewichen, weil er nicht so viel Gegendruck aufbringen konnte. Dann wird die Übung mit weniger Druck wiederholt – so lange, bis der Hund in der Lage ist, Gegendruck aufzubauen und Sie spüren, dass die Muskeln unter Ihren Händen arbeiten. Manche Hunde geben sofort nach, wenn Druck erzeugt wird. Hier muss die Übung in Minischritten gesteigert werden, bis der Hund versteht, dass er dem Druck nicht ausweichen, sondern dagegenhalten soll. Wenn die Übung nicht der Rehabilitation dient, sondern gezielt für die Entspannung gestresster Hunde eingesetzt wird, beginnt man mit einmal täglich drei Wiederholungen. Die jeweilige Position sollte drei Sekunden gehalten werden.

Eine weitere Übung stärkt die Rückenmuskulatur. Sie legen eine Hand an die Schultermuskulatur und die andere Hand an die Hüfte Ihres Hundes. Nun drücken Sie mit beiden Händen in Richtung der Wirbelsäule Ihres Hundes. Danach wechseln Sie die Seiten und wiederholen die Übung spiegelverkehrt. Auch hier wird wieder

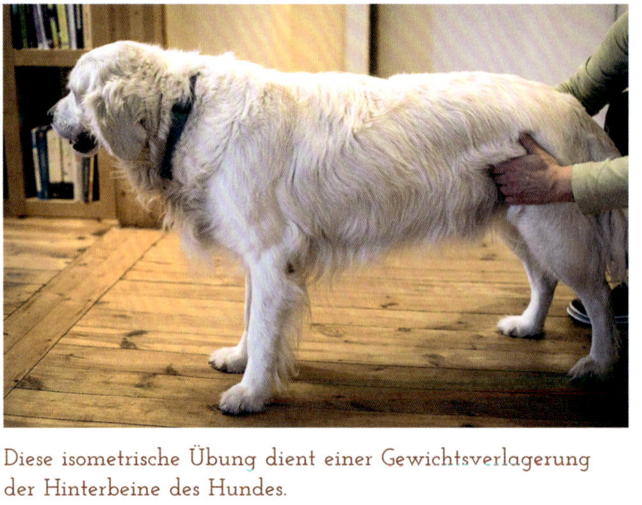

Diese isometrische Übung dient einer Gewichtsverlagerung der Hinterbeine des Hundes.

Druck aufgebaut. Sie werden erneut spüren, dass Ihr Hund die Muskeln anspannt und versucht, dagegenzuhalten. Wichtig bei jeder isometrischen Übung: Es wird nicht nachgefedert, die Position wird kurz gehalten und der Druck wird innerhalb einer Übung nicht erhöht. Auch hier erfolgen die Übungen einmal täglich mit drei Wiederholungen und die Position sollte drei Sekunden gehalten werden.

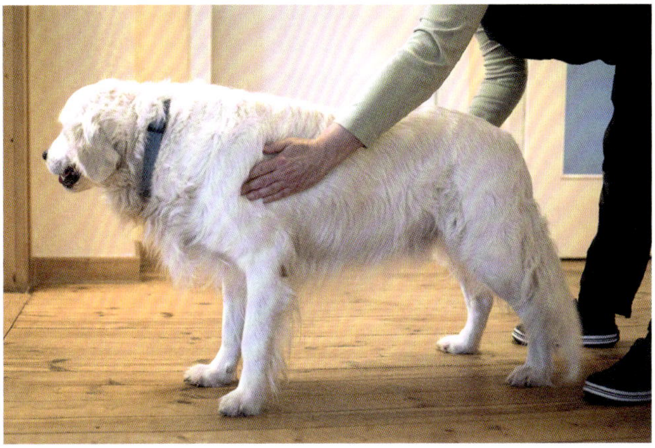

Bei dieser Übung drücken Sie diagonal, vorne links und hinten rechts, danach umgekehrt.

Einsatz im Hundetraining

Ein gestresster Hund steht immer unter körperlicher und emotionaler Anspannung. Das äußert sich darin, dass die Körperbewegungen steifer und die Muskulatur fester sind. Dadurch verschiebt sich die Körpermitte des Hundes und das Gewicht des Hundes lastet nun entweder mehr auf seinen Vorderbeinen oder auf seinen Hinterbeinen. Entscheidet er sich für eine Bewältigungsstrategie, etwa für Kampf oder Flucht, wird Energie benötigt und die Muskeln werden angespannt. Ist es dem Hund nach dem Ende der Stresssituation nicht möglich, sich wieder vollkommen zu entspannen, dann verbleibt eine gewisse Anspannung im Körper. Erlebt der Hund wieder und wieder Situationen, für die er noch keine Lösung gefunden hat oder ihm von seinem Menschen keine angeboten wird, wird sich die Muskelverspannung im Laufe der Zeit vergrößern und verhärten.

Durch das Auflegen der Hand mit leichtem Druck kommt es beim Hund zu einer Spannungsänderung im Muskel. Das fördert die Wahrnehmung des eigenen Körpers und stärkt das eigene Körpergefühl. Kommt der Hund nun in eine beängstigende oder aufregende Situation, etwa beim Spaziergang, so lassen sich die zuvor erlernten isometrischen Übungen anwenden. Durch die provozierte An- und Entspannung verschiedener Muskelgruppen muss der Hund seine Konzentration auf sich selbst lenken und kann dem Stressor gar nicht mehr so viel Aufmerksamkeit schenken.

Folgt auf die Muskelanspannung nun wieder ein Loslassen, weil der Druck wieder genommen wird, dann wird damit gleichzeitig ein Zustand der Entspannung hervorgerufen. Die Übungen legen den Fokus des Hundes auf den eigenen Körper, sodass er sich intensiv auf sich selbst konzentrieren muss. Natürlich ist der Hund nach den Übungen nicht sofort tiefenentspannt, aber sie helfen ihm dabei, den Erregungslevel schneller zu senken und trotz vorangegangenem Stress wieder ansprechbar zu sein. Und sie helfen ihm dabei, keine Restanspannungen zu behalten.

Durch kontinuierliches und gezieltes isometrisches Training lernt der Hund, dass nach dem Anspannen der Muskulatur auch wieder eine Entspannung stattfindet und er zurück ins Gleichgewicht kommt. So verhelfen ihm die Übungen zu mehr Ruhe im Alltag. Stress kann auf diese Weise besser kompensiert werden, und eventuell traumatische und dadurch resultierende körperliche Beschwerden können gelindert werden. Manche Hunde machen sich isometrische Übungen von ganz alleine zunutze, indem sie sich in stressigen Situationen ganz fest an die Beine ihrer Halter drücken. Das kann durchaus als ein Zeichen zur Selbstentspannung gedeutet werden, denn dabei werden auch Wohlfühlhormone wie etwa das Oxytocin ausgeschüttet.

Das Schöne an den isometrischen Übungen ist, dass sie praktisch überall stattfinden können. Alles, was dafür benötigt wird, ist in jeder Situation dabei: Hund, Halter und Hände. Natürlich reicht ein isometrisches Training alleine nicht aus, um das Verhalten eines Hundes grundlegend zu ändern. Aber es kann ihm dabei helfen, Lösungsstrategien zu finden und mit Stresssituationen besser zurecht zu kommen.

Konditionierte Entspannung

Wie der Begriff „konditionierte Entspannung" schon vermuten lässt, muss diese Art der Entspannung zunächst in ruhiger und stressfreier Situationen erlernt, also konditioniert werden. Erst dann ist es möglich, sie bei Bedarf auch abrufen zu können. Die klassische Konditionierung ist eine von verschiedenen Lerntheorien im Hundetraining und geht auf den russischen Mediziner, Physiologen und Nobelpreisträger Iwan Pawlow zurück. Sein bekanntestes Experiment für eine klassische Konditionierung ist wohl ein Hund, der auf eine Glocke hin bereits mit Speichelfluss reagiert, noch bevor er sein Futter überhaupt sehen und riechen kann. Weniger bekannt sind seine zahlreichen anderen Experimente zu dieser Lerntheorie. So setzte er etwa schmerzhafte Elektroschocks in Kombination mit einem bestimmten Tonreiz ein. Nach einige Wiederholungen reichte der Ton allein bereits aus, um dem Hund sichtlich Schmerzen zu verursachen. Weitere Studien zu unwillkürlichen Reaktionen auf Stress und Schmerzen bei Hunden haben zusätzlich dazu beigetragen, dass die berühmten Pawlowschen Hunde viel Leid erleben mussten.

Zurück zur konditionierten Entspannung, die mit derselben Lernmethode arbeitet, aber ein vollkommen konträres Ziel verfolgt: die Lebensqualität des Hundes entscheidend zu verbessern. Die Verknüpfung eines Reizes mit einer Reaktion erfolgt hier durch ein verbales Signal, wie etwa einem „Pause", mit einer zunächst vollkommen unkonditionierten Reaktion wie etwa dem Entspannen bei einer Massage oder beim Streicheln. Deswegen hat konditionierte Entspannung auch nichts mit dem Lernen von Tricks gemein. Der Unterschied liegt darin, dass es nicht darauf ankommt, dass der Hund ruhig, sondern dass er entspannt ist. Ruhe und Entspannung sind vollkommen unterschiedliche Gemütszustände. Ruhe bedeutet eher etwas wie Sendepause: Leg Dich jetzt hin, halt die Klappe und warte, bis ich Dich wieder abhole. Entspannung dagegen bedeutet, dass der Parasympathikus mehr aktiviert wird, die Muskelanspannung nachlässt und ein Gefühl der Sicherheit entsteht. Der gestresste Hund erlernt eine Strategie, mit für ihn beängstigenden oder aufregenden Situationen umzugehen, steht in keinem Konflikt und fühlt sich rundum wohl. Ein Entspannungssignal ist kein Mittel, um den Hund direkt in eine Art Tiefschlaf fallen zu lassen. Es dient dazu, ihn in aufregenden Situationen ansprechbar zu machen, sodass der Halter mit ihm kommunizieren und sich der Erregungslevel bei unerwünschten Verhaltensweisen senken kann. Denn Reaktionen wie Aggression oder Angst fallen umso stärker aus, je höher der Grad der Erregung ist.

Bei der konditionierten Entspannung spielt das Hormon Oxytocin eine entscheidende Rolle. Sie erinnern sich? Das ist das Hormon, das verantwortlich für Entspannung und den Aufbau oder die Vertiefung sozialer Bindungen ist. Durch angenehme körperliche Berührungen wie etwa Streicheln und schönen gemeinsamen Erlebnissen wird Oxytocin produziert. Doch wie lassen sich Hunde für die Konditionierung in eine entspannte Lage bringen? Nur durch Streicheln? Was ist aber, wenn der Hund genau durch Berührungen derart aufgeregt wird, dass er dabei gar nicht entspannen kann? Er so ängstlich ist, dass er sich gar nicht anfassen lässt, gar niemanden nahe an sich heranlassen möchte oder Berührungen aus gesundheitlichen Gründen generell als unangenehm empfindet? Sollte etwas davon auf Ihren Hund zutreffen, lässt sich die Konditionierung auch ohne Berührung vornehmen.

Am besten eignen sich Situationen, in denen der Hund sowieso noch oder schon von alleine entspannt liegt, morgens vor dem Aufstehen oder abends vor dem Schlafen, nachmittags dösend auf seiner Decke, in seinem Körbchen oder in der Sonne auf der Terrasse liegend. Hier ist der Halter gefragt, das Empfinden des eigenen Hundes richtig lesen zu können, ob der Hund Berührungen als angenehm empfindet oder notgedrungen über sich ergehen lässt. Erfahrungsgemäß fällt diese Unterscheidung leider vielen Haltern schwer. Begonnen wird mit der Verknüpfung von Entspannungssignalen erst, wenn der entspannte Zustand des Hundes sicher gedeutet werden kann. Welche Symptome der Hund bei Entspannung zeigt, ist in einem Kasten zusammengefasst.

Ist der Hund entspannt, wird dieser Zustand mit einem Signal verknüpft wie etwa dem Wort „Pause". Auf keinen Fall wird hier ein Clicker als Markersignal eingesetzt! Das Signal wird mehrfach wiederholt. Wenn der Halter bei einem Hund, der Berührungen nicht duldet, ihn während des Trainings nicht ansieht, wird er bald merken, dass niemand etwas von ihm will und sich ruhig weiter entspannen können, selbst wenn sich ab und an sein Kopf heben wird. Manchmal gelingt es nicht sofort, Entspannung und einen entspannten Zustand mit Signalen zu verknüpfen. Das liegt dann an einem nicht auf den Hund abgezielten Trainingsaufbau, bei dem zusätzlich die Stressanzeichen des Hundes nicht berücksichtigt werden. Neben einem verbalen Signal lassen sich zusätzlich oder stattdessen Musik und / oder Gerüche für eine Entspannungskonditionierung einsetzen. Hierzu wartet der Halter einfach, bis der Hund sich in einer Entspannungsphase befindet und platziert einen der ausgewählten Reize neben ihm. Dieser wird letztlich als Entspannungssignal verknüpft werden. Hunden, die sich gar nicht oder ungern anfassen lassen, hilft es, wenn ihre Halter sich auf sich selbst konzentrieren und selbst ganz entspannt neben ihnen sitzen, ohne sie anzuschauen oder zu berühren.

Wird für den Hund die individuell passende Methode gefunden, tritt mit großer Wahrscheinlichkeit bald eine gewisse Entspannung ein, und durch ständiges Wiederholen festigt sich die Verknüpfung mit dem Signal immer mehr. Letztlich wird sich der Hund auch in stressigen Situationen allein durch das Signal beruhigen können. Wichtig ist es, dass immer dann, wenn das Entspannungssignal in einer Stresssituation verwendet worden ist, dieses im Anschluss wieder mehrmals in reizarmer Umgebung anzuwenden.

Zum Schluss möchte ich Ihnen noch gerne anhand eines Beispiels den Unterschied zwischen Entspannung und Ruhe erklären. Das darf nicht verwechselt werden, auch wenn das selbst in Hundeschulen immer noch passiert. Ein Hund bellt aufgeregt im Auto, weil er raus auf die Hundewiese möchte. Ihm Ruhe zu konditionieren, würde bedeuten, Sie machen die Autotüre erst in dem Moment auf, sobald der Hund sich beruhigt hat, also nicht mehr bellt. Das könnte aber leider auch bedeuten, dass Sie ihn eventuell erst dann rauslassen können, wenn er vor Erschöpfung gar nicht mehr bellen kann, was wiederum für dieses Ruhe-Training aber keine Rolle spielen würde. Die Belohnung, das Türöffnen, erfolgt erst, wenn das gewünschte Verhalten eintritt: das Stoppen des Bellens. Was der Hund irgendwann lernen wird, ist zu schweigen, damit die Autotüre aufgeht. Aber dadurch ist er ja noch lange nicht innerlich ruhig. Im Gegenteil: Innerlich brodelt es weiter. Nun wird er die Energie, die er durch das aufgeregte Bellen schon mal verloren hätte, irgendwo aus Frust anders entladen. Und das können die unterschiedlichsten Verhaltensweisen sein: andere Hunde umrennen, jagen, in die Leine springen, ziehen oder auch zuschnappen – je nach Energielevel und Hundetyp. Haben Sie aber ein Entspannungssignal gut aufgebaut, können Sie das auch im Auto verwenden. Dadurch relaxt der Hund vor dem Öffnen der Türe, ist ansprechbar, hört auf zu bellen und steigt in jedem Fall entspannter aus dem Auto, ohne sich irgendwo und irgendwie oder an irgendjemandem „entladen“ zu müssen. Entspannung ist ein innerer Zustand, Ruhe ein äußerer.

Anzeichen eines entspannten Hundes:

- seine Atmung ist gleichmäßig und langsam
- Wirbelsäule und Rute sind entspannt
- seine Muskulatur ist nicht angespannt
- seine Mundwinkel wirken locker
- vormals aufgerichtete Rückenhaare glätten sich
- der Hund setzt oder legt sich freiwillig hin – meistens in die Seitenlage
- seine Augen und seine Pupillen werden kleiner
- eventuell nimmt der Hund Körperkontakt zu seinem Halter auf
- der Hund beginnt zu dösen und schläft vielleicht auch ein
- sein Gesichtsausdruck wirkt weicher, die Gesichtsmuskeln sind entspannt
- Lautäußerungen werden schwächer und hören schließlich auf
- ein Stresshecheln wird eingestellt (Unterschied zum Hitzehecheln)
- der Hund beginnt mit Körperpflege, eventuell auch bei seinem Halter

Sicherer Rückzugsort für den Hund

Ein wunderbares Mittel, um seinem Hund eine Auszeit zu ermöglichen, ist eine Box. Viele Halter schauen mich bei dem Vorschlag, ein Boxentraining zu starten, ungläubig an und meinen dann, sie würden ihren Hund nicht einsperren, er dürfe sich überall im Haus frei bewegen. Dabei geht es bei einem Boxentraining nicht darum, den Hund wegzusperren, weil er verhaltensauffällig war oder schlicht gerade nervt. Es geht darum, ihm einen sicheren, angenehmen Ort zur Verfügung zu stellen, wo er sich wohlfühlt und in aller Ruhe herunterkommen kann, in den er sich jederzeit von selbst zurückziehen kann und wo er vielleicht sogar schlafen wird. Natürlich muss ein Rückzugsort für einen Hund nicht zwingend eine Box sein. Es kann auch ein Platz sein, der eigens für ihn hergerichtet ist und ihm vermittelt, dass er dort in Ruhe gelassen wird, es genau an dieser Stelle immer die schönsten Dinge für ihn gibt und er dort entspannen kann.

Ein Boxentraining ist ein sinnvolles Entspannungstraining für gestresste Hunde. Leicht erregbare, ängstliche und unsichere Hunde sind nach einer Stresssituation oft schwer oder gar nicht in der Lage, sich zu entspannen. Dabei wäre es gerade für sie so wichtig. Grundvoraussetzungen für das Training sind natürlich auch hier wieder eine reizarme Umgebung und eine ruhige Atmosphäre. Die Übungseinheiten sind wieder kurz mit anschließenden Pausen, die Trainingsschritte klein, und es wird keinerlei Druck aufgebaut. Das Ziel ist es, dass der Hund freiwillig in die Box geht, sich dort gerne aufhält und zur Ruhe kommt. Dazu ist es notwendig, dass sie von Anfang an mit positiven Dingen verknüpft wird.

Bestenfalls wird ein Hund schon als Welpe an eine Box gewöhnt, aber auch erwachsene Hunde, ja selbst Tierschutzhunde können sie mit dem richtigen Training gut annehmen. Sie sollte in jedem Fall groß genug sein, sodass der Hund darin sitzen, stehen und natürlich bequem liegen kann. Sie sollte nicht mitten im Raum positioniert werden, sondern eher in einer vor Zugluft geschützten Ecke. In jedem Fall aber sollte es dort möglichst ruhig sein. Als Box bietet sich eine Faltbox an. Diese ist stabil und leicht und kann auch mal mitgenommen werden. Sie bietet mehrere Ein- und Ausgänge, ist meist an mehreren Seiten blickdicht oder lässt sich nur mit einem Netzfenster verschließen. Die Box sollte weich und gemütlich ausgestattet werden.

Es gibt viele Gründe, warum eine Box für Hunde sinnvoll sein kann. Manche Hunde verfallen in totalen Stress, wenn sich Besuch ankündigt. Sie meinen, sie müssten Haus und Hof vor Jedermann verteidigen. Werden sie bei der Ankunft der Besucher in die Box geschickt, lernen sie dadurch, dass nicht sie, sondern ihr Halter Verantwortung für Grund und Boden übernimmt. Andere Hunde sind sehr ängstlich und unsicher. Ihnen

Es gibt viele gute Gründe, warum eine Box sinnvoll ist. Billy dient sie mittlerweile zum Entspannen.

kann mithilfe der Box ein Gefühl der Sicherheit vermittelt werden. Zudem bietet eine Box dem Hund einen sicheren Rückzugsort, wenn beispielsweise Kinder zu Besuch sind. Ihnen ist leichter beizubringen, den Hund in Ruhe zu lassen, wenn er in seiner Box liegt, als den umherlaufenden Hund zu ignorieren. Und nicht zuletzt lassen sich Hunden mithilfe einer gut konditionierten Box Ängste vorm Autofahren nehmen.

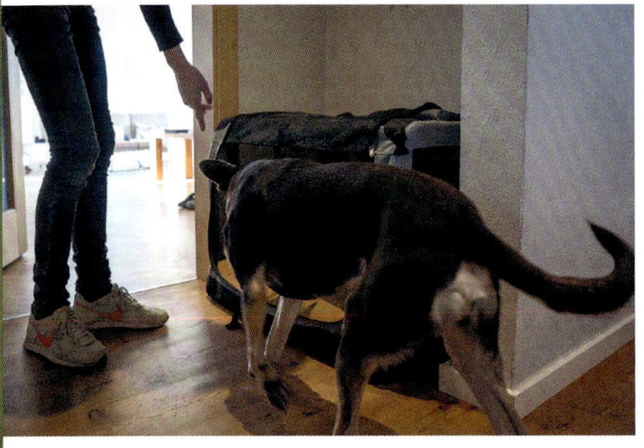

Bevor die Box für Billy zu einem Rückzugsort wurde, erfolgte ein postives Aufbautraining.

Wichtig ist der positive Aufbau des Boxentrainings. Zunächst wird die Box aufgestellt, so dass sich der Hund an den Geruch und das Aussehen gewöhnen kann. Der Hund darf die Box erkunden, wenn er möchte. Sobald er ein wenig Interesse zeigt, sollte ihm die Box schmackhaft gemacht werden, indem der Halter ein paar Leckerchen vor die geöffnete Box oder in ihre Nähe legt. Die Leckerchen sollten etwas Besonderes sein und nur in der Box gegeben werden. Der Hund darf sie sich nehmen und wieder gehen. Nun wird ein Leckerchen innen auf den Boden der Box gelegt, anfangs möglichst so, dass der Hund noch gar keine Pfote in die Box setzen muss. Handelt es sich um eine harte Transportbox, sollte darauf geachtet werden, dass die Tür nicht aus Versehen von alleine zuklappen kann, damit der Hund sich nicht erschreckt. Im nächsten Schritt werden die Leckerchen immer weiter in die Box geworfen, sodass der Hund mit den Pfoten die Box betreten muss, um sie zu bekommen.

Traut sich der Hund, in die Box zu gehen, lässt sich das Verhalten wieder mit einem Markersignal verbinden und es wird ein Start- sowie ein Endsignal eingeführt. Sobald er die erste Pfote hebt, um in die Box zu gelangen und sich sein Leckerchen zu holen, könnte der Halter sagen „In die Box." Sobald diese Übung sitzt, wird der Hund mit einem „In die Box" zuerst hineingeschickt und bekommt dann dort sein Leckerchen. Klappt das Hineinschicken reibungslos und der Hund bleibt dabei entspannt, kann der Halter damit beginnen, langsam die Türe der Box zu schließen. Erst nur für eine Sekunde und danach darf der Hund die Box wieder verlassen. Die Dauer mit geschlossener Tür wird in kleinen Schritten immer weiter ausgedehnt. Wird der Hund da-

Im Laufe der Zeit musste Billy nach dem Hineinschicken eine Weile in der Box verbleiben.

bei unruhig, wird die Tür sofort geöffnet und die Dauer dann zunächst wieder verkürzt. Das Schließen der Tür muss auch nicht mit jedem Hund trainiert werden. Bei unsicheren und ängstlichen Hunden würde ich das nur machen, wenn der Hund in der Box später mal Autofahren soll oder sonst ein Transport mit einer Box unabdingbar ist. Zeigen Hunde eher angst-aggressives Verhalten, sollte das Türenschließen in jedem Fall trainiert werden.

Auch die Dauer seines Aufenthalts in der Box wird sukzessive verlängert. Dafür eignen sich statt Leckerchen hervorragend Knabberstangen oder Leckmatten, also alles, mit dem der Hund eine Weile beschäftigt ist. Natürlich gesetzt den Fall, der Hund findet daran Gefallen. Währenddessen sitzt der Halter vor oder in der Nähe der Box und liest ein Buch oder ruht sich ebenfalls aus. Liegt der Hund nun bereits entspannt in seiner Box, wird daran gearbeitet, dass der Halter sich entfernt. Erst geht er einen Schritt weg und kehrt sofort zurück, um den Hund dafür zu loben. Mit der Zeit werden es immer mehr Schritte, bis der Halter sich frei im Raum bewegen kann. Erst, wenn der Hund sich dabei ruhig verhält, gibt es die nächste Steigerung: der Raum wird verlassen. Natürlich auch kleinschrittig und nur dann, wenn der Hund sich entspannt verhält. Wird er unruhig, wird sich wieder neben die Box gesetzt, die Türe wird geöffnet und der Hund darf wieder raus. Je langsamer die Schritte beim Boxentraining umgesetzt werden, umso lieber wird der Hund die Box annehmen.

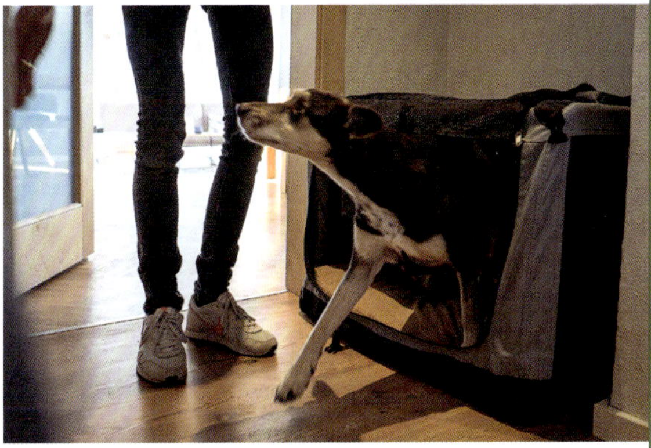

Während des Boxentrainings gibt der Halter immer ein Anfangs- und ein Endsignal.

Insel der Entspannung etablieren

Um dem Hund einen Bereich zu schaffen, in dem er jederzeit und überall entspannen kann, eignet sich hervorragend ein Deckentraining. Die Decke soll für den Hund zum Ritual werden, das ihm vermittelt, hier darf ich mich entspannen und erholen. Wie Sie bereits wissen, sind Rituale im Alltag ein große Hilfe für gestresste Hunde. Doch oftmals ist gut gemeint nicht gut gemacht. Durch meine mobile Praxis bin ich den unterschiedlichsten Häusern und Wohnungen unterwegs und stelle fest, dass allzu oft der Liegeplatz des Hundes nicht in einer ruhigen Ecke, sondern an sehr prominenter Stelle platziert ist. Hier sitzt der Hund wichtig in der ersten Reihe, mit bester Aussicht auf alles, was rundherum passiert. Die Botschaft, die er dadurch bekommt, könnte lauten: „Pass gut auf, dass dir ja nichts entgeht! Denn du bist hier für alles verantwortlich."

Mit der Etablierung einer Ruhezone wird genau das Gegenteil bewirkt: „Du musst dich hier um gar nichts kümmern und kannst entspannt liegen bleiben." Das Ziel des Deckentrainings soll daher sein, dass der Hund auf ein Signal hin seine Decke aufsucht und dort

Soll die Decke zum Rückzugsort werden, muss das Training sehr kleinschrittig erfolgen.

verweilt, bis der Halter ihn wieder holt oder abruft. Das Wichtigste daran ist, dass er sich nicht nur hinlegt und aufgeregt wartet, bis er wieder abgerufen wird, sondern, dass er entspannt darauf liegen bleibt. Deckentraining ist daher auch keine „Platz“-Übung, bei der es darum geht, dass der Hund sich ablegt, sondern eine Entspannungsübung: Er wird momentan nirgends gebraucht, keiner will etwas von ihm, er kann sich jetzt entspannen.

Wird ein Deckentraining positiv aufgebaut, ziehen sich Hunde auch gerne dorthin zurück.

Wozu ist ein Deckentraining sinnvoll? In erster Linie ist es eine probate Managementmaßnahme für zuhause, wenn etwa Handwerker kommen, und für unterwegs, wenn etwa Freunde besucht werden. Das Schöne beim Deckentraining ist, dass sich der Hund nach einem gut aufgebauten Training überall entspannen kann. Die Decke wird zu seiner mobilen Zone für Sicherheit, Ruhe und Wohlbefinden. Wenn das Training auf den Hund abgestimmt worden ist, lässt es sich beispielsweise sehr effektiv beim Tierarzt anwenden. Natürlich lässt sich ein Hund dort auch einfach mit einem „Platz“ ablegen, aber deswegen empfindet er alles um sich herum trotzdem noch aufregend: die anderen Tiere, die Menschen, die Gerüche und Geräusche. Legt er sich aber auf seiner Decke ab, dann ist das mit vielen guten Gefühlen verknüpft und eben nicht mit Aufregung. Hunde können sich von ganz alleine dorthin zurückziehen, denn sie wissen, da haben sie Ruhe, dort fühlen sie sich sicher. Auch im Alltag und im Urlaub gibt es viele Möglichkeiten: Etwa in einer Pause beim Wandern, bei Freunden, im Restaurant… Falls Hunde kaum entspannen können, fällt es ihnen mit ihrem Deckenritual allemal leichter.

Das Deckentraining selbst wird in zwei Abschnitte aufgeteilt. Zum einen wird der Hund auf die Decke geschickt, zum anderen muss er auf der Decke verweilen. In der Trainingsphase ist es wichtig, dass die Übung immer vom Halter beendet wird. Von daher bietet sich auch hier wieder das altbewährte Anfangs- und Endsignal an. Das Deckentraining selbst kann mit konditionierter Entspannung kombiniert werden, und zwar mit einem Signal, mit Düften und / oder auch mit Musik. Darauf gehe ich in Kapitel 6 noch näher ein. Klappt der Einsatz der Decke im Lernstübchen und dort auch schon unter Ablenkungen, wird das Training nach draußen verlagert. Sie lässt sich auf jeden Spaziergang mitnehmen, sollte aber anfangs nicht an Stellen ausgepackt werden, die recht belebt sind. Ansonsten bieten sich Bänke, große Steine oder Wald- und Wiesenränder zum Üben an, bei denen eben auch der Halter eine Möglichkeit hat, für eine Weile gut zu sitzen. Wichtig: Das Training wird immer positiv beendet, also mit einem guten Ergebnis für den Hund.

Weil Billy die Decke nur mit guten Gefühlen verknüpft, lässt er sich gerne darauf schicken.

Die Decke selbst ist keine Strafzone, sondern ein Sicherheitsbereich. Auf der Decke erfolgt kein Streicheln, hier werden keine Augentropfen verabreicht und auch sonst finden keinerlei Manipulationen statt. Wer ein wenig Zeit und Geduld investieren und für eine gewisse Regelmäßigkeit des Trainings sorgen kann, schafft mit dieser Übung für seinen Hund eine Insel der Entspannung. Die Decke wird es ihm letztlich erleichtern, sich überall sicher zu fühlen.

Deckentraining für gestresste Hunde ist natürlich kein Allheilmittel. Sowohl Deckentraining als auch Boxentraining können bei gestressten Hunden nur ein Teil eines umfassenden Anti-Stress-Trainings sein, bei dem es darum geht, Stress erst gar nicht entstehen zu lassen. Aber es ist ein äußerst wichtiges Mosaiksteinchen. Bei sehr aufgeregten Hunden wird es wahrscheinlich eine Zeitlang dauern, bis sie sich auf der Decke entspannen können und sie als Sicherheitszone und nicht nur als Wartezone sehen. Bleiben diese Hunde nur kurz liegen und verlassen immer gleich wieder die Decke, muss im Training ein paar Schritte zurückgegangen werden, bis zu dem Zeitpunkt, an dem der Hund den vorgegebenen Trainingsschritt gut hat umsetzen können. Bei manchen Hunden muss ein Deckentraining eben nicht klein-, sondern kleinstschrittig aufgebaut werden. Dieses Entspannungstraining hat nichts damit zu tun, dem Hund einfach einen Platz zuzuweisen, an dem er sich ruhig verhalten soll. So wird das Training oft in Hundeschulen praktiziert. Hier wird der Hund auf die Decke geschickt, um sich ruhig, aber nicht, um sich entspannt zu verhalten. Das ist ein gravierender Unterschied. Hier kann es sein, dass das Deckentraining letztlich für noch mehr Aufregung beim Hund sorgt, weil es sich eben lediglich um ein Gehorsamkeitstraining handelt.

Erst mal durchatmen

Eine weitere Übung für gestresste Hunde ist der sogenannte Entspannungssitz. Diese kleine, aber sehr effektive Alltagshilfe ersetzt natürlich nicht die klassische „Sitz"-Übung und soll das auch gar nicht. Sie stellt vielmehr eine weitere wertvolle Ergänzung im Anti-Stress-Training dar. Diese Übung tut nicht nur Ihrem Hund gut, sondern auch Ihnen. Der Trainingsaufwand ist minimal, vor allem dann, wenn Ihr Hund ein „Sitz" bereits beherrscht. Dann ist das gewissermaßen eine kleine Variante davon und lässt sich sehr schnell umsetzen.

Ein gewünschtes Verhalten lässt sich über unterschiedliche Signale auslösen oder abrufen: über eine Geste mit der Hand, eine bestimmte Bewegung, einen Pfiff, ein festgelegtes Geräusch oder ein Wort. Auch eine Örtlichkeit kann ein Verhalten auslösen, etwa der Hausflur, bevor es zum Spaziergang geht. Es gibt noch ein weiteres Signal, das sich jederzeit einsetzen lässt: Ihre Atmung. Und genau das beinhaltet die Übung, gezieltes Atmen. Wenn Sie bewusst atmen, vor allem in stressigen Situationen, tut das nicht nur Ihnen gut, sondern auch Ihrem Hund. Mit unterschiedlichen Methoden lässt sich das Atmen regulieren, was sich wohltuend auf Körper und Geist auswirkt, gerade wenn etwas Unvorhergesehenes, Schlimmes oder Trauriges passiert. Tiefes Ein- und Ausatmen bringt erst einmal für einen Moment Ruhe in die Situation und ein wenig Zeit, sich zu orientieren und zu sammeln. Wenn Sie sich diverse Atemtechniken angewöhnen, ist es sehr hilfreich, Ihren Hund mit einzubeziehen. Mehr zu Atemübungen für Sie als Halter finden Sie in Kapitel 7.

Atmet der Halter bewusst und lange tief aus, am besten über den Mund, überträgt sich das auf den Hund und wird ihm helfen, eine stressige Situation besser zu ertragen. Letztlich wird das Ausatmen für den Hund das Signal, sich hinzusetzen und abzuwarten. Der Vorteil der Übung liegt auf der Hand: Sie bringen erst ein bisschen Ruhe in den aufregenden Moment. Gerade bei sehr aufgeregten und hyperaktiven Hunden ist es hilfreich, wenn sie in der Situation verharren und sich dabei selbst umsehen und orientieren können. Wurde dem Hund bereits ein abrufbares „Sitz" beigebracht, dann wird das Ausatmen als neues Signal einen kurzen Moment vor dem bereits bekannten Ablauf eingebaut. Das heißt, statt ein „Sitz" sofort mit einer Geste oder einem Wort einzufordern, wird kurz zuvor nochmal tief und deutlich ausgeatmet. Nach einigen Wiederholungen beginnt man, den Abstand zwischen dem Ausatmen und dem Signal zu verlängern. Nach kurzer Zeit wird der Hund sich dann bereits beim Ausatmen hinsetzen. Das Signal für ein „Sitz" dient dann lediglich der Erinnerung.

Ein Entspannungssitz ersetzt die klassische „Sitz"-Übung schon deswegen nicht, weil er keine exakt auszuführende Übung darstellt, die ein klar definiertes Ende hat. Sie hilft Ihnen als Halter die Situation, die Ihren Hund in Stress versetzt, einfach zusammen mit ihm zu betrachten und sich zu orientieren. Sie ist sicherlich nicht in jeder Stresssituation anwendbar, aber die Einsatzmöglichkeiten sind doch sehr groß, etwa im Straßenverkehr oder in der Stadt. Hier kommt es oft zu unvorhersehbaren Situationen wie Begegnungen auf einem schmalen Gehweg oder plötzlich lauten Geräuschen, wenn beispielsweise gehupt wird. Solche Situationen können Sie versuchen, zusammen mit Ihrem Hund künftig „wegzuatmen".

Impulskontrolle will gelernt sein

Impulskontrolle beim Hund bedeutet, simpel erklärt, die Fähigkeit, einem Impuls (etwa einem aufspringenden Hasen) nicht nachzugeben und Herr über seine Handlungen (ein Hinterherjagen) und Emotionen (höchste Erregung) zu bleiben. Sie sorgt also dafür, dass Hunde sich beherrschen können. Impulskontrolle impliziert daher nichts anderes, als dass ein Hund fähig ist, seine Gefühle, Triebe und Emotionen zu regeln. Diese Selbstkontrolle hat leider einen Haken: Sie ist auf ein bestimmtes Kontingent begrenzt, und das ist von Hund zu Hund auch noch verschieden groß.

Begrenzt bedeutet, dass sie sich einem Akku gleich entlädt und erst wieder aufgeladen werden muss, um einsatzbereit zu sein. Ist dieser Akku leer, ist eine Selbstbeherrschung für den Hund kaum zu bewerkstelligen. Schwierige Situationen zu meistern, fällt ihm dann sichtlich schwerer. Laden lässt er sich nur in Schlaf- und Ruhephasen, in denen der Hund sich erholen und Erlebtes verarbeiten kann. Danach steht die Fähigkeit, sich zu beherrschen, wieder für neue Herausforderungen bereit. Die Schlussfolgerung daraus: Einem gestressten Hund, der schnell aufgeregt ist und sich nicht entspannen kann, steht weniger Selbstbeherrschung zur Verfügung als einem erholten und ausgeruhten. Entspannung und Impulskontrolle hängen also direkt zusammen.

Ist denn eine Impulskontrolle wichtig für den Hund? Ja, denn jedes Mal, wenn der Hund sich für ein bestimmtes Verhalten entscheiden muss, benötigt er dafür ein gewisses Maß an Selbstkontrolle. Rufen Sie Ihren Hund etwa aus einem Spiel mit seinen Kumpeln zu sich, hat er zwei Möglichkeiten: Entweder kann er den Impuls, mit seinen Freunden zu spielen, kontrollieren und kommt zu Ihnen, oder aber er kann den Impuls, weiter zu rennen, nicht kontrollieren und kommt dann eben nicht. „Normalen" Hunden lässt sich mit Grundgehorsamsübungen eine Impulskontrolle gut antrainieren. Aber wie sieht es mit Hunden aus, die ängstlich sind, hyperaktiv oder vollkommen verunsichert?

Die Kontrolle über das eigene Verhalten bei Hunden wird durch verschiedene Faktoren beeinflusst. So haben beispielsweise Genetik und Aufzucht ebenso einen Einfluss auf die Impulskontrolle wie Körperbau, Rasse und natürlich Stress. Welpen und Junghunden fällt es besonders schwer, sich zu beherrschen. Da große Rassen für ihre Entwicklung mehr Zeit benötigen als kleine, brauchen sie auch wesentlich länger, bis sie überhaupt in der Lage sind, sich beherrschen zu können. Denn die Gehirnareale, die für eine Impulskontrolle zuständig sind, müssen sich erst entfalten. Auch die Körpergröße macht einen Unterschied, denn je leichter und schmaler der Körperbau eines Hundes ist, umso höher ist auch dessen Stoffwechsel. Ein hoher Stoffwechsel sorgt allerdings wiederum für mehr Aufregung. Selbst rassespezifische Unterschiede spielen bei der Impulskontrolle eine Rolle, und sogar innerhalb einer Rasse können sich die Linien unterscheiden: Arbeitslinien sind in der Regel dafür gezüchtet, schnelle Entscheidungen zu treffen und tun sich generell schwerer, sich selbst zu beherrschen, als Showlinien. Auch die Ernährung des Hundes kann einen Einfluss haben.

Ganz entscheidend mindert jedoch Stress die Impulskontrollfähigkeit. Einem Impuls zu widerstehen, hängt dabei vom generellen Stresserleben ab. Vielleicht kennen Sie das auch von sich selbst: Wenn Sie wirklich viel um die Ohren haben und sich richtig gestresst fühlen, genügt manchmal eine Kleinigkeit, um vollkommen überzureagieren. Vielleicht schreien Sie Ihren Kollegen an, obwohl Sie sonst die Ruhe in Person sind, oder Sie werfen etwas auf den Boden, um sich abzureagieren. Definitiv können Sie sich in der Phase schlecht konzentrieren, und für die Lösung schwieriger Aufgaben wären Sie jetzt schon gar nicht in der Lage. Stress beeinflusst die Impulskontrolle beim Hund im gleichen Maße. Ist der Hund gestresst, wird es ihm schwerfallen, sich zu beherrschen. Hier ist es sinnvoll, vor einem Impulskontrolle-Training ein Anti-Stress-Training und ein Entspannungstraining durchzuführen, damit der Hund die Möglichkeit hat, sich schnell zu erholen. Denn je weniger Stress er hat, desto leichter wird er sich auch beherrschen können.

Wollen Sie die Fähigkeit Ihres Hundes zur Impulskontrolle fördern und trainieren, sind auch in diesem Fall wieder ein optimales Trainingssetting und ein individuell abgestimmter Plan mit regelmäßigen Pausen für den Lernerfolg entscheidend. Wichtig ist zu wissen, dass Sie die Impulskontrollfähigkeit Ihres Hundes durch Training verbessern können, aber er sein Verhalten nicht von einer auf eine andere Situation automatisch übertragen kann. Wird beispielsweise das Signal „Sitz“ im Lernstübchen aufgebaut und funktioniert dort zuverlässig, verbraucht der Hund, um sich auf Ihr Signal hin zu setzen, genau in diesem Raum dann nur noch wenig Impulskontrolle. Geht es nun nach draußen und wird ein „Sitz“ etwa an der Bushaltestelle abgefragt, ist dem Hund das Signal in diesem Kontext noch nicht geläufig. Um es ausführen zu können, benötigt er wesentlich mehr Impulskontrolle als zuhause. Die Fähigkeit zur Impulskontrolle wird vom Hund nicht generalisiert, was heißt, es lässt sich nur in bestimmten Situationen üben und auch zunächst nur dort fehlerfrei ausführen. Zeigen Sie daher Verständnis, wenn Ihr Hund das „Sitz“ an der Bushaltestelle nicht sofort und korrekt ausführt. Er will Sie nicht ärgern – er kann es einfach noch nicht. Je schwieriger er für ein „Sitz“ die Situation empfindet, umso mehr Impulskontrolle wird er verbrauchen. Der Zusammenhang, in dem ein Signal geübt und gelernt worden ist, ist also entscheidend für den Verbrauch an Impulskontrolle.

Hat der Hund in verschiedenen, immer wiederkehrenden Situationen gelernt, sich zu beherrschen, wird er dadurch weniger impulsives Verhalten an den Tag legen und somit auch weniger Stress haben. Was natürlich gerade gestressten Hunden immens hilft. Die Gestaltung der Übungen sollte so kurz und leicht sein, dass der Hund die Umsetzung fehlerfrei meistern kann. Je sorgfältiger und kleinschrittiger ein Verhalten aufgebaut wird, umso leichter wird es für den Hund. Er kann dann Signale entspannt ausführen und auch eigenständig erlernte Strategien generalisieren. Werden Signale dagegen nicht korrekt, verzögert oder gar widerwillig umgesetzt, ist das Training nicht auf Ihren Hund abgestimmt. Gehen Sie in diesem Fall einige Schritte im Training zurück und denken Sie immer daran: Ist der Akku leer, muss er erst wieder aufgeladen werden. Vielleicht benötigt Ihr Hund einfach noch mehr Ruhephasen. Bei gestressten Hunden sollte ein Impulskontrolle-Training nur im Rahmen eines Anti-Stress-Trainings erfolgen. Gerade bei hyperaktiven Hunden führt dieses Training ansonsten zu Frust und dadurch am Ende zu noch mehr Stress.

Frust muss nicht sein

In Verbindung mit Impulskontrolle findet sich auch immer wieder der Begriff Frustrationstoleranz, also die Fähigkeit, Frust aushalten zu können. Impulskontrolle und Frustrationstoleranz beschreiben in der Psychologie, mit inneren Impulsen oder Außenreizen sowie mit Enttäuschungen umgehen zu können. Pauschal lässt sich sagen, Impulskontrolle bedeutet, die Fähigkeit zu besitzen, eine erste Reaktion oder einen Wunsch zu unterdrücken. Frust dagegen ist das Gefühl der Enttäuschung auf eine erwartete Reaktion, die ausbleibt. Frustrationstoleranz wiederum ist die Fähigkeit, ein gewisses Maß an Frust aushalten zu können beziehungsweise bei Ausbleiben der erwarteten Reaktion nicht gleich enttäuscht zu sein. Für eine funktionierende Impulskontrolle muss ein Hund in der Lage sein, Frust aushalten zu können. Daher sind diese beiden Begriffe sehr eng miteinander verbunden. Hat ein Hund zu wenig Impulskontrolle erlernt oder hat keine Impulskontrolle mehr übrig, wird er zwangsläufig frustriert werden. Und eine Reaktion des Hundes auf Frust ist eben wieder mal Stress.

Dem Hund Frustrationstoleranz beizubringen, ist vollkommen in Ordnung, denn im Laufe seines Lebens wird es immer wieder zu Situationen kommen, in dem Sie ihm etwas nicht erlauben können oder er etwas umsetzen muss, damit Sie ihn schützen können. Kann er damit gar nicht umgehen, erzeugt das selbstverständlich wieder Stress bei ihm. Das Training von Frustrationstoleranz muss bei unsicheren, ängstlichen und gestressten Hunden jedoch anders aufgebaut werden, da sie von Haus aus schon eine eher niedrige Frustrationstoleranz mitbringen. Normalerweise werden Hunde bei vielen Übungen so lange frustrierenden Situationen ausgesetzt, bis sie gelernt haben, diese auszuhalten. Sie lernen hierbei lediglich, die Situationen zu ertragen, jedoch keine Alternativstrategie, wie sie ihren Gefühlen begegnen können. Bei den meisten Übungen bleiben die Hunde frustriert und verbrauchen sehr viel Impulskontrolle.

Von Hundeschulen gibt es für Halter mitunter sogar die Vorgabe, Listen zusammenzustellen, was beim eigenen Hund aktuell so richtigen Frust erzeugen könnte, um hier mit dem Training anzusetzen. Ein paar Beispiele: Der Napf wird mit Futter gefüllt, auf die Arbeitsfläche gestellt und bleibt dort noch eine halbe Stunde stehen. Oder: Der – für mich verständlicherweise freudig – aufgeregte Hund wird für die Gassirunde angeleint, die Haustüre wird aber nicht geöffnet, und der Halter wartet schweigend so lange im Flur, bis der Hund sich vollkommen beruhigt hat. Wohl gemerkt „beruhigt", nicht etwa „entspannt", denn das könnte er in diesem Moment auch gar nicht. Oder: Der Hund sieht beim Spaziergang seinen Hundekumpel, darf ihn aber nicht begrüßen, sondern wird mit allen Mitteln von ihm ferngehalten. Die Beispiele, bei denen ein Hund in absoluten Frust geführt werden kann, ließen sich endlos aufzählen. Solche allgemeinen Tipps sind für eh schon gestresste Hunde Gift. Daher sollte ein Frustrationstoleranz-Training bei gestressten Hunden nicht so aufgebaut sein, dass Frust und das Erzeugen von negativen Emotionen zu lange andauern, sondern in einer Weise, dass der Hund anhand von Übungen lernt, mit seinen Gefühlen umzugehen.

Ich will nicht behaupten, dass ein Hund, auch wenn er unter Stress leidet, niemals mit Frust konfrontiert werden sollte. Frust ist wichtig, um das Leben meistern zu können. Aber ich bin der Meinung, dass man es sich gerade bei Stresshunden genau überlegen muss, ob eine Konfrontation mit Frust in dieser einen Situation unbedingt nötig und sinnvoll ist, und ob der Hund das Gewünschte im Moment überhaupt leisten kann. Denn Frust führt anfangs natürlich unweigerlich zu weiterem Stress, solange der Hund noch nicht weiß, wie er damit umgehen kann. Gerade bei Hunden mit einem hohen Stresspegel sollte einem Frustrationstoleranz-Training daher immer erst ein Entspannungstraining vorgeschaltet werden. Und das Training selbst muss selbstverständlich fair und kleinschrittig erfolgen. Prinzipiell wäre es aber besser, sich zu überlegen, für Situationen, die beim Hund für Frust sorgen, Alternativen anzutrainieren – mit Übungen, die eine Interaktion mit dem Hund vorhersehbar und berechenbar machen und positive Emotionen vermitteln.

Wichtig ist: Das gewählte Alternativverhalten sollte zum individuellen Hund und zur individuellen Situation passen. Nehmen wir das Beispiel von oben, den aufgeregten Hund vor dem Spaziergang so lange warten zu lassen, bis er sich ruhig verhält. Dieses gewünschte Verhalten wird zwar irgendwann funktionieren, sicherlich auch irgendwann schneller als am Anfang, verbraucht beim Hund aber schon vor der Gassirunde Impulskontrolle, die ihm dort später fehlen wird. Besser wäre es beispielsweise, isometrische Übungen durchzuführen, um seine Gedanken umzulenken, oder gerne auch Leckerchen auf den Boden zu werfen, die er suchen darf. Durch die Übungen konzentriert er sich auf sich und nicht auf den bevorstehenden Spaziergang, und durch das Suchen ist er nicht nur abgelenkt, sondern Suchen sorgt gleichzeitig für Entspannung. Dazu später mehr.

Übungen für Stresshunde

Gezielte Übungen zur Verbesserung der Frustrationstoleranz für mehr Entspannung sind ein wichtiges Thema im Alltag von unruhigen und hyperaktiven Hunden, denn sie helfen ihnen, insgesamt entspannter zu werden. Sie lernen dadurch, die psychische Spannung zu ertragen, die zwangsläufig das Resultat des Nichterreichens eines angestrebten Ziels ist. Zudem lernen sie, über einen längeren Zeitraum konstruktiv damit umzugehen, ohne frustriert zu sein und beispielsweise Aggressionsverhalten, Meideverhalten, Stressreaktionen oder Übersprungshandlungen an den Tag zu legen. Nachfolgend daher zwei Übungen, die zuverlässig helfen, Impulskontrolle in einem bestimmten Kontext aufzubauen und zu fördern:

Das Zehn-Leckerchen-Spiel

Das Zehn-Leckerchen-Spiel ist ein einfaches, sehr wirkungsvolles Spiel, das die Impulskontrolle des Hundes verbessert oder sogar später als Alternativverhalten eingesetzt werden kann. Denn klappt diese Übung, lässt sie sich auch draußen als sicheres Rückrufsignal verwenden. Das Zehn-Leckerchen-Spiel eignet sich hervorragend für gestresste Hunde, fördert es doch nicht nur die Aufmerksamkeit und die Bindung zu ihren Menschen, sondern hilft ihnen, im Alltag in bestimmten Situationen die richtigen Entscheidungen zu fällen und unterstützt sie in heiklen Situationen.

Wie der Name vermuten lässt, wird hier mit Futter belohnt. Die Qualität des Futters beeinflusst den Erfolg im Training und beim Einsatz im Alltag ganz entscheidend und muss immer aus Sicht des Hundes bestimmt werden. Es genügt daher nicht, einfach etwas vom Trockenfutter zu nehmen, es sollten schon extra leckere Leckerchen sein, die es nur bei diesem Spiel gibt – und sonst nie. Es schadet auch nicht, im Laufe des Trainings verschiedene Belohnungsmöglichkeiten einzusetzen, da eines vielleicht im Laufe der Zeit seine Wirkung verliert. Außerdem wird damit die Motivation des Hundes erhöht und lässt ihn automatisch aufmerksamer werden.

Durch die Konzentration des Hundes auf seinen Halter kehrt auch bei sehr aufgeregten Hunden erst mal Ruhe ein. Durch das Spiel wird die Selbstkontrolle des Hundes gefördert und Stresssituationen werden durch Alternativverhalten entschärft. Einsetzbar ist es vor allem bei Hundebegegnungen, Vorbeigehen an Erregungsauslösern wie Katzen und Hasen oder Angstauslösern wie schwarz gekleidete Männer, beim Tierarzt, wenn Besuch ins Haus kommt, zum Herunterfahren bei zu wildem Toben mit den Hundekumpels und generell auch nach erlebten Stresssituationen.

Die Vorbereitung für das Training sollte zuerst wieder in einer absolut reizarmen Umgebung ohne Ablenkung stattfinden. Die hochwertigen Leckerchen müssen natürlich ausreichend vorhanden sein. Deswegen bieten sich hier wirklich kleine Stückchen an. Ob ein Clicker verwendet wird, hängt von Ihnen und Ihrem Hund ab. Aber egal, ob man clickert oder nicht: Zunächst wird das Spiel so begonnen, dass ein Leckerchen auf den Boden fliegt, und sobald der Hund es findet und aufnimmt, wird entweder geclickert oder gelobt. Leckerchen werden so lange geschmissen, bis Ihr Hund Sie erwartungsfroh ansieht und auf das Werfen des nächsten Leckerchens wartet. Sollte der Hund Stresssignale zeigen, werden Pausen eingelegt. Das Ziel soll sein, dass der Hund sich auch in reizüberfluteten Situationen leichter auf seinen Halter konzentrieren und damit auch andere Ablenkungen einfacher ausblenden kann. Zudem senkt es den Erregungslevel.

Das Training selbst beginnt mit einem Anfangssignal und der Hund sollte sich vor seinen Halter hinsetzen. Wenn der Hund Probleme hat zu sitzen, kann er natürlich auch stehen. Der Halter hat Leckerchen in einer Hand. Dann beginnt er damit, das eine Leckerchen vor den Augen des Hundes von der einen in die andere Hand zu werfen – und zwar so, dass der Hund es auch sieht. Gleichzeitig wird freudig die Zahl „10“ gesagt. Danach wird das Leckerchen unmittelbar auf den Boden geschmissen, und sobald der Hund es aufnimmt, wird geclickert oder gelobt. Hat der Hund sein Leckerchen gefressen, holt der Halter ihn zurück und lässt ihn wieder vor sich absitzen. Dann wird wieder gezählt: „9, 10“, wobei die „10“ anfangs immer ganz besonders freudig gezählt wird. Danach fliegt zuerst ein Leckerchen, sobald der Hund es frisst, wird geclickert oder gelobt, dann fällt das zweite Leckerchen, sobald der Hund es frisst, wird er wieder bestätigt. Der Hund wird wieder hergeholt und muss erneut absitzen. Dann wird wieder eine Zahl mehr hinzugezählt: „8, 9, 10“.

Das Zehn-Leckerchen-Spiel ist ein einfaches, aber effektives Spiel zur Impulskontrolle.

Anfangs konnte Billy sich nur kurz konzentrieren. Nun lässt er sich damit auch ablenken.

So geht es im Laufe der Zeit weiter, bis die gesamte Kette von „1 bis10“ gezählt werden kann. Das dauert je nach Hund etwas. Bei manchen klappt es schon nach zwei, drei Tagen, andere brauchen einfach länger. Viele können sich anfangs nur auf „9, 10“ konzentrieren, aber im Laufe der Zeit schaffen sie es alle. Die Übung ist dann erfolgreich, wenn der Hund vor seinem Halter sitzt, sich voll auf diesen konzentriert und bis zur letzten Zahl sitzen bleibt. Die Zahl „10“ kündigt dabei immer eine Belohnung an und es wird immer nur so lange gezählt, wie die Aufmerksamkeitsspanne des Hundes reicht. Ziel ist natürlich, dass der Hund bis zur „10“ entspannt bleibt. Wird am Anfang noch recht zügig gezählt, damit Ihnen die Aufmerksamkeit Ihres Hundes gesichert ist, lässt sich von Mal zu Mal die Dauer zwischen den Zahlen verlängern. Es wird auch nur weitergezählt, wenn der Hund Sie anschaut. Das kann anfangs etwas dauern, aber die Geduld lohnt sich. Klappt die Übung hervorragend in den eigenen vier Wänden, kann sie nach draußen verlagert werden, wobei hier wieder bei der einfachen „10“ begonnen werden sollte.

Da jeder Trainingsschritt zig Male wiederholt wird, selbst am Ende ja noch zehn Mal, können Hunde schnell und effektiv lernen. Bereits nach einigen Durchläufen wird das

Zehn-Leckerchen-Spiel zu einem hochwertigen Aufmerksamkeitssignal und zu einem hervorragenden Alternativverhalten führen. Impulskontrolle kann dem Hund damit leicht, verständlich und absolut positiv beigebracht werden.

Einsatzmöglichkeiten des Zehn-Leckerchen-Spiels:

- an Hunden vorbeigehen
- an Katzen vorbeigehen
- an Angstauslösern vorbeigehen
- beim Tierarztbesuch
- wenn Besuch nach Hause kommt
- zum Herunterfahren bei zu wildem Toben
- generell nach aufregenden Situationen

Click für Blick

Bei „Click für Blick" geht es nicht darum, dass Ihr Hund Sie anschauen soll, sobald Sie ihm das Signal dazu geben. Es geht um das erste Wahrnehmen und um das erste Hinschauen des Hundes zu irgendwelchen Stressauslösern und Stressreizen. Das Ziel der Übung ist es, dass eine Neuverknüpfung von Auslösern und Reizen stattfindet. Ein Beispiel: Ihr Hund legt sich in die Leine und bellt, wenn er bestimmte Hunde sieht. Mit dieser Übung soll er lernen, dass jedes Mal, wenn er einen dieser Hund wahrnimmt, etwas für ihn ganz Wunderbares passiert. Kurz gesagt, ein schrecklicher Reiz wird zu einem äußerst angenehmen. Ein Click steht hier auch nicht zwingend für einen Clicker, sondern stellvertretend für jedes andere Markersignal.

Das „Click für Blick" ist eine tolle Übung und kann bei ganz vielen Problemen eingesetzt werden. Es ist gut geeignet für Hunde, die ängstlich, aufgeregt oder frustriert auf bestimmte Reize wie andere Menschen, Hunde oder Geräusche reagieren. Es wird dem Hund vermittelt, dass sich ein alternatives Verhalten für ihn mehr lohnt, um prinzipiell Stresssituationen durch Alternativverhalten zu entschärfen und die Selbstkontrolle des Hundes zu fördern.

Für Sie als Halter wird sich bei dieser Übung die Sichtweise auf Ihren Hund ändern müssen. Hier geht es nicht darum, dass Sie unerwünschtes Verhalten korrigieren, sondern erwünschtes Verhalten belohnen. Hierfür müssen Sie ein von Ihnen gewünschtes Verhalten sofort einfangen, wenn er es zeigt. Das kann die erste Reaktion sein, wenn er einen Hund schon von weitem sieht. Sie müssen lernen, diese Anzeichen zu erkennen und jede noch so kleine Reaktion wie etwa „Huch, da vorne ist ein Hund" bereits belohnen. Damit wird Ihr Hund nach und nach ansprechbarer, wird das erwünschte Verhalten – nur Schauen, nicht Bellen und in die Leine springen – mit der Zeit auch länger zeigen. Am Ende wird der Hund sich bei der Wahrnehmung des Stressreizes „anderer Hund" von alleine abwenden und sich Ihnen zuwenden, denn der „andere Hund" suggeriert ihm, jetzt gibt es eine Belohnung. Welche das sein kann, hängt gerade in diesen Momenten stark vom Hund

und der Stressursache ab und muss nicht immer ein Leckerchen sein, aber in jedem Fall motivationsgerecht (siehe Kapitel 7), zumal gestresste Hunde auch gar kein Leckerchen annehmen würden. Ziel ist es, in einem ersten Schritt die Angst, Nervosität oder Frustration des Hundes zu senken und dann dem Hund ein sicheres und angemessenes Alternativverhalten beizubringen.

Das Training findet wieder im Wohlfühlbereich des Hundes statt. Man beginnt in einem für den Hund angenehmen und / oder sicheren Abstand zum Auslöser, in dem der Hund bestenfalls noch nicht reagiert, oder eben bei der kleinsten gezeigten Reaktion. Der Hund muss den Auslöser von alleine wahrnehmen. Sobald er ihn wahrnimmt – hier ist wirklich Ihr Timing gefragt! – und dabei noch erwünschtes Verhalten zeigt, wird gemarkert, der Hund dreht sich zum Halter um und bekommt eine angemessene Belohnung. Ihr Hund wird für richtiges Verhalten belohnt und Sie sorgen damit zugleich, dass unerwünschtes Verhalten gar nicht erst gezeigt wird. Sich mit dem Reiz auseinandersetzen und ihn nicht mehr als gefährlich oder Stressor wahrzunehmen: Das ist es, was die Übung „Click für Blick" erreichen möchte.

Wendet Ihr Hund sich Ihnen nicht zu und flippt weiterhin aus, gehen Sie mit ihm aus der Situation, und die Übung startet erneut – und zwar mit mehr Abstand zum Auslöser. Klappt das gut, also wendet sich der Hund Ihnen zu, sodass Sie markern können, lässt sich die Übung steigern: Sobald der Hund den Auslöser wahrnimmt, wird eine kurze Weile gewartet (abhängig vom Hund etwa eine bis fünf Sekunden), ob er sich Ihnen nun von sich aus zuwendet. Fixiert er den Auslöser länger als fünf Sekunden, geht es mit dem Training einen Schritt zurück. Dreht sich der Hund allerdings vom Auslöser weg, dann wird sofort gemarkert und der Hund bekommt seine Belohnung. Erfolgreich ist die Übung dann, wenn sich Ihr Hund von selbst zu Ihnen umdreht, sobald er den „anderen Hund" gesehen hat.

Mit dem Belohnen eines bisher negativen Reizes verändern sich die Emotionen des Hundes. Er wird den Auslöser positiver wahrnehmen und dieser wird Teil eines Verhaltensablaufs, an dessen Ende eine Belohnung wartet. Zudem fördern Sie den Hund darin, selbstständig eine Entscheidung zu treffen: Er kann sich für oder gegen das Alternativangebot entscheiden. Das führt wiederum zu Selbstsicherheit, was gerade bei ängstlichen und unsicheren Hunden von Vorteil ist.

Was beim Training „Click für Blick" passiert:

- erwünschtes Verhalten wird verstärkt
- unerwünschtes Verhalten wird verhindert
- der Hund wird das erwünschte Verhalten häufiger zeigen
- das unerwünschte Verhalten kann sich nicht weiter festigen
- der Hund setzt sich bewusst mit der Situation auseinander
- die Emotionen des Hundes werden verbessert
- die Erwartungshaltung des Hundes ändert sich
- andere Hunde werden mit positiver Belohnung verknüpft
- der Hund lernt, sich von allein für ein Alternativverhalten zu entscheiden

Wichtig ist es, bei einem Training für Impulskontrolle und Frustrationstoleranz – wie im Grunde bei jedem – nie gegen den Hund und seine Bedürfnisse zu arbeiten, sondern immer mit ihm. Damit machen Sie nicht nur ihm und sich das Training leichter, sondern generell auch das Zusammenleben. Der Hund wird Vertrauen in Sie haben und Sie in ihn. Mit passenden Belohnungen helfen Sie Ihrem Hund dabei, auch schwierige Situationen mit einem guten Gefühl zu bewältigen.

Mentaltraining für mehr Selbstbewusstsein

Zu einem rundum zufriedenen Hundeleben gehört mehr als Bewegung, Fressen und Schlafen: Unsere Hunde wollen auch geistig beschäftigt werden. Nicht nur, dass regelmäßige Beschäftigung und mentale Stimulation das Auftreten von demenzartigen Symptomen im Alter verzögern und verlangsamen können, es ist auch ein Grundbedürfnis von Hunden, geistig gefordert zu werden. Bei den Tagesabläufen, die ein Hund heutzutage erlebt, hat er üblicherweise wenig bis gar nichts, was ihn mental fordert. Damit er seine kognitiven Ressourcen nutzen kann, sind Sie als Halter gefragt, ihm kleine Herausforderungen zu stellen. Das können neben gekauften und selbst gebastelten Intelligenzspielzeugen auch Such- und Versteckspiele in vielen Variationen sein. Eine weitere Möglichkeit ist es, ein Hundetraining so aufzubauen, dass der Hund dabei viel Raum zum Mitdenken hat oder sogar die Freiheit, sich selbst für ein Handeln zu entscheiden.

Die meisten Hunde hatten früher Aufgaben, bei denen sie geistig gefordert wurden: Sie haben Haus und Hof bewacht, das Vieh gehütet oder waren unverzichtbare Helfer bei der Jagd. Heutzutage werden Jagdhunde selten ihren eigentlichen Anlagen entsprechend ausgelastet, sondern verbringen ihr Leben als reine Familien- und Begleithunde und hängen draußen immer an einer Leine, weil sie ansonsten logischerweise gerne mal jagen gehen. Ohne eine kognitive Beschäftigung ist das Leben für sie oftmals sehr eintönig. Die Folge sind Hunde, die sich selbst Abwechslung suchen, und wenn sie keine finden, innerlich unruhig werden oder gar zwanghafte Störungen entwickeln. Sie wissen gar nicht, wohin mit ihrer Energie. Werden sie von ihren Haltern noch ständig gemaßregelt, treten zusätzlich Unsicherheit und Ängstlichkeit auf oder sie werden total hibbelig. Um dem entgegenzuwirken, sollten Sie Ihren Hund mental fordern.

Es gibt mittlerweile immer mehr Erkenntnisse darüber, dass viele stressbedingte Verhaltensauffälligkeiten bei Hunden durch das Fördern ihrer kognitiven Fähigkeiten und durch mentale Stimulation behandelt und verhindert werden können. Übrigens auch noch im Alter. Hier muss ein Umdenken einsetzen, denn ich höre wirklich oft, das könne er doch gar nicht mehr lernen, dafür sei er doch schon viel zu alt. Nein, ist er nicht! Vielleicht tut der ältere Hund sich anfangs etwas schwerer, vielleicht ist er nicht mehr ganz so ausdauernd. Aber Gehirnjogging führt nicht nur bei uns Menschen zu einem besseren Gedächtnis, mehr Konzentration und weniger Stress. Sobald unsere Hunde wieder oder vielleicht auch zum ersten Mal gefordert werden, fallen ihnen die folgenden Aufgaben schon viel leichter. Denn das Gehirn des Hundes ist wie das von uns Menschen kein statisches Gebilde, sondern bis ins hohe Alter lern- und wandlungsfähig. Daher gilt auch für unsere Hunde: Wer rastet, der rostet.

Hunde sind intelligent, daran besteht weder bei ihren Haltern noch in der Wissenschaft ein Zweifel. Sie können zählen, betrügen, und die Schlausten unter ihnen können mehr als 200 Begriffe lernen. Von den kognitiven Fähigkeiten her stehen sie ungefähr mit einem zweijährigen Kind auf einer Stufe. Das ist das Ergebnis zahlreicher Studien zu diesem Thema. In Experimenten, bei denen Hunde so schnell wie möglich zu einer Belohnung gelangen sollen, legen sie Strategien an den Tag, die zweifelsohne auf eine Fähigkeit schließen lassen, dass sie ihr Handeln planen können. Ihre mathematische Kompetenz geht sogar so weit, dass sie bis fünf zählen können und daher über ein arithmetisches Grundverständnis verfügen. Zwar gibt es mittlerweile eine neue Metastudie der Wissenschaftler Stephen Lea von der University of Exeter und seiner Kollegin Britta Osthaus von der Christ Church University in Canterbury, die besagt, dass die Intelligenz unserer Hunde im Vergleich zu anderen Tierarten nicht gerade außergewöhnlich hoch sei. Aber definitiv hoch genug, damit sie sich auch entfalten darf.

Hunde benutzen täglich ihr Gehirn und besonders ihre Nase. Zu wenig Stimulation kann zu Verhaltensauffälligkeiten und zu Stress führen. Dabei ließe sich das mit einfachen Übungen zuhause bereits ändern. Und selbst beim Spaziergang finden sich Möglichkeiten, die grauen Zellen nicht verkümmern zu lassen. Natürlich gibt es auch unterschiedliche Angebote von Hundeschulen. Aber hier heißt es wieder, dass eben nicht jede Aktivität zu jedem Hund passt. Es macht einen Unterschied, ob mein Hund eher ängstlich und unsicher ist oder hyperaktiv. Für „normale" Hunde mag Crossdogging vielleicht ganz wunderbar sein, ein ängstlicher und unsicherer Hund wird sich hingegen in diesem Zirkeltraining mit Wettkampfcharakter sicherlich nicht wohlfühlen. Ein Mentaltraining, das in Gruppen abgehalten wird, ist für gestresste Hunde einfach ungeeignet.

Wenn der Hund seine Nase für eine kognitive Aufgabe benutzen kann, ist das ein fantastisches mentales Training und macht richtig müde. Gerade in den letzten Jahren hat sich in puncto Nasenarbeit von Familienhunden sehr viel getan. So können Sie Ihren Hund in der Wohnung oder im Garten beispielsweise nach Futter oder verschiedenen Gegenständen suchen lassen. Auch Fährtentraining ist ganz wunderbar, aber darauf gehe ich weiter unten noch genauer ein. Ein anderer geeigneter Weg, einen Hund mental zu stimulieren, sind verschiedene Aufgabenstellungen, bei denen es um Problemlösungen geht. Sie können leicht in den normalen Alltag integriert werden, beanspruchen nicht viel Zeit und machen Ihren Hund glücklich und auf gesunde Weise müde. Zudem steigern sie das Selbstwertgefühl Ihres Hundes. Durch die gemeinsame gestaltete Zeit fühlt er sich nämlich wertgeschätzt und wird mutiger. Es ist so schön zu sehen, wenn sich ängstliche Hunde bei solchen Spielen langsam öffnen. Wenn sie sich wieder oder ja vielleicht zum ersten Mal etwas zutrauen. Wenn die Freude über den Erfolg die Augen ein wenig zum Strahlen bringt und sie nach „mehr" verlangen.

Was auch eine großartige Art ist, den Hund auszulasten, sind Spiele, bei denen er Schnauze, Pfoten und vor allem sein Gehirn einsetzen muss: Denksportaufgaben. Um an die Belohnung heranzukommen, muss er erst einen bestimmten Mechanismus bedienen. Das erfordert Kopfarbeit und Geschicklichkeit und verkörpert damit eine artgerechte Auslastung für Hunde. Und gelernt wird dabei. Nicht nur, wie man an die Belohnung gelangt, sondern auch Durchhaltevermögen und die Fähigkeit, Probleme zu lösen. In der Folge wird der Hund im Alltag selbstsicherer, ausgeglichener und auch belastbarer. Bewältigte Herausforderungen lassen Glückshormonen freien Lauf, was eben gerade für gestresste Hunde wichtig ist. Daher sollten die gestellten Aufgaben für den Hund auch ganz sicher machbar sein. Denksport lässt Ihren Hund zudem wesentlich schneller ermüden als ein Rennen mit seinen Kumpeln. Und es schont zugleich seine Gelenke.

Mich macht es unheimlich traurig, wenn ich versuche, mich den Hunden meiner Kunden, gerade auch alten, spielerisch zu nähern, und dabei manchmal feststellen muss, dass sie damit gar nichts anfangen können. Dass sie in ihrem ganzen Leben noch nie eine ganz simple Aufgabe haben lösen dürfen, noch nie ihren Kopf haben anstrengen müssen und keinen Hauch von Ahnung haben, was ich gerade von ihnen möchte. Wie eintönig ist ihr Leben bis jetzt gewesen! Es liegt an Ihnen als Halter, Ihren Hund mental zu fordern. Zudem stärken gemeinsame Aufgaben, bei denen der Hund überlegen muss, um eine Lösung zu finden, sein Selbstbewusstsein und stärkt die Bindung zwischen Ihnen beiden. Er wird sich im Alltag mehr zutrauen und besser auf Sie achten. Es ist doch eigentlich ganz einfach, seinen Hund glücklich zu machen.

Baut Spielen mit Hunden Stress ab?

Spielen verbessert die kognitive Entwicklung der Hunde und fördert körperliche wie mentale Fähigkeiten. Und: Spielen kann Stress reduzieren. Wissenschaftliche Untersuchungen haben ergeben, dass durch Spielen das Stresshormon Cortisol abgebaut wird. Und „Spielen“ ist nach dem US-Neuropsychologen Jaak Panksepp eine Emotion. Eine Emotion ist die erste affektive Reaktion auf einen Reiz, und jede Emotion hat eine neuronale Grundlage. Alle Emotionen werden im limbischen System generiert, das, Sie wissen es bereits, nicht dem Bewusstsein unterliegt. Alle Emotionen werden von Säugetieren wie Mensch und Hund zum Überleben benötigt. Deshalb ist es wichtig, dass unsere Hunde spielen.

Doch was ist denn genau „Spielen“? Wenn Hunde sich über die Wiese jagen, sich gegenseitig anrempeln, immer wieder aneinander hochspringen und mal ist der eine unter dem anderen und dann wieder umgekehrt, sind sich viele Halter einig: Das ist ein Spiel. Kommen dann aber noch Signale dazu wie Knurren, Zähnefletschen oder gesträubtes Rückenfell, dann gehen die Meinungen schon etwas auseinander. Ist das am Ende ein Kampf? Es gibt kaum eine Verhaltensweise, die so oft fehlinterpretiert wird wie das Spiel zwischen Hunden.

Das Spielen mit Holly fördert die körperlichen und mentalen Fähigkeiten der kleinen Finja.

Spielen fremde Hunde miteinander, handelt es sich oftmals nur scheinbar um ein Spiel.

Wenn Hunde sich in einem Spiel befinden, zeigen sie das mit deutlichen Körpersignalen an. Dazu gehört das so genannte Spielgesicht: Der Fang ist leicht geöffnet, das Gesicht entspannt und die Ohren manchmal leicht zurückgezogen. Spezifisch sind auch eine gebogene Rute und überzeichnete Bewegungen. Außerdem kommt es immer wieder zu kleinen Zwischenpausen und auch zum Rollentausch, also jeder ist mal der Jäger und jeder liegt mal unten. Entscheidend ist, dass in einem Spiel nichts ernst gemeint ist und es zu keinen bedeutenden Verletzungen kommt. Dafür müssen Hunde sich sicher und wohl fühlen. Und das ist in der Regel nur zwischen zwei miteinander vertrauten Hunden, die sich mögen und regelmäßig treffen, der Fall.

Spielen erwachsene Hunde miteinander, die sich gerade erst auf der Hundewiese getroffen haben, handelt es sich zumeist nur scheinbar um ein Spiel. Vom echten Spiel unterscheidet es sich durch eine andere Zielsetzung: Diese Art des Spielens wird nämlich von mindestens einem Hund als bewusste Strategie eingesetzt, um einen Konflikt zu lösen, zum Austesten des anderen Hundes oder auch zum Sammeln von Informationen. Zu sehen ist das oft, wenn ein Rüde einer Hündin Avancen macht oder Junghunde das Spielen als Bewältigungsstrategie nehmen, wenn ihnen eine Situation mit dem Artgenossen zu beängstigend oder brenzlig erscheint. Begegnen sich zwei junge Rüden, werden sie ein vermeintliches Spiel nutzen, um Informationen über den anderen zu sammeln und vielleicht auch dessen Kraft und Nervenstärke zu prüfen.

Ein unsicherer, ängstlicher oder gestresster Hund spielt, wenn er denn überhaupt spielt, nur dort, wo er sich sicher genug fühlt und auch nur mit Artgenossen, die er wirklich kennt und mag. Treffen daher zwei oder gar mehrere fremde Hunde aufeinander, sollten die Hunde vielleicht deshalb besser nicht gleich von der Leine gelassen werden, um miteinander zu spielen – auch, wenn Sie das als Halter noch so nett fänden. Vielleicht geht man zunächst ein Stück des Wegs gemeinsam, um die Hunde genauer zu beobachten. Denn es ist etwas vollkommen anderes, wenn sich gute Hundekumpels gegenseitig jagen, als wenn ein Hund von einem fremden Hund verfolgt wird. Die Hunde zeigen das genau. Daher ist es auch in diesem Zusammenhang wieder enorm wichtig, sich mit der Körpersprache der Hunde auseinanderzusetzen. Findet kein wirkliches Spiel statt, ist der Gesichtsausdruck angespannt, das Fell ist zur Bürste aufgestellt, die Bewegungen sind zielgerichtet, die Rute steht, falls dies anatomisch möglich ist, weit nach oben oder sogar über dem Rücken, das Stehen erscheint steif und oftmals kommt es zu ständigem Aufreiten, Anrempeln, Umrennen und auch Anknurren. Es ist auch kein Spiel, wenn der eine Hund immer unsicherer erscheint, vielleicht sogar zu seinem Halter will und der andere ihm den Weg versperrt, wenn immer wilder getobt wird, ohne auch nur einmal eine Pause einzulegen.

Was für Halter am Rande der Hundewiese wie ein Spiel aussieht, ist für die meisten Hunde eine Strategie zum Stressabbau, zu dem sie den fremden Hund benutzen, sei es, um zu entkommen oder zu kämpfen. Von daher ist es nicht verwunderlich, dass scheinbare Spiele des Öfteren eskalieren und gar in Aggression umschlagen. Es kann auch sein, dass bei einem solchen „Spiel" unter mehreren ein Hund zum Mobbingopfer deklariert wird. Dann hört man oft: Da muss er durch, das klären die alleine. Nein! Ist Ihr Hund das Opfer, müssen Sie die Situation für ihn klären. Nur mit Ihrem Eingreifen können Sie unterbinden, dass sich eine stressbedingte Verhaltensweise bei Ihrem Hund nicht verfestigt und er künftig Artgenossen nur noch bellend oder zähnefletschend gegenübertritt. Zudem können Sie so verhindern, dass er verletzt oder gebissen wird oder vor Panik auf die Straße rennt. Zeigen Sie Ihrem Hund in solchen Situationen, dass er Ihnen zu Recht vertrauen kann und dass Sie in der Lage sind, Gefahren von ihm fernzuhalten. Das festigt die Bindung nebenbei ungemein. Um das zu erreichen, fordern Sie die anderen Hundehalter resolut auf, Ihre Hunde zurückzurufen und anzuleinen.

Ein vermeintliches Spiel kann schnell eskalieren oder gar in Aggression umschlagen.

Der Mensch als Spielkamerad

Ein gemeinsames Spiel zwischen Mensch und Hund kann auch ein kurzes Rennen sein.

Normalerweise spielen Hunde überall und auch jederzeit. Fühlt ein Hund sich unwohl oder bedroht, dann wird er gar nicht spielen, weder mit anderen Hunden noch mit seinem Menschen. Dabei gibt es kaum etwas, was eine Bindung mehr stärken kann als das gemeinsame Spielen. Speziell für gestresste Hunde kann es sogar befreiend wirken. Doch Halter verstehen unter dem Spielen mit dem Hund oftmals nur, einen Ball zu werfen, den der Hund dann wieder bringen soll, oder gegenseitig an einem Seil zu zerren. Dabei ist Spielen so viel mehr! Laut Wikipedia ist es „eine Tätigkeit, die zum Vergnügen, zur Entspannung, allein aus Freude an ihrer Ausübung… ausgeführt werden kann. Es ist eine Beschäftigung, die oft als spielerische Auseinandersetzung in Gemeinschaft mit anderen vorgenommen wird. Ein Großteil der kognitiven Entwicklung und der Entwicklung von motorischen Fertigkeiten sowie sozialer Kompetenz findet durch Spielen statt, beim Menschen ebenso wie bei zahlreichen Tierarten." Und das Schöne ist, es kann auch ganz ohne Objekt stattfinden: durch ausgelassenes Herumtoben oder Herumalbern. Hierbei lernen Hund und Halter sich zudem besser kennen.

Bei einem unsicheren oder ängstlichen Hund sollte der Halter ihm allerdings genügend Zeit für ein gemeinsames Spiel geben. Denn Spielen ist ein großer Vertrauensbeweis. Mit einem gestressten Hund sollte daher zunächst an der Vertrauensbildung und an den stressbedingten Verhaltensweisen gearbeitet werden. Ein Spiel wird erst möglich, wenn der Hund sich bei seinem Halter sicher fühlt. Spielt der eigene Hund trotzdem nie, weder mit anderen Hunden noch mit seinem Halter, können gesundheitliche Einschränkungen dahinterstecken. Mit Arthrose in den Gelenken, einem verspannten Rücken oder einer Ohrentzündung hat der Hund keinen Spaß daran. Verweigert der Hund ein Spiel total, sollte stets abgeklärt werden, ob er gesund ist oder Schmerzen haben könnte.

Ist gesundheitlich alles soweit in Ordnung, sollte der Halter sein Augenmerk darauf legen, an was der Hund im Alltag Freude zu haben scheint, was er gerne macht: Vielleicht ist er mit der Nase ganz viel am Boden oder wälzt sich gerne im Gras, vielleicht buddelt er auch gerne in der Erde oder trägt immer mal wieder einen Stock. Diese Verhaltensweisen lassen sich in ein gemeinsames Spiel integrieren. Trägt er beispielsweise immer wieder einen kleinen Ast im Maul, wäre das eine gute Idee, den Hund etwas apportieren zu lassen. Schnüffelt er gerne, könnte man mit Nasenarbeit beginnen. Allerdings dürfen solche Übungen anfangs nur freiwillig geschehen, mit viel Geduld und in ganz kleinen Schritten. Einem ängstlichen Hund gleich einen Futterdummy über seinen Kopf hinweg zu werfen und darauf zu hoffen, er bringt das Ding irgendwie wieder, ist mit Sicherheit zum Scheitern verurteilt. Zeigt ein Hund hingegen schon kurze Momente des Spiels und will man diese ausbauen, wäre es für den Hund schön, wenn der Halter ein Spielsignal aufbaut. Ein Spielsignal vermittelt dem Hund, dass alles, was ab jetzt erfolgt, nur Spiel und nichts ernst gemeint ist. Ein Spielsignal gibt gestressten Hunden eine Sicherheit und wird schon bald gute Emotionen in ihm auslösen. Damit fällt es ihm wesentlich leichter, sich auf ein Spiel mit seinem Menschen einzulassen. Auch nach Beendigung des Spiels sollte ein bestimmtes Signal erfolgen.

Die Arbeit mit der Nase

Im Gegensatz zum Menschen nehmen Hunde die Welt hauptsächlich mit der Nase wahr.

Hunde nehmen die Welt hauptsächlich über ihre Nasen wahr und sind sogenannte Makrosmatiker. Im olfaktorischen Cortex (Riechrinde) des Gehirns erfolgt die Verarbeitung der Gerüche. Dieser Bereich macht beim Hund etwa zehn Prozent der Gehirnmasse aus und ist damit prozentual etwa zehn Mal größer als der des Menschen. Deshalb können Hunde Gerüche viel besser wahrnehmen. Die Riechrinde ist das Ende der Riechbahn, die von den Riechzellen über den Riechkolben, der sich unterhalb des Frontalhirns befindet, zur Riechrinde verläuft. Er stellt die Schaltzentrale für die Geruchswahrnehmung dar. Zur Riechrinde wird auch ein Teil der Amygdala gezählt und darüber erreichen olfaktorische Signale das limbische System. Nicht zuletzt sendet die Riechrinde Fasern direkt zum Hippocampus, der die Gerüche im Gedächtnis verankert.

Im Gegensatz zum Menschen mit etwa fünf Millionen Riechzellen verfügen Hunde zwischen 125 bis 220 Millionen. Die Anzahl ist abhängig von der Hunderasse, speziell von der Größe und Form der Nase. Ein Labrador Retriever wird besser riechen als eine Französische Bulldogge. Trotzdem verfügt ein Frenchie noch immer über einen viel feineren Geruchssinn als ein Mensch. Das liegt auch an der Riechschleimhaut. Diese misst rund 150 Quadratzentimeter, beim Menschen sind es lediglich fünf. Bildlich kann man sich das mit dem Unterschied zwischen einem DIN A4-Blatt und einer Briefmarke vorstellen. Und auch das Innere der Hundenase ist wesentlich komplexer aufgebaut und kann Gerüche viel differenzierter wahrnehmen. Es ist daher kein Wunder, dass Nasenarbeit zu den Lieblingsbeschäftigungen eines jeden Hundes zählt. Genau das sollten Sie nutzen, um ein optimales Mentaltraining aufzubauen.

Mit Nasenarbeit werden die kognitiven Fähigkeiten des Hundes enorm gefordert: Er muss sich konzentrieren, lernen, seine Aufmerksamkeit auf die Übung zu legen und seine Energie dann ganz gezielt einzusetzen. Bei Übungen, die Sie beide gemeinsam meistern, kommt es zwangsläufig zu einer Kooperationsbereitschaft, die am Ende wieder der Vertrauensbildung und der Bindung dient. Und was natürlich noch entscheidend für Nasenarbeit ist: Sie wirkt Stress entgegen und hilft beim Stressabbau. Spiele, bei denen der Hund seine Nase einsetzt, wirken sich nämlich in vielfacher Hinsicht positiv aus, der gesamte Stoffwechsel profitiert davon: Die Lungen nehmen mehr Sauerstoff auf, Kreislauf, Speichelfluss und die Blutzirkulation kommen in Schwung. Dadurch wird wiederum das sich im Maul des Hundes befindliche Jacobson-Organ angeregt, welches enorme Auswirkungen auf den Hormonhaushalt hat. Die Folge: Anti-Stresshormone werden freigesetzt. Dieses Wechselspiel von angeregter Stoffwechseltätigkeit und aktivierten Glückshormonen begünstigt das Wohlbefinden des Hundes, beruhigt ihn und fördert so den Stressabbau.

Doch Nasenarbeit kann noch mehr. Beim Schnüffeln geht die Nase meist zum Boden und dadurch entspannt sich die Halsmuskulatur, die bei gestressten Hunden in der Regel sehr angespannt und dadurch sehr fest ist. Diese Haltung allein hilft schon, dass der Hund sich allgemein entspannter fühlt. Dass ein Geruch Gefühle hervorrufen kann, hängt damit zusammen, dass die Riechrinde mit der Amygdala in Verbindung steht, die ja als Zentrum der Emotionen und Gefühle gilt. Wird Nasenarbeit beim Hund positiv aufgebaut und macht es ihm Spaß, wird er bei jeder neuen Schnüffelübung von vornherein positive Gefühle empfinden, was wiederum Anti-Stresshormone freisetzt. Auf den Punkt gebracht lässt sich sagen: Schnüffeln macht glücklich. Wer glücklich ist, ist auch entspannt und gelassen.

Übungen für Nasenarbeit beim Hund gibt es jede Menge. Doch letztlich geht es immer nur um eines: Der Hund muss etwas mit der Nase suchen, und wenn er es gefunden

Aufbau des Riechsystems

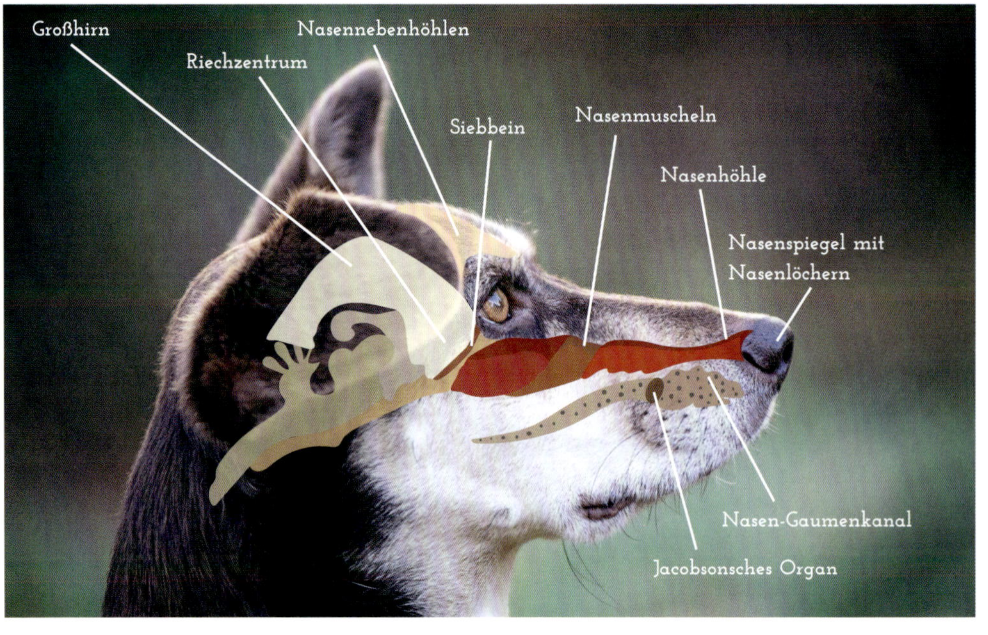

Der Aufbau des Riechorgans: Die Nasenarbeit setzt beim Hund Anti-Stresshormone frei.

hat, wird er belohnt. Sie können sich natürlich auch an Hundeschulen wenden, die eine ganze Palette an Angeboten bieten, hinter denen oftmals registrierte Namenskonstrukte stehen, die propagieren, sie seien weit entfernt vom oberflächlichen Schnüffeln und böten anspruchsvolles Suchen an. Das mag stimmen, ist aber für die mentale Auslastung eines Hundes nicht zwingend notwendig. Finden die Kurse zudem in der Gruppe statt, wird es schon wieder kritisch für gestresste Hunde. Zumal auch bei den Angeboten für Nasenarbeit oftmals ein Wettbewerbscharakter entsteht. Ein Hundetraining, das bei Ihnen zuhause stattfindet, ist aber sicherlich in Ordnung, soweit der Hund das zulässt und nicht schon aufgrund einer fremden Person in Panik verfällt. Um Ihnen Tipps vor Ort zu geben, sind angeleitete Übungen für den Anfang nicht verkehrt.

Ich möchte im Folgenden nur ein paar bekannte und gängige Angebote von Hundeschulen nennen, die Nasenarbeit zum Inhalt haben. Das wäre zum einen Mantrailing. Mantrailing, wortwörtlich übersetzt „einen Menschen verfolgen", bedeutet knapp erklärt, dass ein Hund den Geruchsgegenstand einer zu suchenden Person präsentiert bekommt. Er soll an diesem Gegenstand den Individualgeruch riechen und daraufhin die dazugehörige Person suchen und finden. In den Rettungshundestaffeln und bei der Polizei werden Hunde speziell in der Suchart Mantrailing zu Personenspürhunden ausgebildet. Das ist eine sehr schöne Beschäftigung für Hunde, die gerne ihre Nase einsetzen. Allerdings nicht für Hunde, die etwa Angst vor Menschen haben, die sich in fremden Gegenden unwohl und in Gruppen schnell überfordert fühlen.

Die Fährtenarbeit ist eine weitere Möglichkeit. Bei der klassischen Fährtenarbeit erschnuppert der Hund die Duftmoleküle der Fährte, die ausgelegt werden. Viele Hundeschulen bieten eine Färtenausbildung an, die in verschiedene Prüfungsstufen unterteilt wird. Der Hund lernt dabei, eine durch das Gelände führende Fährte zu verfolgen und darauf abgelegte, vom Fährtenleger „verlorene" Gegenstände anzuzeigen. ZOS® – Zielobjektsuche ist ein weiteres Angebot von Hundeschulen. Der Hund wird dabei auf kleine Gegenstände wie etwa Wäscheklammern oder Stifte konditioniert, die er dann unter verschiedenen Bedingungen suchen darf. Die Anzeige des Gegenstandes erfolgt dabei immer passiv, das heißt, der Hund legt sich still davor und wartet ab.

Scent Detection (englisch „scent" für Geruch und „detection" für Erkennung) ist eine Nasenarbeit, die eng angelehnt an die Arbeit von Drogenspürhunden bei Polizei und Zoll ist. Rauschgiftspürhunde lernen bis zu sieben verschiedene Gerüche auch in geringster Dosierung zu erkennen und anzuzeigen. Die meisten Hundehalter wissen gar nicht, dass zu solchen Leistungen keineswegs nur Diensthunde in der Lage sind, sondern jeder Familienhund. Weder Größe noch Rasse sind dabei entscheidend. Statt Drogen werden in diesem Fall Duftstoffe wie Kamille, Vanille, Pfefferminz, Anis, Nelke und Birke verwendet.

All diese Nasenangebote und auch die, die ich nicht gesondert erwähnt habe, haben ihre Berechtigung und lasten Hunde sicherlich mental hervorragend aus. Sie stärken die Bindung zwischen Hund und Halter, fördern das Selbstvertrauen des Hundes, bauen Stress ab, verbessern die Konzentrationsfähigkeit und verfeinern den Geruchssinn. Aber Nasenarbeit kann Sie und Ihren Hund eben auch nur dabei unterstützen, dass Ihr Hund ruhiger, sicherer und gelassener wird. Letztlich liegt es an Ihrem Hund, ob ein Training in Hundeschulen für ihn geeignet ist oder er dadurch noch mehr Stress erfährt.

Von Geschenkkartons und Earl Grey Tee

Mit einem gestressten Hund beginnen Sie immer zuerst mit einfachen und zu bewältigenden Aufgaben. Und zwar zuhause in seinen sicheren vier Wänden. Dabei ist Ihnen mittlerweile sicherlich die Vorgehensweise beim Training schon in Fleisch und Blut übergegangen: reizarme Umgebung im Lernstübchen, optimale Tageszeit, Gemüts- und Gesundheitszustand des Hundes beachten, Super-Leckerchen, für Ruhe sorgen ... Dann kann es losgehen. Übungen für die Nasenarbeit in den eigenen vier Wänden finden Sie im Internet und in Büchern zahlreiche. Für viele können Sie auch selbst kreativ werden und müssen gar nicht viel Geld investieren. Allerdings sollten Sie immer im Sinn behalten, dass die Übung vom Schwierigkeitsgrad her individuell auf Ihren Hund abgestimmt ist – physisch und psychisch.

Der Klassiker unter allen Spielen ist natürlich die Suche nach Leckerchen. Sie ist die Basis der meisten Nasenarbeitsübungen und lässt sich vom Schwierigkeitsgrad her immer weiter steigern. Zum Einstieg verstecken Sie ein Leckerchen im Zimmer und lassen Ihren Hund dabei zusehen. Dann gehen Sie zu ihm zurück. Setzt der Hund sich darauf in Bewegung in Richtung Leckerchen, können Sie das Signal „Such" einführen. Sollte Ihr Hund nicht gerade begierig auf Ihre Leckerchen sein, müssen Sie in Sachen neue Geschmacksrichtungen etwas kreativ werden. Gibt es wirklich nichts Lohnendes oder darf der Hund aus gesundheitlichen Gründen keine Leckerchen zu sich nehmen, können Sie auch damit beginnen, sein Lieblingsspielzeug zu verstecken. Dazu mehr weiter unten in diesem Kapitel. Mit der Zeit versteckt man die Leckerchen an Plätzen im Zimmer, die nicht gleich so offensichtlich sind, später dann auch in einem anderen Raum, in irgendeiner offenen Kiste oder hinter Schuhen. Zunächst immer an Stellen, an denen Ihr Hund das Futter auch definitiv findet. Hat er Angst etwa vor dem Staubsauger, bietet dieser sich natürlich nicht gerade als Versteck an. Die Steigerung wäre dann ein Futterball.

In diesen Ball wird das Futter gesteckt. Billy kann es sowohl riechen als auch sehen.

Da der Ball über den Boden rollt, muss Billy nachdenken, wie er an das Futter kommt.

Letztlich setzt er bewusst seine Vorderpfoten ein, um sich den begehrten Käse zu holen.

Diese Art von Bällen bekommen Sie in unterschiedlichen Größen und Materialien und verschiedenen Formen. Darin liegt auch der Schwierigkeitsgrad, denn in manche Bälle wird lediglich das Futter gesteckt, der Hund sieht und riecht es. Bei anderen muss der Ball bewegt werden, um an den Inhalt zu gelangen. Die Schwierigkeit lässt sich bei dieser Art von Bällen, die verteilt Öffnungen aufweisen, erhöhen, indem sie mit Leckerchen unterschiedlicher Größe bestückt werden. Die Stücke dürfen dabei natürlich nicht größer sein als die Öffnungen.

Eine schöne Beschäftigung für den Hund ist auch ein Geschenkkarton. Hierfür benötigen Sie einen Karton oder auch eine Plastikbox, die von der Höhe her Ihrem Hund angepasst sein müssen. Diese Kiste füllen Sie nun mit zusammengeknülltem Papier. Dazu eignet sich hervorragend Verpackungspapier, Bälle, die auch für ein Bällebad benutzt werden, oder auch Toiletten- und Küchenpapierrollen. In die gefüllte Kiste kommen dann einige Leckerchen, die der Hund zwischen all dem Füllmaterial suchen muss. Steigern lässt sich diese Übung, indem einige oder alle Leckerchen nochmal in ein extra Papier eingewickelt werden, wobei der Schwierigkeitsgrad individuell auf den Hund ausgelegt wird. Der Erfolg, also das Erlangen des Futters, muss bei allen gestressten Hunden immer gewährleistet sein – notfalls mit Ihrer Hilfe.

Billy beobachtet aufmerksam, wie die Leckerchen aus der Hand in die Plastikbox fallen.

Danach steckt er seinen Kopf tief in die Box und sucht freudig nach den Leckerchen.

Auch das Becherspiel ist für gestresste Hunde bestens geeignet. Dabei muss der Hund Leckerchen finden, die vorher unter einem umgedrehten Becher versteckt werden. Zu Beginn nehmen Sie zwei Becher, entweder Plastik- oder auch ausgewaschene Joghurtbecher, an denen sich die Nase des Hundes nicht verletzen kann. Unter jedem Becher befindet sich ein Leckerchen, damit der Hund zunächst immer Erfolg hat, später gibt es mehrere Becher, unter denen nicht immer ein Leckerchen liegt. Ihr Hund muss nun erschnüffeln,

unter welchem sich das Futter versteckt. Hierzu kann er gerne die Becher umwerfen. Dieses Spiel lässt sich später unterschiedlich erweitern. So könnte es so gespielt werden, dass er die bestückten Becher nicht umwerfen darf, sondern davor Platz nimmt oder Sie anschaut, und Sie lüpfen den Becher dann hoch. Alles ganz nach den Fähigkeiten Ihres Hundes.

Unter dem gelben Becher wird das Leckerchen versteckt, das Billy dann suchen soll.

Billy macht sich konzentriert auf die Suche und schnuppert erstmal an jedem der Becher.

Schließlich hat er den richtigen Becher gefunden und holt sich geschickt seine Belohnung.

Eine beliebte und einfache Möglichkeit, gerade auch für alte und gehandicapte Hunde ist der sogenannte Schnüffelteppich. Hierin werden mehrere Leckerchen versteckt, die der Hund mit der Nase suchen muss und sich selbst belohnen darf. Aufpassen sollte man bei dem Teppich auf die Qualität. Er sollte weder unangenehm riechen noch sollte das Material scharfkantig sein. Meistens bestehen die Teppiche daher aus Fleecestoffen oder Baumwolle. Ein mit chemischen Stoffen getränkter Polyesterteppich ist für die Hundenase eher unangenehm, als dass ein Suchen wirklich Spaß bereitet. Schön wäre es auch, wenn er sich waschen ließe. Und wenn er über eine rutschfeste Unterseite verfügt, ist das auch angenehm für Hunde. Um sicherzugehen, können Sie einen Schnüffelteppich natürlich auch selbst nähen. Im Internet finden sich dazu zahlreiche Anleitungen.

Ein Schnüffelteppich eignet sich perfekt, um Hunde mit Nasenarbeit auszulasten.

Auch das Apportieren lässt sich als einfaches Suchspiel statt eines Wurfspiels gestalten. Damit kann Ihr Hund sowohl innen als auch außen gut beschäftigt werden. Wichtig ist es bei hyperaktiven Hunden und bei Hunden mit starkem Jagdtrieb, dass die Suche nach dem Gegenstand in ruhigen Bahnen verläuft, weil sie das Spiel sonst unnötig in Aufregung versetzt. Am besten eignet sich für die Motivation des Hundes ein Futterdummy oder sein Lieblingsspielzeug. Auch hier erfolgt der Aufbau wieder kleinschrittig, sodass Ihr Hund in jedem Fall Erfolg haben muss. Zunächst muss Ihr Hund das Apportieren des Futterdummys lernen, um den versteckten Dummy dann später auch zu suchen und zu finden. Zu Beginn soll der Hund ruhig sehen, wo Sie den Dummy ablegen. Wenn die Übung innen klappt, kann sie nach draußen verlegt werden. Im Gegensatz zu einem Leckerchen-Suchspiel muss Ihr Hund beim Apportieren zunächst den Dummy zu Ihnen bringen, um an seine Belohnung zu gelangen. Nur, wenn er ihn zu Ihnen bringt, wird er auch belohnt. Futterdummy-Training eignet sich von daher hervorragend zum Bindungsaufbau.

Selbst Fährtenarbeit klappt im kleinen Rahmen zuhause, wenn auch etwas eingeschränkter als auf Wiesen und in Wäldern. Ziehen Sie daheim einfach ein Stück Wurst über den Boden oder durch den Garten und legen Sie ihm so eine Spur. Ihr Hund darf nun vom Beginn der Spur anfangen zu suchen. Am Ende der Fährte erwartet ihn seine Belohnung, der er schon seit geraumer Zeit auf der Spur ist. Haben Sie als Bodenbelag einen Teppich, können Sie kleine Stückchen Taschentücher kurz mit der Wurst einreiben und diese dann als Spur über dem Teppich legen, der Ihr Hund folgen muss. Ein bisschen raffinierter ist die Suche nach Teebeuteln. Sie eignen sich ihres starken Eigengeruchs und der verschiedenen Geschmacksrichtungen wegen auch dazu, um Ihren Hund später nach unterschiedlichen Gerüchen suchen zu lassen. Die Anwendung ist leicht und ähnelt der Suche nach Leckerchen. Auch diese Übung könnte später gesteigert werden, indem Sie Ihrem Hund mehrere unterschiedliche Teebeutel verstecken. Die Sorte, die Ihr Hund suchen soll, halten Sie ihm anfangs als Riechprobe hin. Nur wenn der richtige Beutel gefunden wurde, gibt es eine Belohnung.

Teebeutel sind sehr gut geeignet, weil es sie in unterschiedlichen Geruchsrichtungen gibt.

Billy sieht nicht, wie ihm ein Stück seines Lieblingskäses unterm Laub versteckt wird.

Doch sofort macht er sich konzentriert auf die Suche nach dem unwiderstehlichen Geruch.

Die meisten Hunde verstehen schnell, was bei all diesen Übungen von ihnen gewünscht wird. Wenn es in der Wohnung gut klappt, lassen sich die Futter- und Suchspiele nach draußen verlagern und so die täglichen Spaziergänge beleben: mit Leckerchen, die unterm Herbstlaub versteckt werden, einen Gegenstand, den man zufällig fallen lässt. Oder mit dem Auslegen einer Wurst-Schleifspur, der Ihr Hund dann folgen muss, um zum Schluss das Stückchen Wurst zu bekommen. Oder Sie schmieren etwas Leberwurst auf einen Stein. Oder Sie verstecken ein paar Leckerchen in die Rinden eines Baums. Sie können sich auch selbst im Wald verstecken, sodass der Hund Sie finden muss. Es gibt so viele Möglichkeiten. Suchspiele eignen sich hervorragend dazu, Ihren Hund auszulasten und ihn glücklich zu machen.

Jetzt ist Köpfchen gefragt

Intelligenzspielzeuge sind wahre Denksportgeräte, um einen Hund auszulasten. Durch anspruchsvolle Kopfarbeit bleibt er mental auf Zack, trainiert seine Geduld und lernt Probleme strategisch zu lösen. Ein Hund, der erst nachdenken und verschiedene Lösungswege ausprobieren muss, um an das wohlriechende Leckerchen zu gelangen, muss sich etwas einfallen lassen und geistig anstrengen. Mit den sogenannten Intelligenzspielzeugen werden Charakter, Beharrlichkeit, Eigenständigkeit und Kreativität Ihres Hundes gestärkt. Oftmals reichen zwanzig Minuten, in denen der Hund konzentriert bei der Sache bleibt, aus, um danach für einige Stunden müde und entspannt auf seiner Decke zu liegen.

An dieser Stelle möchte ich Sie aber augenzwinkernd warnen: Je mehr Ihr Hund geistig gefordert wird und sich kreativ betätigt, umso schlauer verhält er sich natürlich auch in Alltagssituationen. Es kann daher sehr wohl sein, wenn er gelernt hat, dass er bei einem Intelligenzspielzeug am Griff ziehen muss, damit sich eine Lade öffnet, er sich durchaus schon mal an der verführerisch riechenden „Magic Schublade" zu schaffen macht. Also nicht wundern, wenn in den Tüten etwas fehlt. Sie wissen ja: Die Geister, die man ruft...

Spielzeuge, die die Denkfähigkeit des Hundes fördern, gibt es in vielen verschiedenen Ausführungen, Schwierigkeitsgraden und Materialien. Sie sollten darauf achten, dass die Spiele robust sind und nicht bei dem ersten festen Pfoten- oder Zähneeinsatz entzweigehen. Am besten eignen sich daher solche aus Holz. Je nach Machart wird die Konzentration, die Kreativität oder die Ausdauer des Hundes trainiert. Das Ziel ist stets, versteckte Leckerchen zu finden, da Futter nun einmal meist die größte Motivation für Hunde darstellt. Die Belohnung kann durch Schieben von Deckeln, Ziehen von Bändern, Öffnen von kleinen Kisten, Umkippen von Figuren, Verschieben von Schaltern, Drücken von Knöpfen, Rollen von Bällen oder auch durch Drehen von Röhrchen ergattert werden. Das braucht manchmal wirklich Köpfchen. Die unterschiedlichen Hundespielzeuge sind verschieden anspruchsvoll und selbstverständlich müssen Sie bei einem gestressten Hund mit dem leichtesten beginnen, damit er auch wirklich einen Erfolg erzielen kann. (Siehe Fotoreihe S. 224)

Es gibt auch Schnüffelteppiche, die nicht nur aus reinen Fransen bestehen, sondern anspruchsvoller gestaltet sind, um an das Futter zu gelangen. Hierauf finden sich noch einige Taschen und Öffnungen, in die sich Leckerchen stecken lassen. Um diese zu bekommen, muss der Hund nicht nur mit der Nase, sondern auch mit Maul und Pfoten arbeiten. Das fördert auf spielerische Art seine Geschicklichkeit, und er lernt, Pfoten und Maul zielgerichtet einzusetzen.

Intelligenzspielzeuge können auch ganz gezielt das Gedächtnis trainieren. Das Spielzeug besteht dabei meist aus mehreren Teilen. Ein einfach strukturiertes Spiel hat etwa einen Futterspender und einen Knopf als Auslöser. Wird der Knopf betätigt, fällt Futter aus dem Spender. Der Hund muss daher den Zusammenhang zwischen dem Auslöser und der darauffolgenden Belohnung erkennen. Es gibt auch sogenannte Memory Trainer, bei denen sich der Auslöseknopf immer weiter weg vom Futterspender positionieren lässt, sogar bis zu vierzig Metern. Um hier noch einen Zusammenhang zwischen Betätigung des Buttons und der Futterbelohnung herzustellen, muss sich der Hund wirklich sehr konzentrieren.

Spielzeuge, die die Denkfähigkeit des Hundes fördern, gibt es in vielen Ausführungen.

Billy testet zunächst verschiedene Möglichkeiten aus, um an die Leckerchen zu kommen.

Nach einigen Versuchen hat er das System verstanden und holt sich seine Belohnung ab.

Für komplizierte Intelligenzspielzeuge mit mehrfachen Aufgabenstellungen müssen Sie mitunter tief in die Tasche greifen. Doch diese Art von Spielzeug können Sie mit etwas Geschick nach Anleitungen auch selbst bauen. Der Vorteil ist nicht nur, dass Ihr Portemonnaie geschont wird, sondern Sie auch ganz gezielt etwas für Ihren Hund bauen können. So lässt sich etwa aus alten Pralinenschachteln, aufgeklebt auf einem Brett und mit einem Band versehen, ein Schubladenspiel bauen. Auch aus leeren Plastikflaschen lassen sich verschiedene Spiele bauen. Ganz einfach ist ein Papprollenspiel, für das Sie lediglich eine leere Rolle Küchenpapier benötigen, in der Sie drei Schlitze ritzen. Dann benötigen Sie noch drei Laschen aus Karton, die den Durchmesser der leeren Küchenrolle haben müssen. Vorne wird noch eine Lasche zum Ziehen ausgeschnitten. Ganz oben wird das Leckerchen hineingelegt und der Hund muss alle drei Laschen mit dem Maul herausziehen, bis das Leckerchen unten herausfällt. (Siehe Fotoreihe S. 225)

Auch mit alten Socken, Papiertüten vom Bäcker und Metzger oder Waschlappen lassen sich schöne Spiele für den Hund basteln. Die Papiertüte können Sie etwa mit zwei, drei Leckerchen bestücken, dann aufblasen wie einen Luftballon und oben zudrehen. Sie können die gefüllte Tüte aber auch flach mehrmals zusammenfalten. Bei dem Versuch zu seiner Belohnung zu gelangen, wird Ihr Hund richtig gefordert, denn er muss Maul und Pfoten einsetzen, um die Verpackung zu öffnen. Auch ein leerer Eierkarton eignet sich hervorragend, um darin Leckerchen zu verstecken und es ist – falls er nicht kurzerhand zerlegt wird – gar nicht so leicht, ihn als Hund zu öffnen.

Eine andere, simpel umzusetzende Spielidee: Sie legen ein Leckerchen auf ein Handtuch und schieben dieses dann so weit unters Sofa, dass nur noch ein Stück des Tuches herausragt. Um ans Leckerchen zu gelangen, muss der Hund mit der Pfote das Tuch vorsichtig hervorziehen, bis er das Leckerchen fressen kann. Sie sollten es anfangs nicht auf das hintere Ende des Handtuchs legen. Geben Sie Ihrem Hund Zeit, damit er sich in Ruhe eine Lösung überlegen kann. Scheint er keine Strategie entwickeln zu können, helfen Sie ihm. Lösen Sie das Problem zunächst gemeinsam. Ziehen Sie das Handtuch ein wenig hervor, in ganz kleinen Schritten, als hätten Sie selbst eine Pfote, bis Ihr Hund an das Leckerchen kommt und dann beginnen Sie von vorne. Ziehen Sie das Handtuch erneut vor, aber nun ein kleineres Stück – so lange, bis Ihr Hund begreift, wie er an das Leckerchen kommt.

Gerade bei Spielzeugen, die mental viel von Hunden abverlangen, sollten Sie mit ganz leichten beginnen, die einen Schwierigkeitsgrad besitzen, die Ihr Hund auch wirklich schafft. Ihr Hund soll schließlich motiviert bleiben und nicht schon am Anfang vollkommen verzweifeln. Hat ein Hund seine grauen Zellen bislang noch nie oder recht wenig benutzt, muss er erst lernen, eigene Entscheidungen zu treffen und kreativ zu sein. In keinem Fall sollte Ihr Hund überfordert werden. Er muss immer die Zeit bekommen, die er braucht, sich an ein Spiel oder eine Situation zu gewöhnen. Erst im Laufe der Zeit können die Spiele schwieriger und komplizierter werden.

Wenn Ihr Hund ein Spiel beim ersten Mal nicht versteht und auch kein Interesse zu haben scheint, ist das vollkommen in Ordnung. Dann probieren Sie es in aller Ruhe immer weiter. Erarbeiten Sie anfangs

Intelligenzspielzeuge lassen sich mit wenig Aufwand und wenig Geld auch selber basteln.

Für das Papprollenspiel braucht man nur eine leere Rolle Küchenpapier und einen Karton.

Schon kann Billy mit dem Maul an den Laschen ziehen und sich seine Belohnung holen.

gemeinsam zusammen mit Ihrem Hund die Lösung. Das Wichtigste bei allen Spielen ist aber immer, dass Ihr Hund Freude dabei hat. Deshalb ist es auch so wichtig, ihn genau zu beobachten, um zu wissen, an was er Spaß hat.

Warum Ihr Hund sprinkeln sollte

Sprinkeln ist eine weitere, perfekte Möglichkeit der Nasenarbeit, die unsicheren, ängstlichen und hyperaktiven Hunden sehr gut hilft, zur Ruhe zu kommen. Das einfache Konzept Sprinkles® (englisch für Streusel) geht auf Sally Hopkins zurück und weist bei gestressten Hunden erstaunliche Ergebnisse auf. Es ist zwar kein Allerheilmittel für stressbedingte Verhaltensauffälligkeiten, aber ein einfacher und effektiver Anfang, um eine Veränderung zu bewirken.

Die Methode ist simpel: Sie werfen und streuen kleine Mengen winziger Häppchen von feuchtem Futter über eine große Grasfläche, ohne dass Ihr Hund sieht, was Sie tun. Trockenfutter und verarbeitete Leckerchen haben nur sehr wenige Restduftmoleküle, so dass sie sich zum Sprinkeln nicht gut eignen, weil Ihr Hund dadurch weniger motiviert sein wird. Sind die Futterbrocken zu groß, kann der Hund sie zu leicht sehen und ist am Ende zu schnell satt, sodass er das Interesse am Weitersuchen verlieren kann. Auch sollten Sie für Abwechslung bei den Streuseln sorgen, damit Ihr Hund bei der Sache bleibt. Ist das gewählte Futter minderwertig oder steht es dem Hund im Alltag eh zur Verfügung, wird ihn das nicht sonderlich motivieren. Wichtig: Bereiten Sie das Futter nicht erst zu, wenn Sie nach draußen gehen, um es zu streuen. Sie machen Ihren Hund dann gezielt darauf aufmerksam, was als Nächstes passieren wird. Die richtige, der Größe des Hundes angepasste Menge ist entscheidend: Bei zu wenigen Streuseln wird der Hund zu schnell alle Futterstücke finden, und der Reiz ist verloren, bei zu vielen Streuseln wird der Hund schnell satt sein und am Ende den Rest liegen lassen. Reduzieren Sie gegebenenfalls die tägliche Futterration, um den Brennwert der Häppchen auszugleichen. Meist verbrauchen die Hunde jedoch so viel geistige Energie beim Sprinkeln, dass dies normalerweise kein Problem darstellen sollte.

Viele Hunde haben ein sehr eingeschränktes Geschmacksempfinden, da sie wochen-, monate- oder gar jahrelang das gleiche Futter in Geschmack und Konsistenz bekommen. Geruchs- und Geschmackssinn sind untrennbar miteinander verbunden. Wenn Ihr Hund also auf der Suche nach Streuseln ist und ein Stückchen Futter findet, erhält er gleich zwei sensorische Belohnungen in einem, die ihn stark motivieren und sein Selbstvertrauen stärken, weiter nach mehr zu suchen.

Je länger ein Hund seine Nase einsetzt, desto ruhiger, entspannter und geistig müder wird er. Interessant sind hierzu auch Studien, die belegen, dass das Suchen mit der Nase die Herzfrequenz des Hundes senkt, ihn entspannt und seinen Parasympatikus aktiviert. Im Gegensatz dazu erhöhen aufregende Aktivitäten, wie etwa Ball- und Fangspiele, seinen Puls. Sie lassen Ihrem Hund beim Suchen und Finden der Streusel so viel Zeit, wie er dazu braucht, ohne dass Sie ihn auffordern oder in irgendeiner Weise ablenken. Sprinkles® ermüdet Ihren Hund geistig, befriedigt seinen Arbeitsinstinkt und -trieb, stärkt sein Vertrauen in seine Fähigkeiten und fördert einen tiefen Schlaf. Es trägt also insgesamt dazu bei, den Stresslevel Ihres Hundes langfristig zu senken.

Ein weiterer wichtiger Aspekt des Sprinkelns ist, dass es immer am selben Ort stattfindet. Das Fallenlassen von Futter an zufälligen Orten und in unterschiedlichen Zusammenhängen kann für einen Hund sehr verwirrend sein, insbesondere für einen Hund, der noch Ängste und Frustrationen zu überwinden hat. An sogenannten Sprinkles-Spots weiß Ihr Hund hingegen genau, dass er hier sicher ist, sich entspannen kann und was zu tun ist. Alleine das fördert bereits Ruhe und Gelassenheit. Später, nach vielen Wiederholungen, kann diese ruhige Arbeitsweise auf bestimmte Situationen und Umstände übertragen werden. So können Sie etwa den Bereich hinter sich zu einem Sprinkles-Spot festlegen, sodass Ihr Körper als Sicherheitsbarriere vor dem Stressauslöser dient, wie etwa einem anderen Artgenossen. Sie lenken damit seine Aufmerksamkeit auf etwas, das ihm Spaß macht und zudem sendet er durch das Schnüffeln am Boden ein natürliches Beschwichtigungssignal an andere Hunde aus. Sprinkeln eignet sich auch gut dafür, kurz bevor Sie Ihren Hund eine Weile alleine zuhause lassen müssen.

Da es beim Sprinkeln keine Interaktion oder Rückmeldung durch seinen Halter gibt, kann der Hund in seinem eigenen Tempo arbeiten. Es gibt niemanden, der ihm sagt, ob er etwas richtig oder falsch macht. Jeder Erfolg, ein gefundenes Leckerchen, bestärkt ihn darin, das Verhalten zu wiederholen. Lediglich ein Signal wird ihm gegeben, damit er weiß, dass dieser Ort nun Suchen und Finden bedeutet. Sie benötigen eine Rasenfläche, die keine Ablenkung durch die Umgebung bietet, und vorzugsweise einen Ort, an dem der Hund allein und ohne Leine gelassen werden kann. Am besten eignet sich hierfür der eigene Garten, weil sich der Hund dort höchstwahrscheinlich sicher fühlt. Haben Sie keinen Garten, nutzen Sie eine ruhige Ecke in einem nahegelegenen Park oder auf einer Wiese. Versuchen Sie, eine möglichst große Fläche zu bestreuen. Im Laufe der Zeit kann Sprinkles® an verschiedenen Orten durchgeführt werden, aber in der Anfangsphase wird dringend empfohlen, es jedes Mal an exakt demselben Ort zu machen.

Wenn Sie im Freien üben, lassen Sie Ihren Hund an einer langen Leine. Es ist wichtig, dass Sie Ihrem Hund genügend Zeit lassen, um wirklich sicherzugehen, dass keine Streusel zurückbleiben. Viele Hunde arbeiten 20 bis 30 Minuten und länger, während andere die Übung so anstrengend finden, dass zehn bis 15 Minuten für sie mehr als genug sind. Alter, geistige und körperliche Fitness, Arbeitstrieb und Erfahrung sind Faktoren, die berücksichtigt werden müssen. Die Hunde sind wie wir Menschen auch mental nicht jeden Tag gleich fit und ein alter Hund kann vielleicht nicht mehr ganz so lange auf seinen Beinen stehen. Darauf müssen Sie Rücksicht nehmen. Sie werden bald erkennen, wann Ihr Hund genug hat. Wenn Sie gehen wollen, Ihr Hund aber unbedingt weitermachen will, haben Sie ihm wahrscheinlich zu wenig Zeit zum Suchen gegeben. Lassen Sie ihn dann noch fünf bis zehn Minuten weitermachen. Sprinkles® handelt sich daher um eine ideale mentale Übung, die in aller Ruhe durchgeführt werden kann.

Sprinkeln bei Ihnen zuhause ist ebenfalls möglich. Für ein Indoor-Sprinkeln streuen Sie die Leckerchen etwa auf einem großen Handtuch oder Bettlaken aus. Danach wird es in Falten zusammengeknüllt und der Hund darf suchen. Sie können natürlich auch mehrere Laken bestreuen und Ihrem Hund anbieten. Am besten bereiten Sie das in einem Zimmer

Für Indoor-Sprinkeln streuen Sie die Leckerchen etwa auf einem großen Handtuch aus.

Dann wird das Handtuch so zusammengefalte dass keine Leckerchen herausfallen.

Nach dem Zusammenfalten darf der Hund die Leckerchen darin keinesfalls sehen.

Nun wird Billy der zusammengefaltete „Hand tuchberg" wortlos auf den Boden gelegt.

Sofort macht sich Billy daran, die versteckten Leckerchen aus dem Handtuch zu klauben.

vor, in das Ihr Hund keinen Einblick hat, damit er nicht schon vor dem Sprinkeln aufgeregt ist. Die Intensität in Innenräumen ist naturgemäß nicht so stark wie draußen im Gras. Aber auch diese Übung erfüllt ihren Zweck hervorragend.

Das Besondere am Sprinkeln ist, dass Hunde eigenständig und selbstbelohnend arbeiten dürfen und Vertrauen in ihre eigenen Fähigkeiten bekommen. Mit der Lust an der Nasenarbeit steigt ihre Konzentrationsfähigkeit, die Fähigkeit, sich unaufgeregt auf etwas zu fokussieren und dadurch auch ihre Entspannung. Es gibt keinerlei Druck, etwas leisten zu müssen. Es entsteht keinerlei Konflikt zwischen dem, was Sie wollen, und was Ihr Hund möchte. Sprinkles® ist eine Beschäftigung, die selbstbestimmt aus Spaß an der Freude stattfindet. Dadurch werden das Selbstvertrauen und die Selbstsicherheit gestärkt und Ihr Hund wird sich immer selbstbewusster fühlen.

Sprinkles® ist gerade für gestresste Hunde eine wunderbare Methode. Sie bietet immens viele Vorteile:

- baut starke, ruhige positive Assoziationen auf
- fördert tiefen, entspannten Schlaf
- ist mental anstrengender als ein stundenlanger Spaziergang
- ist eine ideale Auslastung für Hunde, die momentan nicht vor die Türe dürfen
- fördert Geruchs- und Geschmackssinne
- körperliche Fitness ist nicht erforderlich
- hilft Hunden, ruhig zu werden und sich besser konzentrieren zu können

Warum Ihr Hund kein Interesse an Sprinkles® haben könnte:

- **Stress:** Die Unfähigkeit zu jagen und zu schnüffeln kann ein Symptom für Stress sein. Probieren Sie es einfach wieder. Geht es gar nicht, sollten Sie zunächst ein Anti-Stress-Training vornehmen.
- **Fehlender Appetit:** Es kann sein, dass Ihr Hund nicht hungrig ist oder das von Ihnen gewählte Futter nicht mag.
- **Menschliche Präsenz:** Es gibt einige wenige Hunde, die so übertrainiert und kontrolliert sind, dass sie nicht mehr auf natürliche Weise und unabhängig von Anweisungen funktionieren. Dann führen Sie Ihren Hund an den Sprinkle-Spot, verhalten sich ganz still, geben keine Signale und nehmen keinen Blickkontakt auf.
- **Krankheit:** Hunde können manchmal unbemerkt Schmerzen haben, wie Muskelkrämpfe oder eingeklemmte Nerven im Nacken, in den Schultern oder im Rücken oder Arthritis. Aus diesen Gründen kann das Beschnüffeln des Bodens unangenehm sein.
- **Schlechte Assoziierungen:** Manche Hunde haben in der Vergangenheit schlechte Assoziationen zu bestimmten Nahrungsmitteln oder zu bestimmten Orten entwickelt. Das müssen Sie dann ändern.

Spielen des Spielens wegen

Genau das sollte Spielen doch bedeuten. Mit den folgenden zwei Übungen können Sie das auch gewährleisten. So einfach es sich anhört, so tolle Auswirkungen können Sie bei Ihrem Hund feststellen. Je nachdem, welcher Typ Ihr Hund ist, kann es sein, dass er aktiv ist und immer gleich alles ausprobieren möchte, oder er ist eher vorsichtig und sieht sich alles zunächst aus der Entfernung an. Das Ziel der ersten Übung ist es, Ihrem unsicheren und ängstlichen Hund beizubringen, dass es sich in jedem Fall lohnt, etwas zu tun und aktiv zu werden. Sie dagegen lernen dabei, Ihren Hund besser zu beobachten und Ihr Timing zu verbessern.

Die Voraussetzungen sind ziemlich einfach zu erfüllen: Sie nehmen sich Zeit für Ihren Hund und bringen eine Menge Geduld mit. Gerade, wenn Ihr Hund bislang nur aktiv wurde, wenn Sie ihn dazu aufgefordert haben, wird er sich anfangs etwas schwerer tun. Dann sollten Sie Freude daran haben, wenn Ihr Hund auch nur die kleinste Aktivität zeigt, die von ihm selbst kommt. Natürlich gibt es wieder die Super-Leckerchen, die Umgebung ist ruhig und der Hund muss in der Lage zu dieser Übung sein.

Der Hund befindet sich im Nebenzimmer und wartet dort, während Sie fünf unterschiedliche Dinge auf den Boden legen. Das kann die Leine sein, ein Stofftier, ein Ball, eine Socke, ein Gummiknochen … Dann holen Sie Ihren Hund ins Zimmer und gehen mit ihm direkt auf den ersten Gegenstand zu. Was auch immer er jetzt macht, ihn anschauen, beschnuppern, anstupsen, ins Maul nehmen: Er wird gelobt – mit einem Markersignal – und bekommt ein Leckerchen. Während der Hund seine Belohnung entgegennimmt, wird der Gegenstand, mit dem er interagiert hat, weggepackt. Und zwar so, dass er für den Hund nicht mehr sichtbar ist.

Dann geht es weiter. Sobald er am nächsten Objekt Interesse zeigt und aktiv wird, wird wieder gemarkert und er bekommt ein Leckerchen. Auch dieser Gegenstand wird danach entfernt. Und so geht es weiter bis zum letzten Stück, das ebenfalls entfernt wird. Der Hund merkt, dass sich Agieren lohnt, weil jede seiner Aktivitäten von Ihnen belohnt worden ist.

Eine zweite Übung eignet sich sehr gut für hyperaktive Hunde, weil sie zum einen den Hund mental fordert, zum anderen keinen Frust aufkommen lässt, Erfolgserlebnisse und Belohnung bietet, und damit Selbstbewusstsein und Selbstvertrauen stärkt. Und im besten Fall macht sie ihn müde. Die Voraussetzung für dieses Spiel ist, dass Ihr Hund bereits die Signale „Bleib“ und „Bring“ kennt. Dann kann es losgehen.

Sammeln Sie einfach ein paar Gegenstände, die Ihr Hund gut apportieren kann: Stofftiere, Futterdummy, ein Ball am Seil, Gummiknochen oder Socken. Dann packen Sie sich Leckerchen ein, die Ihrem Hund auch wirklich gut schmecken. Lassen Sie Ihren Hund warten und legen Sie in der Zwischenzeit die Gegenstände in aller Ruhe und ohne Hektik aus, anfangs am besten nur in einem Zimmer, damit er auch verstehen kann, um was es bei diesem Spiel geht. All dies darf Ihr Hund gerne beobachten. Sie können ihn auch während des Wartens belohnen, gerade wenn ihm das Warten schwerfällt. So verhindern Sie auch, dass Frust beim Spielen aufkommt.

Nun fordern Sie Ihren Hund ganz ruhig auf, Ihnen etwas zu bringen. Was es ist, ist egal. Ihr Hund darf bringen, was er möchte. Alles ist erlaubt, alles wird belohnt. Ihr Hund soll hier das Gefühl haben, dass er sich ausprobieren und selbst Entscheidungen treffen darf. Sie geben ihm nichts vor, er bekommt keine Anweisungen. Es wird spannend sein, in welcher Reihenfolge er Ihnen die Gegenstände bringen wird. Wenn Ihr Hund nicht gleich versteht, was Sie von ihm möchten, animieren Sie ihn anfangs nur mit einem Gegenstand und fügen im Laufe der Zeit immer mehr dazu. Belohnt wird Ihr Hund immer fürs Bringen. Das gebrachte Objekt wird dann sofort wieder weggeräumt. Am Ende hat Ihr Hund alles wieder eingesammelt. Natürlich können Sie gerne auch noch einen zweiten Durchlauf starten. Denken Sie aber daran, dass Sie dazwischen eine kleine Pause einlegen. Vielleicht mögen Sie Ihren Hund auch in der Pause füttern. Denn schließlich soll Spielen doch Spaß machen.

6.

Anti Stress-Therapien

Sie haben bereits verschiedene Trainingsmöglichkeiten gegen Stress für Ihren Hund kennengelernt. Bei allen musste Ihr Hund, und nicht selten Sie auch, aktiv tätig werden – wie beispielsweise beim Cavalettitraining oder bei diversen Suchspielen. Nun möchte ich Ihnen weitere Methoden vorstellen, die einem gestressten Hund helfen, gelassener zu werden. Denn es gibt noch weitaus mehr als Bewegungs- und Mentaltraining. Zum einen sind das diverse Körpertherapien wie etwa Entspannungsmassagen, dann begleitende Maßnahmen wie zum Beispiel gezielt eingesetzte Duftöle und natürlich auch unterstützende Mittel zum Einnehmen wie bestimmte Nahrungsergänzungsmittel.

Körpertherapie: Die Macht der Berührung

Die positive Wirkung von Berührungen bei Mensch und Tier ist allgemein bekannt. Sie erinnern sich: Liebevolle Berührungen lösen eine biochemische Reaktion im Körper durch die Ausschüttung des sogenannten Kuschelhormons Oxytocin aus. Durch Berührung wird die Durchblutung gefördert, der Blutdruck sinkt, die Stresshormone werden reduziert und das Immunsystem wird aktiviert. Außerdem stellt sich rasch ein Wohlgefühl ein. Berührungen können beim Hund nachweislich Stress abbauen, Schmerzen lindern und auch eine Heilung fördern, wenn es notwendig ist. Hierfür gibt es zahlreiche Methoden der Körpertherapie, die für Hunde von Nutzen sein können. Im Folgenden werden einige genauer erläutert.

Es heißt, der Körper sei der Spiegel der Seele. Doch unser moderner Lebenswandel und damit auch der unserer Hunde geht oft völlig an den natürlichen Bedürfnissen des Körpers vorbei. Die Folge sind Muskelverspannungen, Rücken- und Gliederschmerzen. Diese Dysbalancen bringen letztendlich auch die Psyche aus dem Gleichgewicht. Kommt dann noch Stress hinzu, können Krankheiten entstehen. Durch Körpertherapien sollen solche Blockaden gelöst und das Bewusstsein für den eigenen Körpers geschult werden. Denn wer sich physisch gut fühlt, ist auch psychisch gestärkt. Durch Körpertherapien lassen sich daher Körper und Geist wieder in Balance bringen.

Es gibt zahlreiche Methoden der Körpertherapie, deren Ansätze sich grundlegend voneinander unterscheiden. Manche Formen legen den Fokus auf die Atmung oder die Bewegungsabläufe, bei anderen arbeitet der Therapeut mit gezielten Berührungen und Massagetechniken. Die Bandbreite der Therapiemethoden und Übungen beruht auf verschiedenen Ansätzen und Traditionen: Massagen, Faszientherapie, Dorn-Therapie, Akupressur, Atemtherapie, Feldenkrais-Methode, Bewegungstherapie, Shiatsu und Tellington TTouch® sind einige der Techniken, die helfen. So unterschiedlich die Methoden aber auch sein mögen: Sie alle können den Hund dabei unterstützen, ihn zurück ins Gleichgewicht zu bringen.

Da Stress ursprünglich eine Reaktion auf eine Gefahrensituation ist und der Körper sich blitzschnell auf Angriff oder Flucht einstellen muss, werden bei gestressten Hunden auch alle entsprechenden Muskelgruppen in Aktionsbereitschaft versetzt. Was passiert aber mit dem Hund, wenn er unter ständigem Stress steht? Seine Muskulatur ist permanent angespannt. Der Hund verfällt, um Energie zu sparen, in eine Art Starre und kann nicht mehr flexibel reagieren. Dadurch vergrößert sich auch der Druck auf die Gelenke. Letztere können bei ständiger Überbelastung an Arthrose erkranken. In diesem Fall kommen zur Überbelastung noch Schmerzen hinzu. Es ist kein Wunder, dass sich ein vollkommen verspannter Hund in seiner Haut nicht mehr wohl fühlt.

Neben einem guten Anti-Stress-Training mit gezielten Übungen, um nach und nach seine Umwelt gelassener zu ertragen, können Sie Ihrem Hund mit Körpertherapien zusätzlich Anspannungen nehmen. Hundephysiotherapie beispielsweise kann mit Massagen und Entspannungstechniken helfen, ihn wieder ins Lot zu bringen. Nicht umsonst dient die Physiotherapie dazu, nach dem Sport ein normales Erregungslevel zu erreichen. Die Muskulatur wird gelockert, Gelenke werden beweglicher gemacht, die Durchblutung gefördert. Das sichert auch bei Ihrem Hund die Lebensqualität, beugt Krankheiten vor und verschafft ein angenehmes Lebensgefühl bis ins hohe Alter.

Ein Teil meiner Arbeit mit Hunden, der physiotherapeutische Part, ist selbsterklärend sehr körpertherapeutisch orientiert. Voraussetzung hierfür ist aber, dass der Hund auch bereit ist, sich berühren zu lassen. Ist er das noch nicht, fange ich zunächst immer mit einem Anti-Stress-Training an. Werde ich zu gestressten Hunden gerufen, kann es dagegen sein, dass ich bei ihnen zuerst mit Körpertherapien starte. Natürlich auch nur, wenn sie keine Probleme damit haben, sich anfassen zu lassen. Sonst beginne ich auch hier erst mit Vorübungen.

Mithilfe von Körpertherapien erreiche ich, dass der Hund seinen Körper und letztlich sich selbst besser wahrnimmt. Hilfreich sind dafür durchaus hin und wieder Körperbänder oder sogenannte Thundershirts. Doch in der Regel genügen die Hände. Wer regelmäßig Hand am Hund anlegt, baut Vertrauen zu ihm auf. So ist etwa das Ausstreichen der Ohren bereits eine besonders effektive Übung, denn über das Ohr verteilt befinden sich viele Akupunkturpunkte, die den gesamten Organismus widerspiegeln. Sehr beruhigend ist auch eine Übung, bei der man mit gewölbter Hand von der Nasenspitze des Hundes über den Kopf, die Wirbelsäule bis hin zur Rute streicht. Bestimmte physiotherapeutische Übungen wirken ebenfalls beruhigend und können ganz nebenbei noch zur Hunde-Fitness beitragen. Und übrigens profitiert auch das Hundegehirn von einer verbesserten Durchblutung und der geistigen Anregung.

Mit gewölbter Hand von der Nasenspitze bis zur Rute zu fahren, wirkt sehr beruhigend.

Tellington TTouch®

Tellington TTouch® ist ursprünglich von der Kanadierin Linda Tellington-Jones entwickelt worden und vereint Körperarbeit mit Bewegung. Zunächst wurde diese Behandlungsweise, die auf der Feldenkrais-Methode (siehe weiter unten) beruht, nur bei Pferden angewandt, später aber auch auf Menschen und andere Tiere übertragen. Es handelt sich um eine Methode, die auf kreisenden Bewegungen der Finger und Hände über den ganzen Körper basiert.

Tellington TTouch® lässt sich in vier Kategorien unterteilten: die manuelle Körperarbeit, die so genannten TTouches, Übungen für Körperbewusstsein, Koordination, Balance und Raumgefühl in Form eines Lernparcours (Bodenarbeit), das Arbeiten mit Hilfsmitteln, um die Haltung und dadurch die Wahrnehmung und das Verhalten zu optimieren, und die Visualisation, also das, was man möchte, gedanklich positiv zu unterstützen.

Die Vorgehensweise bei Tellington TTouch® mit seinen kreisenden, hebenden, streichenden und körperübergreifenden TTouches trägt dazu bei, Spannungen zu lösen und das Körperbewusstsein zu steigern. Ziel ist es, gestresste Hunde zu beruhigen und ihr Konzentrationsvermögen zu steigern. Das hilft ihnen, selbstbewusster zu werden und unterstützt sie zugleich in stressigen Situationen. Tellington TTouch® stärkt und festigt zudem das gegenseitige Vertrauen und vertieft die Bindung. Die Methode eignet sich vor allem für ängstliche, nervöse, hyperaktive oder unruhige Hunde. Das doppelte „T“ in TTouch steht übrigens für das englisch Wort „trust“ – Vertrauen.

Die Methode basiert auf dem Prinzip, dass Körper und Verhalten eine Einheit bilden. Durch das Berühren des Körpers an unterschiedlichen Stellen und in unterschiedlicher Weise lassen sich Verhaltensmuster aufbrechen und damit an stressbedingten Verhaltensauffälligkeiten arbeiten. Letztlich beruht die Tellington TTouch®-Methode darauf, am Körper des Hundes mit unterschiedlicher Handhaltung und Druckstärke Griffe vorzunehmen. Die verschiedenen Namen der TTouches verweisen oftmals auf die Tiere, mit denen Tellington-Jones gearbeitet hat. So gibt es den Python TTouch, den Tiger TTouch oder den Waschbär TTouch.

Es steht schon lange fest, dass Massagen die Muskeln entspannen. Die Tellington TTouch®-Methode geht aber noch einen Schritt weiter. Die Wirkungsweise wurde durch verschiedene Tests wissenschaftlich belegt. Dabei haben Versuche gezeigt, dass TTouches die Gehirnaktivität anregen und dafür sorgen, dass beide Hirnhälften, die emotionale rechte und die rationale linke, besser zusammenarbeiten. Diese ganzheitliche Aktivierung des Gehirns fördert die Lernfähigkeit, macht ausgeglichen und leistungsfähig. Hunde können dadurch nicht nur besser lernen, sondern auch besser kooperieren. Dafür genügen pro Tag schon zwei bis zehn Minuten, in denen Sie Ihren Hund sanft berühren. Das Schöne daran ist auch, dass Sie die einzelnen Griffe und Kreise gar nicht perfekt beherrschen müssen, um einen Erfolg bei Ihrem Hund zu erzielen. Sie müssen nicht wie bei anderen Körpertherapien am Hund Kenntnisse über die Anatomie besitzen. Und Sie können mit dem TTouch beginnen, den Ihr Hund gerade am dringendsten benötigt. Bei vielen stressbedingten Verhaltensauffälligkeiten können Hunde und ihre Halter auf diese Weise unterstützt werden.

Das Bauchheben ist ein typischer TTouch und eignet sich vor allem für nervöse Hunde.

Eine Verhaltensänderung hin zu mehr Entspannung, Balance und Vertrauen ist mit der Tellington TTouch®-Methode bereits nach wenigen Behandlungen sichtbar. Die Behandlungsdauer und Intensität bestimmt dabei allein Ihr Hund. Nur wenn er Ihnen vertraut und mitmacht, ist auch eine Veränderung möglich. Die respektvolle und sanfte Technik kann relativ einfach erlernt werden. Das Einzige, was Sie hierfür benötigen, sind Ihre Hände. Falsch machen kann man eigentlich nichts, schlimmstenfalls hält sich die erzielte Wirkung eben in Grenzen. Mittlerweile gibt es mehr als 30 verschiedene TTouches mit diversen Druckstärken, in unterschiedlichen Geschwindigkeiten zur Aktivierung oder Beruhigung, und an festgelegten Körperzonen, die mit dem Verhalten und diversen Organen zusammenhängen.

Bei der Tellington TTouch®-Methode wird jeder Hund individuell betrachtet und gefördert, seine eigene Persönlichkeit geschätzt und respektiert. Die Vorgehensweise beinhaltet nicht nur Berührungen, sondern auch spezielle Führübungen und Hilfsmittel wie etwa das Körperband. Dieses sorgt für eine bewusste Körperwahrnehmung und vermittelt zudem Geborgenheit. Die Bänder ermöglichen über das vegetative Nervensystem und das Gehirn eine Veränderung der Verhaltensauffälligkeiten und dienen außerdem zur Rekonvaleszenz. Da die Methode schnell zu erlernen ist und sich gut einzusetzen lässt, kann sie bei Hunden jeden Alters und jeden Trainingsstandes angewendet werden.

Ein Körperband sorgt für eine bewusste Körperwahrnehmung und vermittelt Geborgenheit.

Zu Beginn der TTouches ist es wichtig zu wissen, dass die Hand oder die Finger, je nach TTouch, die Haut heben, streichen und verschieben, und zwar jeweils in Eineinviertelkreisen. Damit wird die Haut gegen das darunter liegende Gewebe verschoben und das Nervensystem aktiviert. Diese sanft kreisende Verschiebung des Fells kann am ganzen Körper angewendet werden. Die Druckstärke bei TTouches verläuft auf einer Skala von eins bis zehn. Bevor Sie also mit Übungen am Hund beginnen, sollten Sie die Stärke des Drucks zunächst bei sich selbst anwenden. So bekommt man ein Gefühl, wie viel Druck Sie am Hund eigentlich ausüben. Der Hund zeigt einem zudem, ob die Berührung für ihn angenehm ist oder nicht. Wenn die Haut verschoben wird, ist es hilfreich, sich für den Eineinviertelkreis das Zifferblatt einer Uhr vorzustellen. Sie beginnen bei 6 Uhr als untersten Punkt und beschreiben einen Kreis bis 21 Uhr. Zwischen den TTouches müssen immer Pausen erfolgen. Denn Sie wissen ja: Das Nervensystem lernt in der Pause.

Sammy trägt hier ein sogenanntes halbes Körperband. Es hilft vor allem bei Nervosität.

Bei Tellington TTouch® werden alle Griffe immer in einem Eineinviertelkreis angewendet.

Ich will etwas näher auf zwei Tellington TTouches eingehen, die sich gerade für unsichere, ängstliche und hyperaktive Hunde gut eignen. Das ist zum einen der Ohren TTouch. Er hat ein ausgesprochen breites Wirkungsspektrum und zählt zu den Notfall-TTouches. Unter anderem hilft er Hunden, denen es beim Autofahren oft schlecht wird und die sich übergeben müssen. Auch in stressigen Situationen ist er eine gute Hilfe. Und so funktioniert es: Eine Hand stützt und stabilisiert den Körper des Hundes. Die andere Hand umfasst mit dem Daumen und den Fingern das gegenüberliegende Ohr. Der Daumen muss dabei oben sein. Nun streichen Sie das Ohr mit dem Daumen sanft in geraden Strichen von der Mitte des Oberkopfes über den Ohrenansatz bis zur Ohrspitze aus. Seien Sie darauf bedacht, beim wiederholten Ausstreichen das gesamte Ohr zu bearbeiten. Denn hier befinden sich zahlreiche Akupunkturpunkte und hier verläuft der Dreifacher-Erwärmer-Meridian, der in der TCM eine bedeutende Rolle spielt: Er unterstützt sämtliche Organe bei ihren Funktionen.

Bei Stehohren streichen Sie nach oben oder, falls möglich, leicht zur Seite. Hat Ihr Hund Schlappohren, stützen Sie diese mit Ihren Fingern. Sie sollen das Ohr nicht ziehen, sondern sanft über das Fell streichen. Wenn Sie Ihren Hund entspannen wollen, führen Sie das Ausstreichen langsam und sanft durch. Soll der Ohren TTouch belebend wirken, streichen Sie die Ohren etwas kräftiger und vor allem gleichmäßig und zügig aus. Zusätzlich zum Ausstreichen lassen sich an den Ohren auch Eineinviertelkreise ausführen. Anschließend wechseln Sie die Hände und bearbeiten das andere Ohr.

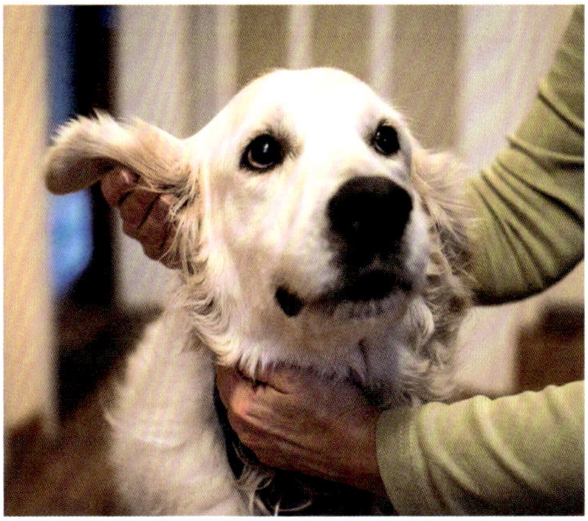

Die Ohren-TTouches sind die effektivsten Griffe, um hyperaktive Hunde zu beruhigen.

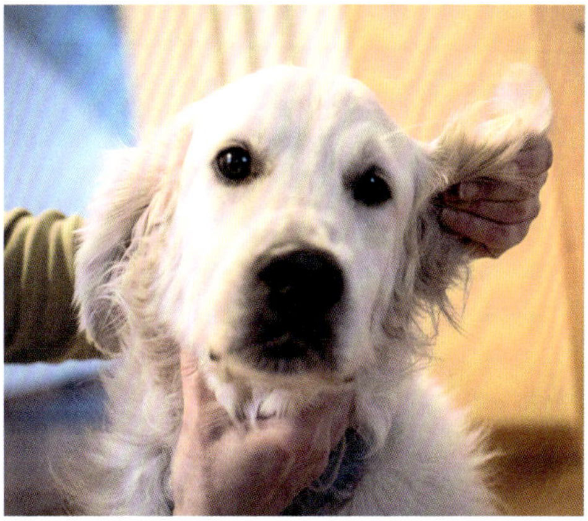

Sammy genießt sichtlich den Ohren-TTouch. Kopf und Ohr werden dabei etwas gestützt.

Ein weiterer TTouch, um einen ängstlichen oder aggressiven Hund zu unterstützen, ist der Ruten-TTouch. Dieser eignet sich darüber hinaus, Ihren Hund von Angst, vor lauten Geräuschen, von Unterwürfigkeit und Unsicherheit zu befreien. Auch nach Verletzungen kann er zur Rehabilitation eingesetzt werden – gerade, wenn er Schwierigkeiten beim Aufstehen hat. Die Haltung der Rute hat viele verschiedene Bedeutungen. Wedelt ein Hund mit entspannter Rute, bedeutet das Freude. Wedelt er allerdings ständig und extrem, dann

Ruten-TTouches können Hunde bei Angst, Unsicherheit und Aggression unterstützen.

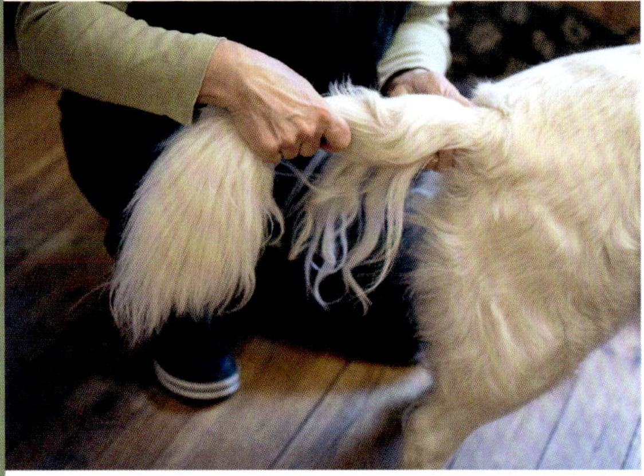

Bei der Übung Perlenschnur wird jeder einzelne Wirbel der Rute von Sammy behandelt.

deutet das auf Nervosität, Unsicherheit und Hyperaktivität hin. Ist die Rute eingeklemmt, wird damit Angst und Unterwürfigkeit angezeigt. Steht sie dagegen steif und steil nach oben, könnte sogar Aggression im Spiel sein.

Wie auch immer die Rute gehalten wird, wenn Sie die Haltung der Rute verändern, können Sie das Verhalten Ihres Hundes beeinflussen. Das Kreisen der Rute ist dabei eine wichtige Technik. Dazu halten Sie die Rute mit einer Hand von unten nah am Schwanzansatz, die zweite Hand hält die Rute von oben direkt hinter der ersten, wenn Ihr Hund ruhig stehen bleibt. Falls Ihr Hund unruhig ist, unterstützen Sie mit einer Hand den Körper, die zweite Hand umfasst die Rute von oben am Rutenansatz. Führen Sie mit der Rute kleine Kreise in beide Richtungen um den Ansatz herum aus. Sanftes Ziehen der Rute ist eine weitere TTouch-Möglichkeit. Hierbei können Sie die Rute wieder mit einer Hand am Ansatz umfassen. Ziehen Sie vorsichtig und sanft, pausieren Sie, und geben Sie langsam wieder nach.

Die Tellington TTouch®-Methode

- steigert das körperliche und emotionale Wohlbefinden
- verbessert Leistungen, weil der Hund ausgeglichener ist und besser mit Erregung umgehen kann
- verändert Verhalten, weil sich Hunde mit Körperwahrnehmung sicherer und ausgeglichener fühlen und so entspannter auf Reize reagieren können
- lässt den Hund nach Stresssituationen schneller entspannen
- stärkt durch den achtsamen Umgang mit dem Hund Vertrauen und Bindung

Die bfb-Feldenkrais-Methode

Die Feldenkrais®-Methode bildet die Basis für Tellington TTouch®. Auch eine andere Behandlungsform fußt auf ihr: die Brehm-Funktionale-Behandung (bfb), benannt nach Urs Brehm, einem international anerkannten Feldenkrais-Practitioner. Auch sie ist eine Weiterentwicklung, aber eben speziell auf Tiere zugeschnitten. Wieder geht es um das Erkennen von Zusammenhängen und um das Arbeiten im Gleichgewicht. Damit sich ein Hund sicher fühlt, muss die absolute Balance ausgelotet werden. Gezielte Bewegungen und Impulse unterstützen dabei, ein besseres Körpergefühl zu schaffen. Mit dieser Methode lassen sich vergessene oder verkümmerte Nervenbahnen aktivieren. Es wird daher direkt auf das Nervensystem eingewirkt und nicht nur an reinen Reflexen gearbeitet. Der Hund muss hierbei aktiv mitarbeiten.

Die Feldenkrais®-Methode ist ursprünglich ein körperorientiertes, pädagogisches Verfahren, das nach seinem Begründer Moshé Feldenkrais benannt ist. Nach Feldenkrais wird angenommen, dass sich durch Schulung der Körperwahrnehmung und unterschiedlicher Arten der Selbstwahrnehmung grundlegende körperliche Funktionen verbessern und Schmerzen reduzieren lassen. Bewegungen fallen leichter und lassen sich durch neue Bewegungsmuster ersetzen, wenn das Bewusstsein gezielt darauf gelenkt wird. Hat das Gehirn die Möglichkeit erkannt, wie eine Bewegung beispielsweise leichter ausgeführt werden kann, speichert es das schnell ab. So kann ein neuer und optimierter Bewegungsablauf entstehen.

Feldenkrais ist davon ausgegangen, dass ein Mensch nach dem Bild handelt, das er von sich selbst hat, und dass dieses Bild essenziell mit seiner Bewegungserfahrung verknüpft sei. Dieses Selbstbild sei teils ererbt und teils, meist von einem selbst, anerzogen worden. Will jemand nun etwas an seinem Ist-Zustand verändern, muss zunächst das Bild von sich selbst verändert werden. Dies erreicht die Feldenkrais®-Methode anhand eines pädagogischen Konzepts des Lernens durch Selbstbeobachtung und der Veränderung von Bewegungsmustern. Bei Letzterem handelt es sich nicht um Körperübungen im herkömmlichen Sinn, sondern um bestimmte, langsam und ruhig ausgeführte Bewegungsabfolgen.

Dieses Prinzip lässt sich auch auf den Hund übertragen. Über neu organisierte Bewegungsabläufe wird ein direkter Zugang zum Nervensystem gefunden. Dabei kommt es zur sogenannten neuromuskulären Reorganisation. Gleichzeitig wird die Aufmerksamkeit geschult, der Hund muss mehr überlegen. Das gilt sowohl für die Bewegungen als auch für Denkprozesse im Alltag. Jede Bewegungsänderung zieht also auch eine Verhaltensänderung nach sich. Dass ein Hund, sei es durch eine beängstigende Situation oder ein Trauma, eine Schonhaltung einnimmt oder sich einen Schutzmechanismus angewöhnt, dem wird hier entgegengewirkt.

Eine Behandlung sieht, wie die meisten manuellen Therapien, von außen ziemlich unspektakulär aus. Im Gegensatz zu Tellington TTouch® sind bei der bfb-Feldenkrais®-Methode allerdings gute Kenntnisse über Anatomie und Physiologie für die sanften Berührungen wichtig. Schmerzhafte Stellen dürfen nicht berührt werden, sondern es wird immer an schmerzfreien gearbeitet. Feldenkrais hat herausgefunden, dass es für Menschen von grundsätzlicher Wichtigkeit ist, dass Skelett und Muskeln getrennt gefühlt werden können. Dabei ist das Skelett für das Stützen zuständig, die Muskelarbeit für die Fortbewegung. Hat der Hund gelernt, sich wieder auf sein Skelett und damit auf seine Stütze zu verlassen, verliert er viele Ängste. Er wird geschmeidiger und kann sich leichter bewegen. Insgesamt wird er lebendiger und hat eine viel leichtere Atmung. Durch die Behandlung verschwinden unnötige Anspannungen und es wird viel Energie frei. Dadurch entstehen ein erweitertes Körpergefühl und eine höhere Lebensqualität.

Akupressur

Die Akupunktur als alternatives Heilverfahren bei körperlichen und psychischen Beschwerden ist eine Behandlungsmethode der Traditionellen Chinesischen Medizin (TCM) und bildet einer ihrer fünf Säulen. Die Wirkung der Akupunktur ist durch unzählige wissenschaftliche Untersuchungen bestätigt und hat dabei oft erstaunliche Zusammenhänge aufgezeigt. Anatomische Studien etwa belegen, dass die Mehrzahl der Akupunkturpunkte sich genau dort befindet, wo Nerven aus dem Muskelgewebe austreten. Wird ein Reiz an exakt diesen Punkten gesetzt, stimuliert das wiederum die Ausschüttung von Hormonen. Außerdem werden über Neurotransmitter schmerzhemmende Mechanismen in Gehirn und Rückenmark ausgelöst. Der gezielt gesetzte Reiz an den Akupunkturpunkten kann Funktionen von Organen, aber auch Muskeln, Haut und Sehnen beeinflussen.

Die Akupressur ist ebenfalls Teil der TCM und scheint sogar Vorläufer der Akupunktur gewesen zu sein. Sie verzichtet auf Nadeln und ist eine Art Fingerdruckmassage. Beide Heilansätze beruhen auf der Arbeit mit der sogenannten Lebensenergie Qi, die auf Meridianen (Leitbahnen der Lebensenergie) durch den Körper fließt. Menschen und Tiere können nur gesund sein, wenn das Qi ungestört fließt. Dafür müssen sich die beiden Energiekonzepte Yin und Yang im Einklang befinden. Allerdings können diese durch verschiedene Faktoren, unter anderem durch unkontrollierte Emotionen, gestört werden. Gesundheit und Wohlbefinden sind daher von der Ausgewogenheit der Lebensenergie abhängig. Bei Stress, Unruhe, Nervosität und Angst ist dieser Energiefluss gestört. Das lässt sich durch gezielte Akupressur ändern.

Nach westlicher Auffassung haben Störungen im Körper immer eine Krankheit zur Ursache. Schul- und Tiermedizin diagnostizieren Krankheiten anhand vorliegender Symptome und die Störungen werden mit Medikamenten oder chirurgischen Eingriffen beseitigt. Es wird also nur die reine Krankheit behandelt. Ganz anders geht die TCM vor. Sie versteht den Hund als ein „vernetztes System" und

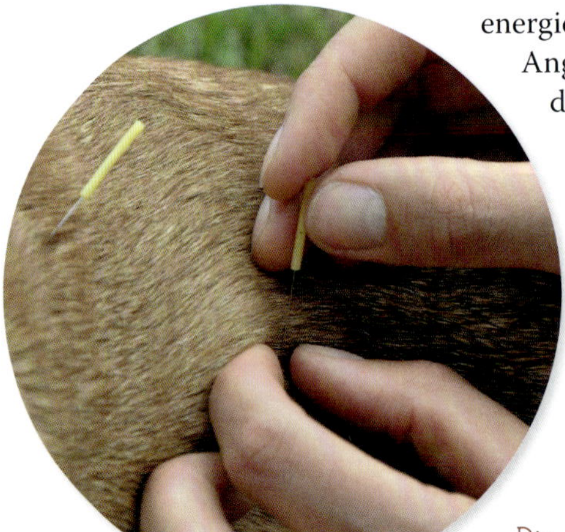

Die Akupunktur ist eine Behandlungsmethode der Traditionellen Chinesischen Medizin.

erfasst ihn in der Diagnose in all seinen psychischen wie körperlichen Facetten. Sie versucht zudem immer, der Ursache auf den Grund zu gehen. Im Vergleich dazu hat die Tiermedizin oft einen sehr eingeschränkten Blick auf das Problem und untersucht bei der Diagnostik meist nur einzelne Organe oder Systeme.

Aufgrund der Punkte, die sich auf der Körperoberfläche befinden und die in Beziehung zu bestimmten inneren Organen und deren Funktionen stehen, hat die TCM verschiedene Krankheitsstadien genau untersucht und ein Modell entwickelt, das die Beziehungen zwischen diesen Oberflächenpunkten, den inneren Organen und dem Muskel- und Skelettsystem aufzeigt. Durch Anregung der Punkte kann die Funktion der Organe verändert werden. Mit Akupressur wird auf bestimmte Energiepunkte am Körper durch Druck ein wirksamer Effekt auf von außen nicht einsehbare andere Körperstellen oder gar Emotionen ausgeübt.

Bei der Geburt sind normalerweise alle Meridiane im Fluss. Im Lauf des Lebens aber wird durch äußere und innere Einwirkungen wie Stress, Verletzungen oder Operationen der Fluss des Qi gestört. Insgesamt gibt es zwölf Hauptmeridiane, die paarweise im Körper verlaufen, das heißt jeder Meridian verläuft spiegelbildlich auf der rechten und auf der linken Körperseite des Hundes. Zusätzlich gibt es noch acht Sondermeridiane. All diese Meridiane balancieren sich im Idealfall selbstständig gegenseitig aus und bilden Funktionskreisläufe mit den Organen. Je nachdem, welcher Meridian blockiert wird, kann das betroffene Organ nicht mehr richtig arbeiten und der Betroffene wird krank. Insgesamt liegen auf den Hauptmeridianen etwa 400 verschiedene Akupunkturpunkte. Bei der Akupressur werden sie durch Druck mit den Fingern stimuliert. Ziel der Akupressur ist es, die Selbstheilungskräfte des Körpers zu aktivieren und ein physisches oder psychisches Ungleichgewicht auszugleichen.

Mit der Fingerkuppe oder unter bestimmten Umständen mit dem Fingernagel wird Druck auf die entsprechende Stelle ausgeübt. Die Stärke hängt dabei von der erwünschten Wirkung ab. Für eine beruhigende Wirkung sollte fester Druck ausgeübt werden, für eine anregende Wirkung eher ein sanfter. Reagiert der Hund unleidlich, sollte der Druck geändert werden. Manchmal kann es hilfreich sein, statt zu drücken zu klopfen, zu reiben oder zu kneten. Die Akupressur lässt sich bis zu drei Mal am Tag anwenden, am besten morgens, mittags und abends. Zwischen den einzelnen Behandlungen sollte auf jeden Fall eine Pause eingelegt werden, damit sich die Wirkung der Akupressur entfalten kann.

In sehr vielen Fällen führt Stress zu Verspannungen der Schulter- und Nackenmuskulatur. Wird in diesen Regionen auf bestimmte Punkte etwas Druck ausgeübt, entspannen sich die Muskeln und Stress wird abgebaut. Durch Stress wird zudem die Atmung oft unregelmäßig und oberflächlich, schlimmstenfalls vergisst man währenddessen sogar völlig zu atmen. Eine Massage des Brustbeins kann hier Abhilfe schaffen. In Angstsituationen oder bei allgemeiner Ängstlichkeit hat sich die Akupressur bei Hunden in diesem Bereich bestens bewährt. Ebenfalls wirksam ist sie, wenn Hunde etwa Angst vor dem Autofahren oder vor dem Tierarzt haben.

Wie lange ein Akupressurpunkt gedrückt oder massiert werden muss, hängt von verschiedenen Faktoren ab. Meistens reicht es schon, Akupressurpunkte über wenige Minuten hinweg jeweils für etwa zehn Sekunden zu drücken oder mit kreisenden Bewegungen zu massieren, manchmal kann es aber auch bis zu 20 Minuten dauern. Generell gilt, dass eine Massage mit dem Uhrzeigersinn für weniger Energie sorgt. Empfehlenswert ist das etwa bei hyperaktiven Hunden. Bei einer Bewegung gegen den Uhrzeigersinn wird dagegen Energie zugeleitet. Wenn der richtige Akupunkturpunkt erwischt wird, ist das nicht zu übersehen: Die Hunde gähnen, entspannen sich und lassen sich manchmal einfach zur Seite fallen. Ob der Hund bei der Akupressur steht, sitzt oder liegt, ist nebensächlich, wohl muss er sich bei der Behandlung fühlen. Das kann er allerdings nur, wenn auch der Behandelnde ausgeglichen ist.

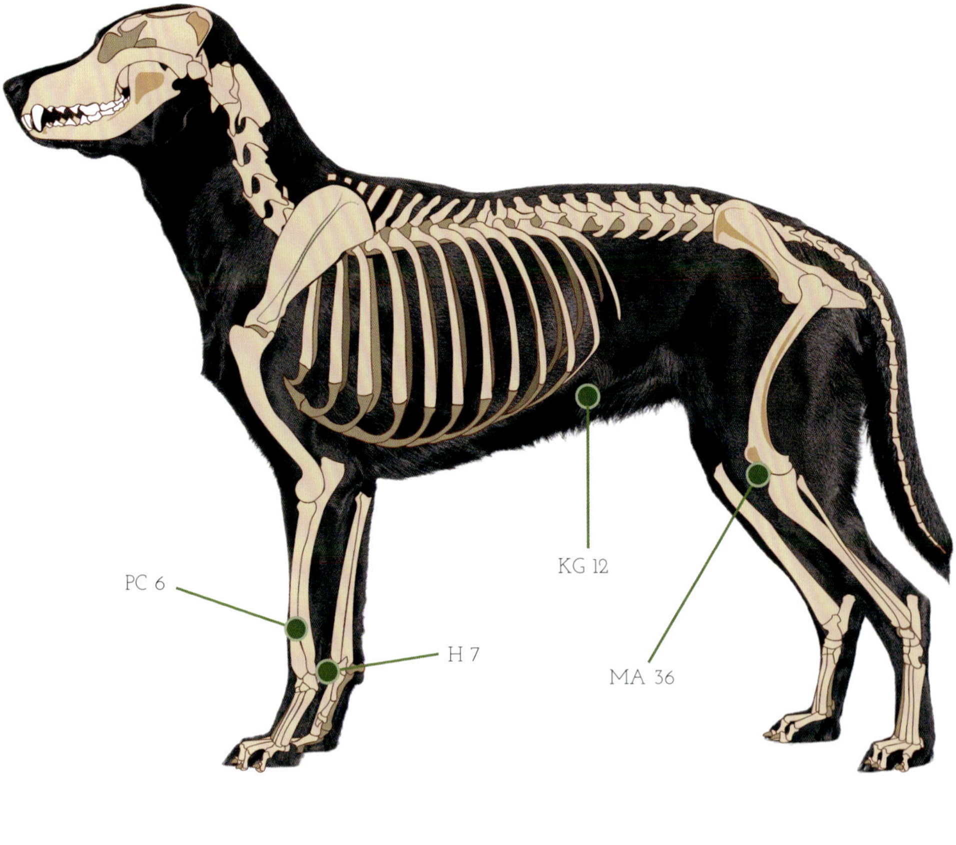

Zur Unterstützung für gestresste Hunde eignen sich vor allem vier Akupressurpunkte.

Es gibt viele Akupressurpunkte, die sich für gestresste Hunde eignen. Vier davon möchte ich an dieser Stelle nennen. Da ist zum einen der KG 12 (Konzeptionsgefäß): Er schafft Abhilfe bei Engegefühlen im Brust- und Bauchbereich, stärkt die Mitte und wirkt lindernd bei nervösen Spannungszuständen. Der Ma 36 (Magenmeridian): Er ist einer der großen Meisterpunkte des gesamten Organismus, wirkt allgemein stärkend, nährend und kräftigend, wirkt emotional stabilisierend und stärkend für Selbstgefühl und Selbstwert. Der nächste wäre der H 7 (Herzmeridian): Er ist ein überaus wichtiger emotionaler Notfallpunkt, klärt und beruhigt den Geist, und hilft bei Stress und Nervosität. Manchen Experten zufolge ist

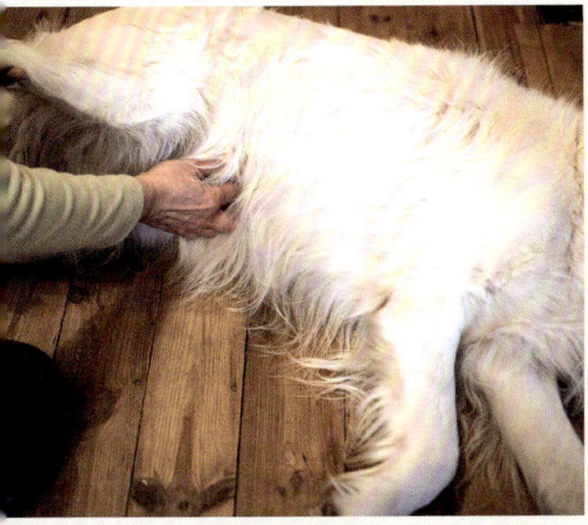

Der KG 12 (Konzeptionsgefäß): Er stärkt die Mitte und hilft bei nervösen Anspannungen.

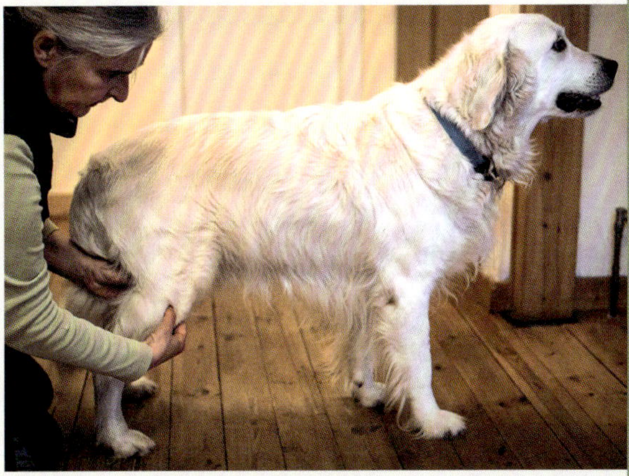

Der Ma 36 (Magenmeridian): Er wirkt emotional stabilisierend und stärkt den Selbstwert.

Der H 7 (Herzmeridian): Er gilt unter Experten als bester Punkt, um Stress abzubauen.

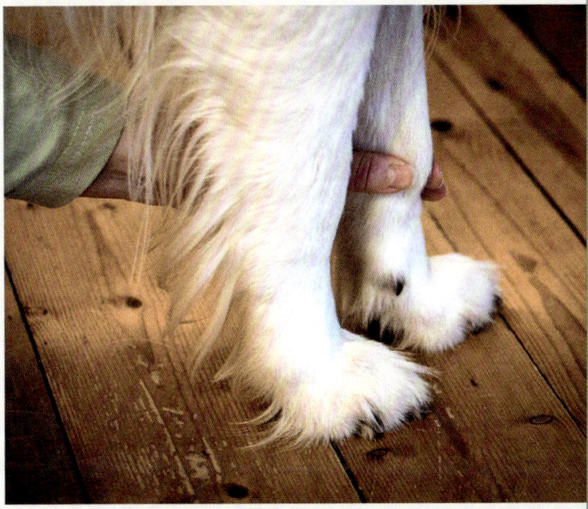

Der PC 6 (Pericard-Meridian): Er schützt in stressigen Situationen vor allem das Herz.

H 7, auch Shen Men genannt, der beste Punkt, um Stress abzubauen. Und dann noch PC 6 (Pericard-Meridian): Er schützt das Herz vor emotionalem Druck in stressigen Situationen und sorgt dafür, dass sich Leistungsdruck oder Stress nicht auf das Herz übertragen. Zudem ist er bei Unruhe, Ängstlichkeit und Verhaltensauffälligkeiten indiziert.

Die Akupressur kann bei zahlreichen gesundheitlichen Problemen angewandt werden:

- Muskelverspannungen
- Ohrproblemen
- Rückenschmerzen
- Nackenschmerzen
- Zahnschmerzen
- Schlafstörungen
- Übelkeit
- Übergewicht
- Verdauungsproblemen
- Atemwegsbeschwerden

Aber eben auch bei psychischen Beschwerden, die mit Unruhe und Angst in Verbindung stehen:

- Nervosität und Ruhelosigkeit
- Müdigkeit und Erschöpfung
- Stress
- Panikattacken
- Traumata
- Schlafstörungen
- chronische Nervosität und Ängstlichkeit
- Phobien
- angstbedingte körperliche Symptome wie Rhythmusstörungen des Herzens, Herzrasen, hoher Blutdruck, Schmerzen und Kopfschmerzen

Shiatsu

Akupressur und Shiatsu sind zwei relativ ähnliche Formen der Druckmassage, die beide ihren Ursprung in der Traditionellen Chinesischen Medizin (TCM) haben. Akupressur beschreibt dabei die chinesische Form der Druckmassage, Shiatsu die wesentlich kürzer existierende japanische Variante. Beim Shiatsu wird hauptsächlich mit Daumen und Händen in fließenden Bewegungen sanfter Druck auf die Meridiane, die Energiebahnen des Körpers, ausgeübt. Das Ziel von Shiatsu ist es, Gesundheit zu erhalten oder wiederherzustellen, indem das wichtigste Kommunikationssystem des Körpers, das Energiesystem, harmonisiert wird. Die fernöstliche Philosophie sieht Lebewesen dabei als Einheit von Körper, Geist und Seele.

Shiatsu ist übersetzt der Fingerdruck („Shi" für Finger, „atsu" für Druck). Jeglicher feste Druck ist bei dieser Therapieform allerdings verboten, denn Druck erzeugt Gegendruck. Nur mit weichen Techniken wird sich der Hund öffnen, sodass der Behandelnde Zugang zur Lebensenergie und den Meridianen erhalten kann. Shiatsu verkörpert ein eigenständiges und umfassendes Heilsystem. Es wird für eine Behandlung zwar an denselben Meridianen wie bei der Akupunktur gearbeitet, doch es werden nicht nur einzelne Punkte wie in der Akupressur stimuliert, sondern der gesamte Meridian. Somit werden alle Akupunkturpunkte, die auf dem behandelnden Meridian liegen, mit einbezogen. Hierfür werden Finger, Hände und Daumen eingesetzt und zudem Dehnungen und Rotationen genutzt, um Verspannungen zu lösen. Mit Shiatsu ist es dem Behandelnden möglich, verschiedene Ebenen wie etwa Haut, Faszien oder Muskulatur wahrzunehmen und dann gezielt am Hund zu arbeiten.

Beim Palpieren wird Kontakt aufgenommen und die Qualität des Gewebes bestimmt.

Die Berührung mit beiden Händen vermittelt ein Gefühl der Sicherheit.

Im Shiatsu spielt die fernöstliche Philosophie eine große Rolle: Aus der Kraft der Mitte (Hara) heraus entsteht Ruhe, durch die Ruhe Gelassenheit. Hara hilft, im Leben die Balance zu halten, und damit auch in stressigen Situationen ruhig und gelassen zu bleiben. Aufregung und Stress verbrauchen Energie, was den Körper aus seinem Gleichgewicht bringt. Schafft man es, trotzdem ruhig und gelassen zu bleiben, wird der ständige Energiefluss, der für das Gleichgewicht benötigt wird, nicht unterbrochen. Dieser Gedanke wird auf den Hund übertragen.

Da in der TCM eine Störung im Körper nicht von den emotionalen Problemen und der Biomechanik getrennt betrachtet, sondern der Hund als Ganzes gesehen wird, kann ein Ungleichgewicht erkannt werden. Danach ist auch die Beschaffenheit der Körpermaterie, also auch die innere Haltung und die Psyche, Ausdruck eines energetischen Musters und einer energetischen Verfassung. Mit den Shiatsu-Techniken wird nicht nur auf das Kreislauf-, Nerven- und Lymphsystem eingewirkt, sondern auch auf die Organe. Eines davon ist die Haut, das größte Organ des Körpers. Schon allein durch die Berührung der Haut an gewissen Punkten werden schmerzreduzierende Hormone freigesetzt. Die Folge: Der Hund kommt zur Ruhe, Stress und Anspannung werden reduziert.

Sie erinnern sich: Durch Stress können Hunde geschwächt und mit der Zeit sogar ernsthaft krank werden. Und auch körperliche Überbelastungen fordern ihren Tribut. Shiatsu ist eine wirksame Methode, um diesen Stress abzubauen und positiv psychisch und auch physisch auf den Hund einzuwirken. Bei nervösen und sensiblen Hunden wirkt Shiatsu beruhigend und stärkt das Selbstvertrauen, bei apathischen Hunden kann die Lebensfreude wieder geweckt werden. Bei sportlich überbelasteten Hunden werden Verspannungen und Stress abgebaut und die Konzentration gefördert. Sie können Shiatsu auch selbst an Ihrem Hund anwenden. Lassen Sie sich hierfür eine fachmännische Einweisung geben.

Mit Vibrationen können tiefe Verspannungen gelöst werden, was für Entspannung sorgt.

Shiatsu ist eine sanfte Heilmethode, die auch zum Stressabbau eingesetzt werden kann.

Shiatsu kann neben zahlreichen Krankheitssymptomen auch gezielt bei Stresshunden angewandt werden, um deren Lebensqualität zu steigern:

- bei Hüftproblemen, Rückenproblemen und Arthrose
- bei Allergien und Hautproblemen, wie beispielsweise Ekzemen
- bei nervösen und sensiblen Hunden zur Beruhigung und Stärkung des Selbstvertrauens
- bei apathischen Hunden, um deren Lebensfreude wieder zu wecken
- bei Verdauungsproblemen
- bei physischem oder psychischem Stress, Ängsten, Verhaltensauffälligkeiten und Aggressionen, um die aufgestaute Energie wieder in Fluss zu bringen
- bei sportlich aktiven Hunden, um bei Überbelastung Verspannungen und Stress abzubauen und Konzentration zu fördern
- bei älteren Hunden, um die Energie wieder zum Fließen zu bringen und damit kleinere Altersbeschwerden zu beseitigen und die Beweglichkeit zu verbessern
- nach einer Tierarztbehandlung oder Krankheit für Fitness und Lebensfreude
- bei Blasen- und Nierenproblemen
- Shiatsu dient auch als Wellnessbehandlung und zur Prävention

Shiatsu fördert die Lebensfunktionen auf verschiedenen Ebenen:

- auf der Körperebene werden Haut, Faszien, Muskulatur, Gelenke, Bänder und Sehnen gedehnt, stimuliert und mobilisiert
- auf der energetischen Ebene werden die Meridiane angeregt oder beruhigt
- über die Behandlung der Meridiane findet eine ausgleichende Wirkung auf die inneren Organe statt
- auf der geistigen Ebene wirkt Shiatsu, je nach Bedarf, entspannend und beruhigend oder anregend und aufbauend

Dorn-Therapie und Breuß-Massage

Die Dorn-Therapie ist eine manuelle Behandlungsweise mit dem Ziel, Fehlstellungen der Wirbel und Gelenke behutsam zu korrigieren. Solche Fehlstellungen können durch einseitige Belastungen, Fehlhaltungen oder psychischen Stress ausgelöst werden und Schmerzen oder Bewegungsbeeinträchtigungen verursachen. Die Dorn-Therapie beabsichtigt, diese Muskelverspannungen durch Massage zu lockern und anschließend mit sanftem Druck die Dorn- beziehungsweise die Querfortsätze der fehlgestellten Wirbel behutsam wieder in die richtige Position zu schieben. Dies geschieht sanft und ohne Ruck und unterscheidet sich daher grundlegend von der Chiropraktik.

Der Namensgeber der Dorn-Therapie ist Dieter Dorn, der auf diese Weise 1974 selbst behandelt wurde und die Methode Stück für Stück weiterentwickelt hat. Im Laufe der Zeit ist sein Behandlungskonzept mit der TCM verknüpft worden und hat Dorn-Therapeuten über die Nutzung der Meridiane gänzlich neue Möglichkeiten eröffnet. So kann sich die Dysfunktion eines Wirbels im gesamten Meridianverlauf und im gesamten Funktionskreis auswirken und Beschwerden verursachen. Liegt nun eine Blockade in einem bestimmten Wirbel vor, sind die dazugehörigen Organe, Muskeln und Nerven ebenfalls von Problemen betroffen. Zusätzlich können psychische Beschwerden wie Angst und depressive Verstimmung auftreten. Durch die gezielte Behandlung von Blockaden und Fehlstellungen in Wirbeln und Gelenken kommt es zu einer ganzheitlichen Heilung von Körper und Psyche.

Keine Massage im eigentlichen Sinn ist die Breuß-Massage. Mittels verschiedener Griffe wird ganz sanft die Wirbelsäule gedehnt und dadurch werden die Bandscheiben entlastet. Sie wird sehr gerne mit der Dorn-Therapie

Eine Dorn-Therapie kann zu einer ganzheitlichen Heilung von Körper und Psyche führen.

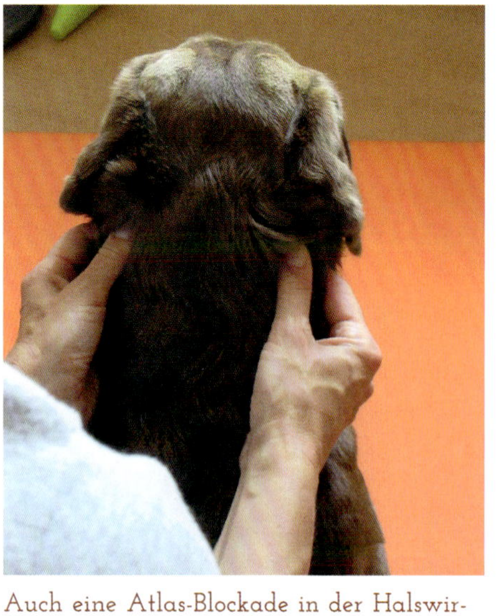

Auch eine Atlas-Blockade in der Halswirbelsäule kann der Grund für ADHS-Hunde sein.

kombiniert, weil sie beruhigend wirkt, Schmerzen lindert und nachhaltig entspannt. Gerade gestressten Hunden tut eine Breuß-Massage daher sehr gut.

Oft bekommen Hunde, die extrem hyperaktiv sind und sich nicht entspannen können, den Stempel verpasst, ein sogenannter ADHS-Hund zu sein. Der Besuch mit solch einem Hund in einer Hundeschule wird keinerlei Erfolge zeigen, und der Gang zum Tierarzt endet bestenfalls mit der Verabreichung chemischer Substanzen, die ihn ruhigstellen sollen, schlimmstenfalls sogar mit der Diagnose, der Hund würde unter einem Hirnschaden leiden. Dass der Grund unter Umständen eine Atlas-Blockade in der Halswirbelsäule sein kann, die zu einer Minderdurchblutung des Kleinhirns führt, was wiederum typische ADHS-Symptome auslöst, wird meist aus Unwissenheit nicht angeführt. Wird diese Blockade gelöst, verschwinden damit auch die Symptome.

Die Dorn-Therapie ist eine sanfte manuelle Behandlungsmethode zur Behebung von Wirbelsäulen- und Gelenkblockaden.

- es werden Blockierungen der gesamten Wirbelsäule behoben
- die Dorn-Therapie beachtet das ganzheitliche Verständnis der Körperreaktionen. Nach der TCM werden bestimmten Wirbeln bestimmte innere Organe zugeordnet. Deren Blockierung beeinflusst dann das Organ. Ein aus dem Gleichgewicht geratenes Organ kann aber ebenso eine Blockierung verursachen.
- ebenso besteht ein Zusammenhang zwischen Wirbelblockaden und psychischen Leiden. Daher kann mit der Dorn-Therapie gerade Hunden mit stressbedingten Verhaltensauffälligkeiten oftmals auf sanfte Weise geholfen werden.

Faszientherapie

Faszien sind feine, zähe bindegewebige Häute, die im Körper neben den Lymph- und Blutgefäßen ausnahmslos jeden einzelnen Muskel, jeden Knochen, jedes Organ und jede Nervenbahn umhüllen. Diese Bindegewebssystem verfügt über keinen Anfang und kein Ende: Faszien gehen wie ein Geflecht nahtlos ineinander über. Sie können im Körper hauchdünn oder mehrere Millimeter dick sein. Und sie reagieren auf Training, auf Entzündungen, Bewegungsmangel oder Überlastung und können sich somit auch verändern. Weil dem so ist, können Faszien allerdings auch selbst zu Schwachstellen des Körpers werden.

Faszien leisten wertvolle Aufgaben im Körper. So sind sie etwa am Lymphfluss beteiligt. Die Lymphe transportiert sowohl Abbauprodukte aus den Zellen als auch wichtige Aufbaustoffe und Abwehrzellen in die Zellen. Jede einzelne Muskelbewegung unterstützt diesen Transport. Faszien können allerdings auch verkleben, wenn es aufgrund von Verspannungen zu einem Stau der Lymphe kommt oder der Körper übersäuert ist. Das führt letztlich zu Bewegungseinschränkungen bis hin zur Steifheit. Faszien sind zudem in der Lage, den Körper über dessen Haltung und Lage im Raum zu informieren. Sie verfügen über zahlreiche Rezeptoren, darunter auch Schmerzrezeptoren, die Informationen über den Zustand des Körpers in das vegetative Nervensystem weiterleiten. Gleichzeitig werden sie auch vom vegetativen Nervensystem gesteuert.

Normalerweise bilden Faszien die Form eines Gitters. Diese Anordnung ermöglicht die besondere Elastizität dieser Bindegewebsschicht, macht sie reißfest und gleichzeitig dehnbar, was für die Gesamtbeweglichkeit des Körpers entscheidend ist. Doch durch Stress, Schonhaltungen, Überbelastung und Bewegungsmangel verhärten und verkürzen sich die Faszien. Im Körper findet ein Umbauprozess statt: Die dehnbaren Elastinanteile nehmen ab und werden durch zähes Kollagen ersetzt. Der Grundtonus erhöht sich dadurch massiv. Die Folge: Die Faszien grenzen den Bewegungsspielraum der Muskulatur und Gelenke ein und es können Schmerzen auftreten.

In den Faszien befinden sich zahlreiche Nervenendigungen, über diese Faszien positiv, aber auch negativ auf das Nervensystem einwirken können. So kann durch Entspannung der Faszien das vegetative Nervensystem reguliert werden, was eine positive Auswirkung auf dem gesamten Organismus zu Folge hat. Auch eine Faszienspannung wird von der Psyche gesteuert. Bei einem gestressten Hund befinden sich die Faszien unter ständiger Spannung, sodass sie nicht mehr reguliert werden können. Hunde reagieren auf diese Spannung mit Unruhe. Durch die hohe Körperspannung können sie sich zudem leichter verletzen. Das bedeutet: Innere Gelassenheit senkt die Spannung, Stress dagegen kann die Grundspannung der Faszien steigern. Es ist also wichtig, dass die Faszien nicht zu sehr angespannt sind, damit sich der Körper physiologisch korrekt bewegen und eben auch entspannen kann.

Mit einer Faszientherapie lassen sich die Faszien eines Hundes wieder leicht in Form bringen. Im Allgemeinen reagieren Hunde auf diese tiefgreifende manuelle Technik sehr gut und meist bewirkt schon eine einzige Behandlung erstaunliche Veränderungen. Nicht nur, dass sich Hunde danach besser bewegen können, sondern funktionierende Faszien wirken sich auch im Umkehrschluss auf die Psyche der Hunde aus. Mit einer Faszientherapie können Sie Ihren gestressten Hund in jedem Fall unterstützen. Wichtig ist aber, dass die Behandlung in einer entspannten Atmosphäre stattfindet, damit der Hund sich während der Massage auch wirklich lockern kann. In der Regel ist das bei Ihnen zuhause der Fall.

Kinesiologie

Weil sie auch bei Hunden immer öfter angewandt wird, möchte ich als Unterstützung für gestresste Hunde auch kurz die Kinesiologie erwähnen. Es ist eine ganzheitliche und ursachenorientierte Behandlungsmethode, um Blockaden im Energiesystem und Stressreaktionen zu finden und auszugleichen. Die Kinesiologie erkennt daher nicht nur Symptome, sondern balanciert auch deren Ursachen aus.

Sie beruht darauf, dass die Muskelspannung eine Rückmeldung über den funktionellen Zustand des Körpers liefert. Daher findet bei jeder Behandlung immer ein Muskeltest statt. Damit soll ermittelt werden, wo sich eine Störung, Blockade oder ein Ungleichgewicht befindet, um im Anschluss die richtige Methode für den Ausgleich zu finden. Ziel ist es immer, das blockierte Energiesystem wieder ins Gleichgewicht zu bringen. Da sich der für eine Kinesiologie nötige Muskeltest bei einem Hund nicht wie beim Menschen direkt anwenden lässt, wird über den Arm des Halters getestet, der hier als Stellvertreter für seinen Hund fungiert.

Mit den vom Muskeltest gelieferten Erkenntnissen lässt sich der zu behandelnde Hund wohl in vielerlei Hinsicht unterstützen: Gesundheit, Ausgeglichenheit, Stressabbau, Behandlung und Auflösung von traumatischen Erlebnissen, Verbesserung der Beziehung zwischen Hund und Halter, Ängste, aggressives Verhalten, Zwangsstörungen, Hyperaktivität oder depressives Verhalten.

Punkte gegen Stress

Im Kopfbereich befinden sich viele Nervenenden, Akupunkturpunkte und Reflexzonen, unter anderem auch die neurovaskulären Kontaktpunkte, auch Glückspunkte genannt. Diese regen beim Hund die Durchblutung in spezifischen Muskeln und Organen an und stärken so den Energiefluss der Meridiane. Aktiviert werden diese Reflexpunkte durch leichten Druck mit dem Finger. Die beruhigende Wirkung beim Halten dieser Punkte ist besonders nützlich bei emotionalem Stressabbau. Verspürt ein Hund Stress, sei er emotional oder physisch ausgelöst, werden je nach Intensität die negativen Erfahrungen abgespeichert. Der Körper erinnert sich daran, wenn er in eine ähnliche Situation gerät. Das kann zu einer Anhäufung von Stresssymptomen führen und den empfundenen Stress zusätzlich verstärken. Ein emotionaler Stressabbau reduziert diese Auswirkungen. Die entspannende Wirkung der Reflexpunkte kann Unsicherheit, einen negativen Erregungslevel und Ängste minimieren.

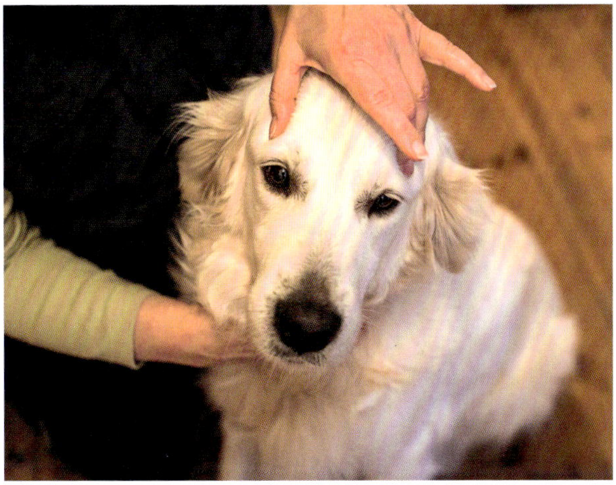

Neurovaskuläre Kontaktpunkte gegen Stress liegen auf der Mittellinie des Schädels.

Ein weiterer Punkt ist zwischen den Augen und wird oft auch als das dritte Auge bezeichnet.

Die Pfotenreflexzonentherapie ist eine Massagetechnik, die mit Druck auf bestimmte Punkte und Regionen an der Pfote ausgeführt wird. Entsprechend der Fußreflexzonenmassage beim Menschen werden auch beim Hund mittels Aktivierung bestimmter Zonen im Pfotenbereich Blockaden im Körper gefunden. Ebenso wie die verschiedenen Zonen über Nervenbahnen mit unterschiedlichen Organen verbunden sind, kann die Pfotenreflexzonenmassage sich auch auf Emotionen auswirken. Die Massage eignet sich dazu, Stress abzubauen und inneres Gleichgewicht zu erlangen. Neben den Händen kann sie auch mithilfe eines Massage-Igels erfolgen. Dadurch wird in kurzer Zeit ein hohes Maß an Erholung geschaffen, und auch der für unsere Hunde so wichtige Schlaf verbessert sich. Die Entspannung kann darauf zurückzuführen sein, dass Beschwerden beseitigt und die Durchblutung gesteigert wird. Die Pfotenreflexzonentherapie ist ein gutes Mittel, den Selbstheilungsprozess zu unterstützen und für Entspannung zu sorgen.

Eine Pfotenreflexzonenmassage beim Hund eignet sich wunderbar zum Stressabbau.

Entspannungsmassagen

In den Genuss einer Entspannungsmassage sollte jeder Hund kommen dürfen, denn jede Verhaltensauffälligkeit wirkt sich deutlich stärker aus, wenn der Hund innerlich unruhig oder gestresst ist und ein erhöhtes Erregungslevel hat. Daher eignen sich Entspannungsmassagen wunderbar, um zur Ruhe zu kommen. Sie unterscheiden sich von therapeutischen Massagen, denn bei letzteren wird gezielt eine manuelle Einwirkung auf die Haut, das Gewebe und die Muskulatur ausgeführt. Mit einer therapeutischen Massage können schmerzhafte Muskelanspannungen und -verhärtungen gelockert sowie verklebtes Bindegewebe gelöst werden. Außerdem regt sie die Durchblutung an, der Tonus kann gezielt verändert werden, Schlackenstoffe und Flüssigkeiten werden ausgeschwemmt und der Lymphfluss wird beschleunigt. Sie hat also auch eine Wirkung auf den Stoffwechsel und den Kreislauf des Hundes. Das oberste Ziel ist hierbei die Gesunderhaltung und die Schmerzlinderung. Eine Wellnessmassage dagegen hat nur den Zweck, dass der Hund sich rund-

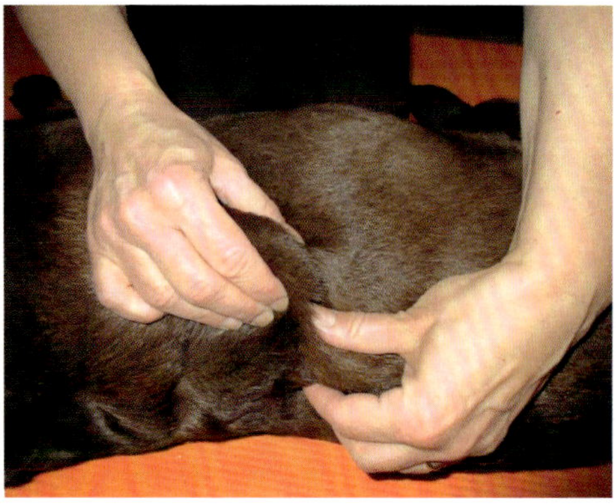

Mit therapeutischen Massagen lassen sich schmerzhafte Muskelverhärtungen lockern.

um wohlfühlt und entspannt. Deswegen lassen sich diese Massagen auch als Halter durchführen.

Machen Sie eine Hundemassage ruhig zu einem Ritual. Bestens dafür geeignet ist eine weiche Decke, die nur für die Massage verwendet wird. So weiß der Hund beim Hinlegen der Decke schnell, dass nun „seine“ Zeit kommt, in der er sich erholen kann. Am besten ist es, Sie begeben sich auf die Höhe Ihres Hundes, wenn das für Sie möglich ist. Denn Hunde mögen es nicht, wenn man sich von oben über sie beugt. Sie empfinden das als Bedrohung. Außerdem können Sie in dieser Stellung auch nicht gut am Hundekörper arbeiten. Ist Ihr Hund nicht zu groß und zu schwer, ließe sich die Decke auch auf einem Tisch platzieren, falls Sie gesundheitliche Beschwerden haben. Oder Sie probieren es auf der Couch. Legere Kleidung ist auch nicht verkehrt, Schmuck und Ringe sollten im Vorfeld abgenommen werden. Bevor eine Hundemassage startet, sollten Sie zudem darauf achten, dass Ihre Hände warm sind, denn kalte Hände sind auch für unsere Hunde unangenehm.

Ruhe ist für gestresste Hunde immer ein wichtiger Faktor, natürlich auch für eine Massage. Sie sollten sich für die Massage vollkommen auf Ihren Hund konzentrieren können und genügend Zeit einplanen. Der Zeitpunkt muss auch für Ihren Hund passen. Ist der Erregungslevel zu hoch, sprüht er über vor Energie oder ist er vollkommen unruhig, sollte die Massage besser verschoben werden. Viele Hunde müssen sich zudem erst an Massagegriffe gewöhnen und brauchen etwas länger, bis sie die Massage als etwas Angenehmes empfinden können. Wichtig ist einmal mehr, dass der Hund zu nichts gezwungen wird und er die Möglichkeit hat, jederzeit wegzugehen. Ob er die Massage als angenehm empfindet, können Sie der Körpersprache Ihres Hundes entnehmen.

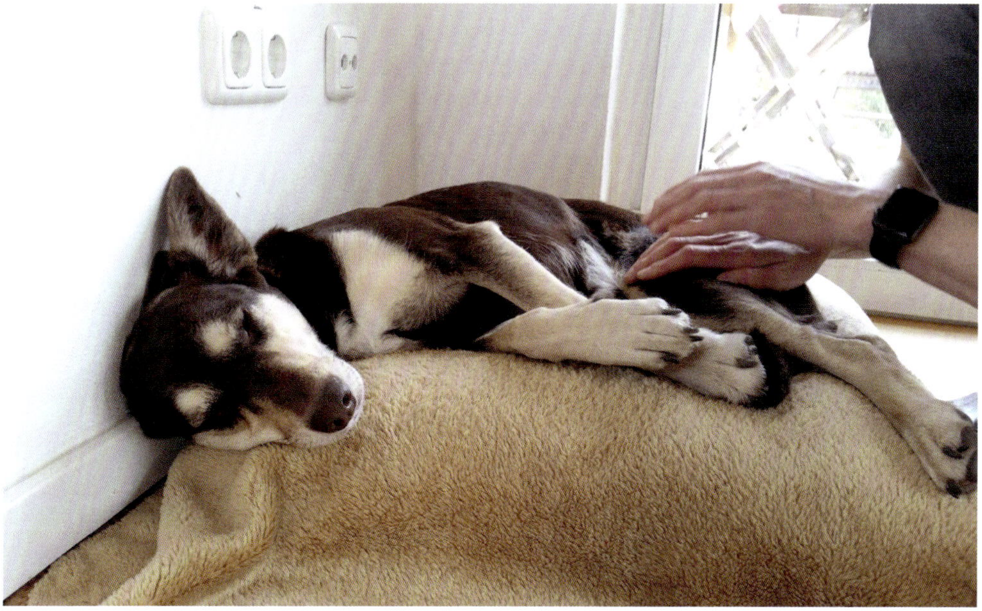

Viele Hunde müssen sich erst an Massagen gewöhnen, um dabei entspannen zu können.

Gestresste Hunde neigen zu Muskelverspannungen. Und auch, wenn Sie Ihren Hund nicht mit fachmännischer Massage und kontrollierten Bewegungen der beteiligten Gelenke helfen können, so unterstützen Sie ihn doch dabei, sich zu entspannen, auch seine Muskeln, und vermehrt Stress abzubauen. Das kann er aber nur, wenn einige Basics beachtet werden. Ihr Hund muss ansonsten gesund sein und keinerlei Beschwerden haben. Es gibt nämlich auch bei Massagen durchaus Kontraindikationen, bei denen der Hund nicht massiert werden darf, weder therapeutisch noch zu Wohlfühlzwecken. So etwa bei lokalen Entzündungen (Verstärkung und Streuung der Erreger möglich), Tumoren (Wachstumsanregung sowie Streuungsgefahr), fieberhaften Erkrankungen (weitere Temperaturerhöhung), Infektionserkrankungen, offenen Wunden, Ekzemen, Blutungsneigung (blutverdünnende Medikamente), Knochenbruchgebiet bis zur Verknöcherung, frische Verletzungen von Bändern, Muskeln und Sehnen, Trächtigkeit (hier sind Massagen am Bauch und an der Lendenwirbelsäule verboten, weil die Möglichkeit eines Aborts besteht) und Herzerkrankungen, die nicht medikamentös eingestellt sind.

Bei innerer Unruhe und Nervosität besteht die Möglichkeit, dem Hund zur Ruhe und Entspannung zu verhelfen, indem Sie Einfluss auf die Aktivität von Nerven nehmen, speziell auf den Vagusnerv. Er besitzt die meisten parasympathischen Fasern, hat das weiteste Innervationsgebiet aller Hirnnerven und wird in Kopf-, Hals-, Brust- und Bauchteil untergliedert. Grundsätzlich ist der Vagusnerv für einen ausgeglichenen Gemütszustand wichtig: Er fördert Regeneration, Wachstum, Erholung und Ruhezustand. Mit einer bestimmten Behandlungstechnik lässt sich dieser Nerv aktivieren und somit eine Entspannung unterstützen. Aus dem Gehirn kommend verlaufen seine parasympathischen Fasern an der rechten Halsseite abwärts zu den Organen der Brusthöhle und weiter zu den Organen des Bauchraumes. Sie sorgen dafür, dass die Organe herunterfahren und dass der Hund zur Ruhe kommt.

Eine sanfte Massage an dieser Stelle aktiviert die Fasern und unterstützt somit die Entspannung. Dazu wird die Hand auf der rechten Seite unterhalb vom Ohr auf Wange und Hals flächig aufgelegt. Mit extrem langsamen, kreisenden Bewegungen der Handfläche, unter sanftem Druck, können Sie die parasympathischen Fasern aktivieren. Bitte achten Sie darauf, dass Sie Ihren Hund nicht einfach streicheln und damit die Hand immer wieder vom Körper des Hundes nehmen, sondern bleiben Sie mit leichtem Druck auf der Wange. Lassen Sie sich Zeit. Je nach Hund kann es zwischen fünf und zehn Minuten dauern.

Kreisende Massagebewegungen des Vagusnerves sorgen für Entspannung und Ruhe.

Eine zweite Entspannungsmassage, die Sie ausführen können, sind die Streichungen am Hund, auch Effleurage genannt. Bei der Effleurage handelt es sich um die Basistechnik der klassischen Massage. Effleurage kommt aus dem Französischen und bedeutet übersetzt so viel wie leichte Berührung. Die in der Regel mit der Handfläche ausgeführten Streichbewegungen über den ganzen Körper tragen in der klassischen Massage zur Entspannung bei. Sie helfen auch dabei, mentalen oder emotionalen Stress abzubauen. Diese Massagetechnik kann nahezu allen Arten von Stress entgegenwirken. Darüber hinaus kann sie die Stimmung des Hundes verbessern, indem sie das parasympathische Nervensystem und die Produktion von Glückshormonen anregt. Mit speziellen Massagehandschuhen oder weichen Bürsten können Sie die angenehmen Berührungen noch verstärken.

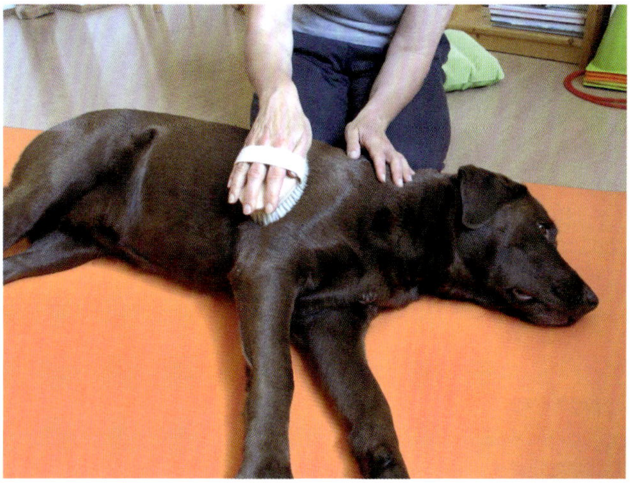

Eine Effleurage kann Hunden dabei helfen, mentalen und emotionalen Stress abzubauen.

Bei Massagen ist zu beachten, dass immer eine Hand auf dem Körper des Hundes verbleibt. Die Streichungen haben immer in Fellrichtung stattzufinden, an den Vorder- und Hinterläufen von oben nach unten zu erfolgen. Der Druck wird umgehend reduziert, wenn sich unter Ihren Händen ein Knochen befindet und die Massage wird sofort abgebrochen, wenn Ihr Hund Schmerzen zeigt.

Vorteile einer Entspannungsmassage

- Während der Massage kann der Hund zur Ruhe kommen. Stress und Angstzustände werden reduziert. Voraussetzung hierbei ist, dass der Hund Berührungen als angenehm empfindet.
- Nervöse, unsichere Hunde werden selbstsicherer und ruhiger.
- Während der Massage lassen sich Schwellungen, Zecken, Insektenstiche, Umfangsvermehrungen, Temperaturunterschiede oder andere Anzeichen erfühlen.
- Bei einer Massage schüttet der Körper des Hundes das Glückshormon Oxytocin aus, was dafür sorgt, dass er sich rundum wohl fühlt.
- Schaffung einer tiefen, vertrauensvollen Bindung zwischen Hund und Halter
- Mehr Lebensqualität durch verbessertes Körpergefühl

Begleitende Therapien

Mit begleitenden Maßnahmen kann man einen Hund zusätzlich unterstützen, sich besser zu entspannen oder im Optimalfall sich gar nicht erst groß aufzuregen. Mit einigen Therapiemethoden ist es so möglich, dem Stresspegel ganz einfach etwas entgegenzusetzen. Diese begleitenden Therapien lassen sich leicht einsetzen, denn sie müssen vom Hund lediglich wahrgenommen werden, um zu wirken. Hierfür müssen weder Sie noch Ihr Hund aktiv werden. Oftmals genügt es schon, ein weiches Kissen in das Körbchen des Hundes zu legen, das mit beruhigend wirkenden Kräutern gefüllt ist, damit er sich entspannt.

Die Anti-Stress-Therapien auf den folgenden Seiten beziehen sich auf die Sinnesorgane des Hundes: die Nase, die Ohren und die Haut. Sie können angewandt werden, wenn sich Ihr Hund eh gerade entspannt oder sie werden zum direkten Entspannen eingesetzt – je nachdem, wie es für den einzelnen Hund besser geeignet ist. Es lässt sich damit entweder Entspannung konditionieren oder Entspannung verstärken. Sicherlich gibt es noch einige weitere Begleitmaßnahmen, aber um den Buchumfang nicht zu sprengen, möchte ich mich auf die folgenden drei konzentrieren.

Der Aufbau einer begleitenden Therapie kann aktiv und passiv erfolgen. Möchten Sie sie mit der Entspannung verknüpfen, wird sie am besten immer bei Entspannungsübungen eingeführt, so dass die Übungen mit diesem bestimmten Reiz – Duft und Musik zum Beispiel – stattfinden. Anfangs werden die Reize nach den Übungen entfernt, bis sie nach einiger Zeit auch ganz alleine zur Entspannung beitragen können. Sie können die Reize aber auch passiv einsetzen, indem Sie Ihren Hund immer dann beispielsweise mit einem bestimmten Duft konfrontieren, wenn dieser sowieso bereits entspannt auf seiner Decke liegt. Hierfür müssen Sie keine aktiven Entspannungsübungen machen, sondern einfach Momente abwarten, in denen der Hund von sich aus zur Ruhe gekommen ist. Diesen Reiz wird Ihr Hund mit der Zeit mit einem entspannten Zustand verbinden. Damit die Maßnahme auch langfristig funktioniert, müssen Sie den Reiz dazwischen hin und wieder bewusst in entspannten Situationen einsetzen, denn er kann nicht ewig in Momenten eingesetzt werden, in denen Ihr Hund sich besser entspannen sollte.

Ein weiches Kissen mit beruhigend wirkenden Kräutern gefüllt wirkt äußerst entspannend.

Aromatherapie

Bestimmte Duftstoffe können im Körper eines Hundes Emotionen und Reaktionen auslösen, die seine Stimmung positiv beeinflussen. Diese Wirkung kann man sich zur Beruhigung bei Stress zunutze machen. Gerade für den Einsatz bei Hunden ist das eine nicht außer Acht zu lassende Möglichkeit, denn wie toll deren Nase funktioniert, wissen Sie ja bereits. Genau diese Nase wird für Wohlgerüche genutzt, um Stress abzubauen. Dabei spielt es keine Rolle, ob es sich um ätherische Öle oder Hydrolate handelt: Alles, was einen Geruch ausstrahlt, kommt im Gehirn an, denn der Geruchssinn ist bei Hunden der am besten entwickelte. Im Vergleich zu visuellen, akustischen oder optischen Reizen, die erst in der Großhirnrinde verarbeitet werden müssen, wirken Düfte direkt auf das limbische System, also das Teil im Gehirn, in dem Emotionen verarbeitet werden.

Wir kennen das an uns selbst. Nehmen wir uns fest vor, einen Geruch zu ignorieren, gelangt er trotzdem ins Gehirn und löst dort mehr oder weniger intensive Emotionen aus, die gute oder schlechte Erinnerungen wachrufen. Das Gedächtnis ist eng mit Gerüchen verknüpft. Bei mir beispielsweise zaubert der Geruch einer französischen Boulangerie ein Lächeln ins Gesicht. Ich habe nach der Schule eine Weile in Frankreich verbracht und habe daran nur die besten Erinnerungen. Der Duft eines frischgebackenen Croissants oder Baguettes löst genau diese immer wieder bei mir aus. Auch wenn eine Passantin dasselbe Parfüm verwendet, das meine Mutter bevorzugt hat, denke ich unweigerlich an sie. Gerüche, die mit bestimmten Situationen Erlebnissen und Gefühlen verbunden sind, aktivieren diese Gefühle in Sekundenschnelle. Dabei muss ein bestimmter Geruch nicht immer ein Wohlgefühl auslösen, es kann auch Unbehagen, Übelkeit oder gar Angst sein. Denn Düfte können auch mit negativen Assoziationen verknüpft sein.

Genau diese Verbindung zwischen Gerüchen und Emotionen lassen sich zur Unterstützung eines gestressten Hundes besonders gut anwenden, weil sich ein bestimmtes Verhalten aufgrund dieser Verbindung leicht abrufen lässt und unmittelbaren Einfluss auf seine Stimmung nehmen kann. Nimmt der Hund in einer bestimmten Situation einen bestimmten Geruch wahr, verknüpft er damit umgehend eine Emotion. Und das wahnsinnig schnell. Geruchsmoleküle erreichen in nur 22 Sekunden das Gehirn, sind in zwei Minuten im Blut und bereits nach 20 Minuten in allen Zellen angelangt.

Für eine Aromatherapie können sowohl ätherische Öle als auch Hydrolate verwendet werden. Hydrolate sind Pflanzenwässer, die während der Wasserdampfdestillation von ätherischen Ölen bei deren Abkühlung entstehen. Sie enthalten die wasserlöslichen Bestandteile einer Pflanze, während die ätherischen Öle auf den fettlöslichen Inhaltsstoffen basieren. Dass sich beide förderlich auf die Gesundheit und das Wohlbefinden auswirken können, wurde in zahlreichen klinischen Studien bewiesen.

Hydrolate eignen sich für die sanfte Behandlung von Befindlichkeitsstörungen und Krankheiten und können auch Einfluss auf die Psyche nehmen. Ihre Anwendung kann äußerlich oder innerlich erfolgen. Zu beachten ist, dass für den Hund gedachte Hydrolate keinen Alkohol enthalten dürfen, was ihre Haltbarkeit etwas mindert. In unserem Zusammenhang soll das Rosen-Hydrolat hervorgehoben werden, das Stress reduzierend, ausgleichend und harmonisierend wirkt. In der Aromatherapie wird es unter anderem bei depressiven Verstimmungen und Ängsten eingesetzt.

Auch ätherische Öle wirken über den Geruchssinn. Doch hier gibt es einige Punkte, auf die bei einer Anwendung geachtet werden muss. Da der Duft der Öle ungefiltert ins Gehirn gelangt, ist es unbedingt notwendig, dass es sich um reine, ätherische Öle in Bioqualität handelt. Gerade bei einem gestressten Hund sollten nicht noch zusätzlich synthetische Stoffe in den Körper gelangen. Deshalb sollten Sie Abstand nehmen von anderen Duftölen. Oftmals gibt es dort Hinweise wie „Nicht einnehmen oder verschlucken“, „Nicht zur äußerlichen Anwendung auf der Haut“ oder „ausschließlich zur Raumbeduftung geeignet“. Ätherische Bio-Öle können Sie hingegen sowohl innerlich als auch äußerlich verwenden.

Wie beim Menschen gilt es auch beim Hund auf die Dosierung zu achten. Niemals sollte das Öl pur eingeatmet oder aufgetragen werden. Wichtig ist auch, dass man die Hunde entscheiden lässt, welchen Geruch sie als angenehm empfinden. Selbstverständlich muss dann auch Ihnen der Geruch zusagen, weil Sie ihn ja mitriechen. Haben Sie eine Vorauswahl getroffen, darf Ihr Hund wählen. Denn es macht keinen Sinn, wenn Ihr Hund den von Ihnen auserkorenen Geruch meidet. Bei der Anwendung ist es wichtig, dass Sie selbst

Die Wirksamkeit der Gerüche beim Menschen kann auf unsere Hunde übertragen werden.

entspannt sind. Dann wird sich auch Ihr Hund leichter tun. Das dürfte bei Entspannungsgerüchen aber kein Problem sein. Zu beachten ist allerdings, ob Sie oder Ihr Hund gegen eine bestimmte Pflanze Allergien entwickeln. In diesem Fall muss der Duft natürlich umgehend entfernt werden. Übrigens auch dann, wenn er trotz der geforderten kühlen und dunklen Lagerung nach einer gewissen Zeit ranzig riechen sollte.

Glauben Sie mir, Ihr Hund weiß genau, welcher Duft ihm guttut, bei welchem er zur Ruhe kommt. Diese Art der Selbstmedikation steckt in seinen Genen. In freier Wildbahn fressen Tiere etwa bestimmte Pflanzen, Gräser, Früchte, Wurzeln und auch Erde, die normalerweise nicht zu ihrer Nahrung gehören. Beispielsweise nehmen Rehe Beifuß zu sich, um lästige Würmer loszuwerden. Diese Aufnahme dient dazu, ihren Organismus gesund und in Balance zu halten. Oder Gämsen, die sich verletzt haben, wälzen sich in Alpenwegerich, weil dieser blutstillend und wundheilend wirkt. Dies alles sind überlebenswichtige Verhaltensweisen und angeboren. Die Domestikation hat diese Fähigkeit beim Hund nicht beeinträchtigt. Leider fehlt ihm in der Regel die Möglichkeit, selbstständig an bestimmte Kräuter und Gräser zu gelangen. Diese Verhaltensweisen, bei dem Tiere eine Selbstmedikation betreiben, Zoopharmakognosie genannt, spielt auch beim Hund bei der Wahl des für ihn richtigen Öls eine Rolle.

Welche Gerüche beim Menschen wirken, kann guten Gewissens auf unsere Hunde übertragen werden. Bewährte ätherische Öle bei Stress und Unruhe sind beispielsweise Bergamotte, Lavendel, Majoran, Orange und Rosengeranie. Die Möglichkeiten der Anwendung sind vielfältig. Über die Nase können ätherische Öle mittels Inhalation, Raumspray, Aroma Diffusor oder Duftlampe aufgenommen werden. Über die Haut können die Inhaltsstoffe durch Einreibungen, Kompressen und Umschläge, Fellsprays, Bäder oder Massagen mit Balsamen verabreicht werden. Die Dosierung, die Verdünnung und die für Ihren Hund beste Anwendung lassen Sie sich am besten von einem Aromatherapeuten erklären. Dieser verfügt auch über zahlreiche Düfte, die Ihnen und Ihrem Hund die Auswahl erleichtert.

Die Aromatherapie für Hunde stellt eine äußerst praktikable Möglichkeit dar, auch auf die Psyche Einfluss zu nehmen und Stress zu mindern. Sie hat sich als begleitende Therapie bei Verhaltensauffälligkeiten und im Hundetraining bewährt. Bei einem sehr verängstigten Hund kann mit dem Einsatz eines Duftöls ein Training manchmal überhaupt erst ermöglicht werden. Natürlich ist sie kein Allheilmittel, kann aber unterstützend eingesetzt werden und das emotionale Wohlbefinden steigern. Denn eine angeschlagene Psyche kann krank machen und ein Training damit unnötig erschweren.

Bei Stress ist es sinnvoll, entspannende und beruhigende Düfte einzusetzen. Bei unsicheren und ängstlichen Hunden bieten sich auch vitalisierende und stimmungsaufhellende Öle an. Düfte, die den Körper erden, tragen dazu bei, dass der Hund sich besser regenerieren kann.

Die wichtigsten Hydrolate gegen Stress:

- Rosen-Hydrolat: Es wirkt stärkend und belebend und kann wegen seiner harmonischen und angenehmen Wirkung auch ausgleichend eingesetzt werden. Sehr bewährt hat es sich bei depressiven Verstimmungen und Ängsten.
- Melisse-Hydrolat: Es wirkt nervenberuhigend und ausgleichend, vermittelt innere Sicherheit und Selbstvertrauen. Es eignet sich besonders bei Stress und innerer Unruhe.
- Atlaszeder-Hydrolat: Die Zeder wirkt schmerzlindernd, beruhigend und in hektischen Situationen ausgleichend. Es wirkt stark erdend und eignet sich bei traumatisierten Hunden. Gleichzeitig inspiriert und unterstützt es bei geistigen Aufgaben.

Die wichtigsten ätherische Öle gegen Stress:

- Lavendel ist ein beruhigendes Öl. Es wirkt aber nicht nur entspannend, sondern auch ausgleichend. Es kann sogar den Blutdruck stabilisieren und wirkt daher gut bei Nervosität.
- Rose wirkt einerseits entspannend, andererseits auch bei Angst, Depressionen, Verspannungen und Schlafstörungen.
- Sandelholz wirkt sehr stark entspannend, antidepressiv und schlaffördernd. Zugleich hat es aber auch eine stimmungsaufhellende und aufbauende Wirkung.
- Römische und blaue Kamille wirken stark beruhigend und angstlösend bei Stress und starker Unruhe sowie Schlafstörungen und nervösen Beschwerden.
- Muskatellersalbei wird ebenfalls bei Stress, Unruhe und Nervosität eingesetzt.
- Orange ist das „Notfall-Öl" für die Psyche. Es beruhigt und hebt die Stimmung.
- Palmarosa wirkt äußerst ausgleichend und sorgt für Ruhe.
- Rosengeranie wirkt ausgleichend, anregend und sinnlich.
- Bergamotte wirkt stimmungsaufhellend, erfrischend und macht glücklich.
- Johanniskraut wirkt ausgleichend und stimmungsaufhellend.
- Angelikawurzel wirkt kräftigend und wärmend.
- Douglasfichte wirkt konzentrationsfördernd und belebend.
- Grapefruit wirkt konzentrationsfördernd, belebend und sorgt für gute Laune.
- Mandarine wirkt stimmungsaufhellend, konzentrationsfördernd und ausgleichend.
- Vetiver wirkt ausgleichend, erdend und führt zur Mitte.
- Patchouli wirkt erdend und ausgleichend.
- Anis wirkt entspannend und ausgleichend.
- Neroli wirkt stimmungsaufhellend, ausgleichend und entspannend.
- Atlaszeder wirkt ausgleichend und stabilisierend.

Je nachdem, welche weiteren Symptome im Vordergrund stehen, kann man zu einem Duft auch noch weitere Düfte hinzufügen.

Musiktherapie

Musik hat nachweislich positive Effekte auf Körper und Geist. So ist beispielsweise messbar, dass bestimmte Musikstücke dazu beitragen, den Puls zu senken und die Atmung ruhiger werden zu lassen. Musik kann also entspannend wirken und das unter Umständen sogar in einem ähnlichen Ausmaß wie Beruhigungsmittel. Außerdem löst Musik ohne große Umwege Emotionen aus. Traurige Stücke können eine bereits vorhandene traurige Stimmung verstärken, fröhliche Stücke können dagegen die Laune heben. Unter diesen Voraussetzungen verwundert es nicht, dass Musik auch gezielt in Form von Musiktherapie zum Abbau von Stress eingesetzt wird.

Mit Musik ist es ganz einfach, den Stresspegel unserer Hunde zu senken. Welche Art von Musik sich dabei besonders eignet, darüber sind sich Wissenschaftler aber bis heute nicht einig. Einer Studie der Universität Glasgow aus dem Jahr 2015 unter der Leitung von Amy Bowman zufolge zeigt vor allem klassische Musik eine entspannende Wirkung auf Hunde. In einer Auffangstation wurden 50 im Zwinger lebende Hunde wochenlang mit klassischer Musik beschallt und die Auswirkungen getestet. Die Hunde wurden in verschiedene Gruppen eingeteilt und es wurden ihnen unterschiedlichste Musikstücke vorgespielt.

Dabei wurden die Veränderungen der Herzfrequenz, des Verhaltens und des Speichelcortisolwertes analysiert. Interessanterweise waren die Veränderungen der das Herz betreffenden Parameter im Zusammenhang mit verringertem Stress bei Rüden nachmittags – nach der Fütterung, dem Spaziergang und sozialen Kontakten – am auffälligsten. Die klassische Musik wirkte sich positiv auf die Häufigkeit von Bellen, Jaulen und Winseln der Hunde aus. Außerdem wurden sie während der Musik häufiger liegend und sitzend beobachtet. Allerdings nutzten sich die Stücke in ihrer Wirkung im Laufe der Zeit ab. Deswegen müsste weiter geforscht werden, wie Hunde auf abwechslungsreiche Playlisten reagieren. Mit einer entsprechenden Beschallung in Tierheimen wären die Hunde aber definitiv langfristig nicht nur gesünder, auch die Vermittlungschancen würden sich so sicherlich erhöhen.

Dass es nicht nur Bach & Beethoven sein muss, zeigt eine weitere Studie der Universität Glasgow aus dem Jahr 2017. Sie hat die Reaktion von Hunden auf verschiedene Musiksparten erforscht. Dabei wurde untersucht, bei welcher Art von Musik Hunde in Tierheimen am besten entspannen. Zur Auswahl standen Genres wie Soft Rock, Motown, Pop, Reggae und Klassische Musik. Die Wissenschaftler untersuchten das Stresslevel der Hunde, indem sie unter anderem den Herzschlag und das Verhalten beobachteten. Das Ergebnis war eindeutig: Bei Klängen von Bob Marley & Co. entspannten sich die meisten Hunde am besten.

Eine andere Art der musikalischen Beschallung stellen die Entspannungstrainer von RelaxoPet© dar. Die Geräte gibt es auch speziell für Hunde. Sie versprechen eine schnelle und tiefe Entspannung und sind bei unterschiedlichsten Verhaltensauffälligkeiten und Stress einsetzbar. Dies soll durch speziell entwickelte subliminale Schwingungen (unterschwellige, hochfrequente Töne und Tonfolgen) herbeigeführt werden, die das menschliche Gehör nicht bewusst wahrnehmen kann. Zudem besteht die Möglichkeit, die für den Menschen hörbaren Klangwellen zu unterdrücken, sodass das Gerät ausschließlich mit den unhörbaren subliminalen Tonträgerspuren arbeitet. Meiner Erfahrung nach entspannen sich

Für Hunde gibt es spezielle Entspannungstrainer. Die Wirkung ist jedoch unterschiedlich.

einige Hunde sofort, andere hingegen stehen auf und gehen. Bei wem es allerdings bislang immer positiv gewirkt hat, sind taube Hunde gewesen. Für sie ist diese Art der Musiktherapie wirklich viel wert.

Auch Klangschalenmusik – nicht zu verwechseln mit einer Klangschalenmassage – , Entspannungsmusik, Meditationsmusik oder Musik zum Einschlafen können sich eignen, den Hund in eine ruhige Stimmung zu versetzen. Probieren Sie es einfach aus. Natürlich muss auch Sie die Musik beruhigen, sodass Sie sich in der Zeit mit entspannen können. Was nützen Ihnen Reggaerhythmen, wenn Sie dabei an Ihre Reise nach Jamaica mit Ihrem Ex-Freund denken und den Tränen nahe sind, oder klassische Musik, für die Sie so gar nichts übrighaben. Suchen Sie sich gemeinsam „Ihre" Art der Entspannungsmusik aus. Das muss getestet werden. Ich selbst biete immer unterschiedliche Klänge an und schaue, wie der Hund darauf reagiert. Und ganz ehrlich: Meistens entspannen sich die Halter noch früher als ihre Hunde.

Farbtherapie

Eins einschränkend vorneweg: Sowohl bei Menschen als auch bei Hunden gibt es kaum wissenschaftliche Nachweise, ob die Farbtherapie überhaupt wirkt. Das mag damit zusammenhängen, dass bislang wenige Untersuchungen zu diesem Thema durchgeführt worden sind. Nachweislich existiert aber eine Wechselwirkung zwischen Licht und Organismen, mit der sich die Photobiologie befasst. Die Farbtherapie selbst gehört zu den ältesten Therapieformen der Menschheit. Besonders die Nutzung des Sonnenlichts ist bei Völkern wie den Mayas und Azteken, aber auch bei Chinesen und den alten Ägyptern zur Linderung und Heilung von Beschwerden verwendet worden. Die Ägypter bauten eigens Farbtempel mit sieben Räumen, die jeweils in einer anderen Farbe gehalten waren. Je nachdem, welche Farbe der Kranke benötigte, wurde er in einen dieser Räume gebracht, um dort ein heilsames Farbbad zu nehmen. Auch die Pharaonin Nofretete ließ sich angeblich zum Entspannen und für ihr Wohlbefinden regelmäßig von ihrem Hofmediziner ein farbiges Bad zubereiten. Ein purpurfarbenes Badeöl sollte anregend wirken, ein grünes oder blaues hingegen eine beruhigende Wirkung entfalten.

Farben können bestimmte Emotionen und Reaktionen auslösen. Gehen wir etwa im Sommer spazieren, wenn sich Wiesen und Wälder in einem satten Grün präsentieren, wenn die Blumen blühen, der Himmel strahlend blau erscheint, dann hebt das unsere Stimmung. Die Wirkung von Farben macht sich auch die Werbung gezielt zunutze, denn Emotionen bestimmen die Wahrnehmung einer Marke und sind letztendlich ausschlaggebend für den Kaufimpuls. Farben sind eben nicht einfach nur bunt. Laut Farbpsychologen haben sie enorme Wirkungen auf uns – positive wie negative. Farben sind Emotionen pur. Sie lenken Aufmerksamkeit und haben die Macht, Entscheidungen zu beeinflussen oder sogar unser Gedächtnis zu verbessern.

Jede Farbe verfügt über eine bestimmte Wellenlänge und strahlt damit eine unterschiedliche Art von Energie aus, die dann auf Körper und Geist einwirkt. Auf den Erkenntnissen über die Wirkmechanismen der einzelnen Farben basiert auch die alternativmedizinische Farbtherapie. Sie nutzt für die Behandlung von Beschwerden die Energie der Farben und setzt diese gezielt ein. Zwar sind die Augen von Hunden nur für ein bestimmtes Farbspektrum ausgelegt, das spielt für eine Farbtherapie aber keine Rolle, weil es um die Energie geht, die von einer Farbe ausgeht. Und die bleibt gleich. Für einen hyperaktiven Magyar Vizsla, der so gar nicht auf seiner Decke hat liegen bleiben können, um dort zu entspannen, habe ich kurzerhand eine andere Deckenfarbe empfohlen. Braun wurde gegen ein dunkles Blau ausgetauscht. Auf der blauen Decke stand einer Entspannung mit einem Mal nichts mehr im Wege.

Bei einer Farbtherapie erfolgt die Behandlung in Form einer Bestrahlung mit farbigem Licht. Es gibt hierfür eigene medizinische Lichttherapiegeräte, deren Wirkung meist über 30 Jahre lang erforscht wurden. Die Farbinformationen während einer professionellen Farbbestrahlung werden über den Blut- und Lymphkreislauf im gesamten Organismus verteilt. Die Behandlungsmethode wirkt demnach über die Augen, die Haut, das Gehirn und verteilt sich auf alle Zellen im Körper. Die ausgleichende und harmonisierende Wirkung der Farben wird von Hunden meist sehr schnell angenommen. So wirkt sich oranges Licht beruhigend auf Hunde aus, die besonders aufgedreht sind. Hellblau dagegen ist besonders wirksam bei Hunden, die sich ängstlich verhalten, weil die Farbe die Abenteuerlust weckt und sie dazu ermutigt, etwas Neues auszuprobieren. Farbbestrahlungen sollten regelmäßig durchgeführt werden, um die erwünschte Wirkung zu erreichen und außerdem sollte für die Behandlung eine ruhige und entspannte Atmosphäre vorherrschen.

Eine andere Behandlungsmethode ist die Farbakupunktur. Sie verbindet das Wissen um die Wirkmechanismen von Akupunkturpunkten sowie die Meridianlehre aus dem Bereich der TCM mit Erkenntnissen aus der Farbtherapie und Biophotonenforschung. Für die Behandlung werden die drei Grundfarben Rot, Gelb und Blau sowie die Komplementärfarben Grün, Violett und Orange zum Einsatz. Hunde reagieren erwiesenermaßen unterschiedlich auf verschiedene Farben. Das machen sich Farbtherapeuten zu eigen, die Verhaltensauffälligkeiten behandeln.

Sie können aber durchaus einfach selbst mal probieren, einen Farbstrahler mit einem farbigen transparente Bogen Papier zu bekleben oder eine bunte Glühbirne einzusetzen. Aber bitte legen Sie nicht den gesamten Raum in eine Farbe. Denn nur so können Sie mit Ihrem Hund auch testen, ob und wie er auf die neue Lichtquelle reagiert, und ob er un-

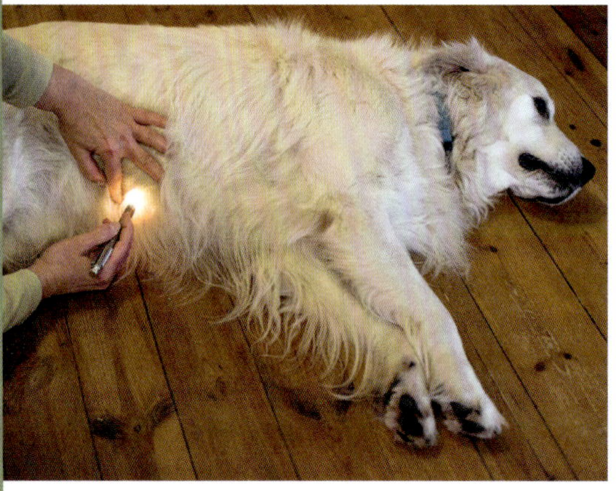

Mit einer Farblichtakupunktur können Meridianpunkte stimuliert werden, wie hier KG 12.

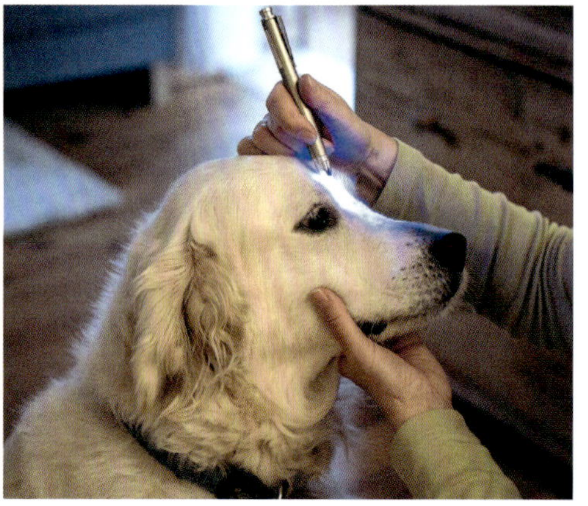

Die Farbe Dunkelblau hat über neurovaskuläre Kontaktpunkte eine beruhigende Wirkung.

ter diesem Farbstrahler liegen bleibt oder nicht. Lassen Sie auch hier wieder Ihren Hund entscheiden. Da Sie das Licht nicht als Heilmittel verwenden, also nicht gezielt bei einer Krankheit einsetzen, wäre das allemal einen Test wert. Erzielen Sie keine Erfolge, können Sie sich immer noch an einen Farbtherapeuten werden. Dieser wird, je nachdem, welche Verhaltensauffälligkeiten Ihr Hund zeigt, eine bestimmte Farbe auswählen und auch eine bestimmte Körperregion. Vielleicht sind auch mehrere Farben vonnöten, die in einem definierten Wechsel, in einem gewissen Abstand und in einer bestimmten Dauer eingesetzt werden müssen. Zudem richtet sich eine Farbtherapie auch nach der inneren biologischen Uhr. Die Wirkungsweise von Farben sollte nicht unterschätzt werden. So kann beispielsweise auch zu viel der Farbe Violett Hunde nervös und unruhig machen, also genau das Gegenteil von dem erzielen, was wir bezwecken wollen.

Die Farben und ihre Wirkung auf Stress bei Hunden

- Orange ist empfehlenswert für Hunde, die hyperaktiv und aufgedreht sind. Sie vermittelt Ruhe, Entspannung, wirkt ausgleichend und appetitanregend.
- Gelb ist die Farbe der Freude, hilft Hunden, die lustlos sind oder Kontaktängste zu anderen haben. Sie fördert Kontaktfreudigkeit und hemmt Ängste vor anderen.
- Hellblau eignet sich bestens für Hunde, die immer etwas ängstlich sind und sich wenig zutrauen. Sie aktiviert den Tatendrang und ermutigt zu Neuem.
- Dunkelblau ist für Hunde geeignet, die sehr aktiv sind. Sie bietet Beständigkeit und wirkt beruhigend.
- Violett ist für Hunde geeignet, die ängstlich sind, schwer vertrauen können und sich selbst wenig zutrauen. Sie fördert Neugierde und spornt an, Neues auszuprobieren.

Entspannungsmittel zur Unterstützung

Folgender Abschnitt soll Ihnen einen Überblick bieten, welche Entspannungsmittel zur Unterstützung bei Stress eingesetzt werden können. Es gibt eine Menge an Medikamenten, pflanzlichen Heilmitteln und Nahrungsergänzungsmitteln, um einen Hund wieder ins Gleichgewicht zu bringen. Doch allgemein gilt, dass sie allesamt nicht als Mittel zur Problemlösung dienen, sondern als reine Unterstützung anzusehen sind. Oftmals sind sie jedoch sehr hilfreich, damit ein Anti-Stress-Training überhaupt möglich ist, gerade bei unsicheren und ängstlichen Hunden. Es kann jedoch durchaus sein, dass eine Substanz oder eine Komposition aus mehreren einen durchschlagenden Erfolg nach sich zieht und der Hund sich entspannt zeigt. Das hängt allerdings zum einen immer mit der individuellen Verhaltensauffälligkeit zusammen und zum anderen natürlich mit dem Hund selbst.

Mittlerweile gibt es auch Leckerchen und Tabletten gegen Stress und Angststörungen, die versprechen, Hunde in einen entspannten Zustand zu bringen. Ich bin der Auffassung, dass alle diese Mittel und Zusätze nicht ohne fachkundige Beratung verabreicht werden sollten. Sie wissen ja mittlerweile, wie verschiedenartig sich Stress auswirken kann und wie unterschiedlich sich das beim Hund zeigen kann. Erst wenn Sie wirklich ergründet haben, warum Ihr Hund die ein oder andere stressbedingte Verhaltensauffälligkeit zeigt, können Sie ihm auch optimal und sinnvoll helfen.

Da stößt die Anwendung von frei verkäuflichen Mitteln oft schnell an ihre Grenzen – spätestens, wenn der Hund in panische, schwer oder gar nicht kontrollierbare Angstzustände verfällt. In diesen Fällen muss der Hund pharmakologisch behandelt werden. Hier ist die Beratung eines erfahrenen Tierarztes mit einer Zusatzfortbildung in Verhaltenstherapie immer zusammen mit einem auf Verhaltensauffälligkeiten spezialisierten Hundetrainer ratsam. Schon alleine deswegen, weil sich unbehandelte Angstzustände ansonsten fortwährend verschlimmern werden.

Die Aufgabe, mit gestressten Hunden ein abgestimmtes Anti-Stress-Training zu durchlaufen, bleibt daher weiterhin bestehen. Sie können aber mit dem ein oder anderen Mittel Ihren Hund gezielt unterstützen – sowohl im Training wie im Alltag.

Bachblüten und Buschblüten

Die Bachblüten-Therapie wurde vom Engländer Dr. Edward Bach entwickelt. Bach war als Arzt zur Überzeugung gelangt, dass es keine Heilung geben kann, wenn nicht an der seelischen Ursache einer Krankheit gearbeitet wird. In der Natur der Pflanzen fand er diese Heilmethode und so entstanden im Laufe der Zeit die Bachblüten, die aus der Blüte einer Pflanze hergestellt werden. Es gibt insgesamt 38 Blüten, und jeder Blütenessenz werden bestimmte Wirkungen zugesprochen. So hilft etwa Aspen, wenn der Hund aus unbestimmten Gründen ängstlich ist, oder Olive bei völliger Erschöpfung oder Rock Rose, wenn er gerade eine tiefgreifende Stresssituation hinter sich hat und vor Angst noch wie gelähmt ist. Die Bachblüten-Therapie ist nebenwirkungsfrei und verträgt sich mit jeder anderen Form schulmedizinischer und naturheilkundlicher Therapie. Ein Heilungsprozess

Jeder der insgesamt 38 Blütenessenzen wird eine bestimmte Wirkung zugesprochen.

wird durch die Bachblüten oft positiv beeinflusst, und das Gleichgewicht zwischen Körper und Geist wird wieder in Gang gebracht.

Bach schuf auch eine umfassende Kombination von mehreren Blüten für Notsituationen, die er Rescue® Tropfen nannte. Für Tiere wurde diese Notfallkombination ohne Alkohol erstellt und es gibt sie in Form von Tropfen oder auch als Drops. Diese Zubereitung enthält fünf Blütenessenzen: Impatiens, Star of Bethlehem, Cherry Plum, Rock Rose und Clematis. Die Tropfen helfen, Stresssituationen gefasster zu überstehen. Diese Notfalltropfen können auch vor belastenden Ereignissen angewendet werden, etwa einem Tierarztbesuch, Gewitter oder vor einer Autofahrt, falls der Hund sich hier nicht wohl fühlt. Sie sollen helfen, Angst und Nervosität einzudämmen.

Im Gegensatz zu den Bachblüten stammen die Buschblüten aus Australien. Der Naturheilkundler Ian White hat das Wissen über die Blüten aufgenommen und es auf die blühenden Pflanzen des australischen Busches übertragen. Die australischen Buschblüten werden aus den Blüten einer Pflanze hergestellt. Sie helfen dabei, das Gleichgewicht zwischen Körper und Geist herzustellen. Es gibt 69 australische Buschblüten. Auch hier gibt es eine Kombination, die Hunden bei Stresssituationen helfen soll. Sie besteht aus Angelsword, Crowea, Dog Rose of the Wild Forces, Fringed Violet, Grey Spider Flower, Sundew und Waratah.

CBD-Öl

CBD-Öle sollen Hunden bei Stress, Angst und Schmerzen helfen. Kommt aber die Rede auf das CBD-Öl, wird regelmäßig die Frage gestellt, ob das den Hund nicht „high“ macht oder am Ende gar abhängig. Die Fragen sind durchaus berechtigt, denn das CBD-Öl wird aus der Cannabispflanze gewonnen, die ja nicht nur in Jamaica oder in niederländischen Coffeeshops bekannt sein dürfte. Der Inhaltsstoff, der dafür verantwortlich ist, sich berauscht zu fühlen, nennt sich Tetrahydrocannabinol (THC) und hat in der Tat eine psychoaktive Wirkung. Hierzulande dürfen CBD-Öle einen THC-Gehalt von 0,2 Prozent nicht überschreiten, andernfalls würden sie unter das Betäubungsmittelgesetz fallen. Viele CBD-Öle für Hunde beinhalten sogar null Prozent, womit sie dann auch für Katzen geeignet sind.

CBD wiederum steht für Cannabidiol, hat keinerlei psychoaktive Wirkung und wird wie THC von der weiblichen Hanfpflanze gewonnen. Um die Wirkungsweise von CBD zu erläutern, muss man vor allem einen Blick auf das sogenannte Endocannabinoidsystem (ECS) der Hunde werfen. Hierbei handelt es sich um einen speziellen Teil des Nervensystems, welcher aus Enzymen, Rezeptoren und körpereigenen Cannabinoiden besteht. Bei der Erforschung der Cannabinoide in den 1990er Jahren wurden körpereigene Rezeptoren entdeckt, die in Verbindung mit Cannabinoiden verschiedene Funktionen des Körpers beeinflussen könnten. Denn CBD – wie auch THC – ist in der Lage, die Blut-Hirn-Schranke zu überwinden.

Das Cannabidiol für CBD-Öle wird nur von der weiblichen Hanfpflanze gewonnen.

Es gibt vor allem zwei Rezeptoren, die für die Funktionen des ECS von Bedeutung sind: CB1 und CB2. Der CB1-Rezeptor wirkt im zentralen Nervensystem, bindet vor allem THC an sich und ist unter anderem für das Gedächtnis, die Stimmung, den Appetit, den Schlaf, Schmerzen und eben auch für die Stressregulation verantwortlich. Er sendet Botenstoffe aus, die diese Symptome unterdrücken. Die Hauptfunktion des CB2-Rezeptors ist es, Entzündungen unter Kontrolle zu halten und diese in der Entstehung zu hemmen.

Die Anzahl an wissenschaftlichen Studien, die auf die positiven Eigenschaften von CBD hinweisen, steigt, denn das Cannabinoid trägt dazu bei, bestimmte Funktionen des Körpers im Gleichgewicht zu halten und sorgt so für mehr Ausgeglichenheit und einen besseren Schlaf. CBD dient so als natürliche Unterstützung für gestresste Hunde, insbesondere für jene, die Stress aufgrund von Schmerzen haben. Im Vergleich zu herkömmlichen Mitteln ist Cannabidiol eine natürliche und verträgliche Alternative. Eine ähnliche Wirkung bei Stress wird dem weitaus weniger bekannten CGB-Öl zugesprochen, das ebenfalls aus der Cannabispflanze gewonnen wird.

Eine positive Wirkung stellt sich nach Gabe des CBD-Öls bei ängstlichen und unsicheren Hunden oft schon nach kurzer Zeit ein – mitunter innerhalb von Minuten. Dafür muss das Öl aber direkt von den Mundschleimhäuten aufgenommen werden und nicht über das Futter verabreicht werden. Zu Nebenwirkungen kommt es selten, bei einer Überdosierung können aber schon mal Durchfall oder Erbrechen auftreten. Die individuelle Dosierung des Öls und auch der prozentuale Inhalt von CBD sollte allerdings trotzdem nur auf fachmännische Beratung hin erfolgen. So können auch eventuelle Wechselwirkungen mit anderen Medikamenten ausgeschlossen werden.

Besonders wirkungsvoll bei gestressten Hunden sind CBD-Öle, die zudem L-Tryptophan beinhalten. Sie wissen: L-Tryptophan ist eine Aminosäure, die eine aufhellende und entspannte Wirkung besitzt und als Vorläufer des Glückshormons Serotonin fungiert. Es trägt zu einer normalen Regulation der Gefühlslage bei und sorgt ebenso für einen erholsamen Schlaf. Cannabidiol und L-Tryptophan ergänzen sich optimal und der Effekt, gerade bei Stress, Angst, Unruhe und Nervosität, wird verstärkt.

Doch wie bei allen anderen Produkten dieser Art sollten Sie tunlichst darauf achten, dass die Qualität geprüft worden ist und es sich um einen seriösen Anbieter handelt. Auf diese Weise kann man das Risiko reduzieren, dass die Produkte verunreinigt sind und der gesetzlich vorgeschriebene THC-Wert nicht überschritten wird. Auch weil die derzeitige Studienlage bei Hunden noch etwas zu gering ist, um eventuelle Kontraindikationen für eine Verwendung des CBD-Öls sicher auszuschließen zu können, sollten Sie sich fachmännisch beraten lassen und kein CBD-Öl für Hunde auf eigene Faust kaufen.

Beim Kauf eines CBD-Öls sollte immer auf biozertifizierte Hanfpflanzen geachtet werden.

Was THC und CBD in der Anwendung als Öl bei Hunden bewirken:

- Schmerzlinderung (Analgetikum)
- tötet und verlangsamt das Bakterienwachstum (antibakteriell)
- senkt den Blutzuckerspiegel (Antidiabetikum)
- lindert Erbrechen und Übelkeit (Antiemetikum)
- reduziert Anfälle und Krämpfe (Antiepiletikum)
- entzündungshemmend (antiinflammatorisch)
- reduziert das Risiko einer Arterienblockade (antiischämisch)
- hemmt das Zellenwachstum in Tumoren und Krebszellen (antiproliferativ)
- lindert Schuppenflechten (Antipsoriasis)
- wird verwendet, um Psychosen zu verwalten (antipsychotisch)
- unterdrückt Muskelkrämpfe (krampflösend)
- regt den Appetit an (Appetit-Stimulanz)
- lindert Angst (anxiolytisch)
- fördert das Knochenwachstum (Knochen-Stimulanz)
- moduliert die Funktion im Immunsystem (immunsuppressiv)
- reduziert Kontraktionen im Dünndarm (intestinale Antiprokinetik)
- schützt die Degeneration des Nervensystems (neuroprotektiv)

Vitalpilze

Unter den Begriffen Vitalpilze, Heilpilze, oder auch Medizinalpilze werden Pilze bezeichnet, mit denen eine positive Wirkung auf die Gesundheit erzielt werden kann. Diese Pilze haben eine jahrhundertelange Geschichte in der TCM und sind nicht nur in südöstlichen Ländern ein fester Bestandteil bei der Behandlung diverser gesundheitlicher Probleme. Hierzulande sind Vitalpilze noch nicht allzu bekannt, werden aber von Heilpraktikern und in der Naturheilkunde in Form der Mykotherapie bereits mit Erfolg eingesetzt.

Pilze lassen sich weder als Pflanzen noch als Tiere kategorisieren und bilden ihr eigenes biologisch, abgrenzbares Reich. Sie haben eine bedeutende Rolle für das Gleichgewicht im Ökosystem, den Kohlenstoffkreislauf und für den Nährstoffaustausch, da sie organisches Material zersetzen und an die Umgebung abgeben. Pilze sind aber noch viel mehr als das, was wir an der Oberfläche sehen, denn ihr Großteil liegt als sogenanntes Myzel verborgen unter der Erde oder in Hölzern. Etwa 25 Prozent der weltweiten Biomasse besteht aus Pilzen.

Auch Vitalpilze bieten eine wertvolle Unterstützung für gestresste Hunde und können bei stressbedingten Verhaltensauffälligkeiten helfen. Durch ihre spezifischen Wirkstoffe können sie Zustände von Angst, Unruhe und Reizbarkeit mildern und zu einem erholsamen Schlaf verhelfen. Für gestresste Hunde eignen sich drei Pilze besonders: der Igelstachelbart (Hericium erinaceus), der Chinesische Raupenpilz (Cordyceps sinensis) und der Reis-

In der TCM ist die entspannende Wirkung des Hericium erinaceus schon lange bekannt.

hi (Ganoderma lucidum). Der Hericium ist reich an Hericenon und Erinacin. Diese stimulieren den Nervenwachstumsfaktor (NGF). Daneben hemmt der Pilz auch die Aktivität eines Enzyms (Monoaminooxidase), das den Abbau der Neurotransmitter Serotonin, Noradrenalin und Dopamin unterdrückt. Aufgrund der positiven Effekte auf die Nerven hat sich sein Einsatz bei ängstlichen und unruhigen Hunden sowie bei Hunden mit Zwangsstörungen bewährt. Er verbessert nämlich nicht nur die körperliche Regeneration, sondern erhöht auch die geistige Leistungsfähigkeit und Belastbarkeit und hat eine entspannende Wirkung.

Wie der Hericium zeichnet sich auch der Cordyceps durch einen angstlösenden Effekt aus. Ein weiteres Einsatzgebiet des Cordyceps sind hormonelle Erkrankungen. Durch seine regulierende Wirkung auf die Abgabe von Hormonen der Nebennierenrinde wirkt er unter anderem dem Stresshormon Cortisol entgegen. Er verfügt zudem über antidepressive Eigenschaften. In Asien gilt er bereits seit Jahrhunderten als Quelle von Kraft und Willensstärke.

Der Cordyceps stärkt das Immunsystem und wirkt dem Stresshormon Cortisol entgegen.

Der weltweit bedeutendste Vitalpilz Reishi, als „Pilz des ewigen Lebens" bezeichnet, wirkt entspannend. Professor Shojiro Inoue von der Tokyo Medical Dental University hat nachgewiesen, dass der Reishi einen beruhigenden Schlaf fördert und bei Stress beruhigt. Dies liegt daran, dass der Pilz auf die Gehirnzellen eine sedierende Wirkung ausübt und das zentrale Nervensystem zur Ruhe bringt. Allerdings tritt dieser Effekt

Der weltweit bedeutendste Vitalpilz Reishi wird auch der Pilz des ewigen Lebens genannt.

nur bei einer geringen Dosierung ein. Die im Pilz wichtigen bioaktiven Verbindungen wirken unter anderem neuroprotektiv. Die enthaltenen Polysaccharide beeinflussen das Immunsystem und stärken dadurch die Abwehrkräfte. Zudem wird der Reishi – wie auch der Cordyceps – sowohl bei Schilddrüsenüber- als auch bei der Schilddrüsenunterfunktion eingesetzt. Gerade bei älteren Hunden kann er zudem – auch vorbeugend – zur Stärkung und Verbesserung der Lebensqualität gegeben werden.

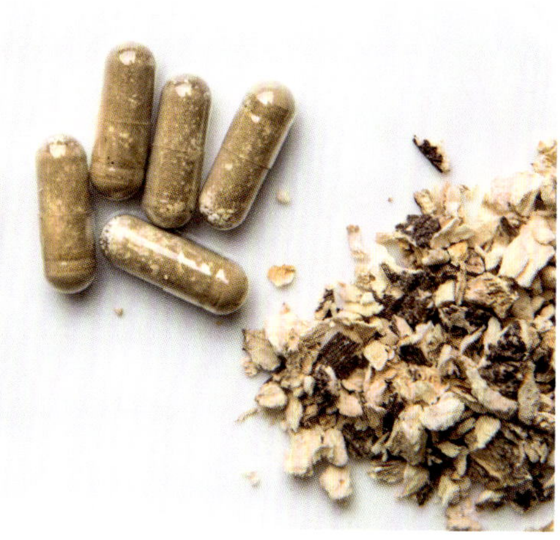

Die Vitalpilze gibt es in Kapselform, deren Inhalt sich leicht über das Futter streuen lässt.

Aber bitte kaufen Sie Vitalpilze für Ihren Hund nicht wahllos. Es gibt so viele Unterschiede, die Sie als Laie gar nicht kennen können. Um den richtigen Pilz für Ihren Hund zu finden, bedarf es einer wirklich genauen Kenntnis über diese Pilze. Zum einen macht es einen erheblichen Unterschied in der Wirkungsweise, ob Sie den Pilz als Pulver oder Extrakt, von reifen oder jungen Fruchtkörpern oder gar von Sporen verabreichen. Es ist ja auch nicht einerlei, ob Sie ein Glas Traubensaft zu sich nehmen oder ein Glas Wein, obwohl beide Getränke aus Trauben hergestellt werden. Und natürlich ist für die richtige Dosierung und Wirkungsweise auch nicht unerheblich, ob Ihr Hund ein Chihuahua oder eine Dogge ist.

Alle Vitalpilze entfalten eine entgiftende Wirkung. Ist Ihr Hund stark belastet, kann es bei unsachgemäßem Gebrauch zu teils heftigen Erstreaktionen kommen. Dann mögen Sie die Pilze vielleicht als Teufelszeug verurteilen, obwohl sie bei der richtigen Anwendung Ihrem Hund durchaus hätten helfen können. Außerdem gibt es bei Vitalpilzen verschiedene Kontraindikationen, die es zu beachten gilt. So darf beispielsweise der Hericium nicht verabreicht werden, wenn Ihr Hund Librela-Injektionen bekommt. Denn dann sind sowohl der Pilz als auch das Schmerzmittel wirkungslos. So etwas muss man wissen.

Nicht unerheblich ist auch die Herkunft der Pilze. So kann es einen bedeutenden Unterschied in der Wirkungsweise machen, ob der Pilz aus einer mit Pestiziden verseuchten Gegend stammt oder ob er biozertifiziert angebaut worden ist. Inzwischen gibt es Anbieter, die Pilze für empfindliche Hunde mit ebensolchen Mägen in extra sensitive Mischungen anbieten. Welcher Pilz oder vielleicht auch welche Pilzmischung für Ihren Hund mit seiner stressbedingten Verhaltensauffälligkeit infrage kommt, sollten Sie deshalb einen Mykotherapeuten entscheiden lassen.

Homöopathie

Auf die Homöopathie als eine alternativmedizinische Behandlungsmethode möchte ich nur kurz eingehen, denn hiervon haben Sie sicherlich schon gehört. Auch wenn zahlreiche wissenschaftliche Studien zu dem Ergebnis kommen, dass homöopathische Mittel nicht wirken – mittlerweile bestehen an der Art der Forschung allerdings große Zweifel – , sprechen die unzähligen positiven Berichte von Hundehaltern und Tierärzten für sich. Immerhin können letztere eine Zusatzbezeichnung für Homöopathie erwerben. Mit dieser Methode lassen sich neben körperlichen Beschwerden auch zahlreiche psychische Probleme gut behandeln. Das bedeutet, dass auch Hunde mit stressbedingten Verhaltensauffälligkeiten von ihr profitieren können.

Homöopathische Arzneimittel werden in genau definierten stufenweisen Verdünnungs- und Verschüttelungsprozessen hergestellt, dem sogenannten Potenzieren. Die Wirkung ist abhängig vom Verdünnungsgrad. Ausgangsstoffe für die homöopathischen Arzneimittel sind meist Pflanzen. Homöopathische Mittel zum Einsatz beim Hund gibt es in unterschiedlicher Form: Für die orale Gabe über die Mundschleimhäute eignen sich entweder Tropfen, Globuli oder Tabletten. Darüber hinaus werden einige homöopathische Mittel auch als Injektionslösung aufbereitet, die von Ihrem Tierheilpraktiker oder Ihrem Tierarzt subkutan gespritzt werden müssen. Und auch als Gel zum Auftragen auf die Haut der Hunde werden manche Präparate angeboten. Die Dosierung ist in der Regel vom Gewicht des Tieres abhängig.

Darüber hinaus gibt es sogenannte „Notfall-Globuli“ für Hunde. Deren Inhalt ist identisch mit den Notfalltropfen nach Dr. Bach und deren Einsatz ist sicherlich hilfreich. Welche homöopathischen Mittel für Ihren Hund im Einzelnen geeignet sind, lässt sich hier nicht benennen, weil eine Zusammenstellung individuell erfolgen muss. Daher lassen Sie sich für den Fall, dass Sie Ihren gestressten Hund mit homöopathischen Mitteln unterstützen wollen, auch hier wieder fachmännisch beraten.

Einige bewährte Heilpflanzen gegen Stress in der Homöopathie sind

- Lavendel: drosselt die Produktion von erregenden Neurotransmittern
- Lindenblüten: beruhigen die Nerven bei stressbedingten Angstzuständen
- Weißdorn: verbessert die Durchblutung der Herzkranzgefäße und reduziert dadurch das Stresshormon Cortisol im Blut
- Rose: wirkt auf das limbische System und sorgt so für Entspannung
- Baldrian: wirkt beruhigend und fördert den Schlaf
- Passionsblume: wirkt auf das Gehirn und mindert Gefühle von Leistungsdruck
- Klatschmohn: programmiert das Gehirn auf den beruhigenden Alpha-Zustand
- Hopfen: reduziert innere Anspannung
- Sauerampfer: wirkt nervöser Anspannung und Stimmungstiefs entgegen
- Engelwurz: setzt im Körper Glückshormone frei

Kräutermischungen

Auch qualitativ hochwertige Mischungen aus verschiedenen Kräutern können Hunde bei Stress und Belastung unterstützen. Bestimmte Zusammensetzungen eignen sich dafür, die Nervenfunktionen des Hundes zu stärken. Kräuter entwickeln erst nach etwa einer Woche Fütterung ihr volles Nährstoffpotenzial. Sie sollten für mindestens zwei Wochen, besser aber für acht Wochen durchgehend gefüttert werden.

Sie können bei der Verarbeitung der Kräuter zwischen Kräutern in Pulverform oder in geschnittener Form wählen. Generell sind sehr harte Wurzeln als Pulver bekömmlicher, da sie ansonsten schwer gefressen werden können. Zur Sicherheit des Hundes sollten sie daher besser gemahlen werden. Gute Mischungen für gestresste Hunde sind eine Zusammenstellung aus Kamille, Passionsblume, Lavendel, Melisse, Pfefferminze oder eine Zusammenstellung aus Kamille, Hopfen, Baldrian und Melisse.

Hochwertige Kräutermischungen können Hunde bei Stress und Belastung unterstützen.

Schüßler-Salze

Schüßler-Salze bieten nicht nur für den Menschen, sondern auch für Hunde eine Therapieform, die sehr lohnend sein kann. Die Therapie mit Schüßler-Salzen geht auf den homöopathischen Arzt Wilhelm Heinrich Schüßler zurück und basiert auf der Annahme, dass Krankheiten durch Störungen des Mineralhaushaltes der Körperzellen entstehen und durch die Einnahme von Mineralien geheilt werden können. Schüßler-Salze selbst sind Präparate von Mineralsalzen in homöopathischer Dosierung und lassen sich auch gegen Stress einsetzen.

Bei Stress verbraucht der Körper Energiereserven, die ihm in weiteren Situationen fehlen. Fette und Zucker werden freigesetzt und das Immunsystem wird heruntergefahren. Die Folgen kennen Sie bereits. Durch die gezielte Zufuhr von Mineralien und Spurenelementen sollen Schüßler-Salze spezifische Organfunktionen anregen, Abläufe regulieren und die Konstitution günstig beeinflussen. Die Liste an Schüßler-Salzen besteht aus zwölf Basissalzen und 15 Ergänzungssalzen, die feste Zuteilungsziffern bekommen haben. Einen gestressten Hund können drei Basissalze gut unterstützen: die Nummer 3 (Ferrum phosphoricum), die Nummer 5 (Kalium phosphoricum) und die Nummer 7 (Magnesium phosphoricum). Welche Salze ihm konkret helfen, ob er alle drei benötigt, wie sich die individuelle Dosierung verhält und wie lange sie eingenommen werden müssen, für all das sollten Sie sich am besten fachmännisch beraten lassen. Und auch bei einer Therapie mit Schüßler-Salzen gilt: Sie kann unterstützend helfen, jedoch keine Wunder bewirken.

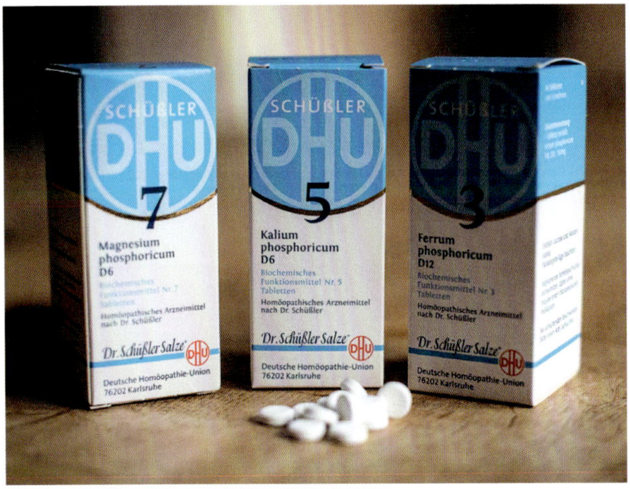

Diese drei Schüßler-Salze können dabei helfen, gestresste Hunde zu unterstützen.

Die Wirkung von Schüßler-Salzen gegen Stress

- Nummer 3: Ferrum phosphoricum ist das Salz des Immunsystems. Je besser das Immunsystem aufgestellt ist, desto leichter kann der Körper mit Stress umgehen. Konzentration, Aufmerksamkeit und Abwehrkraft werden gefördert. Zusätzlich wird die Sauerstoffaufnahme verbessert, da der Organismus in stressigen Situationen härter arbeiten muss.
- Nummer 5: Kalium phosphoricum ist das Salz der Nerven und der Psyche. Es beruhigt, beugt Erschöpfungszuständen vor und stellt das innere Gleichgewicht wieder her.
- Nummer 7: Magnesium phosphoricum ist das Salz der Muskeln und Nerven. Es dient der Regeneration und löst Verspannungen, Blockaden und seelische Verspannungen.

Phytotherapie

Unter Phytotherapie versteht man die Pflanzenheilkunde, bei der Medikamente aus Pflanzenextrakten hergestellt werden. Verwendet werden dabei Pflanzenteile wie Blüten, Blätter, Früchte und Wurzeln. So sorgen etwa Ginkgo-Blätter wissenschaftlich nachgewiesen beim Hund für eine verbesserte Durchblutung des Gehirns und haben dadurch auch eine konzentrationssteigernde Wirkung. Die bedeutendste Anwendungsform der Phytotherapie ist der Tee. Daneben werden die Pflanzen aber auch zu Tabletten, Salben und Tinkturen verarbeitet. Unter den Pflanzen gibt es zahlreiche, die eine psychoaktive Wirkung haben und helfen, die Anpassungsfähigkeit des Körpers gegenüber Stress zu steigern und seine negativen Auswirkungen zu mildern. Diese Heilpflanzen nennt man Adaptogene. Sie helfen dem

Organismus, sich Stresssituationen anzupassen. Ihre Wirkung konnte in zahlreichen klinischen Studien nachgewiesen werden und kann gestresste Hunde wunderbar unterstützen.

Bei den adaptogenen Pflanzen ist als erstes die Rosenwurz zu nennen. Sie gilt als die Anti-Stress-Pflanze überhaupt und ihre Wirkungen sind enorm (siehe Kasten). Sie trägt nicht nur zur Regulierung des Cortisolspiegels bei, sondern verbessert auch die Aktivität von Serotonin und Dopamin und fördert gleichzeitig den Transport von Dopamin- und Serotoninvorläufern ins Gehirn, da die Pflanze die Durchlässigkeit der Blut-Hirn-Schranke für eben diese Vorstufen erhöhen kann – etwa für L-Tryptophan. Weitere Pflanzen sind der Weißdorn, der neuroprotektiv wirkt, die Passionsblume, die bei Nervosität hilft und anregend wirkt, und der Baldrian, der eine angstlösende und gleichzeitig beruhigende Wirkung besitzt und über eine muskelkrampflösende und nervenstimulierende Wirkung verfügt. Mithilfe von Nervinas lässt sich die Wirkung von Adaptogenen verstärken. Nervinas sind Nerven stärkende Mittel, das heißt Pflanzen, die beruhigen und sanft entspannen. Zitronenmelisse zählt etwa dazu. Derartige Substanzen stellen das emotionale Gleichgewicht her und sind Nahrung für Nerven und Nervensystem.

Selbst die Rinden einiger Bäume besitzen eine psychoaktive Wirkung. Und auch eine Therapie mit jungen Pflanzenknospen, die sogenannte Gemmotherapie, ist für Hunde geeignet, da sie so gut wie keine Nebenwirkungen aufweist. Darüber hinaus ist das Räuchern von Pflanzen eine Variante, die von Hunden gut angenommen wird und Stressreaktionen beeinflussen kann. Um eine große Rauchentwicklung zu vermeiden, räuchert man am bes-

Die Rosenwurz gilt in der Phytotherapie als Anti-Stress-Pflanze mit enormer Wirkung.

ten auf einem Stövchen mit einem Teelicht. Da jedes Kraut und jede Rinde eine eigene Wirkung auf Körper und Geist hat, die einen wirken anregend, andere beruhigend, sollte man sich im Vorfeld mit den individuellen Wirkungen der verschiedenen Stoffe auseinanderzusetzen.

Homöopathische Arzneimittel, Bachblüten, anthroposophische Arzneimittel und dergleichen zählen nicht zu den Phytopharmaka, auch wenn diese oft aus Pflanzen oder Pflanzenteilen hergestellt werden. Sie haben ein anderes Wirkprinzip. Da pflanzliche Wirkstoffe chemisch hergestellten Wirkstoffen sehr ähneln, sollten Sie sich auch bei einer Phytotherapie unbedingt fachmännisch beraten lassen.

Die adaptogene Anti-Stress-Heilpflanze Rosenwurz und ihre Wirkungen auf Hunde:

- unterstützt geistige und körperliche Vitalität
- hilft gegen Depressionen
- lindert Stresssymptome
- lindert Erschöpfungszustände
- steigert die Leistungsfähigkeit
- erhöht den Serotonin- und Dopaminspiegel
- reguliert Gedächtnisleistungen
- hilft bei Ängsten und Aggressionen

Nahrungsergänzungsmittel

Auch frei verkäufliche Nahrungsergänzungen und Nahrungszusätze können gestresste Hunde unterstützen. So helfen beispielsweise, wie in Kapitel 3 bereits erwähnt, Zusätze, die reich an ungesättigten Omega-3- und Omega-6-Fettsäuren sind wie etwa Wildlachsöl dabei, dass sich ein ängstlicher Hund schneller von einem angstauslösenden Ereignis erholt. Oder Vitamin B-Komplexe stärken die Nerven und sorgen für eine bessere Energieverwertung. Weitere wichtige Ergänzungsmittel möchte ich hier kurz vorstellen.

Zum einen L-Tryptophan. Diese essenzielle Aminosäure kann der Körper nicht selbst produzieren. Wie Sie bereits wissen, ist Tryptophan die Vorstufe des Neurotransmitters Serotonin, hat also Einfluss auf die Emotionen, die Leistungsfähigkeit und das Wohlbefinden des Hundes. Es trägt zu einer normalen Regulation der Gefühlslage bei und wirkt sich positiv auf einen erholsamen Schlaf aus. 5-Hydroxytryptophan, kurz 5-HTP, ist ebenfalls eine Aminosäure, im Gegensatz zu L-Tryptophan allerdings eine direkte Vorstufe von Serotonin. Der Unterschied zu L-Tryptophan liegt darin, dass L-Tryptophan selbst eine Vorstufe für 5-HTP bildet. Zudem gibt es kaum Lebensmittel, die 5-HTP enthalten. Beide Aminosäuren dürfen allerdings nicht gemeinsam verabreicht werden.

L-Theanin ist eine weitere Aminosäure, die dem Stressabbau dient. Zahlreiche Studien an Hunden bestätigen dem Extrakt eine beruhigende Wirkung bei gleichzeitiger Steigerung der Konzentration. L-Theanin vermindert Verhalten, das aus Angst und Stress resultiert und hilft dem Hund, sich zu entspannen. Eine Wirksamkeit von L-Theanin beim Hund in kurzfristigen Stresssituationen wurde von unabhängigen Studien belegt. Auch Alpha-Casozepin wirkt, wie Sie bereits wissen, entspannend und steigert das Wohlbefinden. Es wirkt auf ähnliche Weise beruhigend, Angst lösend und entkrampfend wie ein Tranquilizer, hat jedoch nicht deren Nebenwirkungen und macht zudem nicht abhängig.

Der Einsatz des Hormons Melatonin als Gegenspieler von Cortisol zur Beruhigung bei Hunden konnte in wissenschaftlichen Studien zwar als wirksam belegt werden. Über einen langfristigen Einsatz des Hormons und die daraus folgenden hormonellen Wechselwirkungen liegen allerdings noch keine Ergebnisse vor. Daher sollte Melatonin momentan noch nicht im Rahmen einer längeren Verhaltenstherapie eingesetzt werden.

Viele Nahrungsergänzungsmittel werden mit bestimmten Kräutern und Pflanzen gemischt und als Kombination in Tablettenform verkauft. So gibt es Pillen, die mit L-Tryptophan, Magnesium, Vitaminen des B-Komplexes und auserwählten Kräutern wie Baldrian angereichert werden – wie etwa Calmex – oder Kombinationen, die auf L-Theanin basieren – wie etwa Telizen – oder auf Alpha-Casozepin wie Zylkène®.

Diese Aufzählung von rezeptfreien Nahrungsergänzungsmitteln in reiner oder verarbeiteter Form ist nicht vollständig. Sie soll lediglich einen kleinen Überblick über die bekanntesten und wahrscheinlich auch am besten untersuchten Mittel für Hunde im Bereich Stressreduktion geben. Obwohl sie alle frei verkäuflich sind, sollte deren Anwendung nicht ohne fachmännische Beratung, etwa durch einen Tierarzt oder einen Tierheilpraktiker, erfolgen. Es kann nämlich durchaus zu Wechselwirkungen mit bereits eingenommenen Medikamenten kommen. Grundsätzlich sollten Sie zum Wohl Ihres Hundes immer darauf achten, zunächst ein Mittel auf natürlicher Basis zu geben. Viele von ihnen führen zu ähnlichen Ergebnissen wie chemische Medikamente, weisen jedoch deutlich weniger oder sogar überhaupt keine Nebenwirkungen auf.

Pheromone

Der Einsatz von Pheromonen bei stressbedingten Verhaltensauffälligkeiten wird immer gebräuchlicher. Unter Pheromonen versteht man unterschiedliche Botenstoffe zur Informationsübertragung zwischen Individuen innerhalb einer Art. Sie sind in der Lage, bei Hunden im emotionalen limbischen System die Grundeinstellung zur Verarbeitung und Beantwortung bestimmter anderer Umweltreize und Situationen zu verändern. Damit können Pheromone auch das Verhalten des Hundes beeinflussen. Pheromone werden in der Natur eingesetzt, etwa um andere Hunde zu alarmieren, das Revier zu markieren, zur Paarung zu verführen oder eben auch, um zu beruhigen. Sie sind hormonähnliche Stoffe, die als Kommunikations- und Lockmittel ausgeschüttet und über das Jacobsonsche Organ wahrgenommen werden.

So geben Hündinnen, die gerade Welpen geworfen haben, über ihre Milchdrüsen ein beruhigendes Pheromon ab, das so genannte Dog Appeasing Pheromone (DAP). Dies dient zum einen dazu, dass zwischen Hündin und Welpe eine gute Bindung aufgebaut wird (Mutter-Kind-Bindung), und vermittelt zum anderen den Welpen ein Gefühl der Sicherheit. Studien haben gezeigt, dass die beruhigenden Eigenschaften dieses Pheromons bei Hunden bis ins Erwachsenenalter anhalten.

Aus diesem Wissen heraus werden so genannte Pheromonprodukte hergestellt, die dem DAP ähnlich sind. Adaptil beispielsweise hat so eine beruhigende und besänftigende Wirkung und kann zur Behandlung von Problemen im Zusammenhang mit Angst, Anspannung oder Stress bei Hunden eingesetzt werden. Das künstliche Pheromon kann durch ein spezielles Halsband, ein Umgebungsspray oder über einen Verdampfer, der in eine Steckdose gesteckt wird, übertragen werden. Ähnlich wie das Original soll die synthetisch hergestellte Variante eine beruhigende und entspannende Wirkung auf den Hund haben und daher zur Reduktion von Angst und Stress führen. Bei der Wirkung kommt es wohl auch auf die Darreichungsform an. Mir ist ein Hund mit Trennungsangst bekannt, bei dem weder das Halsband noch das Umgebungsspray genutzt haben, der Verdampfer aber sehr wohl.

Welche synthetischen Stoffe hier allerdings zum Einsatz kommen, ist nicht bekannt. Und Sie wissen: Synthetische Stoffe gehen direkt ins Gehirn und gelangen rasch in alle Zellen des Körpers. Auch hier sei erwähnt: Alleine mit künstlichen Pheromonen wird Ihr Hund keine anhaltende Verhaltensänderung zeigen. Das A und O ist und bleibt ein Anti-Stress-Training.

Psychopharmaka

Kein Halter will und kann auch nicht umgehend zu Psychopharmaka greifen, wenn sein Hund eine Verhaltensauffälligkeit zeigt. Bei Verhaltensweisen, die zum Normalverhalten des Hundes gehören, den Halter aber immens stören, sind Psychopharmaka immer fehl am Platz. Wertvoll sind sie dagegen, wenn ein Anti-Stress-Training und gezielte Therapien an ihre Grenzen stoßen – etwa bei schwer traumatisierten Hunden oder extremen Verhaltensstörungen wie generalisierte Angststörungen oder Zwangsverhalten. Eine richtig eingesetzte Medikation schafft oft erst die Basis für eine vernünftige Verhaltenstherapie. Damit wird nicht nur dem Hund, sondern auch dem Halter ein Leidensdruck genommen. Ansonsten landen solche Hunde leider regelmäßig im Tierheim und bleiben dort als schwer vermittelbar oftmals ein Leben lang sitzen.

Psychopharmaka für Hunde sind meist Präparate aus der Humanmedizin. Da all diese Medikamente verschreibungspflichtig sind, obliegt die Abgabe allein dem Tierarzt. Doch Psychopharmaka sollten nur im Einzelfall und dann nur unter Beobachtung eines erfahrenen Veterinärs mit einer Zusatzausbildung in Verhaltenstherapie in Betracht gezogen werden. Heutzutage wird meist eine begrenzte Gabe von Benzodiazepinen wie Diazepam oder Alprazolam verabreicht. Beide Wirkstoffe wirken niedrig dosiert angstlösend und enthemmend. Hoch dosiert wirken sie eher ermüdend bis sedierend. Keinesfalls sollte Hunden der Wirkstoff Acepromazin gegeben werden. Es ist wissenschaftlich erwiesen, dass dieser Hunde zwar ruhigstellt, indem er sie muskulär bewegungsunfähig macht, aber alle Stressoren und Ängste ganz real und in vollem Ausmaß erleben lässt. Sie sind mit ihrer Panik im eigenen Körper gefangen und nicht einmal mehr in der Lage, zu fliehen. Mit diesem tierschutzrelevanten Wirkstoff wird zudem ein Verhaltensproblem meist noch verstärkt, aber keinesfalls verringert.

Da chemische Sedativa oft starke Nebenwirkungen und Beeinträchtigungen für Hunde haben und sie eventuell sogar das Gegenteil der erwarteten Wirkung auslösen können, sollten zuerst alle anderen Möglichkeiten ausgeschöpft werden. Wenn Psychopharmaka dennoch nötig sind, sollten Sie deren Einsatz zum Wohle Ihres Hundes nicht scheuen.

Fazit

Entspannungsmittel für Hunde gibt es mehr als genug. Die meisten sind zudem frei verkäuflich. Doch auch wenn Sie die Mittel problemlos zu sich nach Hause holen können, so sollten Sie Ihren Hund nicht zu Versuchszwecken missbrauchen. Alle Mittel zeigen Wirkungen, über deren Ausmaß und auch über deren Kontraindikationen Sie Bescheid wissen müssen. Viele der genannten Mittel können auch Wechselwirkungen zu verabreichten Medikationen haben. Zudem verhält es sich hier wie überall sonst auch: Es gibt enorme Qualitätsunterschiede und dadurch auch enorme Wirkungsschwankungen. Jeder Hund sollte immer eine individuelle Dosierung bekommen. Eine fachmännische Beratung ist daher wichtig und unbedingt ratsam. Denn Sie wollen doch sicherlich, dass die Mittel Ihren Hund auch wirklich unterstützen.

Dass keines der angesprochenen Mittel ein Allheilmittel gegen Stress ist, möchte ich hier nochmals ausdrücklich erwähnen. Richtig angewandt können Sie Ihren gestressten Hund aber ungemein in seinem Alltag unterstützen und seine Lebensqualität verbessern. Doch sie ersetzen keinesfalls ein individuell abgestimmtes Anti-Stress-Training, können aber äußerst hilfreich sein.

7.

Und jetzt sind Sie an der Reihe

Hunde, so heißt es, seien die besten Freunde des Menschen. Sie nehmen uns so, wie wir sind. Sie sind nicht nachtragend. Sie geben sich alle Mühe, unsere ihnen fremde Sprache und artfremde Körpersprache zu verstehen. Sie kennen uns wie kein anderer, sie beobachten uns tagein, tagaus. Und: Sie sind immer für uns da. Ist uns um Mitternacht nach einer kleinen Runde an der frischen Luft, sind sie dabei, regnet es in Strömen, bleiben sie mit uns auf dem Sofa. Nicht wenige Halter sind der Auffassung, Hunde seien die besseren Menschen. Passt die Bindung, kann man das hinsichtlich Verständnis, Vertrauen und hingebungsvoller Bereitschaft nicht von der Hand weisen. Doch würden die Hunde ihrerseits all dies Lob uns auch zurückgeben?

Familienhunde sind auf ihre Menschen vollkommen angewiesen. Selbst bei grundlegenden Bedürfnissen müssen sie Abstriche machen. Sie werden in unsere Wohnzimmer geholt, ob sie es wollen oder nicht. Sie können sich nicht aussuchen, ob es hier für sie passt, ob sie leben können, wie sie es möchten oder gar rassebedingt brauchen. Dennoch versuchen sie sich als soziales Wesen irgendwie in den Verbund einzugliedern. Das klappt mit den ihnen gegebenen Fähigkeiten mal mehr, mal weniger.

Helfen Sie Ihrem Hund dabei. Sie alleine tragen die Verantwortung für ihn. Dass er sich wohlfühlt, dass er bekommt, was er benötigt, dass er keine Schmerzen hat, dass er sich in unserer Welt zurechtfindet – ohne Angst und ohne Stress. Dass er als das Wesen wahrgenommen wird, das er ist. Und letztlich, dass er am Ende in Würde gehen darf. Hundehaltung ist ein äußerst verantwortungsvoller Job – über viele, viele Jahre. Dessen müssen Sie sich bewusst sein, wenn Sie einen Hund in Ihr Leben integrieren. Von diesem Zeitpunkt an ist es nicht mehr alleine Ihr Leben. Von da an teilen Sie es sich mit, wie ich finde, dem faszinierendsten Wesen, das die Erde hervorgebracht hat.

Weil Sie im Leben Ihres Hundes eine entscheidende Rolle spielen, letztlich aber eben auch nur ein Mensch sind, versuche ich Ihnen in diesem Kapitel zu zeigen, wie Sie trotz vieler Widrigkeiten, die das Leben mit sich bringt, mit Ihrem Hund glücklich werden können. Und umgekehrt natürlich Ihr Hund auch mit Ihnen. Denn in dieser Verbindung braucht es mehr als Futter und Körbchen: Achtsamkeit, liebevolle Konsequenz, ein wenig Führungsqualität, Empathie und vor allem einen anderen Blick auf Ihren engsten und doch oftmals zu wenig geschätzten Lebensabschnittsgefährten.

Nodoggy is perfect

Kein Hund ist perfekt. Übrigens auch kein Mensch. Haben wir das unter unseresgleichen schon lange akzeptiert, wenden wir diesen Grundsatz bei unseren Hunden gar nicht erst an. Unsere Hunde müssen funktionieren, jeden Befehl befolgen und sei er noch so unsinnig, und stören, das dürfen sie natürlich auch nicht. Der Zwang zum Perfektionismus ist weit verbreitet. Eltern legen ihn auch gerne bei ihren Kindern an den Tag. Er wirkt sich dabei negativ im Erziehungs- und Schulalltag aus und hemmt Lernprozesse. Werden hingegen Leistungsgrenzen akzeptiert und nehmen Eltern ihre Kinder so, wie sie sind, können sie das Streben nach Perfektion über Bord werfen wie einen lästigen Ballast. Manchmal handelt es sich dabei um einen schrittweisen Prozess, manchmal geht es rasch. Ich hoffe, Ihnen gelingt es mit diesem Kapitel ganz schnell, Ihren Hund so zu nehmen, wie er ist.

Aus Erfahrung würde ich behaupten wollen, dass es nur ganz wenigen Haltern gelingt, Ihren Hund von Anfang an so zu nehmen, wie er ist. Manchen gelingt dies im Laufe der Zeit – nach etlichen unschönen Erfahrungen. Anderen gelingt es nie. Was nicht nur für die Halter, sondern natürlich auch für die Hunde sehr traurig ist. Dabei müsste das nicht sein: Ein Leben mit Hund unter den richtigen Vorzeichen und mit der richtigen Einstellung ist einfach nur wunderbar. Falscher Ehrgeiz, Perfektionismus, Ärger, Wut oder gar Strafen sind fehl am Platz. Nehmen Sie Ihren Hund an, so wie er ist, und finden Sie Wege für ein harmonisches Zusammenleben.

Was erwarten Sie von Ihrem Hund?

Jetzt geht es ans Eingemachte. Ich frage Sie nicht, warum Sie einen Hund haben, und auch nicht, warum Sie ausgerechnet diesen Hund haben. Das müssen Sie sich selbst beantworten. Aber ich stelle die Frage in den Raum, wie Sie sich ein Miteinander vorstellen. Also: Was erwarten Sie von Ihrem Hund? Was der Hund von Ihnen erwartet und auch erwarten darf, bleibt hier zunächst außen vor. Hier geht es um Sie. Denken Sie daher einmal genau nach, wie Ihr Hund sein sollte, damit Sie glücklich mit Ihm wären. Wenn es Ihnen hilft, schreiben Sie Ihre Gedanken gerne auf. Denn wenn Sie nicht wissen, was Sie von Ihrem Hund erwarten, wie soll es dann Ihr Hund wissen? Schon die Vorstellung, dass Hunde die Gedanken Ihrer Halter lesen können, müsste auf Ihrem Zettel in der Sparte „Unerfüllbare Wünsche" stehen.

Ein grundsätzlicher Anspruch von vielen, ja wohl den meisten Haltern betrifft das reibungslose Funktionieren des Hundes. Diese Erwartungshaltung verlangt zunächst weder Strukturen, Training noch Geduld ab. Zeigt der Hund dann aber erste Verhaltensweisen, die einen zwingen, sich mit ihm auseinanderzusetzen, kommt der Halter schnell an seine Grenzen. Dann folgen pauschale Wünsche wie „Der Hund soll nicht jagen", „Der Hund soll sofort kommen, wenn ich ihn rufe" oder „Der Hund soll bei Fuß gehen". Nun sind das alles Wünsche, die ein Hund von Natur aus nicht erfüllen kann. Das müssen Sie ihm beibringen. Und das können Sie nur, wenn Sie wissen, was Ihr Hund will, was er toll findet, wie man ihn erreicht. Dazu gleich mehr.

Erwarten Sie etwa von Ihrem Hund, nicht aggressiv zu bellen, wenn sich ihm Artgenossen nähern, dann steht dieser Wunsch als solcher erst einmal im Raum. Jetzt heißt es: Sind Sie in der Lage, Ihrem Hund Ihre Erwartungshaltung klar zu kommunizieren? Sind Sie bereit, Ihren Hund in winzigen Schritten, mit einer zielführenden Methode und wirksamen Motivationen auf dieses definierte Ziel hin zu trainieren? Sind Sie momentan in der Lage, Zeit und Geduld aufzubringen und auch kleine Rückschritte zu akzeptieren, ohne wütend und ungerecht zu werden? Last but not least: Ist Ihr Hund überhaupt in der Lage, diesem Training gerecht zu werden? All das ist zu klären, damit die Reise Sie an Ihr Ziel führt.

Zu viele Halter geben zu schnell auf, weil Sie sich dessen einfach nicht bewusst sind. Dann zweifeln Sie an sich, am Trainer oder gar an Ihrem Hund. Dabei wäre es so einfach, wenn man sich, seinen Hund und seine Erwartungen in einem großen Kontext sehen würde. Manchmal ist es gut, alle Fünfe gerade sein zu lassen. Vielleicht passen Ihre Vorstellungen mit denen des Hundes gar nicht zusammen. Vielleicht hat sich sein Verhalten schon so etabliert, dass er einfach länger braucht als der Hund Ihrer Nachbarn. Vielleicht senden Sie widersprüchliche Signale an Ihren Hund. Vielleicht trainieren Sie nicht konsequent genug. Vielleicht passen die Rahmenbedingungen nicht. Vielleicht ist das Ziel zu hoch gesteckt. Vielleicht sind Sie mit dem Herzen nicht recht bei der Sache. Oder: Vielleicht haben Sie am Ende einen gestressten Hund an Ihrer Seite, der eben ein ganz anderes Training benötigt.

Sie wissen: Druck, Angst und Stress erschweren das Lernen. Bis ein neues Verhalten etabliert ist, zieht auch bei einem gut angelegtem Anti-Stress-Training viel Zeit ins Land. Klappt eine Übung oder ein Verhalten beim Hund bereits im Lernstübchen oder in ruhigen Situationen, kann es unter Stress schon ganz anders aussehen. Oft genug hört man dann „Der kann das, der will nur nicht." Nein: Weder kann er das in diesem Moment noch will er nicht. In Lernsituationen unter Angst und Stress lernt ein gestresster Hund nicht das gewünschte Verhalten, sondern dass er diese Situationen meiden möchte. Von daher liegt es an Ihnen, Ihrem Hund etwas klar, ruhig, langsam, einfach und motivierend beizubringen. Alles andere wäre ungerecht und führt weder ihn noch Sie ans Ziel.

Hinterfragen Sie sich auch, ob das gesteckte Ziel denn wirklich so wichtig für Sie ist. Wenn Sie etwa wollen, dass Ihr hyperaktiver Jagdhund im Wald nicht selbstständig zum Jagen aufbricht, wäre es doch eine Möglichkeit, ihn an die lange Schleppleine zu nehmen. Oder Sie könnten Ihr Vorhaben, dass Ihr Hund Sie ins Café begleitet, einfach erst einmal vertagen, wenn er noch zu ängstlich für eine solche Herausforderung ist. Vielleicht wollen Sie auch, dass Ihr unsicherer Hund Ihren Besuch freundlich begrüßt und sich von den Enkelkindern streicheln lässt. Wäre es so schlimm, ihn selbst entscheiden zu lassen, ob er das möchte oder nicht? Bieten Sie ihm einen sicheren Rückzugsort an und lassen die Dinge auf sich zukommen. Vielleicht braucht er einfach noch ein wenig Zeit, um dieser Situation gewachsen zu sein. Und überlegen Sie sich in diesem Zusammenhang, ob Sie auch Ihrem gestressten Partner so viel abverlangen würden. Eigentlich versuchen Sie doch, diesem möglichst viel abzunehmen, wenn er mal nicht weiß, wo ihm der Kopf steht. Diese Einstellung würde sich auch Ihr Hund von Ihnen wünschen.

Wie gut kennen Sie Ihren Hund?

Schon wieder so eine unverfrorene Frage. Mir geht es jedoch nicht darum, Sie damit zu kritisieren oder bloßzustellen. Sondern einzig und allein darum, dass Sie mit Ihrem Hund ein richtig tolles Team werden. Und das gelingt nur, wenn Sie ihn wirklich kennen – all seine Erwartungen, Fähigkeiten, Vorlieben und seinen momentanen Zustand. In einer zwischenmenschlichen Partnerschaft ist das nicht anders. Vertrauen, Bindung und Selbstvertrauen können nur entstehen, wenn man weiß, was der andere will oder eben nicht, wie es ihm geht, was er stemmen kann. Und was man vom anderen erwartet, wenn man sich auf ihn verlässt und wenn man selbst so sein darf, wie man sein möchte.

Hunde mit stressbedingten Verhaltensauffälligkeiten können zwar schon damit geboren worden sein. Meist sind sie jedoch ein Resultat ihrer Umwelt und oftmals leider ihrer Haltung. Sie sind bei Menschen gelandet, die sie nicht wahrnehmen, nicht wertschätzen, nicht wissen, was sie wirklich brauchen, nichts über ihre Entwicklungsstadien kennen oder die sie schlicht und ergreifend nicht verstehen. Deshalb verweise ich an dieser Stelle abermals darauf, dass es für ein gelungenes Leben mit Hund für Sie und für Ihren Hund unerlässlich ist, zumindest die Hundesprache zu erlernen. Ich finde, das sind Sie ihm schuldig.

Jeder Halter kann lernen, durch genaue Beobachtung und Wahrnehmung die Signale seines Hundes zu sehen, daraus wertvolle Erkenntnisse gewinnen und letztlich den Umgang mit seinem Hund verbessern. Wenn Sie in unterschiedlichen Situationen genau hinschauen, werden Sie bald erkennen, wie es Ihrem Hund geht, welche Bedürfnisse er hat und wo er dringend Ihre Hilfe benötigt. Denn so wie wir ein offenes Buch für unseren Hund sind, so ist er es auch für uns. Sie müssen ihn nur zu lesen wissen. Er wird Ihnen alles zeigen. Oder wie ein Sprichwort sagt: „Wenn ein Hund nur darf, wenn er soll, aber nie kann, wenn er will, dann mag er auch nicht, wenn er muss! Wenn er aber darf, wenn er will, dann mag er auch, wenn er soll, und dann kann er auch, wenn er muss. Denn Hunde, die können sollen, müssen wollen dürfen."

Jeder Hund ist unterschiedlich. Es gibt viele Faktoren, die Ihren Hund zu dem Wesen gemacht haben, das vor Ihnen liegt. Zum einen natürlich die erblichen Anlagen. Dann hatte Ihr Hund tierische und menschliche Vorbilder, die ihn geprägt haben. Weiter geht es mit Umwelteinflüssen, die er aufgenommen hat. Auch die soziale Kompetenz seiner Bezugsperson, also Ihnen, spielt eine Rolle. Selbst die Stimmungsübertragung von anderen Hunden oder Ihnen (dazu mehr weiter unten) ist nicht unwesentlich beteiligt an seinem Wesen. Weiterhin prägen ihn die Reaktionen der Umwelt auf seine Verhaltensweisen und die positive oder auch negative Verstärkung seines Tuns. Und obendrauf kommt noch, dass Erlebtes und Empfundenes verknüpft wird. Nicht zu vergessen bestimmte Rasseneigenschaften. Aber letztlich ist Ihr Hund wie Sie ein Individuum. Nur weil er beispielsweise ein Labrador ist, muss er nicht automatisch gerne schwimmen und kann, wie Sie nun wissen, auch durchaus viel bellen.

Wenn Sie sich jetzt fragen, wie Sie wissen können, was Ihr Hund wirklich will, dann achten Sie über einen längeren Zeitraum darauf, was ihm am meisten Spaß macht – und schreiben Sie es sich auf, damit Sie auch nichts vergessen. Vielleicht mag Ihr Hund es zu schnüffeln, zu buddeln, sich in für unsere Nasen nicht gerade wohlriechenden Dingen zu wälzen, zu schwimmen, mit Ihnen zusammen an einem Tau zu ziehen, Gegenstände zu apportieren, zu rennen, gestreichelt oder massiert zu werden, mit Hundekumpeln zu spielen, Leckerchen zu suchen oder bei Regen zu Hause zu bleiben.

Nach diesem und dem vergangenen Abschnitt können Sie die beiden Listen vergleichen und zusammenführen: die mit Ihren Erwartungen und die mit seinen Lieblingsbeschäftigungen. So hätten Sie schon einmal die erste Grundlage, wie Sie mit Ihrem Hund effektiv trainieren können, oder eben die Gewissheit, dass Sie vielleicht die ein oder andere Erwartung momentan hintenanstellen oder vielleicht sogar gänzlich vergessen sollten. Außerdem haben Sie gleichzeitig herausgefunden, wie Sie Ihren Hund motivieren können. Das heißt, welche Belohnung für ihn so toll ist, dass er von sich aus dazu bereit ist, Ihren

Erwartungen entsprechen zu wollen. Gerade gestresste Hunde werden es Ihnen danken, wenn Sie sich verstanden und wertgeschätzt fühlen und einen Fels in der Brandung an Ihrer Seite haben. Wie Sie zu diesem Felsen werden, zeige ich Ihnen weiter unten.

Einige Fragen, die Ihnen helfen können, Ihren Hund besser zu verstehen:

- Welche Kommunikationssignale sendet er aus – von der Nase bis zur Schwanzspitze?
- Welche Signale sendet er in welchen Situationen aus?
- Hält Ihr Hund viel Kontakt zu Ihnen?
- Ist Ihr Hund eher unabhängig?
- Möchte Ihr Hund etwas zusammen mit Ihnen unternehmen?
- Beschäftigt er sich lieber alleine – und falls ja, wie und mit was?
- Was und wie spielt Ihr Hund gerne mit Ihnen?
- Wie spielt Ihr Hund mit anderen Hunden oder mit anderen Menschen? Spielt er eher körperbetont oder vorsichtig?
- Ist Ihr Hund immer mitten im Geschehen oder schaut er lieber zu, wenn andere spielen?
- Lässt er sich gerne anfassen, streicheln oder massieren? Falls ja, dann nur von Ihnen oder auch von anderen?
- Was frisst Ihr Hund gerne? Muss es weich oder hart sein?
- Kaut er gerne und falls ja, was?
- Was macht Ihrem Hund Spaß?
- Was macht Ihrem Hund Angst oder bringt ihn in Stress?
- Was mag Ihr Hund so gar nicht? Wo fühlt er sich unbehaglich?
- Wie geht Ihr Hund mit Neuem um oder auf Neues zu?
- Ist Ihr Hund eher ein vorsichtiger oder ein draufgängerischer Typ?
- Wie reagiert Ihr Hund, wenn sich etwas direkt und schnell auf ihn zubewegt?
- Wie reagiert er, wenn er auf fremde Hunde oder fremde Menschen trifft?

Perspektivwechsel

Wenn Sie sich ständig über Ihren Hund ärgern, wenn herkömmliches Training Ihnen beiden nicht weiterhilft, wenn Sie sich hilflos fühlen und kurz vorm Verzweifeln stehen oder gar davor, ihm massiv zu zeigen, wer hier der Herr im Hause ist, dann würde ich Sie bitten, einfach kurz einen Perspektivwechsel vorzunehmen. Schlagen Sie einen neuen Weg ein und schauen Sie sich Ihren Hund unter einem anderen Blickwinkel an. Ihr Hund ist weder Ihr Gegner noch Ihr Feind. Er ist Ihr Partner. Und die Verhaltensauffälligkeiten, die er an den Tag legt, sind stressbedingt und gleichen eher einem verzweifelten Schrei nach Hilfe. Nach Ihrer Hilfe.

Nehmen Sie mit einem Perspektivwechsel auch mal die Sichtweise Ihres Hundes ein.

Wenn Sie im Training und im Zusammenleben mit Ihrem Hund nur sehen, was er alles nicht kann, was er lassen soll, dann entgeht Ihnen vollkommen, welche Persönlichkeit Sie sich ins Haus geholt haben, welcher Charakter ihn auszeichnet, was seine Eigenschaften sind, seine Stärken und, ja auch, seine Schwächen. All das macht ihn zu dem Wesen, das er ist. Von ihm lediglich einzufordern, unerwünschtes Verhalten abzustellen, ist ihm gegenüber nicht fair. Es gibt Gründe, warum Ihr Hund so ist, wie er ist. Das wissen Sie jetzt. Da Sie ihn aufgenommen haben und Sie verantwortlich für ihn sind, hat er, finde ich, es mehr als verdient, dass Sie sich Gedanken über seine Bedürfnisse machen.

Weshalb fällt den meisten Haltern ein Perspektivwechsel bei ihren Hunden so schwer? Vielleicht, weil es in unserer Gesellschaft klare Vorstellungen gibt, wie ein Hund zu funktionieren hat? Die meisten Hundeschulen unterstützen dies auch noch, indem sie dabei helfen, Hunde „kompatibel" zu machen – oftmals auf Teufel komm raus. Er darf nicht bellen, nicht ziehen, nicht jagen, nicht anspringen, er muss Menschen mögen, sich streicheln lassen, alleinebleiben können und noch vieles mehr. Er soll mit ins Restaurant und im Urlaub ruhig im Hotelzimmer bleiben. Nimmt man ihn erst gar nicht mit, dann wird er eben in Hundepensionen abgeschoben. Wie praktisch. Es ist offenbar nur schön, einen Hund zu haben, wenn er nicht nervt und vor allem das eigene Leben nicht einschränkt.

Fragen Sie sich wirklich jemals nach den Bedürfnissen Ihres Hundes? Wie er sich gerade fühlt? Wie er sich ein tolles Leben mit Ihnen vorstellt? Ob Sie wirklich so wichtig für ihn sind, wie Sie es gerne hätten? Ob er Sie als souveränen Führer sieht, dem er bedingungslos vertrauen kann? Und auch, ob, hätte er die Wahl, sich für Sie entscheiden würde? Fragen, die vielleicht ein wenig weh tun, aber gerade für gestresste Hunde von großer Bedeutung sind.

Beobachten Sie Ihren Hund genau, schauen Sie, in welchen Situationen er sich nicht wohlfühlt und in welchen schon. Kommt er in brenzligen Situationen zu Ihnen oder geht er noch mehr auf Abstand? Zeigt er Stressanzeichen, wenn Sie ihn streicheln? Geht er freiwillig mit Ihnen mit oder müssen Sie ihn oftmals zerren? Weicht er zurück, wenn Sie ihm das Geschirr anziehen wollen? Mal andersherum: Was wäre, wenn Ihnen ständig jemand sagt, was Sie tun und lassen sollen, wann Sie etwas sagen dürfen und wann nicht, jemand, dem Sie nicht sonderlich trauen, der aber nun mal das Sagen hat? Der sich vom Acker macht, sobald Sie sich unsicher fühlen, oder hilflos danebensteht, wenn Sie von anderen in die Ecke gedrängt werden? Der Ihnen jahrelang dasselbe Trockenmüsli vorsetzt und meint, Ihnen macht es Spaß, ihm ständig einen weggeworfenen Ball wieder zu bringen? Und der noch nicht einmal Ihre Sprache spricht, obwohl er Sie unbedingt bei sich haben wollte? Würden Sie zu so jemandem eine vertrauensvolle Bindung aufbauen können? Wohl kaum. Unseren Hunden als äußerst soziale Lebewesen geht es nicht anders. Für sie ist das menschliche Verhalten oftmals nicht zu verstehen, noch dazu, wenn ihre Halter sich ihnen gegenüber unberechenbar und inkonsequent zeigen. Demonstrieren Sie ihm, dass er bei Ihnen willkommen ist, dass Sie versuchen, ihn zu verstehen und dass Sie immer da sind, wenn er Sie braucht.

Haben Sie einen ängstlichen, unsicheren oder hyperaktiven Hund und sind der Meinung, dass vielleicht das ein oder andere auf Sie zutreffen könnte, dann wagen Sie einen Schritt zur Seite und nehmen Sie einen anderen Blickwinkel ein. Sehen Sie, was Ihr Hund schon alles kann, seitdem er bei Ihnen ist! Vielleicht funktioniert der Rückruf noch nicht perfekt, aber dafür kann er sich jetzt schon auf seine Decke zurückziehen und entspannen. Rom wurde auch nicht an einem Tag erbaut. Und er gibt sich doch Mühe. Sind wir doch mal ehrlich: Wenn Sie bei Ihrem Lebenspartner nur die negativen Seiten sehen würden, dann wäre ein Zusammenleben reichlich mühsam. Also konzentrieren Sie sich auch bei Ihrem Hund auf die schönen Momente. Sobald Sie das tun, werden automatisch viele weitere hinzukommen. Und Sie können künftig Situationen vermeiden, in denen Ihr Hund überfordert ist. Ein anderer Blickwinkel eröffnet neue Sichtweisen und schafft ein tieferes Verständnis. Denn Ihr Hund ist nun mal kein Mensch. Das ist es, was Ihr gestresster Hund braucht, um Ihnen vertrauen zu können, um sich sicher, behütet, geführt und wertgeschätzt fühlen zu können. Und um entspannt mit Ihnen gemeinsam durch sein Hundeleben zu gehen.

Spooky Periods

Es ist eine mitunter harte, nervenaufreibende, kräftezehrende Zeit und bringt Sie sicherlich manchmal an den Rand der Verzweiflung: die Fremdelphasen Ihres Hundes, die sogenannten Spooky Periods. Auf dem Weg vom Welpen zum erwachsenen Hund durchlaufen Hunde einige Phasen, die ich an dieser Stelle noch einmal kurz ansprechen will, obwohl ich schon in Kapitel 1 auf diese sensiblen Entwicklungsphasen des Hundes eingegangen bin. Doch dort ging es mir darum zu zeigen, warum Ihr Hund gestresst sein kann. Jetzt geht es mir um Sie. Es ist mir enorm wichtig, dass Sie diese Phasen, die nicht nur für Ihren Hund, sondern eben auch für Sie sehr stressig sind, auch wirklich als Phasen verstehen, die nach kurzer Zeit wieder vorbei sind. Ich erwähne das nochmals, damit Sie in diesen kurzen Zeitspannen nicht verzweifeln – weder an sich noch an Ihrem Hund. Und ich möchte auch, dass Sie seine Verhaltensweisen nicht persönlich nehmen: Er kann einfach nicht anders.

Bailey hat mit ihren zwölf Wochen erst eine der fünf Spookey Periods hinter sich.

In diesen Spooky Periods reagiert Ihr Hund ängstlich und zurückhaltend auf neue Reize, aber auch bereits Bekanntes wird erneut bewertet. In dieser Phase ist kein Platz für Lernen, Ordnen und Sortieren. Hier wird einfach nur reagiert – ohne groß nachzudenken, weil Hunde in dieser Zeit auch gar nicht nachdenken können. Insgesamt gibt es fünf Spooky-Phasen im Alter von der achten Lebenswoche bis zu etwa zweieinhalb Jahren. Nicht alle Hunde durchleben dabei alle Phasen und auch nicht alle sind dabei von neuen Reizen, Situationen, Personen oder Tieren überfordert. Aber für alle Spooky-Phasen gilt: Der Hund ist wesentlich schreckhafter als sonst, insgesamt ängstlicher, Neuem gegenüber wenig aufgeschlossen, generalisiert schnell die in dieser Zeit erlebten Angsterfahrungen, und er bewertet auch bereits Bekanntes und Geübtes neu. Das heißt: Ein bereits perfektes „Sitz" funktioniert erst mal nicht mehr.

Verzweifeln Sie nicht. Zeigen Sie in diesen Phasen Verständnis für Ihren Hund und helfen Sie ihm, indem Sie selbst ruhig und gelassen bleiben. Geben Sie ihm jeden sozialen Support, den er benötigt. Denn Sie sind seine Bezugsperson und er braucht Sie in diesen Zeiten mehr denn je. Machen Sie es sich und ihm leichter, indem Sie in diesen Phasen nicht noch zusätzlich Neues und Aufregendes mit in den Alltag bringen. Vermeiden Sie nach Möglichkeit Situationen, die den Hund ängstigen, auf die er heftig reagiert, einfach für eine Weile. In der Regel ist jede dieser Phasen nach zwei, spätestens drei Wochen wieder vorbei. Das heißt für Sie, Ihrem Hund zuliebe: Augen zu und durch!

Über Belohnungen und Verstärker

In meiner Ausbildung zur Anti-Stress-Trainerin habe ich von einer Umfrage erfahren, die mich traurig gestimmt hat: Hundehalter sind gebeten worden zu notieren, welche Belohnungen und welche Strafen ihnen für ihren Hund einfallen. Das Ergebnis: Mehr als 40 Strafmaßnahmen, aber lediglich drei Belohnungsarten sind genannt worden.

Warum ist das so, dass Strafen für viele Halter immer noch akzeptabler sind als Belohnungen, obwohl man doch mittlerweile wissen müsste, dass Hunde viel leichter, ja überhaupt erst richtig lernen, wenn das Training positiv gestaltet ist und sie zu etwas motiviert werden? Vielleicht müssen Sie sich einfach im Klaren sein, wie Belohnungen und vor allem Verstärker funktionieren. Damit nehmen Sie sich selbst viel Stress bei der Erziehung Ihres Hundes – und Ihrem Hund damit auch.

Belohnung ist ganz allgemein etwas Positives, Angenehmes oder Gutes, das der Hund bekommt oder auch tun darf. Aber was ist nun ein Verstärker? Ein Verstärker ist zwar auch eine Belohnung, aber diese ist motivationsgerecht, also sie bedient die aktuelle Motivation des Hundes – in genau dieser Situation, in diesem Kontext, in diesem Moment. Befindet sich Ihr Hund gerade in einer Situation, die ihm seltsam vorkommt, und er fühlt sich unsicher, können Sie ihm mit einem Verstärker dabei unterstützen, etwas nicht mehr so schlimm zu empfinden. Damit das klappt, müssen Sie Ihren Hund wirklich gut kennen und ihn viel beobachten. Sie werden erst dann genau wissen, ob es sich bei Ihrem Angebot um eine reine Belohnung oder einen Verstärker handelt, wenn genau das bewirkt wird, was Sie gerade von Ihrem Hund wollen.

Eine Belohnung wird nur dann zum Verstärker, wenn sie dazu in der Lage ist, das gewünschte Verhalten des Hundes zu untermauern. Im Gegensatz zu einer Belohnung erhöht ein Verstärker die Wahrscheinlichkeit für das wiederholte Auftreten des vorangegangenen Verhaltens. Wenn die Belohnung nicht dafür sorgt, dass Ihr Hund schneller, öfter und intensiver das umsetzt, was Sie gerade wünschen, ist sie auch kein Verstärker. Wenn Sie meinen, Sie hätten die Nonplusultra-Belohnung für Ihren Hund gefunden, kann es passieren, dass diese für Ihren Hund gar keine Verstärkung darstellt. Das merken Sie dann daran, dass durch Ihre gut gemeinte Belohnung beim Hund gar nichts verstärkt wird, also er beispielsweise trotz der sündhaft teuren getrockneten Entenstreifen trotzdem nicht kommt, wenn Sie ihn rufen. Ein Verhalten, das sich lohnt, wird öfter gezeigt. Lohnt es sich nicht, dann wird es eben auch nicht oft gezeigt. Doch wer entscheidet denn letztlich, was sich lohnt? Sie oder Ihr Hund? Ganz klar Ihr Hund, denn der Köder muss dem Fisch schmecken, nicht dem Fischer. So gesehen müssen Sie es zunächst ausprobieren, ob Ihre gekauften Entenstreifen nur eine Belohnung sind oder doch ein Verstärker.

Vertreten Sie am Ende auch die Auffassung, Ihr Hund braucht keine Belohnung, er soll alles nur Ihnen zuliebe machen, muss ich Sie leider enttäuschen. Ihr Hund macht das, was Sie von ihm wollen, wenn er darin einen Nutzen sieht. Ein Hund fragt sich, was er von einem Tun hat und ob es gerade seine Bedürfnisse berücksichtigt. Ein gestresster Hund wird, wenn er sich in einer Situation gerade fürchtet, kein Interesse an einem Leckerchen haben, wenn die Situation für ihn auch danach dieselbe sein wird. Ihr Hund wird nur dann eine Belohnung annehmen, wenn er weiß, dass es ihm damit in dieser belastenden Situation besser gehen wird. Denn Sie wissen ja: Gleichzeitig Erlebtes und Empfundenes wird vom Hund verknüpft.

Wenn Sie meinen, Sie wollen Ihren Hund aber nicht bestechen, dann möchte ich Ihnen hier noch kurz den Unterschied zwischen einer Bestechung und einer Belohnung erklären. Bestechen würden Sie Ihren Hund vor einer Handlung, also bevor er überhaupt etwas getan hat, etwa wenn Sie ihn schon offensichtlich mit einem Leckerchen in der Hand locken, damit er zu Ihnen kommen soll. Eine Belohnung bekommt Ihr Hund erst dann, wenn er auf ein Rufen oder ein anderes Signal hin zu Ihnen gekommen ist.

Nutzen Sie die Option, Ihren Hund zu belohnen. Es wird nicht nur ihm dann leichter fallen, etwas zu tun, was Sie von ihm wollen, sondern auch Ihnen. Gerade mit gestressten Hunden sollten Sie sich diese Möglichkeit nicht nehmen. Denn wenn Sie wissen, wie Sie richtig belohnen, wird das Ihrem Hund genau die Unterstützung bieten, die er benötigt.

Wie Sie Ihren Hund richtig belohnen

Was die richtige Belohnung für Ihren Hund ist, bestimmt allein Ihr Hund. Er entscheidet individuell darüber, welche Qualität eine Belohnung für ihn hat. Belohnungen selbst gibt es beinahe unzählige und bei weitem nicht nur die drei, die Haltern in der Regel einfallen: Trockenfutter, Bälle werfen und loben. Wenn Ihr Hund auf all dies nicht steht, können Sie

Ihre Belohnung gar nicht richtig nutzen, um ihn zu motivieren und in stressigen Situationen zu unterstützen. Und das wäre doch schade. Denn die richtige Belohnung ist in der Erziehung ein regelrechter Booster.

Was fällt nun eigentlich alles unter den Begriff Belohnungen? Jeder Hund hat seine eigene Liste an Belohnungsarten, die sich von anderen Hunden immens unterscheiden kann. Deshalb ist es so wichtig, dass Sie ihn beobachten und auch einiges ausprobieren. Die Belohnungen selbst lassen sich in fünf Kategorien einteilen: Futter, Kontakt / Fürsorge, Spiel, Umwelt und Individuelles. Am besten machen Sie sich im Anschluss eine Belohnungsliste, damit Sie immer wissen, was Ihr Hund großartig findet und was seinen Bedürfnissen entspricht.

Die erste Belohnungsschatzkiste „Futter" ist sicherlich bei Haltern die beliebteste, weil sie so schön einfach zu öffnen ist und die meisten Hunde Leckerchen toll finden. Doch auch Futterbelohnungen bestehen aus mehr als Leckerchen und ganz bestimmt aus mehr als einen Griff in das Trockenfutter, das der Hund eh jeden Tag bekommt. Hier muss für Abwechslung gesorgt werden, damit Ihr Hund motiviert bleibt. Wenn man Ihnen für alles Tolle, was Sie machen, ein Leben lang ein Gummibärchen geben würde, wären Sie nach dem hundertsten sicherlich auch nicht mehr motiviert – falls Sie denn überhaupt auf Fruchtgummis stehen. Seien Sie kreativ: Natürlich gibt es die verschiedensten Leckerchen in den unterschiedlichsten Geschmacksrichtungen. Lassen Sie Ihren Hund durchprobieren. Bieten Sie ihm mehrere gleichzeitig an und beobachten Sie, für welche er sich zuerst entscheidet. Und welches als zweites verspeist wird. So können Sie schnell eine Hitliste erstellen. Dann gäbe es noch Fleischwurst, Käse, Leberwurst aus der Tube, Salamiwürfel, Sardinen, selbstgebackene Kekse, Karotten, Gurke, Himbeeren, Kirschen, Banane… Das alles fällt in die Rubrik „Leckerchen" und ist doch total verschieden.

Die nächste Schatzkiste ist angefüllt mit Kontakt und Fürsorge. Dazu gehören Streicheleinheiten, Massagen, Bürsten, Ohren kraulen, Bauch kraulen, Rücken kraulen, Pfoten massieren, Kontakt liegen, Kuscheln, Loben, freundliche Ansprache, durchs Fell wuscheln… Sie müssen testen, was gefällt und was nicht. Beobachten Sie auch die Reaktionen des Hundes: Eine Massage etwa kann ihn beruhigen und entspannen, sein Fell durchzuwuscheln erhöht vielleicht sein Erregungslevel.

In Belohnungsschatzkiste Nummer drei befinden sich die Spiele, mit denen Sie Ihren Hund bestimmt begeistern. Das können Ballspiele sein, Intelligenzspiele, Zerrspiele, Suchspiele… Oder Sie können mit Ihrem Hund rennen, Frisbee werfen, ihn bestimmte Düfte in Form von Teebeuteln suchen lassen. Der Fantasie sind keine Grenzen gesetzt. Spiele, die der Natur des Hundes entsprechen, kommen meist am besten an. So könnte für Ihren Labrador etwa das Apportieren eines Futterbeutels genau die richtige Belohnung sein. Allerdings: Nicht jeder Hund ist gleichermaßen von Spielen angetan. Das müssen Sie wieder im Einzelfall einfach herausfinden.

Umweltbelohnungen – die vierte Belohnungskategorie – eignen sich hervorragend während des Spaziergangs. Das Gute dabei ist: Sie müssen dafür nichts extra einpacken. Belohnungen können sein: Schnüffeln, Buddeln, Spähen, Schwimmen, im Wasser planschen, Trinken, sich im Schlamm oder Schnee wälzen, ohne Leine zu laufen, in den Wald zu spähen, in die Gegend zu starren, zu anderen Hunden hinzugehen, anderen Hunden aus-

Im Wasser zu planschen eignet sich bestens als Umweltbelohnung für Holly und Dory.

zuweichen, in Mauselöcher zu riechen, durch Pfützen zu stapfen… Im Jagdersatztraining sind Umweltbelohnungen das erste Mittel der Wahl. Sie werden häufig außer Acht gelassen. Dabei sind Sie hoch wirksam, weil sie sich direkt an den Bedürfnissen des Hundes orientieren.

Zu guter Letzt all jenes, was unter „Individuelles" fällt. Dazu gehören etwa Türen zu öffnen, Socken zu zerfetzen, Dogdancing, Tricks zu zeigen, Kartons zu zerlegen, ins Bett zu springen, auf dem Sofa zu liegen, in den Garten zu dürfen… In dieser Schatztruhe geht es um Dinge, die sich in keine der vorangegangenen Listen einordnen lassen, die Sie aber durchaus zu Belohnungszwecken verwenden können.

Für Lucky ist es das Größte, wenn er als Belohnung auf die Couch seiner Menschen darf.

Um richtig zu belohnen und damit eine Verhaltensweise Ihres Hundes zu verstärken, kommt es neben der Art der Belohnung auch auf den Ort und die Zeit des Belohnens an. Vor allem der Faktor Zeit spielt eine große Rolle beim Belohnen. Wie lange dauert es, bis die Belohnung nach dem gewünschten Verhalten erfolgt? Aber auch, wie lange dauert die Belohnung selbst? Bei hyperaktiven Hunden würde sich beispielsweise eine Kau- oder eine Schleckbelohnung eignen, um zur Ruhe zu kommen. Bei unsicheren Hunden könnte sich ein Rennspiel mit Ihnen eignen, um die gerade erlebte Stresssituation besser zu verkraften. Aber auch der Ort der Belohnung ist wichtig. Es gibt den Ort des Verhaltens, den Ort des Markers und den Ort der Belohnung. Geht der Hund an der Leine immer ein Stückchen vor Ihnen, bekäme er – um die Auszeichnung räumlich zu betonen – seine Belohnung direkt neben Ihnen oder sogar noch ein bisschen hinter Ihnen.

Sie werden sehen, wie Sie mit diesen unterschiedlichen Belohnungen die Verhaltensweise Ihres Hundes korrigieren und auch auf stressbedingte Verhaltensauffälligkeiten Einfluss nehmen können. Wichtig ist noch zu erwähnen, dass Hunde je nach Situation eine andere Belohnung bevorzugen. Ein Hund, der gerade eine tote Maus auslassen musste, ist sicher erfreuter über besagten Entenstreifen als über eine Massage, weil die Futterbelohnung für ihn einen adäquaten Ersatz darstellt. Wird derselbe Hund nun vom Hetzen eines Hasen abgerufen, findet er ein Zerrspiel mit dem Halter sicherlich attraktiver als einen Entenstreifen.

Belohnung ist wichtig. Sie geben Ihrem Hund damit ein Feedback, dass er sich in diesem Moment richtig verhalten hat. Gleichzeitig motiviert es ihn, dieses Verhalten erneut zu zeigen. Die beste Belohnung ist immer die, die der Hund in genau diesem Moment möchte. Wartet er am Ufer des Bachs und schaut Sie an, bekommt er die Erlaubnis hineinzuspringen. Sie müssen nur darauf achten, dass Sie es nicht übertreiben. Natürlich darf ein Hund auch einfach schnüffeln, wenn er will, und das darf nicht immer als Belohnung herhalten.

Was Belohnen bewirkt:

- Es stärkt die Bindung
- Es motiviert Ihren Hund
- Sie können damit gut Gewöhnung unterstützen
- Es kann Emotionen verändern
- Es wird kein Meideverhalten mehr gezeigt

Bei gestressten Hund sind das alles gute Gründe, um belohnungsbasiert zu arbeiten. Und der wichtigste Grund ist: Es funktioniert!

Warum Leckerchen-Belohnungen sinnvoll sind

Nach wie vor müssen sich viele Halter rechtfertigen, warum sie mit Futter arbeiten. Irgendwie scheint die Abgabe eines Leckerchens ein sehr polarisierendes Thema zu sein. Immerhin werben auch einige Hundeschulen damit, ohne Leckerchen zu arbeiten. Aber warum eigentlich sollte man das tun?

Jetzt, wo Sie wissen, dass Leckerchen bei weitem nicht die einzigen Belohnungen sind, können Sie sie genauso gut als Lob verwenden wie alles andere. Das Wichtigste ist doch, dass Ihr Hund motiviert bleibt, dass er sich etwas zutraut. Und wenn Ihr Hund zu jenen zählt, die immer Appetit haben, warum sollten Sie diese Eigenschaft nicht nutzen, um ihn zu erziehen, zu trainieren und zu unterstützen? Wäre das nicht sogar clever? Mal ehrlich: Freuen wir uns nicht auch über ein Lob, über ein Dankeschön oder unsere Be„Lohn"ung nach getaner Arbeit? Sollten Sie zu denen gehören, die meinen, keine Kritik sei bereits Lob genug: Nein, ist es nicht. Weder bei Menschen noch bei unseren Hunden.

Wenn es also zu den Vorlieben Ihres Hundes zählt, bestimmte Leckerchen zu fressen, dann ist das für Sie doch die praktischste und einfachste Möglichkeit, ihn zu belohnen. Natürlich nicht ausschließlich, natürlich nicht immer mit denselben Happen und natürlich nur mit denen, die Ihr Hund wirklich als Belohnung erachtet. Sie brauchen etwas, das Ihren Hund antreibt, ihm Spaß macht und motiviert. Warum denn keine Leckerchen? Zumal es nicht immer die Möglichkeit gibt, ihn buddeln, schwimmen oder rennen zu lassen. Und auch die Belohnung mit Futter kann vielseitig gestaltet werden: werfen, aus der Hand geben, fallen lassen, auf den Boden streuen, verstecken und suchen lassen …

Dem Argument, Ihr Hund folge nur, wenn Sie ein Leckerchen zur Hand haben, lässt sich begegnen, weil Sie zum einen nun andere Arten der Belohnung kennengelernt haben und die Leckerchengabe im Laufe des Hundelebens wieder nach und nach abbauen können. Zum anderen: Die Futterbelohnung ist wissenschaftlich bestens erforscht und vor allem äußerst wirksam, sollte Ihr Hund nicht zu denen gehören, die partout kein Leckerchen wollen. Doch in der Regel werden Sie auch für diesen Hund etwas Passendes finden. Vielleicht müssen Sie einfach mehr ausprobieren, bis Sie ermitteln, was ihm wirklich schmeckt. Fakt ist, dass jeder Hund frisst und fressen muss. Der Wunsch, Futter zu suchen, zu finden und auch zu fressen, ist angeboren. Haben Sie das Gefühl, dass Ihr Hund so gar nicht auf Sie hört, wenn Sie ohne Leckerchen unterwegs sind, müssen Sie sich die Frage stellen, ob Sie ihn bislang mit Futter nicht belohnt, sondern nur gelockt haben.

Die Belohnung mit Leckerchen ist bestens erforscht und vor allem äußerst wirksam.

Können Sie mit Belohnungen auch wieder aufhören?

- Beim Aufbau eines neuen Verhaltens wird immer verstärkend belohnt.
- Um erlerntes Verhalten zu festigen, wird variabel belohnt, also nicht immer mit dem besten Leckerchen, vielleicht nur bei jedem zweiten, dritten Mal oder auch nur mal mit einem Lob.
- Wenn Sie ein gekonntes Verhalten bewahren möchten, sollten Sie bei einer variablen Belohnung bleiben, damit sich das Verhalten für Ihren Hund immer lohnt.

Haben Sie sich aber einmal darauf eingelassen, Ihren Hund richtig zu belohnen, werden Sie bestimmt gar nicht mehr aufhören wollen. Denn Belohnen macht Spaß – Ihnen und Ihrem Hund!

Stressbewältigung durch Achtsamkeit

Wenn Sie an dem Punkt angelangt sind, dass es so mit Ihnen und Ihrem Hund nicht weitergehen kann, wenn Ihnen die Stresssituationen, die Ihres Hundes und damit auch Ihre eigenen, zusetzen, könnte nach all dem bereits Genannten ein Achtsamkeitstraining ein Weg aus der Krise sein. Ein Achtsamkeitstraining ist eine gute Methode, vom Alltag abzuschalten, sich auf das Hier und Jetzt zu konzentrieren und dabei sich und auch Ihren Hund bewusst wahrzunehmen. Gerade das bewusste Wahrnehmen kann einen enormen Beitrag für Ihr psychisches Wohlbefinden leisten. In dieser Hinsicht können Sie noch einiges von Ihrem Hund lernen. Ein achtsamer Umgang mit sich und Ihrem Hund kann Ihr eigenes Leben und auch das Ihres Hundes positiv beeinflussen. Und ganz nebenbei ist es noch gut für eine feste Bindung.

Achtsamkeit stammt ursprünglich aus dem Buddhismus und bedeutet die bewusste Wahrnehmung und das Erleben des aktuellen Moments, aber ohne jede Wertung. Es ist eine Konzentration auf alles, was jetzt gerade um einen herum geschieht und wahrgenommen werden kann – mit allen Sinnen. Das klingt leichter, als es ist. Die meisten Menschen hängen in Gedanken entweder an der Vergangenheit oder beschäftigen sich bereits damit, was morgen sein wird. Achtsam zu sein bedeutet stattdessen, sich nur auf das zu konzentrieren, was gerade ist, und nicht auf seine Gedanken. Hunde sind hierin wahre Meister und können Ihnen als Vorbild dienen.

Eine Stressbewältigung durch Achtsamkeit beruht auf der aus den USA kommenden Methode MBSR (Mindfulness-Based Stress Reduction). Sie ist ein ganzheitlicher Ansatz zu einer achtsamkeitsbasierten Stressreduktion. Selbst bei noch so großem Stressempfinden können Sie mit MBSR diesen Moment so annehmen, wie er ist, ohne sich selbst oder die Situation dabei negativ zu bewerten. Solche Momente wahrzunehmen und zu akzeptieren, ist bereits der erste Schritt zu mehr Achtsamkeit. Dazu später mehr.

Achtsamer Umgang mit dem Hund

Achtsamkeit ist keine Haltung, die man hin und wieder an den Tag legt. Achtsamkeit ist eine Lebenseinstellung, die auf Respekt und Wertfreiheit fußt. Sie beschränkt sie sich nicht auf den Umgang mit einem selbst, sondern umfasst alles, was in dieser Welt existiert und wahrnehmbar ist. Dass hierzu neben anderen Menschen auch unsere Hunde zählen, bedarf eigentlich keiner Erwähnung. Schließlich sind sie über viele Jahre Teil unseres Lebens, und nicht selten stehen sie uns näher als so mancher Freund.

Insofern sollte es doch selbstverständlich sein, dass mit unseren Hunden achtsam umgegangen wird. Gerade bei Hunden, die chronisch gestresst sind oder schnell in Stress geraten, ist ein achtsamer Umgang unheimlich wichtig. Denn oftmals verhindern diese Bewertungen, dass Hunde gar nicht mehr richtig betrachtet und wertfrei wahrgenommen werden, weil ihre Halter sich schon ihre Meinung über sie gebildet haben. Dann werden auch nur noch diese Verhaltensweisen beim Hund gesehen. Einfach ausgedrückt bedeutet das, dass Sie achtsam mit Ihrem Hund umgehen, wenn Sie ihm Ihre volle Aufmerksamkeit entgegenbringen, ohne ihn oder sein Verhalten zu bewerten. Das hilft nicht nur ihm, sondern auch Ihnen.

Ein Beispiel für einen achtsamen Umgang mit einem Hund wären Berührungen, also Streicheln oder Kuscheln. Die meisten Halter fassen ihren Hund gerne einfach an, oft ganz nebenbei und ohne überhaupt wahrzunehmen, was sie gerade tun. Bei einem achtsamen Umgang mit dem Hund geht es darum, den Hund ganz bewusst anzufassen, und zwar ruhig und mit vorheriger kurzer Ansage. Ich selbst verwende bei den Hunden in der Physiotherapie gerne das Wort „Anfassen". Denn zu berühren und berührt zu werden ist einem Hund zunächst vollkommen fremd, weil er im Gegensatz zu uns Menschen keine Hände hat, sondern Pfoten, und diese benutzt er nicht primär zum Greifen.

Wie Menschen auch wollen Hunde nicht von jedem, an jeder Stelle und jederzeit berührt werden. Deshalb gilt grundsätzlich: Mag Ihr Hund Berührungen? Falls ja, dann ist ein Streicheln von Ihrer Seite aus sicher okay. Es kann aber durchaus sein, dass er von anderen nicht gestreichelt werden möchte. Ist das nicht notwendig, dann unterbinden Sie das. Lässt er sich dagegen gar nicht oder nicht gerne anfassen, dann müssen Sie das zunächst akzeptieren. Probieren Sie aber gerne aus, ob Sie ihm ein Streicheln oder ein Berühren schmackhaft machen können: schrittweise, geduldig, ohne sich über ihn zu beugen und ohne Zwang. Hierfür brauchen Sie Aufmerksamkeit und Achtsamkeit und sollten die Körpersprache Ihres Hundes kennen. Gestreichelt und berührt sollte Ihr Hund nur werden, wenn er das Anfassen als angenehm empfindet. Berührungen haben auf beiden Seiten wohlfühlende Effekte, aber eben nur, wenn es auch beide wollen.

Ist Berührung willkommen?

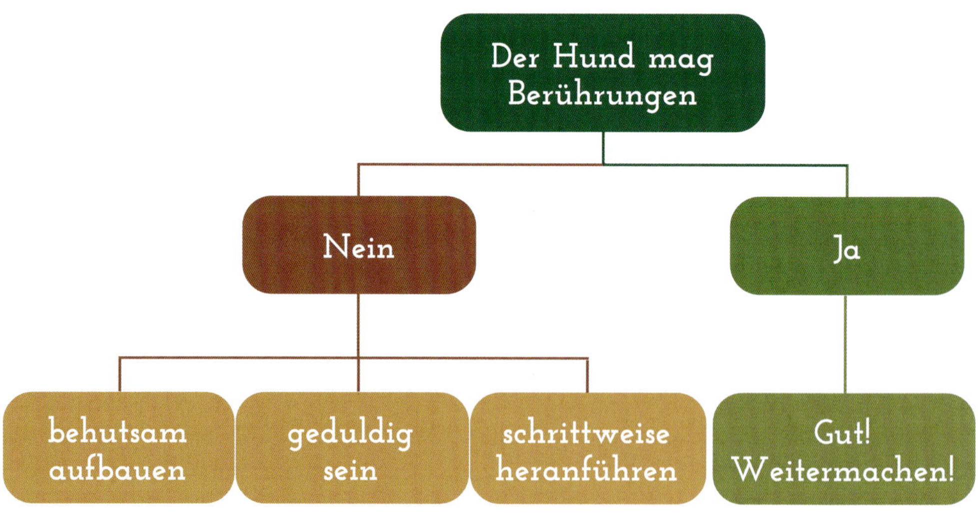

Mag der Hund keine Berührungen, sollten Halter achtsam und geduldig vorgehen.

Achtsamer Spaziergang

Die einfachste Möglichkeit, das Thema Achtsamkeit in Ihren Hundealltag zu integrieren, bietet der tägliche Spaziergang. Hunde leben im Hier und Jetzt. Versuchen Sie daher einfach einmal, Ihren Hund als Vorbild zu nehmen. Bleibt Ihr Hund stehen, dann tun Sie es ihm gleich. Machen Sie sich bewusst, was Sie gerade riechen und wie das riecht. Im Wald nach frisch geschlagenen Hölzern oder modrigem Laub? Auf der Wiese nach frisch gemähtem Gras oder dem Duft von Kamille? Wenn Sie so Ihren Spaziergang gestalten, werden Sie schon bald trotz bekannter Gassirouten neue Düfte wahrnehmen oder plötzlich Dinge entdecken, die Sie vorher noch gar nicht bemerkt haben: Was ist das eigentlich für ein Baum? Und welcher Vogel sitzt denn auf dem Ast?

Genießen Sie Ihren Spaziergang als Auszeit vom Alltag und als Gemeinsamzeit mit Ihrem Hund. Nehmen Sie sich nichts anderes vor, als lediglich zusammen spazieren zu gehen und lassen Sie Ihr Handy einfach daheim oder zumindest ausgeschaltet. Versuchen Sie, sich gezielt zu entspannen und Energie zu tanken. Klappt es vielleicht nicht beim ersten Mal, werden Sie sehen, dass Körper und Geist sich darauf einstellen werden, je öfter Sie ihnen die Chance dazu geben. Gehen Sie achtsam durch den Wald, benutzen Sie all Ihre Sinne und nehmen Sie die Gerüche, die Geräusche, den Untergrund und die Farben auf. Spüren Sie Ihren Hund an Ihrer Seite. Hören Sie in Ihren Körper und versuchen Sie, nur ans Jetzt zu denken – bei jedem Schritt. Nehmen Sie das alles bewusst wahr.

Nehmen Sie sich Zeit für Ihren gemeinsamen Spaziergang, hier ist der Weg das Ziel. Machen Sie ruhig Pausen. Die brauchen Sie und Ihr Hund. Lassen Sie Ihren Hund schnüffeln, wenn er es will und ziehen Sie ihn nicht weiter. Wichtig ist, dass Sie beide zur Ruhe kommen, das Schnüffeln kann Ihrem Hund dabei helfen. Schaffen Sie es, schafft es Ihr Hund auch, wie Sie später noch sehen werden. Sie können das. Konzentrieren Sie sich nur auf Sie beide. Denken Sie nicht an gleich oder gestern oder morgen. Machen Sie das am besten im Wald. Denn nachweislich senden Bäume Terpene aus. Das sind Moleküle, die nicht nur Ihr Immunsystem stärken, sondern auch das Ihres Hundes. Somit reduzieren Sie beide nicht nur Stress und Anspannung, sondern stärken mit einem Wald- oder Parkspaziergang auch noch Ihre Abwehrkräfte. Wenn das nicht gute Argumente für einen achtsamen Spaziergang mit Ihrem Hund sind!

Ein Spaziergang soll eine Auszeit vom Alltag und eine Gemeinsamzeit mit dem Hund sein.

Bleiben Sie auch im Hundetraining achtsam

Natürlich spielt Achtsamkeit auch im Hundetraining eine wichtige Rolle. Auch hier müssen Sie Ihren Hund genau beobachten. Setzt er bestimmte Kommandos von Ihnen normalerweise problemlos um, im Moment aber nicht, müssen Sie sich fragen, woran das liegen mag. Ihm hierbei Ungehorsam oder Sturheit zu unterstellen, wäre einfach falsch.

Also, was könnte der Grund sein? Wie lange üben Sie schon mit ihm? Ist am Ende die Impulskontrolle schon aufgebraucht? Bietet ihm die Umgebung keine Sicherheit oder gibt es einfach zu viele Reize für ihn? Ist er zu erregt oder zu müde, um sich noch auf das Training konzentrieren zu können? Befindet er sich gerade in einer Entwicklungsphase? Spielen die Sexualhormone verrückt? Kann er denn überhaupt verstehen, was Sie von ihm wollen? Das sind nur einige Gesichtspunkte, warum eine Übung nicht so klappt, wie sie sollte. Um den wahren Grund herauszufinden, müssen Sie sehr aufmerksam und achtsam sein. Beobachten Sie Ihren Hund daher ganz genau.

Trainieren Sie mit Ihrem Hund gerade, locker an der Leine bei Fuß zu gehen, sollten Sie sich im Klaren sein, wie anstrengend das für ihn ist. In der Regel gehen Sie Ihr Tempo, Ihren Schritt und Ihre Richtung. Ihr Hund muss Ihnen dabei immer so folgen, dass die Leine dabei stets locker ist. Das verlangt Ihrem Hund äußerst viel an Aufmerksamkeit und Konzentration ab. Seien Sie hier achtsam und lassen Sie Ihren Hund dazwischen immer wieder frei. Wenn Sie ihn aus irgendwelchen Gründen nicht von der Leine lassen können, dann schenken Sie ihm mithilfe einer Schleppleine zumindest einen großen Radius, in dem er sich bewegen kann. Und achten Sie darauf, dass er mit der Übung nicht überfordert ist. Mit kleinen Schritten kommt man oft schneller ans Ziel.

Um Ihre Achtsamkeit im Hundetraining zu trainieren, stellen Sie sich einfach mal vor, Sie hätten gar keine Leine in der Hand. Das bedeutet, Sie dürfen nie spüren, dass Ihr Hund und Sie mit einer Leine verbunden sind. Sie müssen nun darauf achten, dass die Leine nie auf Spannung gerät. Bekommen Sie es rechtzeitig mit, wenn Ihr Hund kurzerhand stehen bleibt oder sich gar umdreht – ohne, dass die Leine gespannt ist? Dafür müssen Sie aufmerksam sein und nahe an Ihrem Hund. Und Sie müssen ihn genau beobachten, und zwar diese ganze Übung lang. Merken Sie es jetzt selbst, wie anstrengend es ist, sich die ganze Zeit so zu konzentrieren und so an einem anderen orientieren zu müssen? Genauso geht es Ihrem Hund beim „Fuß gehen“ an der lockeren Leine. Vielleicht werden Sie, wenn Sie das künftig von ihm fordern, einfach ein wenig nachsichtiger sein. Ihr Hund wird es Ihnen danken.

Denkweisen ändern

Womöglich kennen Sie das auch: Sie hetzen von Termin zu Termin, möchten möglichst alles gleichzeitig erledigen und haben am Ende des Tages doch nicht viel geschafft. Zu alldem ist da noch Ihr Hund, dem Sie irgendwie dazwischen noch gerecht werden sollen. Die Spaziergänge finden unter Hektik und in Eile statt, und wenn Sie ehrlich sind, sind sie manchmal eigentlich nur ein weiterer Punkt auf der Liste an Dingen, die Sie erledigen müssen. Das sollten Sie dringend ändern – für sich und Ihren Hund.

Menschen sind Gewohnheitstiere. Es fällt ihnen schwer, eingefahrene Routinen zu ändern und schlechte Angewohnheiten über Bord zu werfen. Viele glauben, dass es nicht möglich sei, Denkweisen zu ändern. Für sie, übrigens auch für viele Psychologen, ist das Denken Teil des menschlichen Charakters, etwas, was sich in der Kindheit und Jugend ausgeformt hat und sich im Erwachsenenalter nicht mehr nennenswert ändern lässt. Wie Menschen die Welt sehen, wie sie an Probleme herangehen, wie sie Herausforderungen meistern: Wirklich ändern ließe sich das nicht. Doch es ist durchaus möglich, seine Denkweisen zu ändern, wenn es auch nicht einfach ist.

Es ist mit ein wenig Kraft und Aufwand verbunden, seinen Tagesablauf neu zu strukturieren. Beginnen Sie am besten mit einer morgendlichen Routine, setzen Sie sich Termine für wiederkehrende Aufgaben und bauen Sie den Alltag drumherum. Und nehmen Sie sich Zeit für Ihren Hund. Zeit, die wirklich nur Ihnen beiden gehört, in der Sie beide etwas zusammen unternehmen: Spielen, Spazierengehen, Trainieren, Kuscheln … Lassen Sie diese Zeiten ebenfalls zur festen Routine werden, legen Sie Ihr Handy beiseite und versuchen Sie diese Momente ganz bewusst wahrzunehmen. Beobachten Sie Ihren Hund, beobachten Sie sich dabei, machen Sie in dieser Zeit gerne Entspannendes mit ihm, schauen Sie auf seine Reaktionen und horchen Sie in sich hinein, wie es Ihnen dabei geht. Seien Sie aufmerksam und gehen Sie achtsam mit sich und Ihrem Hund um.

Und was soll Ihnen diese Achtsamkeit mit Ihrem Hund bringen? Unser aller Leben besteht im Grunde genommen aus unzähligen kleinen Augenblicken. Lassen Sie diese einfach verstreichen und an sich vorbeiziehen, werden Sie nicht gerade viel von diesen Momenten mitbekommen. So vergehen Tage und Wochen und irgendwann werden Sie sagen, wo denn eigentlich die ganze Zeit geblieben ist. Die Lebenszeit Ihres Hundes ist begrenzt und in der Regel doch eigentlich viel zu kurz. Wäre es nicht schön, wenn Halter diese beschränkte Spanne ausgiebig mit ihren Hunden genießen würden? Wenn sie öfter im Hier und Jetzt leben würden? Würde das nicht auch Sie entspannter und glücklicher machen? Ihren Hund in jedem Fall. Denn ein achtsamer Umgang mit sich und Ihrem Hund macht aus Ihnen einen gelassenen und souveränen Halter.

Versuchen Sie dabei ruhig, bestimmte Situationen aus der Sicht des Hundes zu betrachten: Was ist seine Motivation, sich so zu verhalten? Welche Bedürfnisse will er damit befriedigen? Wie fühlt er sich gerade? Wie können Sie ihm helfen, eine bessere Strategie für diese schwierige Situation zu entwickeln? Hinterfragen Sie auch einmal Ihre eigenen Erwartungen, ob Sie gerade irgendetwas hineininterpretieren, das vielleicht gar nicht zutrifft. Achten Sie auf Ihre Kommunikation mit Ihrem Hund und auf Ihre eigenen Gefühle: Was empfinden Sie gerade, wenn sich Ihr Hund so verhält?

Die ersten Schritte zu mehr Achtsamkeit

- Überlegen Sie sich, was Sie konkret verändern wollen. Setzen Sie sich dabei Ziele, die Sie auch erreichen können und gehen Sie sie nacheinander durch. Planen Sie täglich mindestens eine Stunde Zeit nur für Ihren Hund ein, in der Sie gedanklich ganz bei ihm sind und lassen Sie sich von nichts und niemanden ablenken.
- Am besten tragen Sie diese Zeit mit Ihrem Hund als Termin im Kalender ein.
- Wenn Ihnen ein Abschalten vom Alltag schwerfällt, bedienen Sie sich Entspannungstechniken (siehe weiter unten).
- Sie können sich zur Unterstützung auch ein Band um Ihr Handgelenk wickeln. Immer wenn Sie es ansehen, werden Sie daran erinnert, im Hier und Jetzt zu sein.

Die sieben Säulen der Achtsamkeit

Stressbewältigung durch Achtsamkeit oder auch MBSR (englisch: Mindfulness-based stress reduction) hat sich als grundlegendes Achtsamkeitstraining etabliert. Die Methode geht zurück auf Jon Kabat-Zinn, einen emeritierten Professor an der University of Massachusetts Medical School in Worcester. Er hat Ende der 1970er Jahre Achtsamkeitsmeditation unterrichtet, um Menschen zu helfen, besser mit Stress, Angst und Krankheiten umgehen zu können. Aus wissenschaftlicher Sicht hat Achtsamkeitstraining viele positive Wirkungen, wie etwa gesteigerte Konzentration, Entspannung und Empathiefähigkeit sowie Fokussierung auf das Wesentliche, aber auch die Reduktion des subjektiven Stressempfindens. Um ein Training in den Alltag zu integrieren, hat Kabat-Zinn ein Trainingsprogramm entwickelt, das es sicherlich auch Ihnen erleichtern wird, im Alltagsleben entspannt zu bleiben.

1. Nicht urteilen: Seien Sie ein neutraler, freundlicher Beobachter. Viel zu oft passiert es, dass Menschen urteilen, ohne vorher groß nachzudenken. Sie machen sich bereits nach wenigen Sekunden ein eigenes Bild von einem anderen Menschen, gewissen Dingen oder Situationen und eben auch von ihrem Hund. Dieses Bild herrscht dann vor, hat aber mit der Realität oft wenig zu tun. Dadurch nehmen sie sich selbst die Möglichkeit, vorbehaltlose Erfahrungen zu machen. Achten Sie darauf, dass Sie künftig mehr beobachten als bewerten, sich und auch Ihren Hund.

2. Geduld: Manchmal kann es Ihnen vielleicht nicht schnell genug gehen. Doch nicht wie rasch Sie an Ihr Ziel gelangen, ist entscheidend, sondern dass Sie überhaupt ankommen – genau in der Geschwindigkeit, wie es für Sie und Ihren Hund richtig erscheint. Alles braucht seine Zeit, und das ist auch vollkommen in Ordnung. Seien Sie neugierig auf das, was Sie bei Ihnen und Ihrem Hund entdecken können. Fangen Sie damit an, sich und Ihren Hund besser zu akzeptieren.

3. Anfängergeist: Vielleicht ist es nicht Ihr erster Hund, nur der erste, der stressbedingte Verhaltensauffälligkeiten zeigt. Dann kann es passieren, dass Sie sich in Sachen Hundeerziehung und Hundehaltung als alter Hase fühlen, zu wissen glauben, was zu tun ist. Nur scheinen all Ihre bisherigen Erfahrungen bei Ihrem Hund nicht zum Ziel zu führen. Aber egal, wie viel Sie bereits erlebt haben und wie viel Sie zu verstehen meinen: Es gibt immer noch unglaublich viel, was Sie nicht kennen. Über andere Menschen, über sich selbst, über die Welt und natürlich auch über Ihren Hund. Wir lernen niemals aus – so ist das eben. Bewahren Sie sich daher den Blick des „Anfängers", wie ihn Hunde und kleine Kinder noch haben. Verschließen Sie sich nicht vor Neuem und bleiben Sie jederzeit offen und flexibel.

4. Vertrauen: Vertrauen Sie auf das, was andere sagen, mehr als auf Ihr eigenes Gefühl? Achtsamkeit wird Sie lehren, wieder mehr und mehr auf sich selbst zu hören, Ihre Intuitionen bewusst wahrzunehmen und nach Ihren eigenen Vorstellungen und Bedürfnissen zu handeln. Denn Achtsamkeit schafft Selbstvertrauen. Richten Sie Ihr Augenmerk auf Ihren Hund und vertrauen Sie darauf, dass Sie es schaffen können, sich selbst und ihm Stress zu nehmen. Natürlich können Sie sich Hilfe und Ratschläge holen. Doch letztlich treffen Sie für sich und Ihren Hund die Entscheidungen. Und zwar die, die Sie für richtig halten und Ihnen beiden guttun.

5. Nicht erzwingen: Oft reicht es Ihnen nicht, was Sie haben. Sie wollen mehr, etwas Besseres, Größeres. Das kann Materielles – Geld, Schuhe, Autos beispielsweise – betreffen oder Persönliches wie etwa dünner oder sportlicher zu sein. Oder auch Situationen: Ihr Hund soll ordentlicher an der Leine laufen oder endlich ohne Probleme alleine zu Hause bleiben können. Haben Sie solche Gedanken, geraten Dinge, die gut und schön sind, aus dem Blick. Automatisch verlieren Sie dadurch Dankbarkeit und Wertschätzung für das, was Sie haben. Was Sie nicht haben, wird entscheidend. Diese Haltung kann definitiv nicht glücklich machen. Mit einem Achtsamkeitstraining lernen Sie, zufrieden mit dem Gegebenen zu sein. Dadurch verlieren Sie den Druck und das zwanghafte Festhalten an Idealvorstellungen, was sich äußerst positiv auf Sie und Ihren Hund auswirken wird.

6. Akzeptanz: Eigentlich wissen Sie es längst: Im Leben kommt vieles anders, als Sie es erwartet haben. Trotzdem fällt es jedes Mal aufs Neue schwer, damit umzugehen, Dinge zu akzeptieren, wie sie sind. Sie hätten sich vielleicht ein leichteres Leben mit Ihrem Hund gewünscht: Ihn überall mitnehmen können, er geht nicht auf Artgenossen los, er liebt das Kuscheln so wie Sie. Wenn Sie Ihren Hund nicht akzeptieren, wie er momentan ist, machen Sie sich das Leben für sich und für Sie beide unnötig schwerer, als es eh bereits ist. Durch Achtsamkeit lernen Sie, Ihren Hund zu nehmen, wie er ist, statt Widerstand zu leisten. Außerdem werden Sie sich schneller bewusst, was genau Sie eigentlich so schwer akzeptieren können. Das ist schon einmal der erste Schritt, sich und Ihren Hund in stressigen Situationen zu unterstützen.

7. Loslassen: Lass doch mal los! Das ist leicht dahingesagt und doch mitunter sehr schwer umzusetzen. Gedanken, Menschen, Idealvorstellungen, Wünsche, Situationen, Dinge – bestimmt fällt es Ihnen auch oft nicht leicht, etwas loszulassen. Wie oft quält Sie beispielsweise ein bestimmter Gedanke, und Sie können gar nicht mehr aufhören, darüber nachzudenken? Dadurch, dass Sie an Vielem festhalten, nehmen Sie sich selbst die Möglichkeit weiterzugehen, neue Türen zu öffnen und sich weiterzuentwickeln. Mit einem Achtsamkeitstraining werden Sie lernen, weniger an Dingen festzuhalten und besser loszulassen. Dadurch erlangen Sie letztendlich mehr Freiheit. Verabschieden Sie sich davon, dass Ihr jetziger Hund nicht so ist wie Ihr früherer oder der Ihrer Nachbarn. Nehmen Sie ihn so an, wie er ist, und verwerfen Sie Ihr Bild, wie er sein sollte. Erst dann wird es für Sie beide einen neuen Weg geben.

Achtsamkeit lässt sich trainieren

Eine Zen-Weisheit besagt: „Meditiere 20 Minuten täglich, es sei denn du hast keine Zeit. Dann meditiere eine Stunde". Meditieren reduziert nachgewiesen Stress. Mit bestimmten Übungen geben Sie Ihrem Körper eine Pause, um sich zu erholen. Wenn Sie immer wieder, am besten aber regelmäßig, diese kleinen Momente der Achtsamkeit zur Stressbewältigung in Ihren Alltag integrieren, verschaffen Sie Ihrem Körper und Ihrem Geist eine Auszeit, in der Blutdruck, Puls und Gedanken zur Ruhe kommen können. Dieser Effekt führt Sie langfristig zu mehr Gelassenheit im Umgang mit Stress.

Achtsamkeitstraining lässt sich immer und überall durchführen. Sie können etwa einfach kurz innehalten und in sich hinein spüren: wertungsfrei und ohne Gedanken an die Ängste und Sorgen, die Sie gerade plagen. Fragen Sie sich, wie Sie sich gerade fühlen und atmen Sie dabei bewusst. Die Technik hierzu sehen Sie weiter unten. Sie können damit auch schon direkt nach dem Erwachen beginnen. Bleiben Sie einfach noch eine kurze Weile liegen und nehmen Sie Ihren Körper und Ihren Geist wahr, denn im Ruhezustand können Sie sich selbst besser spüren als mitten in einer Stresssituation. Machen Sie dieses Morgen-Wahrnehmen zu Ihrem Ritual.

Schaffen Sie ruhig Rituale und gestatten Sie sich regelmäßig eine Auszeit. Vielleicht bei einem Tee oder Kaffee am Nachmittag, oder schauen Sie in den kleinen Pausen einfach nur aus dem Fenster. Auch unterwegs können Sie Zeiten für Achtsamkeitsübungen nutzen, wenn Sie etwa auf den Bus warten oder im Stau stehen. Legen Sie den Fokus dabei auf sich und versuchen Sie, völlig frei von Gedanken zu sein. Selbst beim Spaziergang mit Ihrem Hund können Sie Übungen für sich einbauen. Nehmen Sie für eine kurze Zeit jeden Schritt bewusst wahr und versuchen Sie, Ihr Atmen darauf abzustimmen: zwei Schritte einatmen, zwei Schritte ausatmen. Dann erhöhen Sie vielleicht auf drei oder vier Schritte. Mit der Zeit werden Sie die positive Wirkung spüren.

Im Folgenden möchte ich Ihnen zwei kleine Übungen an die Hand geben, die Sie ganz leicht ausprobieren können. Zum Einstieg bietet sich eine 30-Sekunden-Übung an. In dieser Zeit, die Sie zuvor am besten mit einer Stoppuhr stellen, damit Sie nicht darüber nachdenken müssen, wann die Spanne vorüber ist, setzen Sie sich auf Ihr Sofa. Und dann sitzen Sie einfach da – ohne einen Gedanken an die Vergangenheit oder Zukunft zu verschwenden. Was hören Sie? Was riechen Sie? Sitzen Sie gut? Wie fühlt sich Ihr Sofa an? Wie fühlen Sie sich gerade? Wenn Ihre Gedanken selbst in diesen kurzen Momenten abschweifen, ist das nicht schlimm. Es zeigt Ihnen nur, wie schwer es ist, ganz für sich im Hier und Jetzt zu sein. Probieren Sie es einfach immer wieder einmal und verlängern dann auch gerne die Zeit.

Eine weitere Übung ist das achtsame Essen. Das können Sie bei jeder Mahlzeit ausprobieren, aber fangen Sie vielleicht zunächst mit einer kleinen Rosinen-Übung an. Sollten Sie Rosinen nicht mögen, dann nehmen Sie einfach etwas anderes, auch Gummibärchen sind erlaubt. Hierbei geht es darum, dass Sie Essen, in diesem Fall die Rosine, nicht einfach nebenbei verzehren, sondern all Ihre Sinne dabei einsetzen. Halten Sie sich die Rosine an die Nase. Können Sie ihr Aroma riechen oder riechen Sie gar nichts? Wenn Ihnen das Aroma bereits Appetit macht, geben Sie dieser Versuchung noch nicht nach, sondern versuchen Sie stattdessen, dieses Gefühl nur als Beobachter wahrzunehmen. Jetzt nehmen Sie die Rosine zwischen Daumen und Zeigefinger und erkunden, wie sie sich anfühlt. Können Sie die Unebenheiten auf der Oberfläche spüren? Und fühlt sie sich anders an, wenn Sie dabei die Augen schließen? Was passiert, wenn Sie die Rosine leicht zusammendrücken? Entsteht dabei ein Geräusch?

Führen Sie dann die Rosine zu Ihrem Mund und streichen Sie zunächst über Ober- und Unterlippe. Fühlt sich die Rosine nun anders an als zuvor? Dann legen Sie sie auf Ihre Zunge, verspüren ihr Gewicht und wie sich die ersten Geschmackspartikel in Ihrem Mund ausbreiten. Endlich zerbeißen Sie die Frucht zwischen den Zähnen. Wie viele Geschmacksnuancen nehmen Sie dabei wahr? Kommt Saft aus der Rosine? Wie fühlt sich das Fruchtfleisch im Innern an? Bevor Sie sie herunterschlucken, konzentrieren Sie sich auf Ihre Kaubewegungen und darauf, wie sich die Rosine langsam auflöst.

Es gibt natürlich weit mehr Meditationstechniken und Achtsamkeitstrainings als das MBSR-Programm. Wenn Sie nach diesen wenigen Zeilen meinen, das könnte eventuell ein Weg für Ihre Stressbewältigung sein, dann suchen Sie sich doch an Ihrem Ort eine Anti-Stress-Methode aus, die Ihnen zusagt. Es wird letztlich nicht nur Ihnen zugutekommen, sondern auch Ihrem Hund. Warum das so ist, lesen Sie im folgenden Kapitel.

Stimmungsübertragung

Sie werden die Situation kennen: Sie kommen genervt von der Arbeit nach Hause, sperren die Türe auf und Ihnen kommt ein geradezu strahlender Hund entgegen, der sich vor Glück, dass Sie wieder bei ihm sind, gar nicht mehr einkriegt. Ein Blick auf das freudige Gesicht und den aufgeregt wedelnden Schwanz kann selbst an Tagen wie diesen bei Ihnen für gute Laune sorgen. Mit der Sekunde vergessen Sie jeden Ärger und fühlen sich besser, wenn nicht sogar richtig wohl. Für Sie beide startet ein schöner Feierabend: Sie brechen freudig zum gemeinsamen Spaziergang auf, begegnen bereits auf den ersten Metern dem Erzfeind Ihres Hundes, dessen Bellen ihn heute nicht zu reizen scheint, gehen zusammen auf die Hundewiese und kehren etwas später entspannt und zufrieden wieder nach Hause zurück.

Aber Sie kennen vielleicht auch dies: Sie kommen genervt von der Arbeit nach Hause, sperren die Tür auf und Ihnen kommt ein geradezu strahlender Hund entgegen, der sich vor Glück, dass Sie wieder bei ihm sind, gar nicht mehr einkriegt. Sie nehmen die Freude gar nicht richtig wahr, lassen die Schuhe gleich an und schnappen sich ihn sofort für die notwendige Gassirunde. Bereits auf den ersten Metern begegnen Sie seinem Erzfeind. Ihre Stimmung sinkt schlagartig weiter in den Keller, Ihr Hund regt sich auf wie schon lange nicht mehr, Sie werden noch gereizter, weil die Begegnungen in letzter Zeit doch ganz gut zu laufen schienen, maßregeln Ihren Hund und beschließen umzukehren. Mit einem erholsamen Spaziergang, bei dem Sie eigentlich von der Arbeit haben entspannen wollen, hat das nichts zu tun. Weder Sie noch Ihr Hund empfinden in dieser kurzen Zeit auch nur einen Hauch Freude.

Emotional gesehen liegen zwei exakt gleiche Ausgangssituation vor, die allerdings verschieden enden. Denken Sie vielleicht, das könnte an Ihnen liegen, dann liegen Sie mit Ihrer Annahme richtig. Neue Studien haben nämlich gezeigt, dass Hunde menschliche Emotionen nicht nur lesen können, also genau wissen, wie sich Ihre Menschen gerade fühlen, sie lassen sich sogar von ihnen anstecken. Ähnlich wie Kleinkinder sich an ihren Eltern orientieren, um zu erfahren, wie sie auf andere Menschen und die Welt um sie herum reagieren sollen, suchen Hunde nach Anzeichen bei ihren Haltern, um Situationen besser einschätzen zu können. Strahlen Halter Ruhe, Gelassenheit und Selbstbewusstsein aus, bedeutet das für Hunde, dass die Umgebung momentan sicher ist. Haben Sie jedoch Angst, sind aufgeregt oder wütend, dann tun Hunde es ihnen gleich.

Aber warum reagieren Hunde so deutlich auf ihre Halter? Lange Zeit sind Forscher davon ausgegangen, dass die emotionale Übertragung für die Hunde während ihrer Domestizierung Teil einer Überlebensstrategie war. Hunde, die die Gefühle ihrer Besitzer haben lesen und teilen können, haben bessere Überlebenschancen gehabt und sind besser behandelt worden. Dieser Blick auf die Dinge hat sich in der letzten Zeit jedoch gewandelt. Eine Studie aus Japan belegt, dass die enge Bindung und die gemeinsame Lebenserfahrung von Hund und Halter der Grund sind, und zwar aufgrund der Ausschüttung von Oxytocin während ihrer Interaktionen.

Laut einer weiteren japanischen Studie aus dem Jahr 2019 nimmt die Intensität der emotionalen Übertragung zwischen Halter und Hund immer weiter zu, je mehr Zeit beide miteinander verbringen. Das erfordert Empathie und auch die Fähigkeit, sich in den anderen hineindenken zu können. Wissenschaftler sprechen von der „Theory of Mind". Diese Fähigkeiten besitzen Menschen, Hunde aber eben auch. Doch wie kommt es dazu?

Giacomo Rizzolatti, ein italienischer Hirnforscher der Universität in Parma, hat bereits 1991 das sogenannte Erdnussexperiment mit Affen gestartet. Damit hat er nachweisen können, dass im Affengehirn die gleichen neuralen Prozesse ablaufen, egal ob der Affe eine Handlung selbst ausführt oder diese nur beobachtet. Ob er eine Nuss findet, danach greift und diese verspeist oder durch eine Glasscheibe beobachtet, wie ein Artgenosse das tut – die Abläufe im Gehirn des Affen sind dieselben. Die Nervenzellen, die beim Beobachten die gleichen Reaktionen hervorrufen wie beim selbstständigen Handeln, hat Rizzolatti Spiegelneuronen genannt. Seit seiner Entdeckung sind Spiegelneuronen zum weltweiten Objekt der Forschung geworden.

Durch Spiegelneuronen wird also eine Stimmung von einem Lebewesen zu einem anderen oder gar mehreren Lebewesen übertragen. Ist beispielsweise Ihr Freund traurig, weil er gerade seinen Hund hat gehen lassen müssen, dann sind Sie es auch. Im Ergebnis führt das dazu, dass sich alle synchron verhalten, sich genauso fühlen und oftmals auch das Gleiche tun, wie Sie und Ihr Freund etwa: Weinen. Es ist in einer Gruppe in manchen Situationen wichtig, dass alle an einem Strang ziehen, etwa bei Herdentieren, wenn diese zeitgleich vor Raubtieren flüchten, um ihnen so die Jagd zu erschweren. Auch zwischen Ih-

Zwischen Mensch und Hund gibt es Stimmungsübertragungen in beide Richtungen.

nen und Ihrem Hund gibt es Stimmungsübertragungen, und zwar in beide Richtungen, also von Ihnen auf Ihren Hund, und umgekehrt, wie Sie in den Eingangsbeispielen haben sehen können.

Wenn Sie Ihren Hund aufgrund dessen einmal genauer beobachten, werden Sie feststellen, wie häufig er sich an Ihnen orientiert. Fangen Sie plötzlich an zu hüpfen, wird Ihr Hund ebenfalls fröhlich umherspringen. Können Sie Ihren Nachbarn partout nicht leiden, wird sich Ihr Hund mit Ihnen solidarisieren. Lange sind Forscher davon ausgegangen, dass Hunde nur in der Lage sind, das Handeln anderer Lebewesen zu spiegeln. Es wird heute jedoch vermutet, dass die Spiegelneuronen auch daran beteiligt sind, wenn es um Emotionen und Gefühle geht – und zwar nicht nur interspezifisch, sondern eben auch speziesübergreifend auf ihre Halter. Zwar steht die Forschung der Spiegelneuronen bei Hunden noch am Anfang, aber neueste Studien deuten darauf hin, dass für Veränderungen von Verhaltensauffälligkeiten die Stimmungslage des Halters eine entscheidende Rolle spielt.

Hunde reagieren außerdem sehr auf die Stimme ihrer Halter und ihre emotionalen Untertöne. Wissenschaftler haben entdeckt, dass die Gehirne von Hunden Stimmen ganz ähnlich verarbeiten wie Menschen. Hören Menschen etwa die Stimme eines Freundes, entsteht mental sofort ein Bild von ihm, auch wenn er momentan gar nicht gesehen werden kann. Sogar die Tonlage der Stimme lässt schnell erkennen, ob er gerade glücklich oder traurig ist. Menschen gelingt dies, weil ihr Gehirn über ein spezielles Zentrum zur sprachlichen Verarbeitung verfügt. Bei neueren Untersuchungen hat nachgewiesen werden können, dass im Hundegehirn die Sprache in ähnlicher Weise verarbeitet wird, sodass sie sowohl ihren Halter an seiner Stimme erkennen können als auch, wie dieser sich gerade fühlt.

Darüber hinaus scheint während der Übertragung von Stimmungen zwischen Halter und Hund auch das Belohnungs- und Beruhigungssystem aktiviert zu werden. Das bedeutet, dass die Gemeinsamkeit ein gutes Gefühl erzeugt und zu einer engeren Bindung beiträgt, wohingegen ein davon abweichendes, negatives Verhalten Stress verursacht. Sie sehen also, dass die Stimmungsübertragung ein simples, effektives und für den Hund natürliches und verständliches Mittel ist, um mit ihm zu kommunizieren und als Team zu arbeiten – solange sie positiver Natur ist. Dass dem so ist, liegt in Ihrer Hand. Wie Sie das schaffen können, werden Sie weiter unten noch sehen.

Stressfaktor Mensch?

Es stimmt also doch: Sind wir gestresst, sind es unsere Hunde auch. Eine neue Studie zeigt, dass Halter, die unter chronischem Stress oder Unruhe leiden, diese Gefühlslage auf ihre Hunde übertragen. Dieses Phänomen ist zwar schon hinlänglich in Mutter-Kind-Beziehungen beobachtet worden, aber bislang noch nicht bei unterschiedlichen Spezies. Einer Forschergruppe der schwedischen Linköping Universität zufolge steht jedoch unser Cortisol-Level mit dem Cortisol-Level unserer Hunde in Verbindung.

Für die Studie sind 58 Halter und deren Hunde bezüglich des Stresshormons Cortisol untersucht worden. Um das Stressniveau bei Mensch und Hund über einen längeren Zeitraum zu beobachten, sind die Cortisolwerte einmal im Sommer und einmal im Winter gemessen worden – und zwar in den Haaren. Diese nehmen das Cortisol auf, wachsen aber nur sehr langsam. Dadurch kann nachträglich verfolgt werden, wie hoch der Cortisolwert in der Vergangenheit gewesen ist. Die Ergebnisse zeigen: Ist das Cortisol-Level der Halter erhöht, ist es das auch bei ihren Hunden. Daraus, wie auch bereits aus weiteren Studien, lässt sich schließen, dass gestresste Menschen möglicherweise ohne bewusste Handlungen und Absicht das Verhalten ihrer Hunde beeinflussen.

Überraschenderweise zeigt sich dieser Zusammenhang aber nur in einer Richtung. Die Studie liefert keinerlei Hinweise, dass gestresste Hunde auch bei ihren Haltern mehr Stress auslösen. Das mag womöglich daran liegen, dass Halter im Leben ihrer Hunde eine ganz entscheidende Rolle spielen, währenddessen ein Hund für den Halter in der Regel nicht immer und unbedingt den Nabel der Welt darstellt. Bei mental ausgeglichenen Haltern mag das Ergebnis einleuchten. Allerdings sehe ich immer wieder, dass Menschen, die dazu neigen, nervös und unsicher zu sein, sich mit einem hyperaktiven oder ängstlichen Hund an ihrer Seite sehr wohl gestresster fühlen.

So erlebe ich oft beim Gehen an der Leine, dass sich Stress und Anspannung sowohl beim Hund als auch beim Halter zeigen. Führt der Hund sich auf, wenn er andere Artgenossen sieht, bellt er, wenn Autos an ihm vorbeifahren, springt er Menschen an, dann empfinden sehr wohl viele Halter Stress. Mit der Sekunde wird die Leine straffer gehalten, der Tonfall ändert sich, der Körper spannt sich an. Das alles führt wiederum dazu, dass der Hund nun noch mehr bellt, noch mehr zieht, noch mehr springt – was wiederum noch mehr Stress beim Halter erzeugt. Und so beginnt ein Teufelskreis.

Für ein harmonisches Miteinander von Hund und Halter ist es daher wichtig, dass in erster Linie der Mensch ruhig und gelassen ist und es auch in stressigen Situationen bleibt. Wie Sie das erreichen können, dafür sind Ihnen bereits einige Möglichkeiten aufgezeigt worden. Einige weitere sollen folgen. Denn sind Sie gestresst und werden laut, vielleicht sogar handgreiflich, sind Sie für Ihren Hund nicht klar zu lesen. Kann Ihr Hund Sie aber nicht lesen, dann wird er so reagieren, wie er es in diesem Moment für angemessen und richtig hält.

Kognitive Empathie

Unter kognitiver Empathie versteht man weniger das direkte Mitfühlen der Emotionen der anderen, sondern vielmehr die Fähigkeit, sich in einen anderen hineinzuversetzen. Das bedeutet, es geht mehr um die Absichten und Gedanken des anderen als um dessen Gefühle. Mit Hilfe der bestehenden Informationen und Signale versucht man die Beweggründe und Emotionen des anderen zu deuten und seine Reaktion auf zukünftige Handlungen vorauszusagen.

Sie wissen bereits: Man kann nicht nicht kommunizieren. Selbst wenn nicht verbal gesprochen wird, spricht der Körper. Empfindet der Halter die Begegnung mit anderen Hunden etwa als stressige Situation, wird er körpersprachliche Stresssignale aussenden und zudem meist die Leine gespannt halten. Genau diese Faktoren sind Grund für den Hund, sich entsprechend zu verhalten. Hinzu kommen auch die bisherigen Erfahrungen, die der Hund mit seinem Halter erlebt hat. Etwa: Immer, wenn plötzlich die Leine angespannt wird, kommt ein Artgenosse, da scheint Vorsicht angesagt zu sein. Diese gestresste Stimmung, die der Halter dem Hund durch verschiedene Signale übermittelt, überträgt sich in vollem Maße auf den Hund. Dessen müssen Sie sich bewusst sein, wenn Sie Stress bei Hundebegegnungen empfinden. Denn das kann ein Grund sein, warum Ihr Hund gestresst ist und in der Leine hängt.

Einschränkend zu bemerken bleibt allerdings, dass menschliche emotionale Ausbrüche wie etwa schlechte Laune oder Wutanfälle von unseren Hunden nicht immer richtig gelesen und eingeordnet werden können. Viele Hunde leiden sehr darunter, wenn sie damit nicht umgehen können und nicht wissen, was sie nun tun sollen. Schlimm ist es für sie auch, wenn sich Halter nachtragend verhalten, sie stundenlang ignorieren und sie sogar von Aktivitäten ausschließen. Nun gehören negative Emotionen natürlich auch ins menschliche Repertoire der Gefühle, niemand kann den ganzen Tag mit einem Grinsen im Gesicht durch die Welt laufen. Nur sollten Sie bedenken, dass sich diese negativen Gefühle auf Ihren Hund übertragen können. Vielleicht sollten Sie in den Momenten, in denen Sie wütend oder genervt sind, lieber auf die Stimmung Ihres Hundes achten und sich von seiner Lebensfreude anstecken lassen. Das würde Ihnen dann beiden guttun.

Emotionale Empathie

Die emotionale Empathie, auch affektive Empathie genannt, ist oft eine unbewusste Reaktion auf die Emotionen eines anderen und beschreibt die Fähigkeit, das Gleiche wie andere zu empfinden. Das bedeutet, man lässt sich vom anderen und dessen Gefühlen mitreißen. Hunde legen gegenüber Menschen, denen sie sich verbunden fühlen, affektive Empathie an den Tag: Sie können deren Gefühle instinktiv verstehen. Belegt wurde das unter anderem in einer Studie der US-Professorin für Psychologie, Julia Meyers-Manor, aus dem Jahr 2020. Hierbei ist die Reaktion von Hunden in deren Zuhause auf das Lachen und Weinen ihres Halters und einer ihnen fremden Person untersucht worden. Dabei hat sich herausgestellt, dass sie Menschen, die zu weinen schienen, besonders große Aufmerksamkeit entgegengebracht haben, indem sie sie entweder intensiv beobachteten oder sich ihnen näherten. Am höchsten ist der Stresshormonspiegel bei den Hunden gewesen, wenn eine ihnen unbekannte Person geweint hat.

Wenn Hunde menschliche Emotionen wahrnehmen, verknüpfen sie die verschiedenen Informationen, die sie aus dem, was sie sehen, hören und riechen, ziehen. Das zeigt eine weitere Studie aus dem Jahr 2017. Hier haben Forscher aus Italien und Portugal ein Experiment durchgeführt, bei dem Labrador und Golden Retrievern jeweils drei unterschiedliche Proben menschlicher Körpergerüche vorgehalten wurden: Angst, Freude und ein neutraler Geruch. Die Proben wurden aus den Achselhöhlen männlicher Testpersonen gewonnen, bei denen die entsprechenden Gefühle ausgelöst worden waren. Die Geruchsproben wurden in einem Bereich versprüht, in dem sich die Hunde bewegt haben. Der Versuchsaufbau hat die gleichzeitige Anwesenheit des Halters, einer fremden Person und des Geruchsspenders in einem Raum vorgesehen. Untersucht wurden dabei die Verhaltensweisen der Hunde wie Annäherung, Interaktion und Beobachten in Bezug auf die vorhandenen Menschen sowie die Stress- und Herzfrequenzindikatoren der Hunde. Nahmen die Hunde den Geruch von Angst wahr, erhöhte sich umgehend ihre Herzfrequenz und sie zeigten starke Stressanzeichen. Erschnupperten sie hingegen den Geruch von Freude, blieben die Hunde entspannt und interessierten sich sogar wesentlich mehr für den Fremden im Raum. Die Ergebnisse lassen darauf schließen, dass eine emotionale Kommunikation zwischen Mensch und Hund auch durch chemische Signale beeinflusst werden kann.

Gemeinsame Emotionen

Der in der Psychotherapie bedeutende US-amerikanische Psychologe Carl Rogers ist der Meinung, wenn ein Individuum all seine Körper- und Sinneserfahrungen wahrnimmt, dann verhält es sich gegenüber anderen verständnisvoller. Nun nehmen Hunde Emotionen mit all ihren Sinnen wahr, daher sind sich Experten einig, dass sie außergewöhnlich begabt darin sind, die Mimik und Körpersprache von Menschen zu lesen. Mehrere Studien haben herausgefunden, dass sich Hunde die Informationen über Emotionen von Menschen und auch anderen Hunden überwiegend über deren Körpersprache holen. Es gibt jedoch auch einige Wissenschaftler, die zu dem Schluss kommen, dass die menschliche Mimik dem Hund verrät, wie es seinem Gegenüber geht. Denn laut einer Studie aus dem Jahr 2018 der Universität Bari Aldo Moro in Italien reagieren Hunde auf sieben verschiedene menschliche Gesichtsausdrücke: Wut, Angst, Glück, Traurigkeit, Überraschung, Ekel und Neutralität. Feststellen lassen hat sich dies über eine Veränderung ihres Blicks und ihrer Herzfrequenz.

Herausgefunden hat man, dass ein Hund den Kopf nach links dreht, sobald er erkennt, dass jemand wütend, ängstlich oder glücklich ist. Sieht ein Mensch überrascht aus, neigen Hunde dazu, ihren Kopf nach rechts zu drehen. Ist das Gegenüber mies gelaunt, erhöht sich ihre Herzfrequenz. Die Studie belegt einmal mehr, wie sehr Hunde mit Menschen verbunden sind. Zudem liefert sie den Beweis, dass Hunde verschiedene Regionen ihres Gehirns nutzen, um menschliche Emotionen zu verarbeiten. Da sie in engem Kontakt mit Menschen leben, haben sie besondere Fähigkeiten entwickelt, die es ihnen ermöglichen, effizient mit Menschen zu interagieren und zu kommunizieren. So können sie emotionale Hinweise in der Stimme, dem Körpergeruch und der Körperhaltung eines Menschen wahrnehmen und in dessen Gesicht lesen.

Hunde und Menschen gleichen ihr Verhalten gegenseitig ab. Daher ist es nicht überraschend, dass sie auch ihre Emotionen wechselseitig austauschen. Ihre Halter sehr genau beobachtend, nehmen Hunde deren Blicke und Körpersprache wahr, aber auch deren Stimme und Gerüche. Es ist noch nicht belegt, wie viele Emotionen Hunde aufgreifen können und ob es am Ende genauso viele sind, über die Menschen verfügen. Doch sicher werden ihnen Ur-Emotionen wie Freude, Aufregung, Angst und Sorge zuteil. Da Hunde sich nicht klipp und klar artikulieren können, gestalten sich Forschungen darüber, wie sie sich gerade fühlen, schwierig. Wer allerdings die Hundesprache gut beherrscht, ist in der Lage, die Gefühle seines eigenen Hundes im Laufe der Zeit wahrzunehmen. Das wiederum vermindert Stress auf beiden Seiten.

Auch wenn sich Ihr Stress auf Ihren Hund überträgt, haben gemeinsame Emotionen mehr Vor- als Nachteile. So unterstützen sie Sie dabei, eine feste Bindung mit Ihrem Hund aufzubauen. Das Teilen von Gefühlen hilft Ihnen nämlich, wie in menschlichen Freundschaften und Beziehung auch, im Laufe der Zeit einander immer besser zu verstehen. Sie lernen die Gefühle Ihres Hundes lesen und können danach handeln. So dürfen sie etwa Ihren Hund, wenn Sie erkennen, dass er gerade Angst zeigt, nie alleine mit seiner Angst lassen, sondern müssen ihn mit seinen Gefühlen ernst nehmen. Sie würden äußerst unsozial handeln, ihn nicht zu beruhigen – und zwar mit körperlicher Nähe und Zuwendung wie beruhigenden Worten und Streicheleinheiten. Dadurch senken sich nicht nur Blutdruck und Herzfrequenz Ihres Hundes, sondern auch die Anzahl an Stresshormonen. Zudem werden durch Zuwendung Sicherheit und Vertrauen vermittelt. All dies hilft Ihrem Hund, die für ihn beängstigende Situation besser zu bewältigen.

Leider reagieren aber noch viele Hundebesitzer genau gegenteilig: Sie ignorieren den Hund und lassen ihn mit seiner Furcht vollkommen allein. Sie folgen damit einem beharrlichen Gerücht, wonach man ängstliche Hunde nicht beruhigen, sondern ignorieren solle. Vertreter dieser Theorie begründen das damit, dass Streicheln als Belohnung angesehen wird. Das Trösten würde demnach das ängstliche Verhalten verstärken und dazu führen, dass dieses häufiger auftritt. An dieser Stelle ein ganz klares Nein – das tut es nicht! Bitte geben Sie ihm in solchen Situationen Trost, Halt und Sicherheit.

Ihre Stimme hat einen großen Einfluss für eine Stimmungsübertragung auf Ihren Hund:

- Atmen Sie falsch, wirkt Ihre Stimme dadurch eher flach und kann Ihren Hund verunsichern.
- Stehen Sie stabil auf dem Boden, sind Sie also geerdet, verbessert das Ihre Stimmlage.
- Je tiefer Ihre Stimme klingt, desto präsenter ist die Wirkung auf Ihren Hund.
- Je höher Ihre Stimme klingt, umso freundlicher wirkt sie auf Ihren Hund, kann ihn aber oftmals auch aufputschen
- Klingt Ihre Stimme ruhig und harmonisch, vermittelt das Ihrem Hund psychische Stabilität, während geräuschvolle und schrille Lautäußerungen eher Unsicherheit vermitteln.
- Um Ihren Hund nicht zu verwirren und er sich sicher fühlen kann, sollte Ihre Stimmlage immer mit Ihrer Mimik und Ihrer Körpersprache übereinstimmen.

Warum sich Hunde und ihre Menschen ähneln

Ein Klischee besagt, dass sich Hunde und ihre Halter äußerlich oft ähneln. Manchmal ist das tatsächlich nicht von der Hand zu weisen. Oftmals bestehen Ähnlichkeiten, die frappierend sind und weit über das „Haarstyling“ hinausgehen. Lächeln, Blick, Mimik und Augen – alles stimmt überein. Einer Studie aus dem Jahr 2019 zufolge können sich Hunde und Halter aber noch auf andere Weise ähneln: in ihrer Persönlichkeit.

Unter der Leitung des Sozialpsychologen William J. Chopik von der Michigan State University ist erforscht worden, wie sich die Persönlichkeiten von Hunden und ihren Haltern im Laufe der Jahre verändern. Hierfür haben 1.681 Hundehalter anhand von Fragebögen sowohl ihre eigene Persönlichkeit als auch die ihres Hundes bewerten müssen. Das Ergebnis: Hunde und ihre Halter sind sich in vielen Charaktereigenschaften ähnlich. Ein besonders geselliger Mensch wird demnach mit einer doppelt so hohen Wahrscheinlichkeit einen besonders aktiven und erregbaren Hund an seiner Seite haben als ein Einzelgänger. Dafür ist sein Hund in der Regel nicht aggressiv. Gewissenhafte Halter besitzen leichter erziehbare Hunde, während trübsinnige Halter ihre Hunde als ängstlich beschrieben haben. Und Halter, die sich selbst als umgänglich bezeichnen, beschreiben ihre Hunde als ruhig und weniger ängstlich. Das für uns entscheidende Resultat aus dieser Studie lautet somit: Entspannte Halter haben auch entspannte Hunde.

Oftmals bestehen zwischen Menschen und ihren Hunden frappierende Ähnlichkeiten.

Natürlich kann eine Studie, in der Menschen nach ihrer Selbsteinschätzung gefragt werden und in diesem Fall sogar noch ihre eigenen Hunde beurteilen, schon ein verzerrtes Bild entstehen lassen. Ähnliche Studien haben allerdings gezeigt, dass Freunde, Fremde oder auch Hundesitter die Persönlichkeit eines Hundes in etwa so einschätzen wie dessen Halter. Trotzdem sollten aus Forschungsprojekten dieser Art nicht allgemeingültige Schlussfolgerungen gezogen werden. Denn Hunde sind nun einmal Individuen wie Menschen auch, und daher verhalten sie sich auch nicht alle auf die gleiche Weise.

Warum aber bestehen überhaupt so viele Ähnlichkeiten zwischen Hunden und ihren Haltern? Färbt am Ende die Persönlichkeit ab? Oder liegt es vielleicht daran, welchen Hund man sich als Halter aussucht? Teils wird es wohl mit Letzterem zusammenhängen, aber sicherlich auch, wie der Hund von seinem Halter gehalten und erzogen wird. Größtenteils ist es schon so, dass Menschen sich die Hunde aussuchen, die auch zu ihnen passen. Ist man sehr sportlich und will auch Hundesport betreiben, entscheidet man sich idealerweise eher für einen Border Collie als für einen Mops. Leider treffe ich auch immer wieder auf andere Paarungen, was sowohl Haltern als auch ihren Hunden schwer zu schaffen machen kann – physisch wie psychisch. Hier ist ein bewusstes Training für beide angesagt. Zudem müssen Gemeinsamkeiten gefunden werden, auch wenn das nicht immer ganz einfach sein wird. Aber das Schöne und Beruhigende ist: Sobald sich Halter verändern, verändern sich auch ihre Hunde. Je mehr Zeit sie gemeinsam verbringen, desto ähnlicher werden sie sich. So lassen sich auch Hunde, die zunächst nicht zu einem Menschen passen zu scheinen, in ihrer Persönlichkeit von ihrem Halter formen und Verhaltensauffälligkeiten beeinflussen. Der Mensch muss nur wollen. Um es ein weiteres Mal zu wiederholen: Sind Sie entspannt, ist es auch Ihr Hund.

Selbstmanagement

Laut Wikipedia versteht man unter Selbstmanagement die Kompetenz, die eigene persönliche und berufliche Entwicklung weitgehend unabhängig von äußeren Einflüssen zu gestalten. Übersetzen ließe sich das in etwa mit „Jeder ist seines Glückes Schmied". Theoretisch müssten Sie längst wissen, was Sie tun können, um gelassen und entspannt den Herausforderungen des Alltags mit Ihrem Hund zu begegnen. Doch erfahrungsgemäß werden Menschen und insbesondere Hundehalter erst dann aktiv, wenn sich bereits signifikante Symptome bei beiden zeigen.

Im Rahmen eines Selbstmanagements können Sie gezielt Einfluss auf Ihren Stress ausüben. Dies gilt für Stressoren, Ihr Verhalten in Stresssituation und Ihre Möglichkeiten, entstandenen Stress abzubauen. Selbstmanagement ist daher ein vielschichtiges Thema, das drei wesentliche Elemente umfasst: Selbstverantwortung, Zeitmanagement und Selbstreflexion. Bei der Selbstverantwortung in Bezug auf Stress müssen Sie sich die Frage gefallen lassen, wer für Sie verantwortlich ist, wenn nicht Sie selbst. Sie nehmen diese Verantwortung wahr, wenn Sie sich dazu entschließen, sich von nun an selbst um Ihre Stressbewältigung zu kümmern. Dabei sind die Möglichkeiten, Einfluss auf Ihr Stresserleben zu nehmen, weitaus vielfältiger, als Sie denken. Dafür ist es wichtig zu erkennen und auch anzuerkennen, welchen Anteil Sie selbst an stressauslösenden Situationen haben, am Stresserleben und am Stressabbau.

Ein weiteres Element ist das Zeitmanagement. Hierfür ist es wichtig, bewusster mit der zur Verfügung stehenden Zeit umzugehen. Ständiger Zeitdruck ist nämlich eine der Hauptursachen für chronischen Stress. Zum einen geht es um das ehrliche Einschätzen und Einplanen des Zeitbedarfs Ihrer Erledigungen. Damit können Sie Zeitdruck verhindern und setzen sich nicht selbst unter Stress. Zum anderen müssen Sie lernen, Prioritäten zu setzen. Fragen Sie sich, was Ihnen wirklich wichtig ist, sollte das dann auch die höchste Priorität genießen. Wirklich entscheidend ist jedoch die Frage, womit Sie Ihre Zeit verbringen wollen. Wenn Sie beispielsweise keine Zeit für Entspannung haben, liegt das daran, dass Sie sich keine Zeit für Entspannung nehmen. Entspannung genießt somit keine Priorität. Sie verfolgen offensichtlich andere Ziele, als „entspannt" und ausgeglichen zu sein.

Und dann wäre da noch die Selbstreflexion. Denn sich selbst beobachten zu können, ist die Grundvoraussetzung für ein erfolgreiches Selbstmanagement. Wenn Sie anfangen, Ihr Augenmerk auf sich zu legen, können Sie viel über sich selbst lernen und sich über Ihr Verhalten, Ihre Gedanken und Gefühle bewusst werden. Achtsamkeit zu praktizieren ist eine wunderbare Methode, sich selbst zu beobachten, weil Sie dadurch Ihre Selbstwahrnehmung schärfen. Damit haben Sie die Möglichkeit, in Stresssituationen souveräner zu agieren. Darüber hinaus spüren Sie eher, wenn Sie unter Stress stehen und können sich somit besser um den Stressabbau kümmern.

Vor allem aber ist Selbstmanagement eines: ein Veränderungsprozess. Wenn Sie wirklich möchten, dass sich etwas ändert, müssen Sie selbst etwas ändern. Mit einem Selbstmanagement-Training können Sie Ihre Haltung verändern und Ihr Handeln steuern. Verkörpern Sie dann Ruhe, Gelassenheit und Sicherheit, geben Sie Ihrem Hund dadurch den Halt, den er braucht. Mit der Auseinandersetzung mit sich selbst werden Sie nicht nur sich, sondern auch Ihren Hund besser verstehen lernen.

Mentaltraining

Vielleicht trifft das auch auf Sie zu: Sie besuchen Kurs über Kurs in Ihrer Hundeschule, trainieren brav, wie man es Ihnen sagt, aber am Ende stehen Sie kurz vor dem Nervenzusammenbruch, weil Ihr Hund einfach nicht macht, was er soll. Sie fühlen sich wütend, frustriert und hilflos, und Ihr Hund fühlt sich gestresst. Was läuft hier schief? Was man Ihnen bislang beigebracht hat, war ein klassisches Hundetraining: Ihr Hund soll dies statt jenem tun und damit gut. Was man Ihnen in all der Zeit nicht nahegebracht hat, ist, dass Sie einen wichtigen Teil zum funktionierenden Ganzen beitragen, und daher natürlich auch nicht, was Sie hierfür machen müssen.

Neben Achtsamkeit und einem Perspektivwechsel ist auch Mentaltraining eine gute Methode, Ihre Sichtweise auf sich und Ihren Hund zu ändern. Denn hier begeben Sie sich auf die mentale Ebene und starten eine Art Kettenreaktion: Lassen Sie Ihre Gedanken, Bedürfnisse und Erwartungen zu Gefühlen werden, die sich zu Überzeugungen entwickeln, die dann – bewusst oder unbewusst – Ihr Verhalten beeinflussen, auf das am Ende auch Ihr Hund reagieren wird. Mentaltraining ist eine große und oftmals entscheidende Hilfe, stressbedingte Verhaltensauffälligkeiten in den Griff zu bekommen.

Ihr Hund bewegt sich in der Umwelt nicht alleine und ist abhängig von Ihnen, weil Sie alle wesentlichen Entscheidungen für ihn treffen. Etwa wann es rausgeht, wohin es geht, wie lange der Spaziergang dauert, ob er an der Leine ist oder frei. Sie sind für Ihren Hund die wichtigste Bezugsperson, Sie formen das gesamte Zusammenleben und Ihr Verhalten beeinflusst sein Verhalten maßgeblich. Sie haben es deshalb auch in der Hand, mit Ihrem Hund glücklich zu werden. Hier hilft Ihnen Ihre Wahrnehmung, genauer gesagt, der individuelle Wahrnehmungsfilter. Dieser kann Ihre Wahrnehmung ganz entscheidend beeinflussen.

Das menschliche Gehirn ist nicht in der Lage, alle einströmenden Reize zu verarbeiten, weshalb Informationen nie ungefiltert in unser Bewusstsein gelangen. Während dieses Aussortierens wird Inhalten eine persönliche Bedeutung zugeordnet. Diese individuelle Wahrnehmung ist es, die das Denken, Fühlen und Handeln bestimmt. Daher sieht und bewertet jeder die Welt anders: Für den einen ist deshalb das Glas halb voll, für den anderen halb leer. Es kommt immer auf Stimmung, Erwartungen, Erfahrungen und Bedürfnisse an. Entscheidend ist aber, dass sich diese individuelle Wahrnehmung auch auf unser Verhalten auswirkt, was wiederum das Verhalten unserer Hunde beeinflusst. Verändern Sie nun bewusst diesen Wahrnehmungsfilter, kann er Ihnen eine neue Sicht eröffnen.

Überprüfen Sie, ob es wirklich Prinzipien und Überzeugungen sind, nach denen Sie die Erziehung Ihres Hundes ausrichten oder doch etwa nur Verallgemeinerungen, die man so oft hört, dass man sie letztlich glaubt. Denn auch die mentale Ebene des Unterbewusstseins ist mächtig und kann Ihr Verhalten beeinflussen. Ihr Denken erschafft Ihre Realität. Und mit Ihrem Denken und Ihrer Sicht auf die Welt beeinflussen Sie letztlich auch das Verhalten Ihres Hundes.

Positive Visualisierung

Etwas zu visualisieren bedeutet, etwas mittels Vorstellungskraft zu erschaffen. Mit Hilfe von positiven Visualisierungen können Sie beginnen, Situationen oder Umstände genau so zu modifizieren, wie Sie sie wollen. Positive Visualisierung ließe sich auch mit Kopfkino übersetzen. Sie kann in der Hundeerziehung sehr hilfreich sein, denn so können Sie bestimmte Situationen mit Ihrem Hund vor Ihrem geistigen Auge abspielen, bevor Sie beide wirklich in diese kommen.

Die moderne Neurowissenschaft geht davon aus, dass alle Informationen und Erfahrungen, denen Menschen in ihrem Leben ausgesetzt gewesen sind, in den synaptischen Verbindungen ihres Gehirns Spuren hinterlassen haben. Das bedeutet, dass Ihr Gehirn momentan auch alle unangenehmen und stressigen Situationen, die Sie in der vergangenen Zeit mit Ihrem Hund erlebt haben, sowie Ihre – oftmals ja auch falschen – Interpretationen zu diesen abgespeichert hat. Wenn Sie des Öfteren in solche Stressmomente kommen, haben Sie damit bereits bestimmte negative Erfahrungen gemacht, keine guten Gedanken daran gehabt und sich sicherlich auch nicht wohlgefühlt. Passiert Ihnen das wieder und wieder, wird die entsprechende synaptische Verbindung in Ihrem Gehirn immer stärker und lässt sich zudem leichter aktivieren. Vielleicht sind für Sie und Ihren Hund bestimmte Begegnungen fürchterlich stressig: Dann machen Sie dabei immer wieder dieselben Erfahrungen, denken dieselben Gedanken und fühlen dieselben Gefühle. Sie bleiben in der Vergangenheit wie in einer Schleife hängen, selbst wenn es dazwischen auch einmal zu positiven Erfahrungen mit anderen Hunden gekommen sein sollte.

Mit einer gezielten positiven Visualisierung können Sie das ändern. Stellen Sie sich diese bestimmte Situation, die Ihnen Stress bereitet, Schritt für Schritt vor. Und zwar so, wie Sie diese gerne erleben würden. Denn wenn Sie selbst gar nicht wissen, wie Sie sich in stressigen Situationen verhalten sollen, wie soll es dann Ihr Hund wissen? Stellen Sie sich vor, was Sie sehen, wie Sie handeln, wie Sie sich fühlen und wie Ihr Hund diese Situation meistert. Versuchen Sie alles wertfrei anzunehmen und wirklich zu spüren, was im Hier und Jetzt passiert. Es geht dabei um ein klares und deutliches Bild in Ihren Gedanken.

Mit einer gezielt positiven Visualisierung lassen sich negativ erlebte Situationen verändern.

Das Gehirn erkennt keinen Unterschied zwischen realen oder fiktiven Situationen. Daher können Sie prinzipiell mit Ihren Gedanken Ihre eigene positive Welt formen. Natürlich nur in bestimmten Maßen, aber wenn Sie sich jene beunruhigende Situation „schön denken", wird auch Ihre Körpersprache von Ihren positiven Emotionen bewusst und unbewusst beeinflusst. Das bedeutet, dass Ihr Körper Ihr inneres Befinden widerspiegelt. Bei Freude werden etwa Ihre Mundwinkel nach oben gezogen, was Ihr Hund als Meister der Beobachtung natürlich lesen wird. Haben Sie vielleicht ansonsten vor Angst weit aufgerissene Augen, nimmt Ihr Hund nun etwas vollkommen anderes wahr.

Sind Sie überzeugt davon, dass Ihr Hund in einer bestimmten Situation ängstlich oder aggressiv wird, dass er bellt oder überreagiert, werden Sie genau mit dieser Vorstellung in die Situation gehen und Ihr Körper wird dementsprechend reagieren. Die Folgen sind Anspannung, eine straffe Leine, eine veränderte Atmung, vielleicht noch Schweißgeruch. All dies wird wiederum mit Sicherheit zu der Reaktion Ihres Hundes führen. Ihre Gedanken und Überzeugungen können dafür sorgen, dass bestimmte Situationen genauso eintreten, wie Sie sie befürchtet haben. Wenn das so ist, können Ihre Gedanken und Überzeugungen aber doch auch das Gegenteil erreichen.

Sie sind der Einzige, der in der Lage ist, Ihre Sichtweise zu ändern. Ist bei Ihnen bislang ein Gruselkrimi im Kopf abgelaufen, wenn Sie zusammen mit Ihrem Hund einem Artgenossen begegnet sind, so können Sie künftig eine romantische Komödie auf den Spielplan setzen. Dazu müssen Sie zunächst noch einmal den alten Film abspielen und sich dabei genau überlegen, was Sie sich anders wünschen, wie Sie sich anders verhalten wollen. Formulieren Sie Ihre Wünsche dabei ganz klar. Etwa: „Ich werde den Kopf hochhalten und den Blick gen Horizont richten."

Während Sie diese Wünsche formulieren, sollten Sie sich fragen, ob sie auch realistisch sind. Denn nur, weil Sie sich vorstellen, Ihr Hund geht nun freudig wedelnd an seinem Artgenossen vorbei, wird das nicht passieren. Es ist bei einer positiven Visualisierung entscheidend, wie Sie mit den Hindernissen umgehen und welche konkreten Handlungen dafür nötig sind. Allein ans Ziel zu denken, reicht nicht aus. Sie müssen sich auch vorstellen, was Sie für dieses Ziel alles tun wollen, damit es in Ihrem Kopfkino zum Happy End kommt.

Stellen Sie sich also detailliert vor, wie Sie beide gemeinsam an einem anderen Hund vorbeigehen, wie Sie den Kopf hochhalten, die Leine locker tragen, gleichmäßig atmen und Ihr Hund den anderen zwar kurz ansieht, aber entspannt bleibt und an ihm vorbeigeht. Wie groß ist der Abstand? Auf welcher Seite befindet sich Ihr Hund? Wie schnell laufen Sie? Reden Sie mit Ihrem Hund? Machen Sie Gesten? Nehmen Sie eine Belohnung in die Hand? Je genauer Sie sich die einzelnen Schritte durch den Kopf gehen lassen, umso besser wird Ihr Drehbuch werden. Ihren ganz eigenen Film rekapitulieren Sie wie ein Schauspieler immer wieder, damit Ihnen die Abläufe in Fleisch und Blut übergehen und Sie nicht noch nachdenken müssen, wenn Sie in der realen Welt spielen müssen.

Eine positive Visualisierung kann Ihre festgefügten Gedankenmuster verändern und Ihnen dabei helfen, nicht in der Vergangenheit hängen zu bleiben und einmal Erlebtes immer wieder auf die Gegenwart zu projizieren. Denn für die Bewertung von aktuellen Situationen ist das manchmal eher hinderlich, weil negative Gedanken und Gefühle oftmals keine Tatsachen sind, sondern eben Resultate von Erfahrungen, Erwartungen, Wünschen und Überzeugungen. Durch den neuen Blick auf die Situation wird sich jedoch in jedem Fall eine neue Verhaltensreaktion in Gang setzen lassen.

Den Stress wegatmen

Die Atmung ist physiologisch eng mit weiteren Reaktionen und Prozessen des Körpers verknüpft. Gezielt angewendet, kommen Sie durch eine bewusste Atmung in kurzer Zeit in einen entspannten und ruhigen Zustand. Bewusstes Atmen lässt sich daher auch hervorragend therapeutisch einsetzen. Eine große Bedeutung haben dabei die Atemfrequenz und die Atemtiefe. Forscher nehmen an, dass eine Frequenz von sechs Atemzügen pro Minute beruhigende psychologische und physiologische Effekte mit sich bringt. Zusätzlich wird das Gehirn kurzfristig mit mehr Sauerstoff versorgt. Doch richtiges Atmen kann noch viel mehr: Eine Atemtherapie wirkt wie eine Massage, wie eine Sauerstoffdusche von innen. Sie kann daher noch weitere positive Wirkungen erzielen.

Kurze Atemübungen sind praktische Hilfsmittel bei akutem Stress und bei dauernder Belastung, wenn das Abschalten schwerfällt. Sie können überall und jederzeit durchgeführt werden und dauern nur wenige Minuten. Das Schöne daran ist, dass diese Fähigkeit, sich zu entspannen, weder Sie noch Ihr Hund erlernen müssen, denn der Körper ist von Natur aus darauf angelegt, in diesen Zustand zu gelangen. Allerdings muss richtiges Atmen oftmals wieder reaktiviert werden, weil diese Fähigkeit durch zu viel Stress verlorengegangen ist.

Bewusstes Atmen und die Kontrolle über den Atem lassen sich mit verschiedenen Methoden erlernen, etwa mit Yoga oder autogenem Training oder eben auch mit ganz gezielten Atemübungen. Ich möchte Ihnen zwei praktische, kurze und vor allem alltagstaugliche Übungen zeigen, die sich aktiv und ad hoc einsetzen lassen und den Stresslevel sofort senken. Sie wissen ja: Sind Sie nicht entspannt, kann es auch Ihr Hund nicht sein. Mit diesen beiden Übungen können Sie sich dazu bringen, ruhiger zu werden.

Eine Atemübung für mehr Gelassenheit und dadurch auch für mehr Entspannung ist die sogenannte Wechselatmung. Eine der wichtigsten Übung hierfür, die sich auch für Anfänger eignet, stammt aus der Yoga-Lehre und nennt sich dort Nadi Shodana. Hierbei atmet man abwechselnd durch das rechte und linke Nasenloch ein und aus. Zwischendurch wird kurz die Luft angehalten.

Diese Atemtechnik hilft dabei, die innere Balance wiederherzustellen, indem Sie sich danach ruhiger und gelassener fühlen. Denn sie beruhigt die Nerven und führt zu einer inneren Ruhe. Gleichzeit wirkt die Wechselatmung harmonisierend auf den Körper und fördert die Konzentration. Sie verbindet die rechte und die linke Körperhälfte miteinander, stärkt das Immunsystem, verbessert die Lungenkapazität und trainiert das Herz- und Kreislaufsystem. Weil sie so einfach ist, lässt sie sich auch gut bei stressigen Situationen mit Ihrem Hund anwenden, um schnell zur Ruhe zu kommen. Und so funktioniert sie:

Legen Sie den Daumen der rechten Hand sanft über das rechte Nasenloch und den Ringfinger derselben Hand auf das linke. Zeige- und Mittelfinger sind entspannt nach unten geklappt. Das rechte Nasenloch wird nun mit dem Daumen verschlossen und Sie atmen langsam durch das linke vollständig aus. Durch das freie linke Nasenloch atmen Sie tief ein, danach verschließen Sie es mit dem Ringfinger. Halten Sie den Atem an, während Sie bis vier zählen. Dann lösen Sie den Daumen und atmen durch das rechte Nasenloch wieder aus. Im Anschluss atmen Sie durch das rechte Nasenloch wieder tief ein, verschließen es wieder mit dem Daumen, halten den Atem wieder kurz an, indem Sie bis vier zählen, lösen danach den Ringfinger und atmen links wieder aus. Dann starten Sie die Übung von vorne. Insgesamt sollten Sie die Technik fünf bis zehn Mal wiederholen. Mit der Zeit können Sie versuchen, den Atem länger anzuhalten.

Eine weitere kleine Übung ist die „4-6-8-Atmung". Ob im Liegen, Sitzen oder Stehen: Diese Atemübung kann zu jeder Zeit und überall trainiert werden. Sie können dabei zunächst auch gerne die Augen schließen, um sich anfangs ganz auf Ihre Atmung zu konzentrieren. Eine zusätzliche Decke kann ein wohliges Gefühl vermitteln und ein wohliger Duft für eine angenehme Atmosphäre sorgen. Beginnen Sie mit einem tiefen Ein- und Ausatmen, bis Sie das Gefühl haben, Ihre Lunge seien nun vollkommen leer. Atmen Sie nun durch die Nase ein und zählen bis vier. Halten Sie sodann die Luft an, während Sie bis sechs zählen. Danach atmen Sie mit geöffnetem Mund tief und gerne auch geräuschvoll aus und zählen in dieser Zeit bis acht. Danach starten Sie nahtlos mit den Wiederholungen. Bereitet Ihnen anfangs die Sekundenanzahl Probleme, können Sie auch etwas schneller zählen. Wichtig ist nur, dass Sie den Rhythmus von „4-6-8" einhalten. Sie werden merken, dass es Ihnen im Laufe der Zeit immer einfacher fallen wird, die Luft anzuhalten und die Ausatmung in die Länge zu ziehen. Üben Sie zwei bis drei Mal pro Tag für ein paar Minuten. Schon nach kurzer Zeit haben Sie damit eine Technik zum schnellen Stressabbau an der Hand.

Diese Übung können Sie auch wunderbar mit Streicheleinheiten für Ihren Hund verbinden. Dazu sollten Sie die Atemübung vorher aber ein paar Mal allein gemacht haben, damit Sie sie auch beherrschen. Ist Ihr Hund Streicheleinheiten gewohnt und kann er sie auch genießen, wird er mit Ihrer Atemübung noch schneller entspannen können. Denn sind Sie durch das Atmen ruhig und gelassen, werden Sie denselben Effekt schon bald bei Ihrem Hund beobachten können. Wenn diese Übung bei Ihnen zuhause gut funktioniert, können Sie sie auch auf dem Spaziergang anwenden – für sich und Ihren Hund.

Positive Wirkung des richtigen Atmens:

- Die Zellen werden besser mit Sauerstoff versorgt und können besser arbeiten.
- Die Herzfrequenz wird gesenkt.
- Der Blutdruck sinkt.
- Die Lymphflüssigkeit wird durch die Atembewegungen bewegt.
- Der Stoffwechsel wird angeregt.
- Das vegetative Nervensystem wird beruhigt.
- Das richtige konzentrierte Atmen wirkt Stress entgegen.

Eigene Körpersprache trainieren

Im zweiten Kapitel bin ich bereits darauf eingegangen, wie Hundehalter kommunizieren. Hier möchte ich noch einmal kurz aufzeigen, wie wichtig Ihre Körpersprache für Ihren Hund ist. Sie werden sich oftmals gar nicht bewusst sein, wie sehr Sie mit Ihrem Körper Signale an Ihren Hund senden, und vor allem nicht, dass Sie diese Sprache bewusst ändern können. Davon wird nicht nur Ihr gestresster Hund profitieren, sondern auch Sie selbst. Denn sobald Sie beginnen, Ihre Körperhaltung zu ändern, können Sie Ihre Stimmung verbessern. Damit geht es Ihnen besser, und Ihr Hund hat doppelt etwas davon: Er kann das Positive an Ihnen lesen, und Ihre Stimmung färbt sich auf ihn ab.

Die Körpersprache ist ein äußerst wichtiger Part in der Kommunikation mit unseren Hunden und funktioniert gegenseitig – wenn Sie denn in der Lage sind, Ihren Hund zu verstehen. Gerade weil Hunde besonders auf die Sprache des Körpers achten, können Sie die eigene Körpersprache bewusst einsetzen, um sich selbst und auch Ihrem Hund einen sicheren und entspannten Eindruck zu vermitteln. Die Körpersprache ist die wichtigste Form der nonverbalen Kommunikation, denn Gesichtsausdruck, Gesten und Körperhaltung sind meist unmittelbarer Ausdruck unserer Empfindungen. Das liegt daran, dass die meisten dieser Signale unbewusst gesendet werden. Vor allem in emotionalen Momenten der Freude, Angst, Wut oder Trauer ist es kaum möglich, das zu unterdrücken. So erkennt Ihr Hund sehr schnell, wie Sie sich in einer Situation fühlen und wird sich dementsprechend verhalten. Zeigt Ihr Körper ihm nun in einer Stresssituation, dass Sie Angst haben, fühlt er sich mit der Sekunde auch unsicher, vielleicht sogar noch ängstlicher, als er es eh schon ist.

Deswegen versuchen Sie, ganz bewusst Ihre Körpersprache zu trainieren. Gleichzeitig sollten Sie sich selbst reflektieren und sich immer wieder vor Augen führen, welche Mimik oder Gestik Sie in welchen Situationen an den Tag legen. Beginnen Sie am besten mit Ihrer Körperhaltung, denn diese ist leicht zu beeinflussen. Die Körperhaltung, die Sie einnehmen, hat zweifellos einen großen Einfluss darauf, wie Sie sich fühlen. Indem Sie sie, und sei es nur leicht, verbessern, können Sie Stress oder Ängste reduzieren, Ihre Nerven in angespannten Situationen schonen und sogar Ihre Fähigkeit, glücklich zu sein, erweitern. Dass eine Änderung der Haltung so viel ausmacht, ist auf das sogenannte Körperdenken zurückzuführen, also auf die Beziehung zwischen Ihrer Körperhaltung und Ihren Emotionen.

Wer den Körper aufrichtet, begibt sich automatisch in eine positive Stimmung. Eine positive Körpersprache ist immer ergonomisch, offen und gerade. Laufen Sie etwa beschwingt und aufrecht mit Ihrem Hund, weiß er, dass alles entspannt zu sein scheint. Senken Sie hingegen den Blick und lassen Sie die Schultern hängen, bedeutet das für ihn: Hier ist Vorsicht angesagt! Ihre Körperhaltung sagt also nicht nur etwas über Ihren Gemütszustand aus, sie gibt Ihrem Hund darüber hinaus wichtige Signale.

Auch die Mimik können Sie trainieren. Die üben Sie am besten vor einem Spiegel. Machen Sie zuerst ein neutrales Gesicht, also einen Gesichtsausdruck, wie Sie ihn von Passfotos kennen: Der Blick ist geradeaus gerichtet, die Augen offen. Die Mundwinkel befinden sich in einer neutral-entspannten Position. Das Kinn ist weder angehoben noch abgesenkt. Dann gehen Sie zum freundlichen Gesichtsausdruck über: Die Mundwinkel wandern nach oben, die Wangenmuskeln spannen sich an und bilden Fältchen rund um die Augen. Denken Sie am besten an etwas Schönes, dann fällt es Ihnen leichter. Je öfter Sie diese Mimik üben, umso bewusster wird Sie Ihnen werden, umso einfacher werden Sie sie auch in unangenehmen Situationen abrufen können.

Es ist, wie bereits erwähnt, wissenschaftlich bewiesen, dass Hunde die Gesichtsbewegungen des Menschen wahrnehmen und lächelnde von neutralen oder glückliche von angeekelten Ausdrücken unterscheiden können. Zwar können sie die Gefühle des Menschen nicht interpretieren, lernen jedoch, bestimmte Bewegungen mit einer bestimmten Situation zu verbinden. Von daher üben Sie, in angespannten Situationen ein Lächeln aufzusetzen. Es hilft nicht nur Ihrem Hund, sondern setzt auch bei Ihnen das Glückshormon Serotonin frei, während gleichzeitig der Stresshormonspiegel gesenkt wird. Das Gehirn unterscheidet nämlich nicht, ob das Lächeln echt oder nur gespielt ist.

Selbst etwas so Normales wie das Atmen wirkt sich auf die Körpersprache aus. Die Art, wie man atmet, beeinflusst die Stimmlage und den Ton. Es ist von daher kein Wunder, in einer nervenaufreibenden Situation zu stottern oder überhaupt kein Wort herauszubekommen. Versuchen Sie nicht die Luft anzuhalten, wenn Sie sich in stressigen Situationen befinden. Denn der Atem verbindet uns mit unseren Gedanken und Gefühlen. Indem Sie die Luft anhalten, versuchen Sie unbewusst die Situation zu kontrollieren, was nicht funktionieren wird. Zum einen werden Sie damit Ihren Hund gehörig irritieren, zum anderen nichts damit erreichen, weder für sich noch eine Änderung der Situation. Befinden Sie sich in einer für Sie misslichen Lage, legen Sie vielmehr eine Hand auf den Bauch und lassen Sie den Atem bis in den Bauch fallen. Das braucht etwas Übung, wird Sie aber in solchen Situationen normal weiteratmen lassen.

Sich selbst zu beobachten und zu wissen, wie man wann worauf reagiert, ist der Schüssel für eine gute Körpersprache. Nur so lassen sich Muster aufbrechen. Vergessen Sie nicht, dass Sie immer so auftreten, wie Sie sich fühlen. Es ist also neben einem bewussten Training Ihrer Körpersprache auch entscheidend, dass Sie nach dem Grund suchen, weshalb Sie so fühlen und denken, um das dann zu ändern. Es erfordert Zeit, Disziplin und die Bereitschaft, sich mit sich selbst auseinanderzusetzen, wenn Sie nachhaltig Ihre Körpersprache verbessern wollen. Aber es wird sich auszahlen.

Achten Sie auf sich

Nur wenn Ihr Körper gut versorgt ist, kann er mit erhöhter Stressbelastung auch angemessen umgehen. Doch ausgerechnet die Ernährung leidet oftmals zuerst, wenn Menschen sich gestresst fühlen. Je nach Typ wird unter Stress zu viel, zu wenig, zu fettig oder zu eilig gegessen. Daraus ergibt sich schnell ein Teufelskreis: Stress führt zu einer ungesunden Ernährung und ungesunde Ernährung führt wiederum zu einem höheren Stresslevel, zu Gereiztheit und Konzentrationsschwierigkeiten. Schuld an dieser Misere sind die Stresshormone. Sie können die Verdauung drosseln, wodurch die Verarbeitung von wichtigen Nährstoffen ins Stocken gerät und der Bedarf nach ihnen gleichzeitig steigt. Auch Blutzuckerspiegel und Blutfettwerte steigen bei Stress an. Deswegen ist es wichtig, jetzt nicht der Lust auf fettige und zuckerreiche Speisen nachzugeben.

Gut sind in stressigen Zeiten vor allem komplexe Kohlenhydrate, wie sie in Vollkornprodukten vorkommen. Kohlenhydratreiche und eiweißarme Mahlzeiten nach akutem Stress führen bei Menschen zu Stressreduktion und Stimmungsaufhellung. Reichlich Obst und Gemüse versorgen auch bei Stress mit Vitaminen, Spurenelementen und sekundären Pflanzenstoffen. Für einige Nährstoffe konnte bereits ihre entscheidende Wirkung auf Nerven und Psyche nachgewiesen werden. So sind B-Vitamine (B1, B2, B3, B6 und B12), Biotin und Vitamin C gut für das Nervensystem und tragen zu einer gesunden Psyche bei.

Nicht zu vergessen Bewegung. Bewegung ist ein höchst effizientes Mittel, um Stress abzubauen. Die Länge und Geschwindigkeit spielen dabei keine Rolle. Zum Stressabbau ist es optimal, sich an die Regel „Laufen ohne zu Schnaufen" zu halten, also sich zu bewegen, ohne außer Atem zu kommen. Das ist individuell je nach Trainingszustand verschieden. Ein zügiger Spaziergang mit 15 bis 30 Minuten pro Tag sorgt für räumliche Veränderung, eine gute Sauerstoffversorgung, bringt den Stoffwechsel in Schwung und baut Stresshormone ab.

Auch einem Hobby oder einer Leidenschaft nachzugehen, kann dabei helfen. Was das für Sie ist, wissen Sie natürlich am besten. Radfahren, Basteln, Kochen, Sauna oder Lesen: Hauptsache ist, Sie sind ganz bei der Sache. Fühlen Sie, wie gut Ihnen diese Aktivitäten tun, sollten Sie sich gezielt Zeit dafür nehmen und Platz in Ihrem Terminkalender schaffen. Und tiefer, erholsamer Schlaf ist natürlich die beste Medizin gegen Stress. Allzu gern werden Probleme am Ende des Tages mit ins Bett genommen. Damit das nicht passiert, lohnt es sich, Rituale und Regeln einzuführen, an die Sie sich vor dem Zubettgehen halten, etwa dass Sie immer zur selben Zeit ins Bett gehen – auch am Wochenende. Nach und nach stellt sich der Körper auf diesen Rhythmus ein.

Vergessen Sie auch nicht, viel Flüssigkeit zu sich zu nehmen. Denn Stress versetzt den Körper in einen Ausnahmezustand, die Konzentrationsfähigkeit und die Gehirnleistung nehmen ab. Um diesem Effekt zumindest etwas entgegenzuwirken, hilft es, viel Wasser zu trinken. Laut einer Forsa-Umfrage im Auftrag der Techniker Krankenkasse vergisst jeder dritte Teilnehmer bei Stress zu trinken. Dabei ist gerade Wasser für das Gehirn enorm wichtig.

Innere Stärke trainieren

Die Fähigkeit, sich auch bei Stress und hohen Belastungen nicht umwerfen zu lassen, stark zu bleiben und das Beste aus Situationen zu machen, nennen Psychologen Resilienz. Das Wort leitet sich vom lateinischen „resilire" ab, was übersetzt in etwa „abprallen" bedeutet. Resiliente Menschen besitzen ein hohes Maß an Widerstandskraft und Selbstwirksamkeit, sodass sie zwar vor Sorgen und Stress nicht gänzlich verschont bleiben, sie damit aber besser umzugehen wissen. Schwierige Situationen werden als solche angenommen, um sie dann bewusst zu lösen. Doch nicht jeder verfügt in gleichem Maß über innere Stärke. Die gute Nachricht: Innere Stärke lässt sich trainieren. Hierfür finden Sie zahlreiche Angebote im Internet oder auch in der Fachliteratur.

Ziel ist es, sich selbst in stressigen Situationen beruhigen zu können, um weder sich noch den Hund zu stressen. Natürlich gehören viel Übung und Routine dazu, um in einer brisanten Situation auch wirklich gelassen zu bleiben. Doch da das Gehirn wie ein Muskel funktioniert, kann es auch in eine bestimmte Richtung trainiert und die zuständigen Nervenbahnen aktiviert werden. Ein Schlüssel für die persönliche Resilienz ist die Stärkung der eigenen Selbstwirksamkeit. Wer an sich glaubt und weiß, wozu er imstande ist, kann ganz anders mit Konflikten umgehen. Darüber nachzudenken, was man schon alles geleistet hat und wie einem das gelungen ist, wird die eigene Widerstandskraft enorm erhöhen. Hilfreich ist es auch, Ziele festzulegen und sich immer wieder darauf zu besinnen. Denn wer einen realistischen Plan hat und weiß, welche Wege er einschlagen möchte, der lässt sich von Rückschlägen nicht so leicht aus der Bahn werfen. Die Gewissheit, einen Plan zu haben, stärkt Ihre innere Kraft.

Innere Stärke stellt eine Fähigkeit dar, die es Schritt für Schritt aufzubauen gilt. Sie zu erlernen ist ein lebenslanger Prozess. Ein Zeichen von Stärke ist es, Unsicherheiten und Ängste zuzugeben. Sehen Sie das Leben öfter mal so, wie es ist: facettenreich und aufregend, mal bunt und mal grau, mit Höhen und Tiefen. Machen Sie das Beste daraus und seien Sie nicht zu hart mit sich selbst.

Die sieben Resilienzfaktoren nach Karen Reivich und Andrew Shatté:

- **Akzeptanz:** Ein Grundsatz der Achtsamkeit ist es, die Dinge zu nehmen, wie sie sind. Können Sie eine Situation nicht verhindern, machen Sie das Beste daraus.
- **Optimismus:** Verzweifeln Sie in schweren Situationen nicht, sondern behalten Sie Ihre Hoffnung und den Glauben an bessere Zeiten.
- **Umdenken:** Befreien Sie sich aus der Opferrolle und überlegen Sie stattdessen etwa, was Sie aus der letzten Hundebegegnung über sich und Ihren Hund gelernt haben.
- **Lösungsorientierung:** Kein Problem ist so groß, dass es sich nicht aus der Welt schaffen lässt. Versuchen Sie stets, aktiv nach Lösungen zu suchen.
- **Verantwortungsbewusstsein:** Übernehmen Sie die Verantwortung für Ihr Leben und Ihr Handeln, anstatt anderen wichtige Entscheidungen zu überlassen.
- **Hilfe:** Holen Sie sich einen professionellen Hundetrainer. Wer weiß, dass er nicht alleine mit seinen Problemen ist, fühlt sich automatisch stärker. Nicht alles auf eigene Faust zu erledigen, sondern sich zu vernetzen, ist daher wichtig.
- **Zielsetzung:** Zu einem achtsamen und selbstbestimmten Leben gehört es, Ziele zu definieren und diese aktiv zu verfolgen. Daher brauchen Sie eine Motivation.

Mut zur Veränderung

Schon Albert Einstein war der Ansicht, dass es „die reinste Form des Wahnsinns ist, alles beim Alten zu lassen und zu hoffen, dass sich etwas ändert." Wenn Sie also der Meinung sind, dass es so mit Ihnen und Ihrem Hund nicht weitergehen kann, müssen Sie etwas verändern, an sich und an Ihrem Hund, denn er kann es nicht alleine. Probieren Sie neue Wege aus und übernehmen Sie Eigenverantwortung. Eines muss Ihnen dabei bewusst sein: Sie müssen immer wieder Ihre Komfortzone verlassen. Das kann unbequem sein, doch daran werden Sie wachsen. An Gewohnheiten festzuhalten und nichts Neues zu wagen, vergrößert hingegen Ihren Stress und auch den Stress Ihres Hundes. Selbstmanagement ist auch ein Veränderungsprozess.

Der erste Schritt in die richtige Richtung ist getan, wenn Sie darüber nachdenken, ob Sie nicht auch Teil des Problems sein könnten und nicht davon ausgehen, Ihr Hund müsste einfach funktionieren. Andernfalls würden Sie dementsprechend trainieren, was eben nicht zu einem stressfreien Hund führen kann. Doch bitte machen Sie sich auch davon frei, an allen Situationen allein die Schuld zu tragen. Sich beständig einzureden, man sei kein guter Hundeführer, wird Sie beide nicht weiterbringen. Vielleicht glauben Sie das, weil andere dieser Ansicht sind. Oder Sie versuchen, es sich mit dieser Ausflucht leichter zu machen, um sich keinen Herausforderungen stellen zu müssen. Derartige Pauschalierungen führen Sie allerdings nur in eine Art Hilflosigkeit, aus der Sie alleine gar nicht mehr herauskommen.

Möchten Sie also nun, dass sich etwas ändert, dann müssen Sie etwas ändern. Sie brauchen die Bereitschaft, Dinge anders zu machen, neue Dinge auszuprobieren und vielleicht auch, sich selbst – wenigstens als Hundehalter – neu zu erfinden. Dafür müssen Sie sich sicher sein, dass Ihnen eine Stressbewältigung wichtig ist und Sie gegebenenfalls einiges dafür aufgeben müssen. Veränderungen beanspruchen nicht nur Zeit, sondern auch Energie. Sich selbst zu reflektieren, neue Wege zu gehen und auszuprobieren, erfordert Ihre volle Präsenz. Doch das Gute daran ist, dass Sie das Steuer in der Hand haben. Sie entscheiden, wie Sie mit schwierigen Situationen umgehen wollen. Sie geben die Ziele und den Zeitaufwand vor und richten Ihr Handeln danach aus. Es ist Ihr Hund, es ist Ihr Leben – machen Sie zusammen das Beste daraus und geben Sie sich nicht mit weniger zufrieden.

Hinterfragen Sie die Situationen, in denen Sie und Ihr Hund sich gestresst fühlen. Vielleicht schreiben Sie sich auch einfach auf, ob Ihnen beiden das derzeitige Hundetraining wirklich guttut, ob Sie dadurch Lösungen finden, brisante Situationen zu meistern, ob es Ihrem Bauchgefühl entspricht, ob es vielleicht andere und bessere Methoden gibt, Ihrer beider Leben harmonischer zu gestalten. Vielleicht müssen Sie einfach andere Wege gehen. Schauen Sie sich um, was für Sie und Ihren Hund die beste Möglichkeit wäre. Momentan ist das, was Sie gerade tun, das Beste, was Sie kennen und umsetzen können. Nehmen Sie das auch so an. Doch seien Sie bereit, sich zu hinterfragen, sich inspirieren zu lassen und mehr lernen zu wollen.

Scheuen Sie auch nicht, sich Hilfe zu holen, wenn Sie meinen, Sie würden es mit jemanden an Ihrer Seite besser hinbekommen. Sei es ein Trainer, der sich mit Hunden, die stressbedingte Verhaltensweisen an den Tag legen, auskennt und der Ihnen als Halter jegliche

Unterstützung zukommen lässt. Sei es ein Kurs, in dem Sie die Hundesprache erlernen, um danach Ihren Hund lesen zu können. Sei es ein Seminar, in dem Sie Entspannungstechniken für sich und Ihren Hund lernen. Stellen Sie sich die Frage, wie Sie sich und / oder Ihren Hund wieder ins Gleichgewicht bekommen. Etablieren Sie neue Strategien, die Sie beide brauchen, um sich sicherer zu fühlen. Und vor allem: Haben Sie keine Angst vor Veränderungen. Finden Sie den Mut dafür. Sie haben in der Vergangenheit schon so viele Veränderungen gemeistert und sich dabei ein ums andere Mal bewiesen, dass Sie dazu fähig sind.

Einige Methoden, die Ihnen helfen können, Stress abzubauen:

- Atemübungen, die sich auch direkt in Stresssituationen anwenden lassen
- Vor sich hinzusummen baut Stress ab
- Vor sich hinzulächeln setzt Glückshormone frei
- Hände unter warmes Wasser halten (aktiviert den Parasympathikus)
- Positiv(er) denken
- Autogenes Training (Gedanken wechseln, sich etwas Schönes vorstellen)
- Die Interpretation der Situation ins Positive verändern
- Sich selbst gut zusprechen
- Sich in Akzeptanz üben (Situationen kurz ertragen)
- Yoga und Meditation oder ähnliches zur prinzipiellen Entspannung
- Generell achtsamer leben und mehr auf den Körper und seine Bedürfnisse achten
- Einnahme eines Vitamin B-Komplexes

Stressmanagement im Alltag

Unter Stressmanagement versteht man Maßnahmen und Bewältigungsstrategien, um psychisch und physisch belastenden Stress zu verringern oder ganz abzubauen. Methoden, mit denen Sie persönlich gegen Stress widerstandsfähiger werden können, sind bereits erwähnt worden. In diesem Abschnitt geht es darum, Strategien kennenzulernen, um mit Situationen, in denen Sie und Ihr Hund oder nur Ihr Hund Stress empfinden, besser umgehen zu können. Sie verbessern damit Ihre eigene und seine Stressresistenz.

Wichtig ist zunächst, zu erkennen, dass Sie und Ihr Hund Stress haben. Oftmals ist es dafür hilfreich, sich Erlebtes zu notieren und sich so einen Überblick zu verschaffen, wann Sie oder Ihr Hund in Stress geraten. Wann geschieht das Verhalten? Wo zeigt Ihr Hund das Verhalten? Wie ist der Verlauf? Wie äußert sich das Verhalten? Wie beginnt es? Bis zu welchem Punkt ist es für Sie noch in Ordnung? Und zu welchem Zeitpunkt müssen Sie spätestens eingreifen, damit das Verhalten erst gar nicht auftritt? Ärgern Sie sich über sein Verhalten? Wie äußerst sich Ihr Ärger? Gibt es Orte und Zeiten, wo Sie beide sicher unterwegs sind? Nach dieser Erkenntnis können Sie besser und gezielter daran arbeiten,

Es ist hilfreich, sich nach einem stressigen Spaziergang das negativ Erlebte zu notieren.

etwas zu ändern. Der richtige Umgang bei Stress Ihres Hundes ist oft mit kleinen Mitteln möglich und doch sehr effizient. Aber eines vorneweg: Auch die genannten Maßnahmen eignen sich nicht für jeden Hund und sollten individuell abgestimmt werden.

Managementmaßnahmen

Managementmaßnahmen, um den Alltag für sich und Ihren Hund vorausschauend und stressfrei zu gestalten, sind oft ebenso einfach wie effektiv. Sie dienen vor allem der Bewältigung von Problemen im Alltag, und zwar auf eine Weise, dass der Hund ein unerwünschtes Verhalten erst gar nicht mehr zeigt. Letztlich sollen sie dabei helfen, dass Ihr Hund überhaupt nicht mehr in eine Situation kommt, in der er sich unerwünscht verhalten muss.

Ohne Managementmaßnahmen ließe sich ein Training mit gestressten Hunden gar nicht gestalten und es könnte auch nie erfolgreich enden. Denn jede Wiederholung einer stressbedingten Verhaltensauffälligkeit festigt das unerwünschte Verhalten des Hundes immer weiter. Würden Sie nun mit Ihrem Hund trainieren, ohne Managementmaßnahmen einzubauen, wird es schwierig werden, ihn von seinem üblichen Verhalten abzubringen, denn je häufiger Ihr Hund das Verhalten praktiziert, umso mehr wird es sich verfestigen. Managementmaßnahmen sorgen zwar nicht dafür, dass Ihr Hund sein Verhalten ablegt, aber sie dienen dazu, dass es in dieser Zeit nicht noch schlimmer wird. Daher müssen Sie ihm kontrollierbare Situationen schaffen, in denen Sie mit Ihrem Hund ein anderes Verhalten üben können, damit er erst gar nicht „rückfällig" wird.

Manche Situationen kehren immer wieder, andere kommen wie aus heiterem Himmel. Daher brauchen Sie etwas Simples an der Hand, das Ihnen beiden in jedem Fall Erleichterung verschafft. Management ist in beiden Fällen gefragt. Haben Sie eine klare Vorstellung davon, was Ihr Hund bereits gut bewältigen kann und vor allem auch wie lange, beispielsweise entspannt in seiner Box zu bleiben, können Sie entsprechend planen, gestalten und vorausschauend eingreifen. Angenommen Ihr Hund kennt keine Kleinkinder oder reagiert sehr unsicher auf sie und Ihre Freundin hat sich mit ihren beiden Kleinen zu Besuch angekündigt. Wenn kleine Kinder so gut wie nie in Ihr Zuhause kommen, ist es sicherlich nicht sehr sinnvoll, diese Situationen mit Kindern aus der Nachbarschaft zu trainieren, denn für diese wenigen Momente wäre das Training viel zu aufwändig. Stattdessen sollten Sie hier Managementmaßnahmen ergreifen, die für einen stressfreien Ablauf des Besuchs für alle Parteien sorgen. Das könnte eben dann die Box als bewährte Ruheoase sein, in die Ihr Hund sich verkriechen kann, die vielleicht sogar verschlossen wird und in der ihn niemand stören darf. Oder Sie können ihn mit einer Schleckmatte oder einem Knochen in das Nebenzimmer schicken und ein Babygitter zwischen den Türrahmen spannen, damit er Sie alle zwar noch sieht, aber eben nicht kommen kann. Oder Sie bringen ihn für die paar Stunden zu seinem Hundesitter. Das Wichtigste ist, dass weder er noch Sie Stress beim Besuch der Freundin empfinden und keiner der Beteiligten einen psychischen oder physischen Schaden erleidet.

Ein sogenanntes Babygitter eignet sich oftmals hervorragend als Managementmaßnahme.

Management im Alltag mit Ihrem Hund ist unabdingbar. Die oberste Priorität hat dabei immer die Sicherheit aller Beteiligten. Das heißt, dass weder Ihr Hund noch andere Hunde oder Menschen gefährdet werden können oder sich ängstigen müssen. Mit Managementmaßnahmen lassen sich brenzlige Situationen bereits im Vorfeld entschärfen. Das erspart Ihnen nicht nur Kummer, sondern Ihnen beiden auch eine ganze Menge an Stress. Auch wenn Sie solche Maßnahmen vielleicht zunächst einschränken, weil Sie bestimmte Dinge tun oder eben auch bleiben lassen müssen, sollten Sie sie Ihnen und Ihrem Hund zuliebe anwenden.

Egal, welche Verhaltensauffälligkeiten Ihr Hund zeigt: Versuchen Sie sie mit Managementmaßnahmen zu verhindern. Hat Ihr Hund beispielsweise ein Problem mit Artgenossen, bedarf es Ihres Managements, dass Ihr Hund so wenig Begegnungen wie nur möglich hat. Zerstört Ihr Hund zu Hause Gegenstände wie etwa Schuhe, dann wäre Ihre erste Maßnahme, alle Schuhe so wegzuräumen, damit Ihr Hund in der Zeit des Trainings keine Möglichkeit mehr dazu hat, sie zu schreddern. Überlegen Sie gleichzeitig, ob es gut trainierte Verhaltensweisen und starke Rituale gibt, auf die Sie zurückgreifen können und welche hier jetzt praktisch und praktikabel wären. Denn auch Rituale können Managementmaßnahmen darstellen, wenn sie bereits etabliert sind. Mit Hilfe bekannter Abläufe geben Sie sich und Ihrem Hund nicht nur Struktur, sondern auch Sicherheit. Sind Sie gerade dabei,

Hundebegegnungen zu üben, können Sie sich durch verschiedene Anti-Stress-Methoden, die Sie mittlerweile kennen, in einen gelasseneren Zustand versetzen, um dadurch Ihrem Hund gegenüber souveräner aufzutreten und ihm mehr Sicherheit zu vermitteln.

Eines müssen Sie wissen: Managementmaßnahmen sind zur Veränderung von Verhaltensweisen nie die Lösung, sondern immer nur begleitende und unterstützende, aber äußerst effektive Möglichkeiten gegen Stress. Management ist daher eine Art Prävention, sodass die stressbedingten Verhaltensauffälligkeiten Ihres Hundes erst gar nicht mehr auftreten, um in dieser Zeit effektiv trainieren zu können. Wichtig ist das vor allem, wenn es sich um ängstliche oder aggressive Hunde handelt. Was es dagegen nicht bedeutet: eine bewusste Unterbrechung des Verhaltens. In diesem Fall hätte Ihr Hund das Verhalten ja bereits gezeigt – und genau das sollen Sie vorausschauend verhindern.

Managementmaßnahmen, um Verhaltensweisen Ihres Hundes zu stoppen:

- Die effektivste Managementmaßnahme ist die Leine, gerne auch im Haus
- Verwendung einer Box, wenn Sie im Vorfeld Boxentraining absolviert haben
- Verwendung eines Trenngitters
- Dinge wegräumen, wie etwa Schuhe oder Mülleimer
- Verwendung eines Maulkorbs als Schutz vor Bissverletzungen
- Absperren von Türen oder Schubladen
- Etwas zum Kauen, Schlecken, Schreddern oder Nuckeln besorgen
- Engagieren eines Hundesitters während des Alleinebleib-Trainings
- Disziplin und Konsequenz: klare Abläufe und Strukturen schaffen und diese einhalten
- Ruhezonen schaffen
- Rituale schaffen, um darauf zurückgreifen zu können
- Trainiertes Verhalten abrufen
- Sichtschutz an Zäunen oder in Autos verwenden
- Ablenkung etwa mit Futter, bis der Stressor vorüber ist

Vermeidungsstrategie

Stressigen Situationen aus dem Weg zu gehen – im wahrsten Sinne des Wortes –, ist auch eine Möglichkeit für Sie und Ihren Hund, sein Verhalten zu vermeiden. Unter Meiden versteht man die simple Fernhaltung von Stressoren. Wissen Sie etwa, dass Sie auf Ihrer Morgenroute immer auf denselben Hund treffen, und schon beim gegenseitigen Anblick aus der Ferne hängen dieser und der Ihre bellend in den Leinen, wäre es eine Möglichkeit, einen anderen Weg zu wählen oder zu anderen Zeiten zu gehen. So kommt Ihr Hund erst gar nicht in die Situation, Stress aufzubauen. Oder Sie spazieren mit ihm im Wald und

Ihnen kommt ein Jogger entgegen. Dann spricht nichts dagegen, mit Ihrem Hund den Hauptweg kurz zu verlassen, bis der Jogger vorbeigelaufen ist. So haben Sie beide keinen Stress und können den Spaziergang gemeinsam genießen. Meiden ist jedoch, wie alle anderen Managementmaßnahmen auch, immer nur eine kurzfristige Lösungsstrategie, um die Situation im Moment zu entschärfen, und ersetzt kein Anti-Stress-Training. Sie sollten sich nicht Ihr Leben lang zusammen mit Ihrem Hund in die Büsche schlagen. Doch wenn es zur Zeit für Sie und Ihren Hund das Beste ist, weichen Sie großräumig und vorausschauend aus, um stressige Begegnungen zu vermeiden.

Sind Begegnungen jeglicher Art ein Stressfaktor, da Ihr Hund darauf extrem reagiert, versuchen Sie doch, zunächst mal in Gegenden zu gehen, in der keine oder sehr wenig Begegnungen zu erwarten sind. Oder Sie gehen eine Zeit lang nur noch dort spazieren, wo Sie die Hund-Mensch-Teams eventuell schon kennen und daher auch besser einschätzen können. Halten Sie genügend Abstand zu allen, und zwar einen, bei dem Sie beide sich wohlfühlen. Suchen Sie Ihr Heil in der Flucht, wenn Ihnen jemand entgegenkommt. Versuchen Sie dabei, ohne eine hastige 180-Grad-Kehre einzulegen, sich langsam wegzudrehen und in eine andere Richtung zu gehen.

Ängstigen Sie sich vor Begegnungen, dann versuchen Sie, sich Ihrer Angst in kleinen Schritten zu stellen. Machen Sie das am besten zusammen mit einem Hundetrainer, der Sie und Ihre Ängste ernst nimmt und für Sie beide ein perfektes Training und eine machbare Lösung findet. Er wird sicherlich zusammen mit Ihnen an positiven Begegnungen arbeiten, sodass Ausweichmanöver ins Unterholz bald der Vergangenheit angehören.

Den richtigen Hundetrainer finden

Der folgende Abschnitt liegt mir sehr am Herzen, und zwar wegen Ihnen beiden. Denn so viel Lebensqualität Sie und Ihr Hund bei dem richtigen Trainer mit den richtigen Methoden finden werden, umso größeren Leidensdruck können Sie beide durch die falsche Hundeschule erfahren. Es ist leicht dahingesagt, wenn Sie einen Hund übernehmen – ob vom Züchter oder aus dem Tierschutz: „Am besten gehen Sie mit ihm erst mal in eine Hundeschule." Als ob allein schon das Wort für Qualität stünde. So ist es leider nicht.

Vielleicht sollten Sie wissen, dass sich jeder Hundetrainer ganz legal „Hundepsychologe", „Hundeverhaltenstherapeut", „Hundeverhaltensberater" oder ähnlich nennen darf. Auch wenn Sie lesen, dass Ihr Hundetrainer „zertifiziert" ist, muss das noch nichts heißen. Oftmals nennen deutsche Hundetrainer sich so, nur weil sie die behördliche Genehmigung nach § 11 Tierschutzgesetz besitzen. Das ist allerdings kein staatlich anerkanntes Zertifikat, wie man vielleicht meinen mag, sondern lediglich die Erlaubnis, eine Hundeschule führen zu dürfen. Ohne diese Genehmigung ist das nämlich rechtlich nicht gestattet. Zwar wird für die Erteilung dieser Genehmigung die Erfüllung von Mindestanforderungen an Sachkundekenntnissen verlangt, doch selbst hierfür gibt es bundesweit keine einheitliche Regelung. Und Trainer in Hundevereinen unterliegen überhaupt keiner behördlichen Genehmigungs- und Überprüfungspflicht. Hier werden Hunde von Ehrenamtlichen trainiert, die keinerlei Ausbildung vorweisen müssen. Schauen Sie daher bitte genau hin, in welche Hände Sie sich mit Ihrem Hund begeben.

Eine gute Hundeschule zu finden ist alles andere als einfach, denn Sie werden meist erst im Laufe der Zeit feststellen, wo Sie gelandet sind und wie es Ihnen und Ihrem Hund mit dem Training ergeht. Verlassen Sie sich auch bitte nicht darauf, dass der Hundetrainer schon wissen wird, was er tut. Wenn Sie nicht hinter dem stehen können, was er Ihnen beibringen will, kein gutes Bauchgefühl haben, dann gehen Sie wieder. Bedauerlicherweise stellt sich der herrschende Umgang oftmals doch nicht als so wertschätzend heraus, wie er angepriesen worden ist – weder mit Ihnen noch mit Ihrem Hund. Überlegen Sie sich auch, ob Sie eine Hundeschule besuchen wollen, bei der Sie vorab nicht einmal vom Rand aus bei einer Kursstunde zusehen dürfen, sondern sofort einen mehrtägigen Kurs buchen müssen – mit Vorauszahlung und ohne Rückerstattung. Führen Sie zudem vor einem ersten Termin immer ein Gespräch mit Ihrem künftigen Trainer und gewinnen Sie so für sich einen ersten Eindruck.

Eine geeignete Hundeschule für gestresste Hunde zu finden ist alles andere als einfach.

Da viele Hundetrainer in unterschiedlichen Methoden und wissenschaftlichen Ansätzen ausgebildet sind, sollten Sie in jedem Fall vergleichen, bevor Sie sich binden. Auch wenn betont wird, nicht nach Schema „F“ vorzugehen, wird es eben leider doch oft so sein. Um wirklich individuell mit Hunden arbeiten zu können, braucht man ein breitgefächertes Wissen über Hunde und einen großen Werkzeugkoffer an Trainingsmethoden, was bei weitem nicht alle Trainer vorweisen können. Ich selbst höre oft, dass Halter schon mehrere Hundeschulen „durch haben“, und es hätte nichts gebracht. Das ist frustrierend, denn meist ist es so, dass der Hund danach noch mehr stressbedingte Verhaltensauffälligkeiten zeigt, die Halter zermürbt sind, sich hilflos, unfähig und unverstanden fühlen, viel Geld investiert haben und statt eines harmonischen Teams ein mehr oder weniger erträgliches „nebenher“ Leben entstanden ist.

Schauen Sie sich die Philosophie der einzelnen Hundeschulen an, die für Sie infrage zu kommen scheinen. Sie werden so verschieden sein wie die Namen der Schulen selbst. Aber alle sollen in der Lage sein, Ihnen und Ihrem Hund zu helfen, ein unerwünschtes Verhalten abzulegen. Meist gehen die Methoden dabei nicht ins Detail. Manchmal schon – dann müssen Sie sich überlegen, ob Sie das wollen. Ist es wirklich so toll, wenn Sie ohne Leckerchen mit Ihrem Hund arbeiten sollen, nachdem Sie nun alles über Belohnungen wissen? Wenn in Welpengruppen Chihuahuas zusammen mit Bernhardinern trainiert werden? Wenn Ihnen garantiert wird (oh ja, garantiert!), dass Ihr Hund in 16 Wochen stressfrei, problemfrei, entspannt und alltagstauglich sei? Wenn Hundeschulen, die, wenn Sie zwischen den Zeilen lesen, Ihren Hund eigentlich eher dressieren als trainieren? Informieren Sie sich im Vorfeld genau, was Sie erwartet, wie der Trainer meint, Ihrem Hund helfen zu können und wie er Sie dabei unterstützen kann. Informieren Sie sich über die Leistungen, die er anbietet. Schauen Sie vorab, wie er mit Hunden und ihren Haltern arbeitet, wie sein Umgangston ist. Auch der eigene Hund des Trainers ist ein guter Anhaltspunkt. Haben Sie einen gestressten Hund an der Leine, dann brauchen Sie einen Trainer, der Sie und Ihren Hund als vollwertige Wesen sieht und Sie beide so nimmt, wie Sie sind. Sie benötigen dann erst einmal kein akkurates „Sitz“ oder „Platz“. Was Sie brauchen, ist Unterstützung im Alltag, ein Trainer, der Sie beide aus der Hilflosigkeit holt und Lebensqualität schenkt. Und ein Training, das hilft, bei Ihnen und Ihrem Hund Stress abzubauen.

Es steht Ihnen jederzeit frei, eine Hundeschule zu wechseln, wenn Sie sich nicht mehr wohlfühlen, natürlich auch mehrmals. Allerdings wird ein ständiger Wechsel vor allem Ihrem Hund nicht guttun, denn sicherlich werden andere Hundetrainer anders arbeiten. Konsequenz und Beständigkeit sind aber gerade für gestresste Hunde extrem wichtig. Natürlich bleiben Sie bitte nicht aus diesen Gründen bei einem Trainer, der Ihren Ansprüchen nicht gerecht werden kann. Deshalb schauen Sie, dass Sie von Anfang an den richtigen für sich und Ihren Hund finden. Müssen Sie wechseln, geben Sie sich beiden Zeit und bleiben Sie geduldig.

Was Sie mit einem unsicheren, ängstlichen, hyperaktiven oder gar aggressiven Hund benötigen, ist ein Trainer, der über den Tellerrand hinausschaut und nicht nur das eigentliche Verhaltensproblem im Blick hat. Der zusammen mit Ihnen Ursachenforschung betreibt. Das bedeutet, auch ein Augenmerk auf Gesundheit und Ernährung des Hundes zu legen. Um zu sehen, ob er Schmerzen hat oder Einschränkungen im Bewegungsapparat.

Einen Trainer, der Verhaltensprobleme nicht mit gängigen „Hundeschulen-Methoden" angeht, sondern mit dem Wissen um das Ganze, und der auf ein breites Spektrum an Therapien und Methoden zurückgreifen kann. Der nicht nur auf die Verhaltensauffälligkeit Ihres Hundes achtet, sondern Sie miteinbezieht, denn auch Halter leiden in der Regel sehr unter ihren Hunden und deren Verhalten. Ein Trainer, der Ihnen neue Wege aufzeigt, die zu einem besseren Miteinander führen. Ein Miteinander mit kleinen und großen Erfolgen, mit Respekt, Vertrauen und Verständnis, mit Spaß und mit Freude. Und ein Trainer, der sich nicht davor scheut, sich Experten mit an Bord zu holen. Das können Tierärzte sein, erfahrene Ernährungsberater, Tierheilpraktiker oder auch ein Trainerkollege, den er für Ihren Hund momentan geeigneter erachtet als sich selbst.

Schauen Sie also genau hin, wem Sie sich und Ihren Hund anvertrauen – mit all dem Wissen, das Sie nun besitzen. Denn nur so kann einem harmonischen Zusammenleben nichts mehr im Wege stehen.

Einige Anhaltspunkte, die Ihnen die Wahl eines Hundetrainers erleichtern können:

- Kann er Ihnen erklären, was Stress ist und wie er sich äußert?
- Wie korrigiert und wie belohnt er das Verhalten Ihres Hundes?
- Wie sieht das Training mit Ihrem Hund aus und wie das Training mit Ihnen?
- Kann er erklären, welche Rolle die Beziehung zwischen Ihnen und Ihrem Hund spielt?
- Welche Philosophie vertritt er bezüglich eines Trainings mit Ihnen und Ihrem Hund?
- Kann er Erfahrung mit gestressten Hunden vorweisen?
- Kann er Erfahrung mit gestressten Haltern vorweisen?
- Hat er einen ganzheitlichen Blick auf Ihren Hund?
- Ist der Umgang mit Ihnen und Ihrem Hund fair und respektvoll?
- Fühlen Sie und Ihr Hund sich rundum wohl mit dem Training?
- Haben Sie den Eindruck, dass Sie beide viel lernen und viel mitnehmen können?
- Werden im Training mit Ihrem Hund gewaltfreie und effektive Methoden angewandt?
- Können Sie beide ohne Druck üben und lernen?
- Bringt er Ihnen beiden Wertschätzung entgegen und sorgt für Ruhe und Inspiration?
- Weist er Sie in die Hundesprache ein, um Stress bei Ihrem Hund erkennen zu können?
- Zeigt er Ihnen, wie Sie die eigene Körpersprache nutzen können?
- Schafft er es, Ihnen und Ihrem Hund Ängste zu nehmen?
- Gelingt es ihm, Sie beide zur Ruhe zu bringen?
- Haben Sie bei ihm ein gutes Bauchgefühl für sich und Ihren Hund?

8.

Fälle aus der Praxis

Der Fall Billy

Billy ist ein Podenco-Mix und stammt aus Rumänien. Hier ist er in einer Tötungsstation gelandet, bevor man ihn von dort herausholte und ihn in einen Shelter in Boldesti gebracht hat. Mit etwa neun Monaten ist Billy in Rumänien kastriert und über eine Tierschutzorganisation in seine jetzige Familie nach Deutschland vermittelt worden. Was er davor alles erlebt und durchgemacht hat und wie es ihm dabei ergangen ist, bleibt wie bei so vielen Hunden aus dem Tierschutz im Ungewissen.

Fakt aber ist, dass Billy die wichtigste Zeit in seinem Leben in absolutem Stress verbracht hat, unter ebenfalls gestressten Hunden und in einer Umgebung, die für einen Start ins Leben schlimmer kaum sein kann. In dieser Zeit ist er zudem noch viel zu früh kastriert worden.

Zu Beginn des Trainings war Billy hyperaktiv und konnte sich sehr schlecht konzentrieren.

Die Ausgangssituation

Billy kann sich sehr schlecht konzentrieren und auch nicht lange liegen bleiben. Er wirkt äußerst unruhig, recht unsicher und ist schnell gestresst. Nachts kann er sich aber gut erholen und schläft durch.

Am Gartenzaun verbellt er jeden, der vorbeigeht, ist immer auf Habachtstellung und lässt seinen aufgebauten Stress oftmals im wahrsten Sinne des Wortes freien Lauf, indem er nach aufregenden Situationen wie aufgedreht durch den Garten rennt und dazwischen gerne buddelt. Bei diesem exzessiven Rennen hat er sich schon mehrmals Muskelzerrungen zugezogen.

Beim Spaziergang geht er an der langen Leine, weil er, würde man ihn freilassen, weglaufen würde. Zudem kann er momentan noch nicht weit mit dem Auto fahren, ohne sich übergeben zu müssen. Ihm unbekannte Situationen machen ihm Angst und Silvester, Gewitter, Starkregen und Sturm empfindet er als so schlimm, dass er direkt anfängt zu hecheln und zu zittern – trotz Anwesenheit seiner Familie. Danach braucht er lange, um zur Ruhe zu kommen. Ein bereits begonnenes Deckentraining ist bislang insofern erfolglos geblieben, dass Billy nie lange liegen bleibt.

Draußen ist Billy kaum ansprechbar, weil er dort zu sehr auf seine Umwelt achten muss, um nicht unverhofft auf etwas in seiner Wahrnehmung Schlimmes zu treffen. Nicht selten bleibt er für längere Zeit irritiert stehen, wenn er irgendetwas hört oder riecht, was ihm nicht geheuer ist. Zudem kann mit ihm nicht jederzeit jeder Weg gegangen werden, denn sobald dort irgendwann etwas für Billy Schreckliches passiert ist – einmal etwa hat er mit einem elektrischen Weidezaun unliebsame Bekanntschaft gemacht –, ist dieser Weg für ihn eine lange Weile „unpassierbar". Wenn Billy an der Leine hergerufen wird, kommt er noch nicht zuverlässig, und wenn er kommt, dreht er sich auch gleich wieder um, um weiter seinen Angelegenheiten nachzugehen.

Die ganze Familie liebt Billy sehr und geht auch äußerst verständnisvoll mit ihm um, ist aber durch ihn doch recht eingeschränkt, was etwa gemeinsame Urlaube mit ihm betrifft.

Das Ziel

Mit den ersten Trainingszielen soll erreicht werden, dass Billy sich besser konzentrieren kann, dass er sich auf ein Kommando hin auf seine Decke schicken lässt und beginnt, sich dort zu entspannen. Auch soll Billy lernen, in einer Box zu entspannen. Sie soll ihm später Schutz bieten – während eines Gewitters ebenso wie beim Autofahren. Außerdem soll die Familie lernen, ihren Hund besser zu lesen. Sie bekommt Möglichkeiten und Methoden an die Hand, Billy in gestressten Situationen zu unterstützen und ihn schneller aus diesen Situationen zu holen. Billy soll ansprechbarer werden, lernen, etwas kurzzeitig ertragen zu können, und auch begreifen, dass er jederzeit Hilfe bei seiner Familie suchen kann.

Weiter gesteckte Ziele: Billy soll seinen Menschen vertrauen können, Autofahren als etwas Schönes empfinden (damit die Familie mehr Möglichkeiten mit ihm hat), sich noch schneller entspannen können, die Angst vor Gewitter minimieren und selbstbewusster werden.

Die Managementmaßnahmen

Vor einem Gewitter bekommt Billy Notfall-Bachblüten. Dabei wird er durch die Nähe seiner Menschen unterstützt, damit er die Zeit nicht alleine durchleben muss.

Die bisherigen Trainingsmethoden

- **Das Zehn-Leckerchen-Spiel:** Für bessere Konzentration, bessere Ansprechbarkeit, Impulskontrolle, spielerische Unterstützung in stressigen Situationen (Bellen am Zaun, Gewitter), Stärkung der Bindung, Etablierung eines Rückrufs, große Motivation durch Super-Leckerchen.

- **Ein Decken- und Boxentraining:** Ruheoasen im Haus und im Garten etablieren, konditionierte Entspannung, die Box als Zufluchts- und Schlafstätte etablieren sowie als Zwischenschritt für einen sicheren Platz bei Gewitter und im Auto.
- **Bodenarbeit:** Um Selbstvertrauen zu gewinnen, den eigenen Körper wahrzunehmen, zu entschleunigen, sich auf sich und seine Fähigkeiten zu konzentrieren, Problemlösung und bessere Konzentration zu fördern, Hyperaktivität herunterzufahren.
- **Mentaltraining und Nasenarbeit:** Für mehr Selbstbewusstsein, geistige Auslastung, Stärkung der Bindung, um körperliche Potenziale und Problemlösungsfähigkeit zu fördern.
- **Unterstützende Methoden:** Physiotherapie, Dorn-Therapie, Faszientherapie, Entspannungsmassagen, ein vom Hund gewählter Duft (Anti-Stress), RelaxoPet, Bachblüten-Tropfen, Bachblüten-Drops sowie CBD-Öl mit L-Tryptophan. Was davon letztlich zum Einsatz kommt, ist immer situationsbedingt.

Billy wurde beim Deckentraining mit einem von ihm ausgewählten Duft unterstützt.

Was bislang erreicht worden ist

Billy ist wesentlich stressresistenter geworden. Er kann entspannen und hat bereits gelernt, dass es Wege gibt, furchtbare Situationen zu meistern – allein oder mit seinen Menschen.

Mittlerweile kann seine Familie am Tisch essen, während Billy ruhig auf seiner Decke bleibt – auch auf der Terrasse, selbst wenn auf der Straße ein Hund bellt. Gewitter empfindet Billy noch als relativ furchtbar, aber er kann im Anschluss direkt wieder relaxen. Auf dem Spaziergang ist er mittlerweile abrufbar, bleibt aber noch an der Leine. Billy ist insgesamt selbstbewusster geworden und traut sich mehr zu. Die Box ist für ihn bereits zum Rückzugsort geworden, an dem er sich wohlfühlt und entspannen kann. Zudem ist es sein bevorzugter Schlafplatz geworden. Von daher steht nun einem Autofahrtraining mit der Box nichts mehr im Wege.

Das Training hat zudem bewirkt, dass Billy nun sogar einfach mal bei seinen Menschen vorbeikommt, um sich eine Streicheleinheit abzuholen oder zu kuscheln, was zeigt, dass er nicht nur Vertrauen gefunden hat, sondern auch gerne deren Nähe sucht.

Billy ist mittlerweile so selbstsicher, dass er für dieses Buch als bevorzugtes Fotomodel für Therapie- und Trainingsmethoden hat eingesetzt werden können, eine Aufgabe, die er, wie ich finde, mit Bravour gemeistert hat.

Weil sich Billy in seiner Box sicher fühlt, kann nun ein Autotraining mit der Box beginnen.

Der Fall Fly

Fly ist ein Tricolor Collie amerikanischen Typs. Er ist bei einem sogenannten Hobbyzüchter geboren, dessen eigene Probleme offenbar so gravierend gewesen sind, dass für seine Hunde keine Zeit mehr geblieben ist. Die ersten drei Jahre ist Fly zusammen mit vier weiteren Collies in einem dunklen, kalten Keller gehalten worden. Die Hunde haben einmal am Tag in den Garten gedurft, um sich zu lösen, und haben danach sofort wieder in ihr Verlies zurückkehren müssen. Zudem sind sie wohl Misshandlungen ausgesetzt gewesen. Als Fly zu seiner Familie gekommen ist, haben ihm zwei Vorderzähne gefehlt und zwischen Auge und Nase ist eine große Narbe nicht zu übersehen gewesen, die nicht von einem Hundebiss, sondern laut Tierarzt wahrscheinlich von einem Stock hergerührt hat. Nach dem Tod ihres Halters sind die fünf Hunde vermittelt worden. Bei seiner Übergabe hat Fly bei einer Größe von 63 Zentimetern statt den üblichen 30 Kilo nicht einmal 15 Kilo auf die Waage gebracht.

Fly hatte die ersten Jahre seines Lebens in Angst und Schrecken verbringen müssen.

Die wichtigste Zeit in seinem Leben hat Fly im Dunkeln, ohne menschliche Fürsorge, ohne soziale Kontakte, ohne ausreichend Futter und Wasser, ohne Bewegung im Freien, dafür mit physischen wie psychischen Misshandlungen verbracht. Seine „Mitgefangenen" sind demselben Stress ausgesetzt gewesen wie er. Alle haben Jahre in Angst und Schrecken verbringen müssen.

Die Ausgangssituation

Fly lebt seit gut fünf Jahren bei seiner Familie. Die ersten drei Jahre hat Bella, eine damals achtjährige souveräne Labradorhündin, ihn durch sein Leben begleitet. Sie hat seine ersten Schritte wunderbar unterstützt, sodass sich Fly seinen Umständen entsprechend einleben konnte. An ihr hat er sich orientieren und an ihrer Seite sich sicher fühlen können. Leider ist Bella vor zwei Jahren verstorben. Gleichzeitig hat Fly wieder begonnen, alte Verhaltensmuster an den Tag zu legen wie sich unter dem Tisch oder in der Speisekammer zu verkriechen, wenn ihm etwas unheimlich ist. Er hat nach wie vor Angst vor fremden Menschen, selbst vor Nachbarn, die er seit Jahren kennt. Mittlerweile fühlt er sich nun aber auch bei Artgenossen unsicher und bellt sie an, darunter auch Hunde, die er lange kennt und bei denen es zuvor nie Probleme gegeben hat. Bei bestimmten Geräuschen wie das Klingeln an der Haustür, Gewitter, Schüssen, Niesen oder das Zischen einer Spraydose, rastet er total aus, bellt, springt hoch, hechelt, zittert und kann sich kaum beruhigen.

Autofahren ist für Fly von Beginn an der absolute Stress. Daran hat selbst die Gegenwart von Bella nie etwas ändern können. Er sitzt im Kofferraum, ist ganz still, bellt nicht, jault nicht, aber speichelt. Dabei ist er und alles unter ihm nass, selbst bei kurzen Fahrten oder wenn es zu einer richtig schönen Wandertour geht. Dadurch sind die Autofahrten notgedrungen seit längerem auf die Besuche beim Tierarzt beschränkt.

An der Seite von Bella konnte sich Fly seinen Umständen entsprechend einleben.

Fly lässt sich nicht mehr bürsten, vor allem wenn man seinem hinteren Bereich nahekommt, beginnt er zu knurren. Mehrmals hat er bei diesen Gelegenheiten – auch beim Tierarzt – bereits zu schnappen versucht. Er leidet aufgrund seiner ehemals schlechten Haltung seit Jahren unter schwerer Arthrose. Seit einiger Zeit ist er nun auch am Cushing-Syndrom erkrankt, einer Hormonstoffwechselkrankheit, bei der die Nebenniere zu große Mengen an Cortisol produziert. Bei dieser Krankheit führt jede mit Stress belastete

Situation zu einer verstärkten Produktion von Cortisol und zu einer Verschlimmerung der Symptome. Zusammengefasst lässt sich sagen: Der ganze Körper zeigt Stressanzeichen.

Das Ziel

Das primäre Ziel ist es, der Familie Managementmaßnahmen an die Hand zu geben, um den Stress bei Fly sofort zu mindern, da es ansonsten schwerwiegende Auswirkungen auf seine Krankheit hat. Als nächstes muss abgeklärt werden, ob er unter Schmerzen leidet und ob das der Grund ist, warum er sich nicht mehr bürsten und anfassen lassen möchte. Auch die Spaziergänge bereiten ihm offenbar keinen Spaß mehr. Ihn zu weiteren Runden zu bewegen, ist schwierig geworden.

Da Fly krankheitsbedingt oft zum Tierarzt gefahren werden muss, soll er lernen, die Autofahrt dorthin nicht als puren Stress zu empfinden. Dafür soll sich Fly konditioniert entspannen können. Weiterhin bekommt die Familie Möglichkeiten und Methoden an die Hand, Fly in gestressten Situationen zu unterstützen und ihn schneller aus diesen Situationen holen zu können. Fly soll lernen, etwas kurzzeitig ertragen zu können und auch begreifen, dass er jederzeit Hilfe bei seiner Familie suchen kann.

Weiter gesteckte Ziele: Fly soll lernen, dass es ein sicheres und stressarmes Leben auch ohne Bella geben kann. Er soll seiner Familie noch mehr vertrauen können und Autofahren als etwas Schönes empfinden, sie zumindest zu ertragen, ohne speicheln zu müssen.

Die Managementmaßnahmen

Die Klingel wird ausgetauscht, sodass ein anderer Ton erfolgt, den Fly nicht mit der Haustür verbindet. Reagiert er nach einiger Zeit erneut heftig darauf, würde der Ton als etwas Tolles eingeführt werden. Spraydosen wie das Backofenspray sind momentan tabu.

Ist Besuch angesagt, kommt Fly hinter ein Trenngitter in ein Nebenzimmer und darf dort an einem Knochen kauen oder an einer Schleckmatte lecken. Der Besuch spricht Fly nicht an und ignoriert ihn vollständig. Besuch mit Hunden darf momentan nicht ins Haus.

Die Gassirouten und -zeiten werden so gewählt, dass Fly niemandem begegnen kann.

Vor einem Gewitter werden Bachblüten verabreicht und wenn es zeitlich möglich ist, wird er durch die Nähe seiner Menschen unterstützt. Der Familie werden die Anzeichen von Stress erklärt, damit sie ihn besser lesen kann.

Die bisherigen Trainingsmethoden

- **Das Zehn-Leckerchen-Spiel:** Für bessere Ansprechbarkeit, Impulskontrolle, spielerische Unterstützung in stressigen Situationen (bei Hunden in der Ferne), Stärkung der Bindung, Leckerchen als große Motivation (da Fly aufgrund seiner Vorgeschichte und seiner Krankheit sehr verfressen ist).

- **Medical-Training:** Das Anfassen wird achtsam trainiert, Fell- und Pfotenpflege sollen wieder möglich sein, bessere Kooperation mit dem Tierarzt und dem Physiotherapeuten.
- **Bodenarbeit:** Um körperliche Fähigkeiten zu fördern, Selbstvertrauen zu gewinnen, den eigenen Körper wahrzunehmen, sich auf sich und seine Fähigkeiten zu konzentrieren, die Problemlösungskompetenz zu steigern.
- **Mentaltraining und Nasenarbeit:** Um Selbstbewusstsein und Bindung zu stärken, für die geistige Auslastung, um körperliche Fähigkeiten und Problemlösungsfähigkeit zu fördern.
- **Unterstützende Methoden:** Physiotherapie. Shiatsu, Dorn-Therapie, Akupressur, Farbtherapie, Körperbänder, Isometrische Übungen, Entspannungsmassagen, Propriozeptionstraining, der von ihm ausgewählte Duft (Bitter Orange), RelaxoPet, Bachblüten-Tropfen, Bachblüten-Drops, CBD-Öl mit L-Tryptophan. Was dabei letztlich zum Einsatz kommt, hängt immer von der Situation ab.
- **Nach Abklingen der Schmerzen beginnt ein Autofahrtraining:** Extrem kleinschrittig ans Auto heranführen und auch ans Einsteigen gewöhnen – in seinem Tempo, in seiner Tagesform, ohne Zwang, dafür mit viel Geduld und positiver Verstärkung.

Was bislang erreicht worden ist

Fly wirkt physisch und psychisch stabiler. Nach ausgiebigem Medical Training und anschließender intensiver Physio- und Körpertherapie lässt er sich wieder überall anfassen und hat wieder Freude an seinen Gassirunden. Zudem hat er mit Hilfe von zahlreichen begleitenden Maßnahmen gelernt, zu entspannen. Dabei schläft er auch regelmäßig ein. Viele stressige Situationen kann er nun kurz und mit Unterstützung seiner Familie ertragen. Er wirkt insgesamt selbstbewusster. Mittlerweile geht er – mit Bachblütentropfen und ohne Zögern – ins Auto, und es ist bereits möglich, eine Runde um den Block zu fahren, ohne dass er speichelt.

Nach einem kleinschrittigen und geduldigen Training hat Fly wieder Freude am Laufen.

Besuch im Nebenraum erträgt er, ohne dabei Stressanzeichen zu zeigen. Er nagt dort zufrieden an einem Kauknochen. Hunde dürfen nach wie vor nicht mitgebracht werden. Draußen kann Fly Hunde in weiter Distanz mit Hilfe seiner Familie wieder ertragen, ohne sich gleich aufregen zu müssen. Er ist besser ansprechbar, hat wieder viel mehr Vertrauen gegenüber seinen Menschen entwickelt und meistert die ersten Schritte ohne Bella an seiner Seite.

Fly ist leider kurz vor der Fertigstellung dieses Buches an den Folgen seiner Krankheit verstorben.

Der Fall Maisy

Die schwarze Greyhound-Hündin Maisy ist in Irland geboren, und zwar, wie Zigtausende andere Greyhound-Welpen auch, nur zu einem Zweck: Um eine möglichst lukrative Rennkarriere einzuschlagen. In Maisy hat man Potenzial erkannt, weshalb sie im Gegensatz zu vielen anderen jungen Greyhounds am Leben hat bleiben dürfen. Doch wie bei allen Hunden, mit denen sich viel Geld verdienen lässt, hat auch Maisy auf sozialen Kontakt mit Menschen und ein behagliches Zuhause verzichten müssen. Gemeinsam mit anderen Greyhounds hat sie in viel zu kleinen Zwingern und Verschlägen gelebt (typischerweise stehen drei Greyhounds drei Quadratmeter zur Verfügung), und diese nur verlassen, wenn es auf die Rennbahn gegangen ist. Meist müssen sie auch in den Zwingern einen Maulkorb tragen, um sich vor Stress und Langeweile nicht selbst zu verletzen. Auf die von Greyhounds geforderten Höchstleistungen werden sie nicht vorbereitet, was meist schwere Muskel- und Knochenverletzungen nach sich zieht. Maisy hat in zweieinhalb Jahre insgesamt 42 Rennen absolviert, bei denen sie anfangs immer die vordersten Plätze belegt hat. Als ihre Leistung im Laufe der Zeit nachgelassen hat, ist sie „aussortiert" worden. Für die meisten Greyhounds bedeutet dies unweigerlich den Tod auf grausame Art und Weise. Maisy hat das Glück gehabt, das nur wenigen beschert ist: Sie ist von einem Verein gerettet worden.

Bis zu ihrer Rettung hat Maisy sicherlich kein schönes Leben gehabt. Die wichtigste Zeit in ihrem Leben hat sie in einem fürchterlichen Umfeld verbracht, in dem sie nichts hat erfahren und lernen können, sondern nur gnadenlos benutzt worden ist.

Maisy wurde in Irland nur zu dem Zweck geboren, jahrelang auf der Rennbahn zu laufen.

Die Ausgangssituation

Maisy ist viereinhalb Jahre alt und lebt erst seit ein paar Tagen bei ihrer Halterin in einem Einfamilienhaus mit kleinem Garten. Sie will das Haus nicht verlassen und kauert auf einem für sie eigentlich zu kleinem Kissen im dunklen Flur. Nur mit Nachdruck ist es möglich, Maisy dazu zu bewegen, ein paar Meter nach draußen zu gehen, um ihre Geschäfte zu erledigen. Den Garten betritt sie gar nicht. Dafür müsste sie erst das Wohnzimmer

Unter ihrem Rennnamen Corrin Maisy hat sie insgesamt 42 Rennen bestreiten müssen.

durchqueren, in dem auch eine bequeme Liegemöglichkeit bereitstünde. Aber auch dieses betritt sie momentan nicht.

Ihr Fell ist ungepflegt, dick, glanzlos und voller Schuppen. Der Blick ist abgewandt, die Ohren rückwärtsgerichtet und die Atmung flach.

Die Kruppenmuskulatur ist bei Maisy vom Rennen extrem ausgebildet, bretterhart und vollkommen verspannt. Ihr Gang wirkt steifbeinig. Eine ständige Angespanntheit der Muskulatur ist für einen Greyhound besonders schlecht, da er einen deutlich höheren Prozentsatz an Muskulatur besitzt als andere Hunderassen (57 Prozent statt 43 Prozent). Maisy hat dadurch Schmerzen. Schmerzen erhöhen wiederum den Stress und ihre Unsicherheit. Zudem leidet sie seit ihrer Ankunft unter Durchfall.

Männer machen ihr besonders Angst. Bei ihnen zeigt sie ausgeprägte Beschwichtigungssignale. Sie verhält sich absolut passiv und vermittelt einen lethargischen Eindruck. Auch Autofahren stellt für Maisy ein großes Problem dar, und zwar schon beim Einsteigen. Maisy kennt weder ihren Namen noch ein sicheres Zuhause. Sie nimmt keinerlei Leckerchen an und frisst und trinkt auch nur, wenn sie nicht beobachtet wird. Maisys Bewältigungsstrategie ist das Freezing.

Das Ziel

Die ersten Trainingsziele beinhalten, dass Maisy ansprechbar wird und auf ihren Namen hört. Sie soll lernen, dass es sich lohnt, das Haus kurz zu verlassen, denn im Anschluss ist Futterzeit und danach darf sie sich wieder hinlegen. Sie soll mithelfen, wenn die Besitzerin ihr das Geschirr anlegen möchte. Sie soll lernen, sich entspannen und Vertrauen fassen zu können.

Die Halterin soll erkennen, wie Maisy zu lesen ist, sie dadurch besser verstehen und ihre Zeichen richtig deuten können.

Die nächsten Schritte sind kurze Spaziergänge auf immer demselben Weg und zu denselben Uhrzeiten, bei denen Maisy das Tempo vorgibt. Auch im Haus werden Rituale eingeführt, die strikt eingehalten werden. Die Halterin soll Maisy anfassen und kämmen dürfen. Maisy soll sich ins Wohnzimmer und auch in den Garten trauen. Sie soll lernen, dass ihr Platz im Wohnzimmer ist, auch wenn das Kissen im Flur fürs Erste liegen bleibt.

Weiter gesteckte Ziele: Maisy soll ihrer Halterin vertrauen und Autofahren als etwas Angenehmes oder zumindest Harmloses empfinden, damit sie die notwendigen Strecken zum Tierarzt fahren kann. Zudem soll sie anfangen, mit Hilfe von Bodenarbeit ihren eigenen Körper wahrzunehmen und selbstbewusster zu werden. Auch die Spaziergänge werden nun länger und es kommen mehrere Strecken hinzu.

Zudem bekommt Maisy Physiotherapie, um die Schmerzen in ihrer Hinterbeinmuskulatur zu lindern. Außerdem bekommt sie entspannende Massagen, und ihr Immunsystem und ihre Darmflora werden aufgebaut.

Managementmaßnahmen

Die Halterin ist stets sehr freundlich zu Maisy, wenn sie an ihr im Flur vorbeigeht, aber langt sie dabei weder an noch kauert sich zu ihr und spricht auf sie ein. Die Tür zum Wohnzimmer bleibt immer offen.

Jedes Mal, wenn die Halterin bei Maisy vorbeigeht, lässt sie ein Leckerchen fallen und nennt danach ganz freundlich ihren Namen. Nach einiger Zeit sagt die Halterin erst den Namen und wartet kurz auf die geringste Reaktion, und sei es nur ein Blick aus den Augenwinkeln, bevor das Leckerchen fällt. Das Futter selbst wird in der anschließenden Küche vorbereitet und danach im Flur stehen gelassen, bis Maisy sich ihr Futter alleine holt.

Der Halterin wird erklärt, dass ein Hund nicht unter allen Umständen das Haus mehrmals am Tag verlassen muss. Das Verlassen des Hauses wird zunächst auf zwei Mal täglich beschränkt, und das immer zur selben Uhrzeit. Danach gibt es umgehend Futter. Direkt am Eingang wird eine Schüssel mit Leckerchen aufgestellt. Jeder notwendige Besuch nimmt sich eines, geht ohne Beachtung an Maisy vorbei ins Wohnzimmer und wirft ihr beim Passieren ein Leckerchen hin. Momentan dürfen nur Frauen kommen. Sie bekommt CBD-Öl mit L-Tryptophan.

Die bisherigen Trainingsmethoden

- **Spielen:** Um geistige Auslastung zu gewährleisten, um Selbstbewusstsein und Bindung zu stärken und der Lethargie etwas entgegenzusetzen. Sprinkeln als Nasenarbeit und um die Problemlösungsfähigkeit zu fördern. Einsatz von Intelligenzspielzeugen, später das Zehn-Leckerchen-Spiel für mehr Konzentration und bessere Ansprechbarkeit.
- **Medical-Training:** Das Anfassen wird achtsam trainiert, Fell- und Pfotenpflege sollen wieder möglich sein, bessere Kooperation mit dem Tierarzt und dem Physiotherapeuten.
- **Physiotherapie:** Lockern der verspannten Muskulatur zur Schmerzlinderung, anfangs passives Bewegen aller Gliedmaßen.
- **Unterstützende Methoden:** Shiatsu, Dorn-Therapie, Entspannungsmassagen, der von ihr gewählte Duft (Bitter Orange), RelaxoPet, Pets-Tropfen, Bachblüten-Drops, CBD-Öl mit L-Tryptophan. Was dabei letztlich zum Einsatz kommt, hängt immer von der Situation ab. Natürliche Mittel zum Darmaufbau und zum Aufbau ihres Immunsystem.

Was bislang erreicht worden ist

Maisy hat mit den Methoden schnell auf ihren Namen reagiert. Durch die Leckerchen-Gabe und das Spielen ist sie sehr zugänglich geworden. Obwohl sie das von früher her bestimmt nicht gekannt hat, ist sie damit rasch ansprechbar geworden. Das Arbeiten mit der Nase macht ihr sichtlich Spaß. Daher werden zum Bindungsaufbau weitere Suchspiele

Mit Hilfe von Leckerchen und Spielen ist Maisy in kurzer Zeit sehr zugänglich geworden.

Anfangs kannte Maisy weder ihren Namen noch wusste sie ihre Nase einzusetzen.

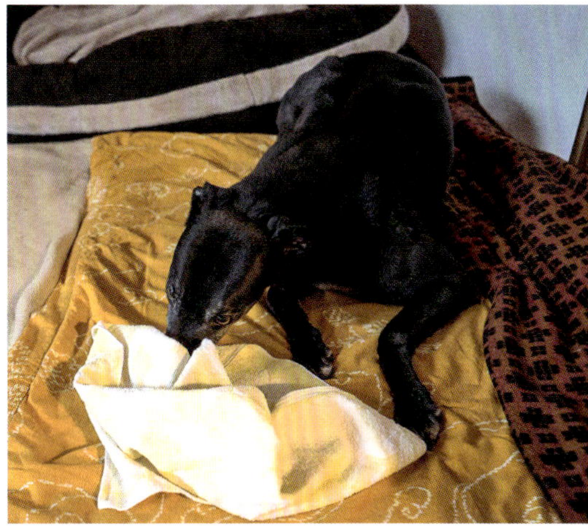

Mittlerweile ist sie begeistert von Nasenarbeit und ist für ein Sprinkeln jederzeit zu haben.

eingebaut. Mit Hilfe von Leckerchen ist sie nach kurzer Zeit aufgestanden, um das Geschirr angelegt zu bekommen und hat sich auch immer mehr und länger ins Wohnzimmer getraut, wo nach kurzer Zeit das Spielen nur noch stattgefunden hat. Mittlerweile hat sie dort ihren Liegeplatz angenommen, wo sie auch nachts schläft. Maisy geht seit längerem durch geduldiges Trainieren problemlos in den Garten und genießt es. Die Spaziergänge werden nun häufiger, und unbekannte Strecken sind für sie kein Problem mehr. Aufgrund etablierter Rituale fühlt sich Maisy zu Hause sichtlich sicher, kommt immer öfter aus eigenem Antrieb zu ihrer Halterin und stupst sie mittlerweile auch schon an.

Maisy ist schmerzfrei, ihre Muskulatur locker. Sie anzufassen und zu bürsten stellt kein Problem mehr dar, selbst das Krallenschneiden funktioniert. Maisy beginnt allmählich auf Zuruf zu kommen, auch draußen an der langen Leine. Sie nimmt ihre Umgebung immer mehr mit ihrer Nase wahr, genießt Streicheleinheiten und ist regelrecht aufgetaut. Maisy hat sichtlich begonnen, Vertrauen zu ihrer Halterin aufzubauen.

Der Besuch des Fotografen – immerhin ein Mann! – hat sie zwar davon abgehalten, für ein Spiel ihre sichere Decke zu verlassen und aufzustehen, aber nicht, im Liegen mitzuspielen. Auch einem Leckerchen aus seiner Hand war sie letztlich nicht abgeneigt, auch wenn die Annäherung noch recht zögerlich erfolgt ist.

Die bisherige Wandlung von Maisy ist enorm und wird sich sicherlich noch fortsetzen. Sie ist auf einem guten Weg. Zudem merkt man deutlich, wie viel Vertrauen schon zu ihrer Halterin besteht, was hoffen lässt, dass beide ein richtig gutes Team werden. Nun kann auch vorsichtig und kleinschrittig mit dem Autofahrtraining begonnen werden, damit Maisy mit ihrer Halterin nach den wenigen Monaten, die sie nun hier lebt, neue Gassirouten entdecken kann.

Der Fall Oskars Frauchen

Oskars Frauchen hatte Angst vor Hunden und wollte das auch wegen Oskar ändern.

Oskar ist zum Zeitpunkt unseres Kennenlernens ein eineinhalbjähriger Border Collie, der aufgrund eines Sesambeinbruchs physiotherapeutische Behandlung benötigt. Im Lauf des Gesprächs mit Oskars Frauchen erfahre ich, dass sie aufgrund von mehreren Erlebnissen in ihrer Kindheit und Jugend immense Angst vor fremden Hunden hat, vor allem vor großen, dunklen Hunden.

Mit fünf Jahren hat sie die erste unliebsame Erfahrung mit dem schwarzen Zwergspitz ihrer Großtante gemacht. Als sie versucht hat, ihm etwas wegzunehmen, hat er sie in den Finger gebissen. Von da an hat sie großen Respekt vor Hunden entwickelt und sich ihnen nur noch genähert, wenn es sich nicht hat vermeiden lassen. Mit zwölf hat sie mit ihren Eltern in einem Dorf gelebt, in dem die Hunde sich draußen noch frei bewegt haben. Hier ist sie vom braunen Deutsch-Kurzhaar-Rüden ihres Nachbarn beim Vorbeilaufen auf Taillenhöhe in die rechte Seite gebissen worden, was über Wochen einen Bluterguss nach sich gezogen hat. Die nächste traumatische Begegnung geht auf einen schwarzen Schäferhund zurück: Beim Zeitungen-Austragen – etwa 14 Jahre alt ist sie damals gewesen – hat der sie wie aus dem Nichts angesprungen, ist mit den Pfoten auf ihren Schultern gelandet und hat die fletschenden Zähne gefährlich nahe an ihrem Hals gehabt. Dass nichts Gravierenderes passiert ist, hat der Halter verhindert, der seinen Hund umgehend zurückgerufen hat. Rund ein Jahr später schließlich, hat sie ein Deutscher Schäferhund am Ärmel ihrer Jacke gepackt und ihr dabei ein Stück herausgerissen. Hier weiß Oskars Frauchen nur noch, dass

Unterwegs mit Oskar fühlte sie sich nicht in der Lage, fremden Hunden zu begegnen.

sie wie paralysiert dagestanden sei und wohl wie am Spieß geschrien habe, bis sie ein Nachbar mit seinem Auto vollkommen traumatisiert nach Hause gefahren hat.

Ein von ihren Eltern daraufhin angeschaffter eigener Hund hat ihr die Angst zunächst genommen, weil sie ihn von klein auf gekannt hat. Das ist auch heute noch so: Hunde, die Oskars Frauchen von klein auf kennt, wie eben auch Oskar, den ihre Töchter unbedingt haben wollten, vor denen fürchtet sie sich nicht. Alle anderen, vor allem die großen Dunklen sowie Schäferhunde jagen ihr immer noch einen ungeheuren Schrecken ein.

Sie fragt sich immer wieder, was sie damals falsch gemacht hat.

Die Ausgangssituation

Oskars Frauchen leidet unter einer Art Kynophobie. Die wirkungsvollste Methode, um diese Angst vor Hunden zu überwinden, besteht darin, selbst einen Hund aufzunehmen, was hier geschehen ist. Wer einen Hund von Welpenbeinen an großzieht, lernt ihn von Anfang an so gut kennen, dass sich Angst gar nicht erst einstellt. Als Halterin ist sie jedoch tagtäglich der Begegnung mit fremden Hunden ausgesetzt. Sie hat bereits eine Erwartungsangst und eine Vermeidungsstrategie entwickelt und ist in ihrer Lebensqualität dadurch sehr eingeschränkt. Von klein auf hat sie aber ihre Töchter – mit Unterstützung von Haltern und deren Hunden, auf die sie sich hat verlassen können – so erzogen, dass diese keine Angst vor Hunden haben. Sie selbst fühlt sich alleine mit Oskar nicht in der Lage, Hundekontakte aufzunehmen. Das machen ihre Töchter, damit Oskar nicht isoliert von Artgenossen aufwächst. Sie wechselt regelmäßig die Straßenseite oder schlägt einen anderen Weg ein, selbst wenn sie „nur“ einem Yorkshire Terrier begegnet. Geht sie nicht alleine mit Oskar, sondern ist eine ihrer Töchter dabei, schafft sie es, die Hundebegegnung in einem Sicherheitsabstand zu meistern. Mehr aber auch nicht.

Von daher geht Oskars Frauchen alleine mit ihm zu Zeiten, in denen sie möglichst niemandem begegnen, und an Orte, die überschaubar sind und Ausweichmöglichkeiten bieten. Sie würde an dieser Situation gerne etwas ändern – für sich und natürlich auch für Oskar. Denn Oskar reagiert an ihrer Seite immer mehr auf fremde Hunde, was der Gesamtsituation nicht gerade förderlich ist.

Die Bindung zwischen Oskar und seinem Frauchen ist sehr gut. Die beiden sind ein eingespieltes Team.

Das Ziel

Oskars Frauchen soll in der Lage sein, angstfrei mit ihrem Hund spazieren zu gehen und soll wissen, wie sie sich bei Hundebegegnungen verhält. Sie soll zudem die Hundesprache lernen, um Oskar und andere Hunde richtig einschätzen zu können und auch vermehrt an ihrer eigenen Körpersprache arbeiten. Sie soll zudem ihre Opferrolle verlassen, denn Oskars Frauchen hat in der Vergangenheit bei den Begegnungen mit den Hunden nichts falsch gemacht.

Managementmaßnahmen

Oskars Frauchen soll, wenn sie alleine mit ihrem Hund unterwegs ist, zunächst weiter die für sie günstigen Zeiten und Orte wählen. Sie muss darauf achten, dass sie beim Anblick eines Hundes in der Ferne auf ihre eigene Körpersprache achtet: Sich groß machen und auf keinen Fall die Leine anspannen. Plant sie eine Umkehr, soll diese langsam und für Oskar freundlich und spielerisch erfolgen. Wenn ihr die Situation zu viel wird, soll sie eine Vermeidungsstrategie an den Tag legen. Hierfür muss sie sehr auf sich achten.

Kommen Hunde ohne Leine auf sie zu, soll sie den Halter bitten, seinen Hund zurückzurufen und anzuleinen. Auch wenn diese oft verständnislos reagieren, dass ihnen ein Hundehalter begegnet, der panische Angst vor Hunden hat.

Oskars geliebter Ball ist immer in der Tasche und kann als Joker jederzeit zum Einsatz kommen.

Die Trainingsmethoden

- **Anti-Stress-Therapie:** Oskars Frauchen wählt einen Duft, bei dem sie umgehend Glücksgefühle empfindet (Bitter Orange). Diesen nimmt sie auf Spaziergängen mit. Im Sommer in Form eines getröpfelten Taschentuchs in einer Tüte, an kälteren Tagen am Tuch oder am Schal. Sie erlernt Atemtechniken, um sich jederzeit und immer auf sich konzentrieren und gleichzeitig entspannen zu können. Das ermöglicht ihr, beim Spaziergang den Stress wegzuatmen. Zuhause wird, so oft es geht, bei ihrem Duft zusätzlich Anti-Stress-Musik gehört und in dieser Zeit versucht, achtsam mit sich umzugehen.
- **Körperhaltung:** Vor dem Spiegel wird die eigene Körperhaltung korrigiert. Auf dem Spaziergang hilft Oskars Frauchen ein Band am Handgelenk, um sie an die richtige Haltung zu erinnern. Wichtig ist es, die körperlichen Symptome unter Kontrolle zu bekommen
- **Positive Visualisierung:** Es werden Situationen mit Hunden, die für Oskars Frauchen unangenehm sind, im Kopf durchgespielt, um für den realen Moment des Zusammentreffens gerüstet zu sein und nicht mehr groß nachdenken zu müssen.
- **Das Erlernen der Hundesprache:** Oskars Frauchen lernt die Sprache der Hunde, um zu wissen, wie Oskar mit anderen Hunden kommuniziert und welche Emotionen andere Hunde haben. So kann sie die bevorstehenden Hundebegegnungen besser einschätzen. Sie soll wissen, wie sie sich verhalten soll, wie man was erkennen kann und vor allem, wie man etwas werten muss. Je mehr sie über die Hundesprache weiß, desto weniger Angst wird sie haben.
- **Anti-Stress-Walks:** Immer wieder werden Begegnungen bewusst geübt, auch damit Oskars Frauchen sieht, wie sehr Oskar sich von ihren Gefühlen leiten lässt – im positiven wie im negativen Sinn. Hier wird das Verstehen der Hundesprache weiter geübt. Es wird darauf geachtet, dass es nur zu friedfertigen und netten Direktbegegnungen kommt. Bei Begegnungen, die ihr noch suspekt erscheinen, wird schrittweise an einer Annäherung gearbeitet.

Was bislang erreicht worden ist

Oskars Frauchen ist bereits am Ende des ersten Anti-Stress-Walks in der Lage gewesen, einen ihr fremden Hund zu streicheln. Sie gewinnt unwahrscheinlich an Selbstwertgefühl und hat unlängst vom Fahrrad aus einen Rüden, der Oskar gegenüber sehr aufdringlich gewesen ist, wegschicken können.

Sie hat sich mittlerweile trotz anfänglicher Zweifel dazu entschlossen, mit Oskar eine tiergestützte Therapiebegleithundeausbildung zu beginnen. Den Eignungstest, bei dem immerhin 20 ihr fremde Hunde vor Ort gewesen sind, haben Oskar und sie mit Bravour bestanden. Dem Trainer hat sie im Vorfeld erzählt, dass sie nicht wüsste, ob sie das schaffen würde, weil sie Angst vor Hunden hätte. Der meinte darauf nur, hätte sie das nicht erwähnt, hätte er es gar nicht bemerkt.

Zudem ist sie bei einer Hundebegegnung in der Lage gewesen, einem anderen Halter in einer Trainingssituation behilflich zu sein: Sie hat ihn von sich aus angesprochen, ob sie mit Oskar mehrmals an dessen Airedale Terrier – einer ja nicht gerade kleinen Rasse – vorbeigehen solle. Beide haben eine Weile gemeinsam trainiert.

Oskars Frauchen geht nun beherzt in Hundebegegnungen, sucht regelmäßig den Kontakt mit anderen Hunden, die sie für sich als freundlich einstuft und hat bislang noch keine einzig schlechte Erfahrung gemacht.

Seit kurzem hat Oskar sogar ein kleines Welpen-Schwesterchen bekommen: Bailey. Bailey ist ein slate-white Border Collie-Mädchen. Und zu Weihnachten sind noch zwei weitere Hunde bei Oskars Frauchen zu Besuch gewesen. Diese Situation hat sie problemlos gemeistert und mir gestanden, sie hätte sich unter all den Hunden richtig wohlgefühlt. Und ich finde, das sieht man ihr auch an.

Über die Autorin

Sabine Zemla ist zertifizierte Hundephysiotherapeutin und zertifizierte SVH-Trainerin (Trainerin für stressbedingte Verhaltensauffälligkeiten beim Hund). Zudem verfügt sie über diverse andere Fortbildungen in Sachen „Hund". In ihrer ganzheitlichen Praxis „StabileHunde" in Bayreuth bietet sie neben Physiotherapie für Hunde auch diverse Anti-Stress-Trainingsmethoden und Anti-Stress-Therapien an. Sie hat sich auf die Hunde spezialisiert, die physische und psychische Hilfe benötigen. Dabei wirft sie einen ganzheitlichen Blick auf deren Gesundheit und Verhalten, vernachlässigt aber auch das andere Ende der Leine nicht. Nach ihrem Jurastudium war sie als Journalistin und Chefredakteurin für unterschiedlichste Medien tätig, veröffentlicht regelmäßig Artikel in Hundemagazinen und hat bereits zwei Fachbücher für Kynos geschrieben: „Dorn-Therapie für Hunde" und „Hydrotherapie bei Hunden".

Literaturverzeichnis

Bücher

- Achner, Heike: *Aromatherapie für Hunde,* Independently published, 1. Auflage, 2019
- Beutler, Brigitte: *Shiatsu für Hunde - Energie, Balance und Wellness,* Cadmos, München, 1. Auflage, 2013
- Bloch, Günther: *Die Pizza-Hunde,* Kosmos, Stuttgart, 1. Auflage, 2007
- Challande-Kathmann, Iris: *Rehabilitation und Physiotherapie bei Hund und Katze,* Schlütersche, Hannover, 1. Auflage, 2009
- Del Amo, Celina; Theby, Viviane: *Handbuch für Hundetrainer,* Ulmer, Stuttgart, 2. Auflage, 2014
- Del Amo, Celina: *Hundeverhalten beeinflussen: Epigenetik im Alltag – der Schlüssel für Veränderungen,* Independently published, 1. Auflage, 2020
- Del Amo, Celina: *Hundeverhalten unter der Lupe,* Independently published, 1, Auflage, 2019
- Dillitzer, Natalie: *Ernährungsberatung in der Kleintierpraxis,* Urban & Fischer / Elsevier, München, 1. Auflage, 2009
- Dr. Nadig, Alexandra: *Heilpflanzen für Hunde,* Kosmos, Stuttgart, 1. Auflage, 2018
- Esch, Sylvia: *Hunde – mit Farben heilen,* Kalidor, Schönefeld, 1. Auflage, 2005
- Feddersen-Petersen, Dorit Urd: *Ausdrucksverhalten beim Hund – Mimik und Körpersprache, Kommunikation und Verständigung,* Kosmos, Stuttgart, 1. Auflage, 2008
- Feddersen-Petersen, Dorit Urd: *Hundepsychologie – Sozialverhalten und Wesen, Emotionen und Individualität,* Kosmos, Stuttgart, 1. Auflage, 2013
- Fisher, Sarah: *Anti-Stress-Programm für Hunde – Entspannter Hund durch TTouch und Bodenarbeit,* Ulmer, Stuttgart, 1. Auflage, 2009
- Gansloßer, Udo; Kitchenham, Kate: *Beziehung – Erziehung – Bindung,* Kosmos, Stuttgart, 1. Auflage, 2015
- Gansloßer, Udo: *Mach mal langsam! Entspannung und Entschleunigung von Mensch und Hund,* Filander, Fürth, 1. Auflage, 2018
- Gräff, Christiane; Meermann, Silke: *Osteopathie bei Hunden,* Ulmer, Stuttgart, 2. Auflage, 2017
- Hallgren, Anders: *Stress, Angst und Aggression bei Hunden – Vorbeugen und abbauen,* Cadmos, München, 1. Auflage, 2011
- Herber, Sabrina; Zimmermann, Eliane: *Aromatherapie für Kopf und Seele,* Ulmer, Stuttgart, 1. Auflage, 2022
- Heritier, Carmen: *Bewusste Bodenarbeit für Hunde – Koordination, Kommunikation und Konzentration,* Kynos, Nerdlen, 1. Auflage, 2022
- Krivy, Petra; Gansloßer, Udo: *Mein Hund hat Stress,* Müller Rüschlikon, Stuttgart, 1. Auflage, 2021
- Levine, Peter A.; Frederick, Ann: *Trauma-Heilung: Das Erwachen des Tigers,* Synthesis, Essen, 2. Auflage, 1998
- Loeffler, Klaus; Gäbel, Gotthold: *Anatomie und Physiologie der Haustiere,* UTB, Stuttgart, 13. Auflage, 2013
- Mattle, Heinrich; Mumenthaler, Marco: *Kurzlehrbuch Neurologie,* Thieme, Stuttgart, 1. Auflage, 2002
- Mehl, Robert: *Die Psyche des Hundes – Wie Prozesse im Gehirn das Verhalten steuern,* Kosmos, Stuttgart, 1. Auflage, 2021
- Morris, Desmond: *Dogwatching,* Heyne, München, 4. Auflage, 1999
- Müller, Franziska: *Kiras World – Ganzheitliche Hundeerziehung mit Herz und Verstand,* CreateSpace Independent Publishing Plattform, 1. Auflage, 2016
- O'Heare, James: *Die Neuropsychologie des Hundes,* animal learn, Bernau, 1. Auflage, 2009
- Ochsenbauer, Ute; Hauswirth, Susanne: *TCM – Traditionelle Chinesische Medizin für Hunde,* Kosmos, Stuttgart, 2010
- Rothschild, Babette: *Der Körper erinnert sich – Die Psychophysiologie des Trauma und der Traumabehandlung,* Synthesis, Essen, 5. Auflage, 2011
- Schaal, Monika: *Bodenarbeit mit Hunden – Beschäftigung und Übungen für Geschicklichkeit und Koordination,* Müller Rüschlikon, Stuttgart, 1. Auflage, 2019

- Schaal, Monika: *Der aufgeregte Hund – Gemeinsam zu mehr Ruhe und Gelassenheit,* Müller Rüschlikon, Stuttgart, 1. Auflage, 2021
- Schmitt, Susanne; Zemla, Sabine: *Dorn-Therapie für Hunde,* Kynos, Nerdlen, 1. Auflage, 2017
- Scholz, Martina; von Reinhardt, Clarissa: *Stress bei Hunden,* animal learn, Bernau, 1. Auflage, 2012
- Sondermann, Christina: *Denksport für Hunde: Knobelspiele schnell und einfach selbstgemacht,* Ulmer, Stuttgart, 1. Auflage, 2017
- Specht, Simone: *Meridiantafeln für die Akupressur beim Hund,* Ulmer, Stuttgart, 1. Auflage, 2010
- Strodtbeck, Sophie; Gansloßer, Udo: *Kastration und Verhalten beim Hund,* Müller Rüschlikon, Stuttgart, 3. Auflage, 2016
- Strodtbeck, Sophie; Schröder, Bernd: *Ernährung & Verhalten beim Hund – Verhalten beeinflussen durch eine typgerechte Fütterung,* Müller Rüschlikon, Stuttgart, 1. Auflage, 2020
- Tellington-Jones, Linda: *Entspannter Hund durch TTouch und Bodenarbeit,* Kosmos, Stuttgart, 1. Auflage, 2010
- Wolff, Hans Günther: *Unsere Hunde – Gesund durch Homöopathie,* Sonntag, Stuttgart, 15. Auflage, 2012
- Zidonis, Nancy A., Soderberg, Marie K.: *Akupressur für Hunde – Verletzungen vorbeugen, Heilung unterstützen, Wohlbefinden verbessern,* Kosmos, Stuttgart, 1. Auflage, 1999

Zeitschriftenartikel

- Cordt, Mirjam: *Bindung und Halt geben* – SitzPlatzFuss 27/2017
- Del Amo, Celina: *Einsatz von Arzneimitteln, Futterzusatzstoffen und Futtermitteln bei Angstproblemen* – Team konkret 4/2011
- Del Amo, Celina: *Stressreaktion und Aggressivität bei Hunden* – Team konkret 10/2013
- Dr. Wardeck-Mohr, Barbara: *Psychopharmaka für Hunde - Gibt es die «schnelle Pille» gegen die Angst* – Schweizer Hundemagazin 4/2017
- Gansloßer, Udo; Strodtbeck, Sophie: *Beziehung & Bindung – Nichts ist umsonst* – Schweizer Hundemagazin 7/2013
- Gansloßer, Udo; Strodtbeck, Sophie: *Angst beim Hund* – Schweizer Hundemagazin 5/2012
- Pilguj, Sabina: *Dog Reläx – Entspannter Mensch – Entspannter Hund* – Paracelsus Magazin 5/2012
- Strodtbeck, Sophie: *Brainfood für Hunde? Der Einfluss der Ernährung auf das Verhalten* – Schweizer Hundemagazin 3/2015
- Strodtbeck, Sophie: *Hypothyreose – Die Schilddrüsenunterfunktion beim Hund* – Schweizer Hundemagazin 8/2015
- Strodtbeck, Sophie: *Stress bei Hunden – Verhaltensstörungen & Gegenmaßnahmen* –WUFF 2011/11
- Strodtbeck, Sophie: *Stress beim Hund – Reaktionstypen und Stressfolgen* – WUFF 2011/10
- Strodtbeck, Sophie: *Unsicherheit, Furcht & Angst bei Hunden – Unterscheidung – Bedeutung – Behandlung* – WUFF 2012/02
- Strodtbeck, Sophie: *Verhaltenstherapie aus dem Futternapf? – Der Einfluss der Ernährung auf das Verhalten des Hundes* – WUFF 2014/12
- Verebes, Aurea: *Enrichment – Modeerscheinung oder sinnvolle Alternative?* – WUFF 2019/03
- Wirths, Miriam: *Schilddrüse und Verhalten* – Der Hund Nr. 5/2017

Studien

- Auswirkung des Eiweißgehalts in der Nahrung auf das Verhalten von Hunden: www.researchgate.net/publication/14624508_Effect_of_dietary_protein_content_on_behavior_in_dogs
- Cannabidiol – Neuste Fortschritte: www.pubmed.ncbi.nlm.nih.gov/17712814
- Das Bindungsverhalten von Haushunden (nach Ainsworth): www.pubmed.ncbi.nlm.nih.gov/9770312
- Das Gehirn des Hundes hat einen dem Menschen ähnlichen Stimmbereich: www.science.org/content/article/how-dogs-know-what-youre-feeling
- Der Einfluss sozialer Faktoren auf die Cortisolreaktivität von Hunden: www.sciencedirect.com/science/article/pii/S1558787815001574?via%3Dihub

- Der „Fremde Situationstest" nach Ainsworth: www.scirp.org/(S(351jmbntvnsjt1aadkozje))/reference/ReferencesPapers.aspx?ReferenceID=167839
- Doppelblind-Studie zu Vitamin B-Komplex: www.pubmed.ncbi.nlm.nih.gov/21905094
- Doppelblind-Studie zu Vitamin C: www.pubmed.ncbi.nlm.nih.gov/26353411
- Einfluss von Omega 3 und Omega 6 auf aggressive Hunde: www.pubmed.ncbi.nlm.nih.gov/17891468
- Einfluss von Hund und Mensch bei Behandlungen verhaltensmedizinischer Fälle: https://www.frontiersin.org/articles/10.3389/fvets.2020.630931/full
- Emotionale Empathie bei Hunden: https://psycnet.apa.org/record/2020-79083-011
- Enge Bindung aufgrund von Oxytocin: www.science.org/doi/full/10.1126/science.1261022, https://pub.epsilon.slu.se/2423
- Entwicklung des Mammakarzinoms – Kastrationsstudie aus dem Jahr 1969: www.academic.oup.com/jnci/article-pdf/43/6/1249/2698953/43-6-1249.pdf
- Fähigkeit angehender Tierärzte, Stress bei Hunden zu erkennen: www.sciencedirect.com/science/article/abs/pii/S1558787821001842
- Gründe für das frühzeitige Ergrauen junger Hunde: www.sciencedirect.com/science/article/pii/S0168159116302775?via%3Dihub
- Hängt die Persönlichkeit von der Rasse ab? www.science.org/doi/10.1126/science.abk0639
- Hai-DNA in Hundefutter: www.frontiersin.org/articles/10.3389/fmars.2022.836941/full
- Hat die Rasse Auswirkungen auf das Verhalten einzelner Hunde? www.science.org/doi/10.1126/science.abk0639
- Hunde können menschliche Emotionen lesen: www.frontiersin.org/articles/10.3389/fpsyg.2019.01678/full
- Hunde können menschliche Mimik lesen: https://link.springer.com/article/10.3758/s13420-018-0325-2
- Hunde können mit Menschen dank sozialer Fähigkeiten kommunizieren und kooperieren: www.ncbi.nlm.nih.gov/pmc/articles/PMC6225837
- Hunde spiegeln in hohem Maße das Stressniveau ihrer Menschen wider: www.nature.com/articles/s41598-019-43851-x
- Kann Aufmerksamkeit erlernt werden? www.researchgate.net/publication/303535659_Can_attention_be_taught_Interspecific_attention_by_dogs_Canis_familiaris_performing_obedience_tasks
- Kastration der Hündin ja oder nein - und wenn ja, wann? https://bib.vetmed.fu-berlin.de/pubdb/pub/23892-die-kastration-der-hundin-ja-oder-nein-und-wenn-ja-wann
- Klassische Musik reduziert Umweltstress bei Hunden: www.sciencedirect.com/science/article/abs/pii/S0031938415001092?via%3Dihub
- Metastudie zur Hundeintelligenz: www.nature.com/articles/s41598-022-26991-5
- Omega 3 kann helfen, impulsive Reaktionen auf Aggressionen anzupassen: www.ntu.ac.uk/about-us/news/news-articles/2020/08/study-reveals-how-omega-3-can-help-the-brain-to-regulate-impulsive-reactions-to-aggressive-behaviour
- Palmvitamin-E-Tocotrienolen schützen weiße Substanz des Gehirns: www.pubmed.ncbi.nlm.nih.gov/24699052
- Pharmakokinetik von Cannabidiol bei Hunden: www.pubmed.ncbi.nlm.nih.gov/2900742
- Risiken von Krebserkrankungen und Verhaltensstörungen nach einer Kastration: www.pubmed.ncbi.nlm.nih.gov/24432963
- Schweizerisches Hundekrebsregister: www.pubmed.ncbi.nlm.nih.gov/27406312
- Stress hinterlässt Spuren im Gedächtnis: www.pubmed.ncbi.nlm.nih.gov/34653359
- Techniker Krankenkasse – Stress-Studie: www.tk.de/techniker/unternehmensseiten/unternehmen/broschueren-und-mehr/stressstudie-2021-2026692
- Tryptophan-Ergänzung zu eiweißarmer Ernährung bei territorialer Aggression: www.researchgate.net/publication/12366715_Effect_of_dietary_protein_content_and_tryptophan_supplementation_on_dominance_aggression_territorial_aggression_and_hyperactivity_in_dogs
- Überträgt sich die Persönlichkeit eines Menschen auf seinen Hund? www.psychologytoday.com/us/blog/animal-emotions/202102/does-humans-personality-rub-their-dog
- Verbesserung der kognitiven Fähigkeiten bei alten Hunden: www.pubmed.ncbi.nlm.nih.gov/29316985
- Verwendung von Pheromonen bei unerwünschtem Verhalten: www.pubmed.ncbi.nlm.nih.gov/20550445
- Vitamin C-Mangel als Grund für depressive Symptome: www.pubmed.ncbi.nlm.nih.gov/25835231

- Wie die Persönlichkeit von Hund und Mensch zusammenhängt: www.sciencedirect.com/science/article/abs/pii/S0092656618301661?via%3Dihub
- Wie soziale Erfahrungen den Schlaf von Hunden beeinflussen: www.royalsocietypublishing.org/doi/10.1098/rspb.2017.1883
- Wirkung verschiedener Musikrichtungen auf das Stressniveau von Hunden: www.sciencedirect.com/science/article/abs/pii/S0031938416306977

Internet

- Arnold, Carrie: www.nationalgeographic.de/tiere/2019/06/chronischer-stress-kann-sich-auf-hunde-uebertragen
- Betz, Sophia: www.easy-dogs.net/das-markersignal-im-hundetraining
- Bucher, Anne: www.annebucher.com/blog/40-sinn-und-unsinn-von-ruheubungen-beim-hund
- Colino, Stacey: www.nationalgeographic.de/tiere/2021/10/ansteckende-emotionen-hunde-und-ihre-besitzer-fuehlen-gleich
- Delfau, Pia-Céline: www.wegbegleiter-mensch-hund.de/wie-finde-ich-eine-gute-hundeschule
- Dog Fit by PreThis: www.dog-fit.com/inhaltsstoffe-wirkung/vitamin-b-komplex
- Dr. Arvedson, Robert: www.arvedson.ch/unerwunschtes-verhalten-anstatt-problemhund
- Dr. Lehner, Michael; von Reinhardt, Clarissa: www.animal-learn.de/blog
- Fieni-Baumann, Marlies: www.mobile-tierkinesiologie.ch/staerkungsmethoden
- Fischer, Katarina: www.nationalgeographic.de/tiere/2022/04/mein-hund-das-individuum-welchen-einfluss-die-rasse-auf-das-verhalten-hat
- Hämpke, Tina Marie: https://elib.tiho-hannover.de/receive/tiho_mods_00000269
- Hoffmann, Solvejg: www.geo.de/natur/tierwelt/wie-du-die-bindung-zu-deinem-hund-staerkst-30865490.html
- Hopkins, Sally; Harper, Sheila; www.dog-games.co.uk/sprinkles-tm
- Immler, Karin; www.knowwau.com/blog
- Kresser, Chris; www.chriskresser.com/5-ways-that-stress-causes-hypothyroid-symptoms
- Lombardi, Linda; www.nationalgeographic.de/tiere/2019/03/faerben-menschliche-persoenlichkeiten-auf-hunde-ab
- Pietschmann, Anna: www.fluffology.de/post/kritisch-beleuchtet--adaptil-das-wohlfhlpheromon-fr-hunde
- Pleiss, Paula Leocadia: www.welt.de/kmpkt/article194925419/Haustiere-Warum-dein-Stress-deinen-Hund-krank-macht.html
- Schmitz, Jennifer: www.cleverdogcampus.de/blog/kastration-beim-hund-teil-1-warum-wir-ueber-kastration-sprechen-muessen
- Simon, Swanie; www.drei-hunde-nacht.de/aktuell/zoopharmakognosie
- Tatusch, Isabella: www.schuessler-salze-service.de/anwendungsgebiete/schuessler-salze-kuren/anti-stress-kur
- Thompson, Birthe: www.wissen-hund.de/typ-a-hunde-von-wagemutig-bis-neugierig
- Wicki, Samaria: www.fairdogs.de/post/impulskontrolle-frustrationstoleranz-und-ruhe-wie-du-mit-deinem-hund-die-balance-findest

Sonstiges

- Schulungsunterlagen SVH-Trainer
- Schulungsunterlagen Hundephysiotherapie
- Schulungsunterlagen Mykotherapie
- Schulungsunterlagen Dorn-Therapie
- Schulungsunterlagen Ernährungsberatung für Hunde
- Schulungsunterlagen Hundeshiatsu

Index

L

M

N

O

P

Q

R

S